머리말

"꾸준함이 빛을 발하는 합격의 길"

여러분이 선택한 본 교재는 위험물기능사 자격증 시험에서 합격의 문을 열 수 있는 최고의 열쇠입니다.
위험물이라는 새로운 개념을 처음 접하면서 낯설고 어렵게 느껴지더라도 본 교재가 이끄는 길로 따라가다 보면 어느새 실전에 대한 자신감이 굳건해지면서 합격의 문이 활짝 열리는 것을 경험할 수 있을 것입니다.

2025년 위험물기능사 시험은 최근의 산업안전 규제 강화와 더불어, 시험의 난이도가 조금씩 높아지는 경향을 보이고 있습니다. 또한 출제범위는 기존의 내용에서 큰 변화가 없지만, 특정 위험물의 특성과 그에 따른 안전조치에 관한 문제가 큰 비중으로 다뤄지고 있으며, 실무와 관련된 사례 기반 문제의 출제율도 증가하고 있습니다. 따라서 단순히 암기에 의존하기보다는 위험물의 성질을 깊이 있게 이해하고 그에 따른 안전관리방법을 정확히 파악하는 것이 중요합니다.

본 교재는 최신개정법령과 출제경향을 반영하여 핵심개념부터 실전문제까지 시험에 꼭 나오는 부분을 중점적으로 다루고 있으므로, 2025년 시험을 준비하는 수험생들이 좋은 성과를 거둘 수 있도록 굳건한 도움이 되어 드릴 것입니다.

자격증은 꾸준함이 빛을 발하는 공부이므로, 짧은 시간 내에 방대한 양을 효과적으로 소화하기 위해서는 체계적인 학습계획이 필수적입니다. 이를 위한 공부방법을 간단히 정리하면 다음과 같습니다.

첫째, 이론학습과 동시에 기출문제와 예상문제를 풀어보며, 이론학습에 대한 이해도를 점검합니다.
둘째, 시험의 최신 경향이 반영된 과년도 기출문제풀이를 통해 실전 출제경향과 문제의 유형을 정확하게 파악하도록 합니다.
셋째, 틀린 문제는 확실하게 다시 복습하는 과정을 반복하면서 실전 적응력을 향상시킬 수 있는 연습을 합니다.

마지막으로 자격증 공부에서 가장 중요한 것은 끈기와 자신감이라는 것을 명심하시길 바랍니다.
본 교재는 위험물기능사 시험을 준비하는 모든 수험생들이 끝까지 포기하지 않고 꾸준히 노력하여 합격의 빛을 발할 수 있는 그 순간까지 곁에서 항상 함께 하겠습니다.

위험물기능사 시험을 준비하는 수험생들이 성공적으로 자격증을 취득함과 동시에 앞으로 나아가는 길에 있어 큰 도약을 이룰 수 있기를 진심으로 기원합니다.

편저자 김연진

위험물기능사 시험정보

❙ 위험물기능사란?

- **자격명 :** 위험물기능사
- **영문명 :** Craftsman Hazardous material
- **관련부처 :** 소방청
- **시행기관 :** 한국산업인력공단
- **직무내용 :** 위험물을 저장, 취급, 제조하는 제조소등에서 위험물을 안전하게 저장, 취급, 제조하고 일반 작업자를 지시·감독하며, 각 설비에 대한 점검과 재해 발생 시 응급조치 등의 안전관리 업무를 수행하는 직무

❙ 위험물기능사 응시료

- **필기 :** 14,500원
- **실기 :** 17,200원

❙ 위험물기능사 취득방법

구분		내용
시험과목	필기	화재예방과 소화방법, 위험물의 화학적 성질 및 취급
	실기	위험물 취급 실무
검정방법	필기	객관식 4지 택일형, 60문항(60분)
	실기	필답형(1시간 30분)
합격기준	필기	100점을 만점으로 하여 60점 이상
	실기	100점을 만점으로 하여 60점 이상

┃ 위험물기능사 합격률

연도	필기			실기		
	응시	합격	합격률(%)	응시	합격	합격률(%)
2023	16,542	6,668	40.3	8,735	3,249	37.2
2022	14,100	5,932	42.1	8,238	3,415	41.5
2021	16,322	7,150	43.8	9,188	4,070	44.3
2020	13,464	6,156	45.7	9,140	3,482	38.1
2019	19,498	8,433	43.3	12,342	4,656	37.7

위험물기능사 필기
접수절차

01 큐넷 접속 및 로그인

- 한국산업인력공단 홈페이지 큐넷(www.q-net.or.kr) 접속
- 큐넷 홈페이지 로그인(※회원가입 시 반명함판 사진 등록 필수)

02 원서접수

- 큐넷 메인에서 [원서접수] 클릭
- 응시할 자격증을 선택한 후 [접수하기] 클릭

03 장소선택

- 응시할 지역을 선택한 후 조회 클릭
- 시험장소를 확인한 후 선택 클릭
- 장소를 확인한 후 접수하기 클릭

04 결제하기

- 응시시험명, 응시종목, 시험장소 및 일시 확인
- 해당 내용에 이상이 없으면,
  검정수수료 확인 후 결제하기 클릭

05 접수내용 확인하기

- 마이페이지 접속
- 원서접수관리 탭에서 원서접수내역 클릭 후 확인

위험물기능사 필기 CBT수검 가이드

01 CBT 시험 웹체험 서비스 접속하기

처음 방문하셨나요?
큐넷 서비스를 미리 체험해보고
사이트를 쉽고 빠르게 이용할 수 있는
이용 안내, 큐넷 길라잡이를 제공.

- 큐넷 체험하기
- CBT 체험하기 **클릭**
- 이용안내 바로가기
- 큐넷길라잡이 보기
- 멀티미디어 실기시험 체험하기
- 전문자격시험체험학습관바로가기

❶ 한국산업인력공단 홈페이지 큐넷(www.q-net.or.kr)에 접속하여 로그인 한 후, 하단 CBT 체험하기를 클릭합니다.

*q-net에 가입되지 않았으면 회원가입을 진행해야 하며, 회원가입 시 반명함판 크기의 사진 파일(200kb 미만)이 필요합니다.

❷ 튜토리얼을 따라서 안내사항과 유의사항 등을 확인합니다.

*튜토리얼 내용 확인을 하지 않으려면 '튜토리얼 나가기'를 클릭한 다음 '시험 바로가기'를 클릭하여 시험을 시작할 수 있습니다.

02 CBT 시험 웹체험 문제풀이 실시하기

❶ 글자크기 조정 : 화면의 글자 크기를 변경할 수 있습니다.

❷ 화면배치 변경 : 한 화면에 문제 배열을 2문제/2단/1문제로 조정할 수 있습니다.

❸ 시험 정보 확인 : 본인의 [수험번호]와 [수험자명]을 확인할 수 있으며, 문제를 푸는 도중에 [안 푼 문제 수]와 [남은 시간]을 확인하며 시간을 적절하게 분배할 수 있습니다.

❹ 정답 체크 : 문제 번호에 정답을 체크하거나 [답안 표기란]의 각 문제 번호에 정답을 체크합니다.

❺ 계산기 : 계산이 필요한 문제가 나올 때 사용할 수 있습니다.

❻ 다음 ▶ : 다음 화면의 문제로 넘어갈 때 사용합니다.

❼ 안 푼 문제 : ❸의 [안 푼 문제 수]를 확인하여 해당 버튼을 클릭하고, 풀지 않은 문제 번호를 누르면 해당 문제로 이동합니다.

❽ 답안제출 : 문제를 모두 푼 다음 '답안제출' 버튼을 눌러 답안을 제출하고, 합격 여부를 바로 확인합니다.

이 책의 구성과 특징

✔ 핵심이론 정리 및 점검

Ⅰ Point 1

꼭 알아야 할 중요한 핵심이론의
암기법 제공

Ⅰ Point 2

핵심 위주의 효율적인 학습 가능

✔ 단원별 출제예상문제 + CBT 기출복원문제

Ⅰ Point 1

기출분석으로 엄선된 단원별 출제예상
문제와 7개년 CBT 기출복원문제 제공

Ⅰ Point 2

핵심만 골라낸 쉬운 해설로 문제해결력
향상

✔ CBT FINAL 모의고사 3회분

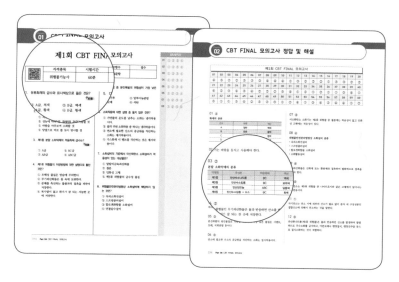

Point 1
실제 CBT형식의 FINAL 모의고사로
최종 마무리를 위한 실전테스트
[QR 코드 제공]

Point 2
핵심만 콕콕 찍어주는 해설을 통한
마무리학습

✔ 최종점검 손글씨 핵심요약

Point 1
꼭 알아야 할 내용만 눈이 편한 손글씨
핵심요약으로 정리

Point 2
중요한 암기사항의 확실한 최종점검

위험물기능사 필기 "2주 완성" 합격플랜

공부법 하나! 이론은 시험에 나오는 요점 중심으로 암기법과 함께 공부하기

공부법 둘! 위험물 특징상 외울 것이 많지만 포기하지 말고 한번은 꼭 본다는 생각으로 끝까지 공부하기

공부법 셋! 이론상 강조한 부분은 시험에 꼭 나오니 반드시 공부하기

공부법 넷! 이론은 가볍게 보고 과년도 기출문제 위주로 많은 문제를 풀어보는 것에 중점을 두고 공부하기

계획일정	학습범위			학습일	Check	
					추가학습	최종점검
Day 1	일반화학	연소	화재 및 폭발	월 일		
Day 2	소화종류 및 약제	소방시설	소화난이도등급	월 일		
Day 3	위험물 분류	위험물 종류	제1류 위험물	월 일		
Day 4	제2류 위험물	제3류 위험물	제4류 위험물	월 일		
Day 5	제5류 위험물	제6류 위험물	위험물 특징	월 일		
Day 6	위험물 운반	위험물제조소	위험물저장소	월 일		
Day 7	위험물취급소	제조소등에서 위험물 저장 및 취급	위험물안전관리법	월 일		
Day 8	2024년 4회·3회			월 일		
Day 9	2024년 2회·1회, 2023년 4회·3회			월 일		
Day 10	2023년 2회·1회, 2022년 4회·3회			월 일		
Day 11	2022년 2회·1회, 2021년 2회·1회			월 일		
Day 12	2020년 2회·1회, 2019년 2회·1회			월 일		
Day 13	2018년 2회·1회, FINAL CBT 모의고사 제1회·제2회			월 일		
Day 14	FINAL CBT 모의고사 제3회 ※ 2014년 ·2015년 ·2016년 공개기출문제			월 일		

※ 2014년~ 2016년 공개기출문제 – 박문각 출판 홈페이지에서 제공

CONTENTS
목차

위험물 기능사 필기

2024년 출제비율

화재예방과 소화방법

01 일반화학	02 연소	03 화재 및 폭발	04 소화종류 및 약제	05 소방시설	06 소화난이도등급
10%	10%	15%	40%	15%	10%

01

화재예방과 소화방법

일반화학

01 원자와 주기율표

1 주기율표 ★★★

(1) 비슷한 성질의 원소가 주기적으로 나타나도록 원소를 나열한 표
(2) 원소를 양성자 수에 따라 배열한 표

주기＼족	1	2	13	14	15	16	17	18(0)
1	1 H							2 He
2	3 Li	4 Be	5 B	6 C	7 N	8 O	9 F	10 Ne
3	11 Na	12 Mg	13 Al	14 Si	15 P	16 S	17 Cl	18 Ar
4	19 K	20 Ca					35 Br	
							53 I	

① 알칼리금속(1족, 수소 제외) : 물과 반응하여 수산화금속과 수소 발생
② 알칼리토금속(2족) : 물과 반응하여 수소 발생
③ 할로겐원소(17족) : 비금속 중 반응성이 가장 큼
④ 비활성 기체(18족, 0족) : 가장 안정한 상태의 원소, 다른 물질과 반응하지 않아 불활성 기체라고도 함

2 원자번호

① 양성자 수에 따라 고유번호를 붙인 것을 원자번호라 함
② 원자번호 ⇒ 양성자 수
③ 질량 수 = 양성자 수 + 중성자 수

3 원자가전자

① 원자의 가장 바깥 껍질에 있는 전자
② 원자가 등의 화학적 성질 결정

02 화학의 기초법칙

1 이상기체 방정식 공식 ★★★

이상기체 방정식은 이상기체의 상태를 다루는 상태방정식이며, 이상기체가 압력, 온도 등의 변수에 의해 변하는 상태를 일반적으로 나타낸 것

①
$$PV = nRT$$

②
$$PV = \frac{w}{M}RT$$

2 보일-샤를의 법칙

일정량의 기체의 부피(V)는 압력(P)에 반비례하고, 절대온도(T)에 비례

①
$$PV = kT$$

②
$$\frac{P_1V_1}{T_1} = \frac{P_2V_2}{T_2}$$

♀ Key
♂ point

이상기체 방정식의 공식

P	압력	V	부피
w	질량	R	기체상수 (0.082atm·m³)
M	분자량	T	절대온도 (K = 273+℃)

바로 확인
예제

다음 반응식과 같이 벤젠 1kg이 연소할 때 발생되는 CO_2의 양은 약 몇 m²인가? (단, 27℃, 750mmHg 기준이다.) 빈출

$$2C_6H_6 + 15O_2 \rightarrow 12CO_2 + 6H_2O$$

① 0.72   ② 1.22
③ 1.92   ④ 2.42

정답 ③
풀이

• $PV = \dfrac{wRT}{M}$

• $V = \dfrac{wRT}{PM}$

$= \dfrac{1 \times 0.082 \times 300}{0.9868 \times 78} \times \dfrac{12}{2}$

$= 1.917m^3$

• $0.9868 = \dfrac{750mmHg}{760mmHg}$

[P = 압력, V = 부피, w = 질량, M = 분자량, R = 기체상수(0.082를 곱한다), T = 절대온도(℃를 환산하기 위해 273을 더한다)]

02 연소

01 연소이론

연소란 물질이 공기 또는 산소 속에서 빛과 불꽃을 내며 타는 현상으로, 가연물이 산소와 결합하여 열과 빛을 수반하는 산화반응

1 연소의 요소

(1) 연소의 3요소 : 가연물, 산소공급원, 점화원

암기법 가 산 점

(2) 연소의 4요소 : 가연물, 산소공급원, 점화원, 연쇄반응

암기법 가 산 점 연

2 가연물이 되기 쉬운 조건

(1) 산소와 친화력이 좋을 것

연소는 가연물과 산소의 반응이므로 산소와 친화력이 크면 반응이 더 잘 일어남

(2) 열전도율이 적을 것 ★

열이 전달되지 않고 한 곳에 모여 있을수록 온도 상승이 쉬움

(3) 표면적이 넓을 것

표면적이 넓으면 산소와의 접촉면적이 넓어져 연소 반응이 더 잘 일어남

(4) 발열량이 클 것

발열량이 클수록 더 오랜 시간 연소 가능

(5) 활성화에너지가 작을 것

활성화에너지가 작으면 쉽게 반응이 일어남

바로 확인 예제

산화제와 환원제를 연소의 4요소와 연관지어 연결한 것으로 옳은 것은?

① 산화제-산소공급원, 환원제-가연물
② 산화제-가연물, 환원제-산소공급원
③ 산화제-연쇄반응, 환원제-점화원
④ 산화제-점화원, 환원제-가연물

정답 ①
풀이 물질이 발화, 연소하는 데는 가연물, 산소공급원, 점화원, 연쇄반응의 4요소가 필요하다.

바로 확인 예제

연소에 대한 설명으로 옳지 않은 것은?

① 산화되기 쉬운 것일수록 타기 쉽다.
② 산소와의 접촉면적이 큰 것일수록 타기 쉽다.
③ 충분한 산소가 있어야 타기 쉽다.
④ 열전도율이 큰 것일수록 타기 쉽다.

정답 ④
풀이 열전도율이 작은 것일수록 타기 쉽다.

02 연소 3요소

1 가연물
고체, 액체, 기체를 통틀어 산화되기 쉬운 물질

2 산소공급원
① 산소, 공기
② 제1류, 제6류 위험물 : 산화제
③ 제5류 위험물 : 자기반응성 물질
④ 조연성 : 다른 가연성 물질을 연소시킬 수 있는 기체는 주로 산소공급원임

3 점화원
① 가연성 가스나 물질 등이 체류하고 있는 분위기에 불을 붙일 수 있는 근원
② 정전기, 스파크, 마찰열, 충격, 화기, 불꽃 등

03 정전기

1 정전기 발생 조건
① 위험물이 빠른 유속으로 흐를 때(마찰 증대)
② 필터를 통과할 때
③ 흐름의 낙차가 클 때
④ 심한 와류가 생성될 때

2 정전기 제거 조건
① 공기 이온화
② 위험물이 느린 유속으로 흐를 때(마찰 감소)
③ 공기 중 상대습도 70% 이상으로 함 ★
④ 접지에 의한 방법

바로 확인
예제

위험물안전관리법령에서 정한 정전기를 유효하게 제거할 수 있는 방법에 해당하지 않는 것은? 빈출
① 위험물 이송 시 배관 내 유속을 빠르게 하는 방법
② 공기를 이온화하는 방법
③ 접지에 의한 방법
④ 공기 중의 상대습도를 70% 이상으로 하는 방법

정답 ①
풀이 정전기 방지대책
• 접지에 의한 방법
• 공기를 이온화함
• 공기 중의 상대습도를 70% 이상으로 함
• 위험물이 느린 유속으로 흐를 때

04 자연발화

자연발화 형태	① **분해열에 의한 발화** : 셀룰로이드, 나이트로셀룰로오스 ② **흡착열에 의한 발화** : 목탄, 활성탄 ③ **산화열에 의한 발화** : 석탄, 건성유, 고무분말 ④ **발효열에 의한 발화** : 퇴비, 먼지
자연발화 조건	① 주위의 온도가 높을 것　　② 열전도율이 적을 것 ③ 발열량이 클 것　　④ 습도가 높을 것 ⑤ 표면적이 넓을 것
자연발화 방지법	① 주위의 온도를 낮출 것　　② 습도를 낮게 유지할 것 ③ 환기를 잘 시킬 것　　④ 열의 축적을 방지할 것

05 위험물의 연소형태

1 고체연소

① **표면연소** : 목탄, 코크스, 숯, 금속분 등
② **분해연소** : 목재, 종이, 플라스틱, 섬유, 석탄 등
③ **자기연소** : 제5류 위험물 중 고체
④ **증발연소** : 파라핀(양초), 황, 나프탈렌 등

　암기법　표 분 자 증

바로 확인 예제

가연성 물질과 주된 연소형태의 연결
이 틀린 것은?
① 종이, 섬유 – 분해연소
② 셀룰로이드, TNT – 자기연소
③ 목재, 석탄 – 표면연소
④ 황, 알코올 – 증발연소

　정답　③
　풀이　목재와 석탄은 분해연소를 한다.

2 액체연소

① **증발연소** : 열분해 없이 직접 증발 증기 연소, 에테르
② **분무연소** : 액체 연료를 미세한 입자로 분무한 상태에서 연소시키는 방식
③ **등화연소** : 연료가 액체 상태로 저장된 후, 모세관 작용에 의해 심지(등화)를
　　통해 연소가 이루어지는 방식
④ **액면연소** : 액체 연료가 액체 표면에서 기화되어 연소하는 방식

　암기법　증 분 등 액

3 기체연소

① **확산연소** : 연료와 공기 따로 공급
② **예혼합연소** : 연료와 미리 혼합한 후 연소
③ **폭발연소** : 매우 짧은 시간 내에 연소가 급격하게 일어나면서 에너지가 폭발적
　　으로 방출되는 현상

　암기법　확 예 폭

4 연소범위를 줄이는 첨가물질

① 연소되지 않는 불연성 물질 첨가
② 불연성 물질 : 질소, 아르곤, 이산화탄소

06 위험도, 인화점, 발화점

1 위험도 ★★

① 연소범위에 따라 위험한 정도를 나타냄
②

$$위험도 = \frac{연소범위\ 상한\ -\ 연소범위\ 하한}{연소범위\ 하한}$$

2 인화점

① 점화원이 있을 때 불이 붙는 최저온도
② 가연성 증기가 연소범위 하한에 도달하는 최저온도

3 발화점

(1) 점화원이 없을 때 스스로 열의 축적에 의해 불이 붙는 최저온도
(2) 발화점이 낮아지는 조건
　① 산소의 농도가 클 때　　② 화학적 활성도가 클 때
　③ 산소와 친화력이 클 때　④ 열전도율이 낮을 때
　⑤ 발열량이 클 때

07 고온체의 색상과 온도

색상	담암적색	암적색	적색	황색	휘적색	황적색	백적색	휘백색
온도(℃)	520	700	850	900	950	1,100	1,300	1,500

암기법 담 암 적 황 휘 황 백 휘

바로 확인 예제

아세톤의 위험도를 구하면 얼마인가?
(단, 아세톤의 연소범위는 2~13vol%
이다.)

① 0.846　　② 1.23
③ 5.5　　　④ 7.5

정답 ③
풀이 위험도를 구하는 식

$$\frac{연소범위\ 상한\ -\ 연소범위\ 하한}{연소범위\ 하한}$$

$$= \frac{13 - 2}{2} = 5.5$$

Key point

주요 연소범위
1) 아세톤 : 2~13%
2) 아세틸렌 : 2.5~81%
3) 휘발유 : 1.4~7.6%
4) 가솔린 : 1.4~7.6%
5) 다이에틸에터 : 1.9~48%

단원별 출제예상문제

01

연소의 3요소인 산소의 공급원이 될 수 없는 것은?

① H_2O_2
② KNO_3
③ HNO_3
④ CO_2

해설

• 연소의 3요소 : 가연물, 산소공급원, 점화원
• 이산화탄소(CO_2)는 불연성 가스이므로 산소의 공급원이 될 수 없다.

02

연료의 일반적인 연소형태에 관한 설명 중 틀린 것은?

① 목재와 같은 고체연료는 연소 초기에는 불꽃을 내면서 연소하나 후기에는 점점 불꽃이 없어져 무염(無炎)연소 형태로 연소한다.
② 알코올과 같은 액체연료는 증발에 의해 생긴 증기가 공기 중에서 연소하는 증발연소의 형태로 연소한다.
③ 기체연료는 액체연료, 고체연료와 다르게 비정상적 연소인 폭발현상이 나타나지 않는다.
④ 석탄과 같은 고체연료는 열분해하여 발생한 가연성 기체가 공기 중에서 연소하는 분해연소 형태로 연소한다.

해설

기체연료는 확산연소, 예혼합연소, 폭발연소를 한다.

03

연소가 잘 이루어지는 조건으로 거리가 먼 것은?

① 가연물의 발열량이 클 것
② 가연물의 열전도율이 클 것
③ 가연물과 산소와의 접촉표면적이 클 것
④ 가연물의 활성화에너지가 작을 것

해설

가연물의 열전도율이 적을 것

04 빈출

위험물을 취급함에 있어서 정전기를 유효하게 제거하기 위한 설비를 설치하고자 한다. 위험물안전관리법령상 공기 중의 상대 습도를 몇 % 이상 되게 하여야 하는가?

① 50
② 60
③ 70
④ 80

해설

정전기를 유효하게 제거하기 위해서는 상대습도를 70% 이상 되게 하여야 한다.

05 빈출

액화 이산화탄소 1kg이 25℃, 2atm에서 방출되어 모두 기체가 되었다. 방출된 기체상의 이산화탄소 부피는 약 몇 L인가?

① 278
② 556
③ 1,111
④ 1,985

해설

• $PV = \dfrac{wRT}{M}$

• $V = \dfrac{wRT}{PM}$

$= \dfrac{1,000 \times 0.082 \times 298}{2 \times 44} = 277.681L$

P = 압력, V = 부피, w = 질량, M = 분자량, R = 기체상수(0.082를 곱함), T = 절대온도(℃를 환산하기 위해 273을 더함)

정답   01 ④   02 ③   03 ②   04 ③   05 ①

03 화재 및 폭발

01 화재

1 화재의 종류 ★★★

급수	명칭(화재)	색상	물질
A	일반	백색	목재, 섬유 등
B	유류	황색	유류, 가스 등
C	전기	청색	낙뢰, 합선 등
D	금속	무색	Al, Na, K 등

암기법 명칭 : 일 유 전 금,   색상 : 백 황 청 무

2 화재현상

(1) 플래시오버(Flash Over) ★

① 건축물 화재 시 가연성 기체가 모여 있는 상태에서 산소가 유입됨에 따라 **성장기에서 최성기**로 급격하게 진행되며, 건물 전체로 화재가 확산되는 현상

② 발화기 ⇒ 성장기 ⇒ 플래시오버 ⇒ 최성기 ⇒ 감쇠기

③ 내장재 종류와 개구부 크기에 영향을 받음

(2) 유류저장탱크에서 일어나는 현상

보일오버	유류화재 시 탱크 밑면에 물이 고여 있는 경우 물이 증발하여 불붙은 기름을 분출하는 현상
슬롭오버	유류화재 시 액 표면 온도가 물의 비점 이상으로 상승하여 물 또는 포 소화약제가 액 표면에서 기화하면서 탱크의 유류를 외부로 분출시키는 현상
프로스오버	물이 뜨거운 기름 표면 아래에서 끓을 때 화재를 수반하지 않고 용기에서 넘쳐흐르는 현상

(3) 가스저장탱크에서 일어나는 현상

BLEVE	액화가스 저장탱크 주위에 화재가 발생했을 때 탱크 내부의 비등현상으로 인한 압력으로 탱크가 파열되고 이때 누설로 부유 또는 확산된 액화가스가 착화원과 접촉하여 공기 중으로 확산, 폭발하는 현상
UVCE	대기 중에서 대량의 가연성 가스나 가연성 액체가 유출하여 그것으로부터 발생하는 증기가 공기와 혼합되어 발화원에 의해 발생하는 폭발

02 폭발

1 폭연과 폭굉

(1) 폭연과 폭굉의 전파속도

    ① 폭연(연소파) : 0.1 ~ 10 m/s

    ② 폭굉(폭굉파) : 1,000 ~ 3,500m/s

(2) 폭굉유도거리(DID)가 짧아지는 경우

    ① 점화원 에너지가 클수록

    ② 압력이 높을수록

    ③ 연소속도가 큰 혼합가스일수록

    ④ 관 지름이 작을수록

    ⑤ 관 속에 이물질이 있을 경우

2 분진폭발

    ① 분진폭발 위험이 없는 물질 : 시멘트, 모래, 석회분말 등

        암기법 시 모 석

    ② 분진폭발 위험이 있는 물질 : 금속분, 알루미늄, 밀가루, 설탕, 황 등

3 산화폭발

가연성 가스, 액체가 공기와 혼합하여 착화원에 의해 폭발(LPG, LNG 등)

4 분해폭발

분해성 가스와 자기분해성 고체가 분해되며 폭발(아세틸렌, 산화에틸렌 등)

5 중합폭발

중합반응이 일어날 때 발생하는 중합열에 의해 폭발

Chapter 03

단원별 출제예상문제

01

다음 물질 중 분진폭발의 위험이 가장 낮은 것은?

① 마그네슘가루
② 아연가루
③ 밀가루
④ 시멘트가루

해설

분진폭발의 원인물질로 작용할 위험성이 가장 낮은 물질은 시멘트, 모래, 석회분말 등이다.

02 빈출

화재의 종류와 가연물이 옳게 연결된 것은?

① A급 - 플라스틱
② B급 - 섬유
③ A급 - 페인트
④ B급 - 나무

해설

화재의 종류

급수	화재	색상	물질
A	일반	백색	목재, 섬유 등
B	유류	황색	유류, 가스 등
C	전기	청색	낙뢰, 합선 등
D	금속	무색	Al, Na, K 등

03

플래시오버(flash over)에 관한 설명이 아닌 것은?

① 실내화재에서 발생하는 현상
② 순발적인 연소확대 현상
③ 발생시점은 초기에서 성장기로 넘어가는 분기점
④ 화재로 인하여 온도가 급격히 상승하여 화재가 순간적으로 실내 전체에 확산되어 연소되는 현상

해설

플래시오버의 발생시점은 성장기에서 최성기로 넘어가는 분기점이다.

04

폭발 시 연소파의 전파속도 범위에 가장 가까운 것은?

① 0.1 ~ 10m/s
② 100 ~ 1,000m/s
③ 2,000 ~ 3,500m/s
④ 5,000 ~ 10,000m/s

해설

폭연과 폭굉의 전파속도

폭연(연소파)	폭굉(폭굉파)
0.1 ~ 10m/s	1,000 ~ 3,500m/s

정답   01 ④   02 ①   03 ③   04 ①

01 소화의 종류

1 물리적 소화

냉각소화	• 점화원을 활성화에너지 값 이하로 낮게 하는 방법 • 주 소화약제 : 물 • 종류 : 물 소화기, 강화액 소화기 등
질식소화	• 가연물질에 산소 공급을 차단시켜 소화하는 방법 • 주 소화약제 : 이산화탄소 소화약제, 포 소화약제, 분말 소화약제, 불활성 가스계 소화약제 등
제거소화	• 가연물질을 화재 장소로부터 안전한 장소로 이동 또는 제거하는 소화방법 • 가연성 가스 화재 시 가스밸브 차단, 전기화재 시 전기차단 등

2 화학적 소화(억제소화) ★

① 연쇄반응을 차단하여 소화하는 방법
② 주 소화약제 : 할로겐화합물 소화약제, 제3종 분말 소화약제 등
③ 종류 : 할로겐화합물 소화기, 할론 소화기
④ 부촉매소화로도 불림

02 소화약제

1 질식소화

(1) 분말 소화약제 ★★★

약제명	주성분	분해식	색상	적응화재
제1종	탄산수소나트륨	$2NaHCO_3 \rightarrow Na_2CO_3 + CO_2 + H_2O$	백색	BC
제2종	탄산수소칼륨	$2KHCO_3 \rightarrow K_2CO_3 + CO_2 + H_2O$	보라색 (담회색)	BC
제3종	인산암모늄	$NH_4H_2PO_4 \rightarrow NH_3 + HPO_3 + H_2O$	담홍색	ABC
제4종	탄산수소칼륨 + 요소	—	회색	BC

(2) 포 소화약제

CO_2 기체가 발생하며 거품을 일으켜 질식소화

① 화학포 소화약제 : 황산알루미늄$[Al_2(SO_4)_3]$과 탄산수소나트륨($NaHCO_3$)의 화학반응으로 발생한 이산화탄소 거품으로 소화

② 기계포 소화약제

단백포 소화약제	유류화재 소화용
합성계면활성제포 소화약제	탄화수소계 계면활성제를 주성분으로 만든 포 소화약제를 말하며 유동성이 좋아 소화속도가 빠르고 유출유화재에 적합
수성막포 소화약제	유류화재 표면에 유화층을 형성하여 소화(불소계 계면활성제를 바탕으로 한 기포성 수성 소화약제)
내알코올포 소화약제	수용성 액체, 알코올류 소화용

(3) 이산화탄소 소화약제

①

$$이산화탄소\ 소화농도\ 계산식 \Rightarrow \frac{21 - O_2\%}{21} \times 100 \ \bigstar\bigstar$$

② 소화약제 사용 시 오손이 거의 없음

③ 줄-톰슨 효과에 의해 드라이아이스 생성

④ 이산화탄소 소화약제의 저장용기 설치기준
- 방호구역 외의 장소에 설치
- 온도가 40℃ 이하, 온도변화가 작은 곳에 설치
- 직사광선 및 빗물 침투 우려가 없는 곳에 설치
- 방화문으로 구획된 실에 설치

⑤ 이산화탄소 소화약제의 적응성
- 제2류 위험물 중 인화성 고체
- 제4류 위험물

⑥ 국소방출방식의 이산화탄소 소화설비 분사헤드에서 방출되는 소화약제 방출시간은 30초 이내에 균일하게 방사 가능해야 함

(4) 할로겐 화합물 및 불활성기체 소화약제

① 화재 시 산소 농도를 낮추어 불을 끄는 소화약제로, 불활성 가스는 화학적으로 반응하지 않으며, 화재 시 연소에 필요한 산소 농도를 감소시켜 산소 결핍 상태를 만들어 불이 꺼지도록 함

② IG-541은 $N_2 : Ar : CO_2$ = 52 : 40 : 8로 혼합된 것

바로 확인 예제

유류화재 소화 시 분말 소화약제를 사용할 경우 소화 후에 재발화 현상이 가끔씩 발생할 수 있다. 다음 중 이러한 현상을 예방하기 위하여 병용하여 사용하면 가장 효과적인 포 소화약제는?

① 단백포 소화약제
② 수성막포 소화약제
③ 알코올형포 소화약제
④ 합성계면활성제포 소화약제

정답 ②

풀이 수성막포 소화약제는 유류화재에 우수한 소화효과를 나타낸다.

이산화탄소 소화약제에 관한 설명 중 틀린 것은?

① 소화약제에 의한 오손이 없다.
② 소화약제 중 증발잠열이 가장 크다.
③ 전기 절연성이 있다.
④ 장기간 저장이 가능하다.

정답 ②
풀이 증발잠열이 가장 큰 것은 물 소화약제이다.

소화설비의 주된 소화효과를 옳게 설명한 것은? ✔빈출

① 옥내 · 옥외소화전설비 : 질식소화
② 스프링클러설비, 물분무 소화설비 : 억제소화
③ 포, 분말 소화설비 : 억제소화
④ 할로겐화합물 소화설비 : 억제소화

정답 ④
풀이 할로겐화합물 소화설비는 억제소화의 효과를 가진다.

2 억제소화

할로겐화합물 소화약제

주로 브롬, 플루오린, 염소 등의 할로겐 원소가 포함된 화합물로, 화재 진압 시 연소반응을 화학적으로 차단하여 불을 끄는 소화약제

(1) 냉각, 부촉매 효과

(2) 할론1301(CF_3Br)

　① 오존층 파괴지수 가장 높음
　② 증기비중이 5.13으로 공기보다 무거움

Chapter 04

단원별 출제예상문제

01

Halon 1001의 화학식에서 수소원자의 수는?

① 0
② 1
③ 2
④ 3

해설

- 할론넘버는 C, F, Cl, Br 순으로 매긴다.
- 할론 1001 = CH_3Br
- 수소원자는 3개이다.

02

질소와 아르곤과 이산화탄소의 용량비가 52대 40대 8인 혼합물 소화약제에 해당하는 것은?

① IG-541
② HCFC BLEND A
③ HFC-125
④ HFC-23

해설

- IG – 541 혼합물 종류는 아래와 같다.
- N_2 : Ar : CO_2 = 52 : 40 : 8

03 ★빈출

분말 소화약제 중 제1종과 제2종 분말이 각각 열분해될 때 공통적으로 생성되는 물질은?

① N_2, CO_2
② N_2, O_2
③ H_2O, CO_2
④ H_2O, N_2

해설

분말 소화약제의 종류

약제명	주성분	분해식
제1종	탄산수소나트륨	$2NaHCO_3 \rightarrow Na_2CO_3 + CO_2 + H_2O$
제2종	탄산수소칼륨	$2KHCO_3 \rightarrow K_2CO_3 + CO_2 + H_2O$
제3종	인산암모늄	$NH_4H_2PO_4 \rightarrow NH_3 + HPO_3 + H_2O$
제4종	탄산수소칼륨 + 요소	–

04

할로겐화합물의 소화약제 중 할론 2402의 화학식은?

① $C_2Br_4F_2$
② $C_7Cl_4F_2$
③ $C_2Cl_4Br_2$
④ $C_2F_4Br_2$

해설

할론넘버는 C, F, Cl, Br 순으로 매긴다.
→ 할론 2402 = $C_2F_4Br_2$

05 ★빈출

화재 시 이산화탄소를 방출하여 산소의 농도를 13vol%로 낮추어 소화를 하려면 공기 중의 이산화탄소는 몇 vol%가 되어야 하는가?

① 28.1
② 38.1
③ 42.86
④ 48.36

해설

이산화탄소 소화농도 계산식

$$\frac{21 - O_2}{21} \times 100$$

$$= \frac{21 - 13}{21} \times 100 = 38.1 vol\%$$

정답 01 ④ 02 ① 03 ③ 04 ④ 05 ②

바로 확인 예제

위험물안전관리법령상 옥내소화전설비의 비상전원은 몇 분 이상 작동할 수 있어야 하는가?

① 45분　　② 30분
③ 20분　　④ 10분

정답 ①

풀이 옥내소화전설비 비상전원 작동시간은 45분 이상 작동할 수 있어야 한다.

바로 확인 예제

위험물안전관리법령의 소화설비 설치기준에 의하면 옥외소화전설비의 수원의 수량은 옥외소화전 설치개수(설치개수가 4 이상인 경우에는 4)에 몇 m³을 곱한 양 이상이 되도록 하여야 하는가?

① 7.5m³　　② 13.5m³
③ 20.5m³　　④ 25.5m³

정답 ②

풀이 소화설비 설치기준
- 옥내소화전
  = 설치개수(최대 5개) × 7.8m³
- 옥외소화전
  = 설치개수(최대 4개) × 13.5m³

---

01 소화설비

1 수계소화설비 ★★

(1) 옥내소화전설비

① 제조소등의 건축물의 층마다 당해 층의 각 부분에서 하나의 호스접속구까지의 수평거리가 25m 이하가 되도록 설치할 것

② 수원의 수량은 옥내소화전이 가장 많이 설치된 층의 옥내소화전 설치개수(설치개수가 5개 이상인 경우는 5개)에 7.8m³을 곱한 양 이상이 되도록 설치할 것

③ 각 층을 기준으로 하여 당해 층의 모든 옥내소화전(설치개수가 5개 이상인 경우는 5개의 옥내소화전)을 동시에 사용할 경우에 각 노즐 끝부분에 방수압력이 350kPa 이상이고, 방수량이 1분당 260L 이상의 성능이 되도록 할 것

④ 옥내소화전설비에는 비상전원을 45분 이상 작동할 것

(2) 옥외소화전설비

① 방호대상물(당해 소화설비에 의해 소화하여야 할 제조소등의 건축물, 그 밖의 공작물 및 위험물을 말함)의 각 부분에서 하나의 호스접속구까지의 수평거리가 40m 이하가 되도록 설치할 것(이 경우 그 설치개수가 1개일 때는 2개로 하여야 함)

② 수원의 수량은 옥외소화전의 설치개수(설치개수가 4개 이상인 경우는 4개의 옥외소화전)에 13.5m³를 곱한 양 이상이 되도록 설치할 것

③ 옥외소화전설비는 모든 옥외소화전(설치개수가 4개 이상인 경우는 4개의 옥외소화전)을 동시에 사용할 경우에 각 노즐 끝부분의 방수압력이 350kPa 이상이고, 방수량이 1분당 450L 이상의 성능이 되도록 할 것

④ 옥외소화전설비에는 비상전원을 설치할 것

⑤ 건축물의 1층 및 2층 부분만을 방사능력범위로 하고 건축물의 지하층 및 3층 이상의 층에 대하여 다른 소화설비를 설치할 것. 또한 옥외소화전설비를 옥외 공작물에 대한 소화설비로 하는 경우에도 유효방수거리 등을 고려한 방사능력범위에 따라 설치할 것

(3) 스프링클러설비

① 방호대상물의 천장 또는 건축물의 최상부 부근에 설치하되, 방호대상물의 각 부분에서 하나의 스프링클러헤드까지의 수평거리가 1.7m 이하가 되도록 설치할 것

② 개방형 스프링클러헤드를 이용한 스프링클러설비의 방사구역은 150m² 이상으로 할 것

③ 수원의 수량은 폐쇄형 스프링클러헤드를 사용하는 것은 최소 30개의 스프링클러헤드가 동시에 작동할 수 있는 양 이상, 개방형 스프링클러헤드를 사용하는 것은 스프링클러헤드가 가장 많이 설치된 방사구역의 스프링클러헤드 설치개수에 2.4m³를 곱한 양 이상이 되도록 설치할 것

④ ③의 규정에 의한 개수의 스프링클러헤드를 동시에 사용할 경우에 각 끝부분의 방사압력이 100kPa 이상이고, 방수량이 1분당 80L 이상의 성능이 되도록 할 것

(4) 물분무 소화설비

① 물분무 소화설비의 방사구역은 150m² 이상으로 할 것

② 수원의 수량은 분무헤드가 가장 많이 설치된 방사구역의 모든 분무헤드를 동시에 사용할 경우에 당해 방사구역의 표면적 1m²당 1분에 20L의 비율로 계산한 양으로 30분간 방사할 수 있는 양 이상이 되도록 설치할 것

③ ② 규정에 의한 분무헤드를 동시에 사용할 경우에 각 끝부분의 방사압력이 350kPa 이상으로 표준방사량을 방사할 수 있는 성능이 되도록 할 것

(5) 포 소화설비

① 고정식 포 소화설비의 포방출구 등은 방호대상물의 형상, 구조, 성질, 수량 또는 취급방법에 따라 표준방사량으로 당해 방호대상물의 화재를 유효하게 소화할 수 있도록 필요한 개수를 적당한 위치에 설치할 것

② 이동식 포 소화설비의 포 소화전은 옥내에 설치하는 것은 옥내소화전, 옥외에 설치하는 것은 옥외소화전의 규정을 준용할 것

2 가스계 소화설비

① 이산화탄소 소화설비
② 할로겐화합물 및 불활성 기체 소화설비

Key point
옥외소화전함은 옥외소화전으로부터 보행거리 5m 이내 설치할 것

Key point
연결살수설비는 위험물 소화설비가 아니다.

바로 확인 예제

위험물제조소등에 설치해야 하는 각 소화설비의 설치기준에 있어서 각 노즐 또는 헤드 끝부분의 방사압력 기준이 나머지 셋과 다른 설비는?

① 옥내소화전설비
② 옥외소화전설비
③ 스프링클러설비
④ 물분무 소화설비

정답 ③

풀이 방사압력 기준
• 스프링클러설비 : 100kPa
• 옥내소화전설비, 옥외소화전설비, 물분무 소화설비 : 350kPa

1 소요단위(연면적) ★★

구분	내화구조(m²)	비내화구조(m²)
위험물제조소 및 취급소	100	50
위험물저장소	150	75
위험물	지정수량의 10배	

2 능력단위 ★★★

소화설비	용량(L)	능력단위
소화전용물통	8	0.3
수조(물통 3개 포함)	80	1.5
수조(물통 6개 포함)	190	2.5
마른모래(삽 1개 포함)	50	0.5
팽창질석, 팽창진주암(삽 1개 포함)	160	1.0

3 경보설비

지정수량 10배 이상의 위험물을 저장, 취급하는 제조소등(이동탱크저장소 제외)에는 화재발생 시 이를 알릴 수 있는 경보설비 설치

(1) 종류

    ① 자동화재탐지설비
    ② 자동화재속보설비
    ③ 비상경보설비(비상벨장치 또는 경종 포함)
    ④ 확성장치(휴대용확성기 포함)
    ⑤ 비상방송설비

(2) 제조소등별로 설치하여야 하는 경보설비의 종류 ★★

제조소등 구분	제조소등의 규모, 저장 또는 취급하는 위험물의 종류 및 최대수량 등	경보설비
제조소 및 일반취급소	① 연면적 500m² 이상인 것 ② 옥내에서 지정수량의 100배 이상을 취급하는 것 ③ 일반취급소로 사용되는 부분 외 부분이 있는 건축물에 설치된 일반취급소	자동화재탐지설비
옥내저장소	① 지정수량의 100배 이상을 저장 또는 취급하는 것 ② 저장창고 연면적 150m² 초과하는 것 ③ 처마높이가 6m 이상인 단층건물	
옥내탱크저장소	단층건물 외의 건축물에 설치된 옥내탱크저장소로서 소화난이도등급 I 에 해당하는 것	
옥외탱크저장소	특수인화물, 제1석유류 및 알코올류를 저장 또는 취급하는 탱크의 용량이 1,000만리터 이상인 것	자동화재탐지설비 자동화재속보설비
주유취급소	옥내주유취급소	자동화재탐지설비
제조소등	① 지정수량의 10배 이상을 저장 또는 취급하는 것 ② 위의 자동화재탐지설비 설치 대상에 해당하지 않는 제조소등(이송취급소 제외)	자동화재탐지설비, 비상경보설비, 확성장치 또는 비상방송설비 중 1종 이상
이송취급소	이송기지	비상벨장치 및 확성장치
	가연성 증기를 발생하는 위험물을 취급하는 펌프실 등	가연성 증기 경보설비

(3) 자동화재탐지설비 설치기준 ★★

① 자동화재탐지설비의 경계구역은 건축물 그 밖의 공작물의 2 이상의 층에 걸치지 아니하도록 할 것

② 다만, 하나의 경계구역의 면적이 500m² 이하이면서 당해 경계구역이 두 개의 층에 걸치는 경우이거나 계단·경사로·승강기의 승강로 그 밖에 이와 유사한 장소에 연기감지기를 설치하는 경우 그러하지 아니함

③ 하나의 경계구역의 면적은 600m² 이하로 하고 그 한 변의 길이는 50m(광전식분리형 감지기를 설치할 경우에는 100m) 이하로 할 것

④ 다만, 당해 건축물 그 밖의 공작물의 주요한 출입구에서 그 내부의 전체를 볼 수 있는 경우에 있어서는 그 면적을 1,000m² 이하로 할 수 있음

바로 확인 예제

지정수량 10배의 위험물을 저장 또는 취급하는 제조소에 있어서 연면적이 최소 몇 m²면 자동화재탐지설비를 설치해야 하는가?

① 100   ② 300
③ 500   ④ 1,000

정답 ③

풀이 제조소의 자동화재탐지설비 설치기준
• 연면적이 500m² 이상인 것
• 옥내에서 지정수량의 100배 이상을 취급하는 것
• 일반취급소로 사용되는 부분 외의 부분이 있는 건축물에 설치된 일반취급소

Key point

자동화재탐지설비 설치기준

10	지정수량 10배 이상을 저장 또는 취급하는 것
50	하나의 경계구역의 한 변의 길이는 50m 이하로 할 것
500	• 제조소 및 일반취급소의 연면적이 500m² 이상일 때 설치 • 500m² 이하이면 두 개의 층에 걸치는 것 가능
600	원칙적으로 경계구역의 면적 600m² 이하
1,000	주요 출입구에서 그 내부의 전체를 볼 수 있는 경우 1,000m² 이하

⑤ 자동화재탐지설비의 감지기는 지붕 또는 벽의 옥내에 면한 부분에 유효하게 화재의 발생을 감지할 수 있도록 설치할 것

⑥ 자동화재탐지설비에는 비상전원을 설치할 것

(4) 자동화재탐지설비 일반점검표 중 수신기 점검내용

① 변형·손상 유무

② 표시의 적부

③ 경계구역일람도의 적부

④ 기능의 적부

(5) 피난설비 설치기준 ★

① 주유취급소 중 건축물의 2층 이상의 부분을 점포·휴게음식점 또는 전시장의 용도로 사용하는 것에 있어서는 당해 건축물의 2층 이상으로부터 주유취급소의 부지 밖으로 통하는 출입구와 당해 출입구로 통하는 통로·계단 및 출입구에 유도등 설치

② 옥내주유취급소에 있어서는 당해 사무소 등의 출입구 및 피난구와 당해 피난구로 통하는 통로·계단 및 출입구에 유도등 설치

③ 유도등에 비상전원 설치

Chapter 05

단원별 출제예상문제

01

위험물제조소등에 설치해야 하는 각 소화설비의 설치기준에 있어서 각 노즐 또는 헤드 끝부분의 방사압력 기준이 나머지 셋과 다른 설비는?

① 옥내소화전설비
② 옥외소화전설비
③ 스프링클러설비
④ 물분무 소화설비

해설

방사압력 기준
• 스프링클러설비 : 100kPa
• 옥내소화전설비, 옥외소화전설비, 물분무 소화설비 : 350kPa

02

위험물제조소등에 옥내소화전설비를 설치할 때 옥내소화전이 가장 많이 설치된 층의 소화전의 개수가 4개일 경우 확보하여야 할 수원의 수량은?

① 10.4m³
② 20.8m³
③ 31.2m³
④ 41.6m³

해설

소화설비 설치기준
• 옥내소화전 = 설치개수(최대 5개) × 7.8m³
• 옥외소화전 = 설치개수(최대 4개) × 13.5m³
∴ 옥내소화전의 수원의 수량 = 4 × 7.8 = 31.2m³

03

건축물의 외벽이 내화구조이며, 연면적 300m²인 위험물 옥내저장소의 건축물에 대하여 소화설비의 소요단위는 최소한 몇 단위 이상이 되어야 하는가?

① 1단위
② 2단위
③ 3단위
④ 4단위

해설

위험물의 소요단위(연면적)

구분	외벽 내화구조	외벽 비내화구조
위험물제조소 및 취급소	100m²	50m²
위험물저장소	150m²	75m²

• 내화구조인 저장소의 1소요단위 : 150m²
• $\frac{300}{150} = 2$
• 소요단위는 2단위 이상이 되어야 한다.

04 ★빈출

팽창진주암(삽 1개 포함)의 능력단위 1은 용량이 몇 L인가?

① 70
② 100
③ 130
④ 160

해설

능력단위

소화설비	용량(L)	능력단위
소화전용물통	8	0.3
수조(물통 3개 포함)	80	1.5
수조(물통 6개 포함)	190	2.5
마른모래(삽 1개 포함)	50	0.5
팽창질석 · 팽창진주암 (삽 1개 포함)	160	1.0

정답   01 ③   02 ③   03 ②   04 ④

05

위험물제조소등에 설치하여야 하는 자동화재탐지설비의 설치기준에 대한 설명 중 틀린 것은?

① 자동화재탐지설비의 경계구역은 건축물 그 밖의 공작물의 2 이상의 층에 걸치도록 할 것
② 하나의 경계구역에서 그 한 변의 길이는 50m(광전식분리형 감지기를 설치할 경우에는 100m) 이하로 할 것
③ 자동화재탐지설비의 감지기는 지붕 또는 벽의 옥내에 면한 부분에 유효하게 화재의 발생을 감지할 수 있도록 설치할 것
④ 자동화재탐지설비에는 비상전원을 설치할 것

해설

자동화재탐지설비의 경계구역은 건축물 그 밖의 공작물의 2 이상의 층에 걸치지 아니하도록 할 것. 다만, 하나의 경계구역의 면적이 500m² 이하이면서 당해 경계구역이 두 개의 층에 걸치는 경우이거나 계단·경사로·승강기의 승강로 그 밖에 이와 유사한 장소에 연기감지기를 설치하는 경우에는 그러하지 아니하다.

06 ✈빈출

위험물안전관리법령에 따라 ( ) 안에 들어갈 용어로 알맞은 것은?

주유취급소 중 건축물의 2층 이상의 부분을 점포, 휴게음식점 또는 전시장의 용도로 사용하는 것에 있어서는 당해 건축물의 2층 이상으로부터 주유취급소의 부지 밖으로 통하는 출입구와 당해 출입구로 통하는 통로·계단 및 출입구에 ( )을(를) 설치하여야 한다.

① 피난사다리   ② 경보기
③ 유도등   ④ CCTV

해설

주유취급소 중 건축물의 2층 이상의 부분을 점포, 휴게음식점 또는 전시장의 용도로 사용하는 것에 있어 해당 건축물의 2층 이상으로부터 직접 주유취급소의 부지 밖으로 통하는 출입구와 해당 출입구로 통하는 통로·계단에 설치하여야 하는 것은 유도등이다.

정답   05 ① 06 ③

01 소화난이도등급 Ⅰ, Ⅱ 등급에 따른 소화설비

1 소화난이도등급 Ⅰ에 해당하는 제조소등 ★★

구분	기준
제조소 일반취급소	① 연면적 1,000m² 이상인 것 ② 지정수량의 100배 이상인 것 ③ 지반면으로부터 6m 이상의 높이에 위험물 취급설비가 있는 것 ④ 일반취급소로 사용되는 부분 외의 부분을 갖는 건축물에 설치된 것
주유취급소	면적의 합이 500m² 초과하는 것
옥내저장소	① 지정수량의 150배 이상인 것 ② 연면적 150m² 초과하는 것 ③ 처마높이가 6m 이상인 단층건물 ④ 옥내저장소로 사용되는 부분 외의 부분이 있는 건축물에 설치된 것
옥외저장소	① 덩어리 상태의 황을 저장하는 것으로서 경계표시 내부의 면적이 100m² 이상인 것 ② 인화성 고체, 제1석유류 또는 알코올류를 저장하는 것으로서 지정수량의 100배 이상인 것
옥내탱크저장소	① 액표면적이 40m² 이상인 것(제6류 위험물을 저장하는 것 및 고인화점 위험물만을 100℃ 미만의 온도에서 저장하는 것은 제외) ② 바닥면으로부터 탱크 옆판의 상단까지 높이가 6m 이상인 것(제6류 위험물을 저장하는 것 및 고인화점위험물만을 100℃ 미만의 온도에서 저장하는 것은 제외) ③ 탱크전용실이 단층건물 외의 건축물에 있는 것으로서 인화점 38℃ 이상 70℃ 미만의 위험물을 지정수량의 5배 이상 저장하는 것
옥외탱크저장소	① 액표면적이 40m² 이상인 것 ② 지반면으로부터 탱크 옆판의 상단까지 높이가 6m 이상인 것 ③ 지중탱크 또는 해상탱크로서 지정수량의 100배 이상인 것 ④ 고체위험물을 저장하는 것으로서 지정수량의 100배 이상인 것
암반탱크저장소	① 액표면적이 40m² 이상인 것(제6류 위험물을 저장하는 것 및 고인화점 위험물만을 100℃ 미만의 온도에서 저장하는 것은 제외) ② 고체위험물만을 저장하는 것으로서 지정수량의 100배 이상인 것
이송취급소	모든 대상

바로 확인 예제

벤젠을 저장하는 옥내탱크저장소가 액표면적이 45m²인 경우 소화난이도 등급은?

① 소화난이도등급 Ⅰ
② 소화난이도등급 Ⅱ
③ 소화난이도등급 Ⅲ
④ 제시된 조건으로 판단할 수 없음

정답 ①
풀이 액표면적이 40m² 이상이면 소화난이도등급 Ⅰ이다.

구분	기준
제조소 일반취급소	① 연면적 600m² 이상인 것 ② 지정수량의 10배 이상인 것 ③ 일반취급소로서 소화난이도등급 I 의 제조소등에 해당하지 않는 것
옥내저장소	① 지정수량의 10배 이상인 것 ② 연면적 150m² 초과하는 것 ③ 단층건물 이외의 것 ④ 다층건물의 옥내저장소 또는 소규모 옥내저장소 ⑤ 복합용도건축물의 옥내저장소로서 소화난이도등급 I 의 제조소등에 해당하지 아니하는 것
옥외저장소	① 덩어리 상태의 황을 저장하는 것으로서 경계표시 내부의 면적 5m² 이상 100m² 미만인 것 ② 인화성 고체, 제1석유류 또는 알코올류를 저장하는 것으로서 지정수량의 10배 이상 100배 미만인 것 ③ 지정수량 100배 이상인 것(덩어리 상태의 황 또는 고인화점위험물을 저장하는 것 제외)
옥외탱크저장소 옥내탱크저장소	소화난이도등급 I 의 제조소등 외의 것(고인화점위험물만을 100℃ 미만의 온도로 저장하는 것 및 제6류 위험물만을 저장하는 것은 제외)
주유취급소	옥내주유취급소로서 소화난이도등급 I 의 제조소등에 해당하지 아니하는 것
판매취급소	제2종 판매취급소

02 소화기구

1 소화기 설치기준

① 특정소방대상물의 각 층마다 설치
② 각 층이 둘 이상의 거실로 구획된 경우에는 각 층마다 설치하는 것 외에 바닥면적이 33m² 이상으로 구획된 각 거실에도 배치할 것
③ 소형소화기는 보행거리 20m마다 1개 설치
④ 대형소화기는 보행거리 30m마다 1개 설치

2 소화기 사용방법

① 적응화재에 따라 사용
② 바람을 등지고 사용
③ 성능에 따라 방출거리 내에서 사용
④ 양옆으로 비를 쓸 듯이 방사

3 스프링클러헤드 설치기준

① 개방형헤드는 반사판에서 하방으로 0.45m, 수평방향으로 0.3m 공간 보유
② 폐쇄형헤드는 가연성 물질 수납 부분에 설치 시 반사판으로부터 하방으로 0.9m, 수평방향으로 0.4m 공간 보유
③ 폐쇄형헤드 중 개구부에 설치하는 것은 당해 개구부의 상단으로부터 높이 0.15m 이내의 벽면에 설치
④ 폐쇄형헤드 설치 시 급배기용 덕트의 긴 변 길이가 1.2m를 초과하는 것이 있는 경우에 당해 덕트 등의 아래면에도 헤드 설치
⑤ 수동식 개방밸브를 개방 조작하는 데 필요한 힘 : 15kg 이하

4 스프링클러설비 장·단점

장점	① 화재의 초기 진압에 효율적 ② 약제를 쉽게 구할 수 있음 ③ 자동으로 화재를 감지하고 소화
단점	구조가 복잡하여 시설비가 큼

5 물분무 소화설비

(1) 설치기준

① 물분무 소화설비의 제어밸브 및 기타밸브는 다음의 기준에 의해 설치
 • 제어밸브는 바닥으로부터 0.8m 이상 1.5m 이하의 위치에 설치
 • 제어밸브의 가까운 곳의 보기 쉬운 곳에 '제어밸브'라고 표시한 표지를 할 것
② 고압의 전기설비가 있는 장소에는 해당 전기설비와 분무헤드 및 배관과 사이에 전기절연을 위하여 필요한 공간을 보유
③ 물분무 소화설비에는 각 층 또는 방사구역마다 제어밸브, 스트레이너 및 일제개방밸브 또는 수동식개방밸브를 다음에 정한 것에 의하여 설치할 것
 • 제어밸브 및 일제개방밸브 또는 수동식개방밸브는 스프링클러설비의 기준의 예에 의할 것
 • 스트레이너 및 일제개방밸브 또는 수동식개방밸브는 제어밸브의 하류 측 부근에 스트레이너, 일제개방밸브 또는 수동식개방밸브의 순으로 설치할 것
④ 물분무 소화설비에 2 이상의 방사구역을 두는 경우에는 화재를 유효하게 소화할 수 있도록 인접하는 방사구역이 상호 중복되게 함

(2) 물분무등소화설비의 종류

① 물분무 소화설비   ② 포 소화설비
③ 불활성 가스 소화설비 ④ 할로겐화합물 소화설비
⑤ 분말 소화설비

Chapter 06

단원별 출제예상문제

01

소화난이도등급 I에 해당하는 위험물제조소등이 아닌 것은?(단, 원칙적인 경우에 한하며 다른 조건은 고려하지 않는다)

① 모든 이송취급소
② 연면적 600m²의 제조소
③ 지정수량의 150배인 옥내저장소
④ 액표면적이 40m²인 옥외탱크저장소

해설

연면적 1,000m² 이상의 제조소가 소화난이도등급 I에 해당된다.

02

소화난이도등급 II의 제조소에 소화설비를 설치할 때 대형수동식소화기와 함께 설치하여야 하는 소형수동식소화기등의 능력단위에 관한 설명으로 옳은 것은?

① 위험물의 소요단위에 해당하는 능력단위의 소형수동식소화기 등을 설치할 것
② 위험물의 소요단위의 1/2 이상에 해당하는 능력단위의 소형수동식소화기 등을 설치할 것
③ 위험물의 소요단위의 1/5 이상에 해당하는 능력단위의 소형수동식소화기 등을 설치할 것
④ 위험물의 소요단위의 10배 이상에 해당하는 능력단위의 소형수동식소화기 등을 설치할 것

해설

소화난이도등급 II의 제조소에 소화설비를 설치할 때 대형수동식소화기와 함께 설치하여야 하는 소형수동식소화기등의 능력단위는 해당 위험물의 소요단위의 1/5 이상에 해당하는 능력단위의 소형수동식소화기 등을 설치해야 한다.

03

위험물안전관리법령에 따른 대형수동식소화기의 설치기준에서 방호대상물의 각 부분으로부터 하나의 대형수동식소화기까지의 보행거리는 몇 m 이하가 되도록 설치하여야 하는가? (단, 옥내소화전설비, 옥외소화전설비, 스프링클러설비 또는 물분무등소화설비와 함께 설치하는 경우는 제외한다.)

① 10
② 15
③ 20
④ 30

해설

대형수동식소화기에 있어서는 보행거리가 30m 이하가 되도록 설치한다.

04

소화기의 사용방법을 옳게 설명한 것을 모두 나열한 것은?

> ㄱ. 적응화재에만 사용할 것
> ㄴ. 불과 최대한 멀리 떨어져서 사용할 것
> ㄷ. 바람을 마주보고 풍하에서 풍상 방향으로 사용할 것
> ㄹ. 양 옆으로 비를 쓸 듯이 골고루 사용할 것

① ㄱ, ㄴ
② ㄱ, ㄷ
③ ㄱ, ㄹ
④ ㄱ, ㄷ, ㄹ

해설

소화기 사용방법
- 적응화재에 따라 사용
- 성능에 따라 방출거리 내에서 사용
- 바람을 등지고 사용
- 양옆으로 비로 쓸 듯이 방사

정답   01 ②   02 ③   03 ④   04 ③

05

위험물안전관리법령에 따른 스프링클러헤드의 설치방법에 대한 설명으로 옳지 않은 것은?

① 개방형헤드는 반사판으로부터 하방으로 0.45m, 수평방향으로 0.3m 공간을 보유할 것
② 폐쇄형헤드는 가연성 물질 수납 부분에 설치 시 반사판으로부터 하방으로 0.9m, 수평방향으로 0.4m의 공간을 확보할 것
③ 폐쇄형헤드 중 개구부에 설치하는 것은 당해 개구부의 상단으로부터 높이 0.15m 이내의 벽면에 설치할 것
④ 폐쇄형헤드 설치 시 급배기용 덕트의 긴 변의 길이가 1.2m를 초과하는 것이 있는 경우에는 당해 덕트의 윗면에도 헤드를 설치할 것

해설

폐쇄형헤드 설치 시 급배기용 덕트의 긴 변의 길이가 1.2m를 초과하는 것이 있는 경우에 당해 덕트 등의 아래면에도 헤드를 설치해야 한다.

06

다음 ( ) 안에 들어갈 수치로 옳은 것은?

> 물분무 소화설비의 제어밸브는 화재 시 신속한 조작을 위해 적절한 높이에 설치해야 한다. 제어밸브가 너무 낮으면 접근이 어렵고, 너무 높으면 긴급상황에서 조작이 불편하기 때문인데, 규정에 따르면 제어밸브는 바닥으로부터 최소 0.8m 이상, 최대 ( )m 이하의 위치에 설치해야 한다.

① 1.2
② 1.3
③ 1.5
④ 1.8

해설

물분무 소화설비의 제어밸브 및 기타 밸브의 설치기준
• 제어밸브는 바닥으로부터 0.8m 이상 1.5m 이하의 위치에 설치할 것
• 제어밸브의 가까운 곳의 보기 쉬운 곳에 '제어밸브'라고 표시한 표지를 할 것

정답   05 ④   06 ③

위험물
기능사
필기

2024년 기출분석

- ☑ 위험물의 화학적 반응 및 성질, 취급 시 주의해야 할 사항에 대한 문제들이 주로 출제됩니다.
- ☑ 특정 물질의 연소반응, 소화방법, 반응식 등을 묻는 문제가 자주 출제됩니다.
- ☑ 법령에서 정하는 시설기준, 안전관리, 점검 및 경보설비 설치에 관한 문제가 출제됩니다.

2024년 출제비율

위험물의 화학적 성질 및 취급

01 위험물 종류 및 특징	02 위험물 운반	03 위험물제조소	04 위험물저장소	05 위험물취급소	06 제조소등에서 위험물 저장 및 취급	07 위험물 안전관리법
55%	10%	10%	10%	5%	5%	5%

02

위험물의 화학적 성질 및 취급

01 위험물 분류

01 위험물 유별

1 제1류 위험물(산화성 고체)
고체 또는 기체로서 산화력의 잠재적인 위험성 또는 충격에 대한 민감성을 판단하기 위한 성질과 상태

2 제2류 위험물(가연성 고체)
황, 철분, 금속분, 마그네슘 등의 비교적 낮은 온도에서 발화하기 쉬운 가연성 고체위험물과 고형알코올, 그 밖에 1atm에서 인화점이 40℃ 미만인 고체(인화성 고체)를 뜻함

3 제3류 위험물(자연발화성 물질 및 금수성 물질)
고체 또는 액체로서 공기 중에서 발화의 위험성이 있는 것 또는 물과 접촉하여 발화하거나 가연성 가스의 발생 위험성이 있는 자연발화성 물질 및 물과의 접촉을 금해야 하는 류의 위험물이며 대기 중의 수분과 접촉하면 발화하는 물질

4 제4류 위험물(인화성 액체)
비교적 낮은 온도에서 연소를 일으키는 위험물로 인화의 위험성이 큰 액체 위험물

5 제5류 위험물(자기반응성 물질)
고체 또는 액체로서 폭발의 위험성 또는 가열분해의 격렬함을 갖고 있는 위험물

6 제6류 위험물(산화성 액체)
강산화성 액체로서 산화력의 잠재적인 위험성을 가진 위험물

Key
point
인화성 고체
고형알코올 그밖에 1기압에서 인화점이 섭씨 40도 미만인 고체

02 혼재 가능한 위험물

1 혼재 가능한 위험물 ★★★

지정수량 1/10 이하의 위험물은 적용 제외

위험물 유별	제1류	제2류	제3류	제4류	제5류	제6류
제1류	×	×	×	×	×	○
제2류	×	×	×	○	○	×
제3류	×	×	×	○	×	×
제4류	×	○	○	×	○	×
제5류	×	○	×	○	×	×
제6류	○	×	×	×	×	×

2 유별을 달리하더라도 1m 이상 간격을 둘 때 저장 가능한 경우 ★★

① 제1류 위험물(알칼리금속의 과산화물 또는 이를 함유한 것을 제외함)과 제5류 위험물을 저장하는 경우
② 제1류 위험물과 제6류 위험물을 저장하는 경우
③ 제1류 위험물과 제3류 위험물 중 자연발화성 물질(황린 또는 이를 함유한 것에 한함)을 저장하는 경우
④ 제2류 위험물 중 인화성 고체와 제4류 위험물을 저장하는 경우
⑤ 제3류 위험물 중 알킬알루미늄등과 제4류 위험물(알킬알루미늄 또는 알킬리튬을 함유한 것에 한함)을 저장하는 경우
⑥ 제4류 위험물 중 유기과산화물 또는 이를 함유하는 것과 제5류 위험물 중 유기과산화물 또는 이를 함유한 것을 저장하는 경우

바로 확인 예제

위험물안전관리법령상 위험물 운송 시 제1류 위험물과 혼재 가능한 위험물은? (단, 지정수량의 10배를 초과하는 경우이다.) ★빈출

① 제2류 위험물 ② 제3류 위험물
③ 제5류 위험물 ④ 제6류 위험물

정답 ④
풀이

1	6		혼재 가능
2	5	4	혼재 가능
3	4		혼재 가능

바로 확인 예제

위험물안전관리법령상 위험물을 유별로 정리하여 저장하면서 서로 1m 이상의 간격을 두면 동일한 옥내저장소에 저장할 수 있는 경우는?

① 제1류 위험물과 제3류 위험물 중 금수성 물질을 저장하는 경우
② 제1류 위험물과 제4류 위험물을 저장하는 경우
③ 제1류 위험물과 제6류 위험물을 저장하는 경우
④ 제2류 위험물 중 금속분과 제4류 위험물 중 동식물유류를 저장하는 경우

정답 ③
풀이 유별을 달리하더라도 1m 이상 간격을 둘 때 저장 가능한 경우
• 제1류 위험물(알칼리금속의 과산화물 또는 이를 함유한 것을 제외함)과 제5류 위험물을 저장하는 경우
• 제1류 위험물과 제6류 위험물을 저장하는 경우
• 제1류 위험물과 제3류 위험물 중 자연발화성 물질(황린 또는 이를 함유한 것에 한함)을 저장하는 경우
• 제2류 위험물 중 인화성 고체와 제4류 위험물을 저장하는 경우
• 제3류 위험물 중 알킬알루미늄등과 제4류 위험물(알킬알루미늄 또는 알킬리튬을 함유한 것에 한함)을 저장하는 경우
• 제4류 위험물 중 유기과산화물 또는 이를 함유하는 것과 제5류 위험물 중 유기과산화물 또는 이를 함유한 것을 저장하는 경우

01 제1류 위험물(산화성 고체) ★★★

등급	품명	지정수량(kg)	위험물	분자식	기타
I	아염소산염류	50	아염소산나트륨	$NaClO_2$	–
	염소산염류		염소산칼륨	$KClO_3$	
			염소산나트륨	$NaClO_3$	
	과염소산염류		과염소산칼륨	$KClO_4$	
			과염소산나트륨	$NaClO_4$	
	무기과산화물		과산화칼륨	K_2O_2	• 과산화칼슘 • 과산화마그네슘
			과산화나트륨	Na_2O_2	
II	브로민산염류	300	브로민산암모늄	NH_4BrO_3	–
	질산염류		질산칼륨	KNO_3	
			질산나트륨	$NaNO_3$	
	아이오딘산염류		아이오딘산칼륨	KIO_3	
III	과망가니즈산염류	1,000	과망가니즈산칼륨	$KMnO_4$	
	다이크로뮴산염류		다이크로뮴산칼륨	$K_2Cr_2O_7$	

암기법 50 : 아염과무, 300 : 브질아, 1,000 : 과다

02 제2류 위험물(가연성 고체) ★★★

등급	품명	지정수량(kg)	위험물	분자식
II	황화인	100	삼황화인	P_4S_3
			오황화인	P_2S_5
			칠황화인	P_4S_7
	적린		적린	P
	황		황	S
III	금속분	500	알루미늄분	Al
			아연분	Zn
			안티몬	Sb
	철분		철분	Fe
	마그네슘		마그네슘	Mg
	인화성 고체	1,000	고형알코올	–

암기법 100 : 황건적이 황을 들고, 500 : 금속철마를 타고 옴, 1,000 : 인화성 고체

03 제3류 위험물(자연발화성 및 금수성 물질) ★★★

등급	품명	지정수량(kg)	위험물	분자식
I	알킬알루미늄	10	트라이에틸알루미늄	$(C_2H_5)_3Al$
	칼륨		칼륨	K
	알킬리튬		알킬리튬	RLi
	나트륨		나트륨	Na
	황린	20	황린	P_4
II	알칼리금속 (칼륨, 나트륨 제외)	50	리튬	Li
			루비듐	Rb
	알칼리토금속		칼슘	Ca
			바륨	Ba
	유기금속화합물(알킬알 루미늄, 알킬리튬 제외)		–	–
III	금속의 수소화물	300	수소화칼슘	CaH_2
			수소화나트륨	NaH
	금속의 인화물		인화칼슘	Ca_3P_2
	칼슘, 알루미늄의 탄화물		탄화칼슘	CaC_2
			탄화알루미늄	Al_4C_3

암기법 10 : 알칼리나, 20 : 황, 50 : 알토유기, 300 : 금수인탄

바로 확인 예제

제3류 위험물에 해당하는 것은?
① 황   ② 적린
③ 황린   ④ 삼황화인

정답 ③
풀이 황, 적린, 삼황화인은 제2류 위험물이다.

04 제4류 위험물(인화성 액체) ★★★

등급	품명		지정수량(L)	위험물	분자식	기타
I	특수 인화물	비수용성	50	이황화탄소	CS_2	• 이소프로 필아민 • 황화다이메 틸
		수용성		다이에틸에터	$C_2H_5OC_2H_5$	
				아세트알데하이드	CH_3CHO	
				산화프로필렌	CH_2CHOCH_3	
II	제1석유류	비수용성	200	휘발유	–	• 시클로헥산 • 염화아세틸 • 초산메틸 • 에틸벤젠
				메틸에틸케톤	–	
				톨루엔	$C_6H_5CH_3$	
				벤젠	C_6H_6	
		수용성	400	사이안화수소	HCN	
				아세톤	CH_3COCH_3	
				피리딘	C_5H_5N	
	알코올류			메틸알코올	CH_3OH	
				에틸알코올	C_2H_5OH	

바로 확인 예제

제4류 위험물에 속하지 않는 것은?
① 아세톤
② 실린더유
③ 트라이나이트로톨루엔
④ 나이트로벤젠

정답 ③
풀이 트라이나이트로톨루엔은 제5류 위험물이다.

등급	품명		지정수량(L)	위험물	분자식	기타
III	제2석유류	비수용성	1,000	등유	−	−
				경유	−	
				스틸렌	−	
				크실렌	−	
				클로로벤젠	C_6H_5Cl	
		수용성	2,000	아세트산	CH_3COOH	
				포름산	$HCOOH$	
				하이드라진	N_2H_4	
	제3석유류	비수용성	2,000	크레오소트유	−	
				중유	−	
				아닐린	$C_6H_5NH_2$	
				나이트로벤젠	$C_6H_5NO_2$	
		수용성	4,000	글리세린	$C_3H_5(OH)_3$	
				에틸렌글리콜	$C_2H_4(OH)_2$	
	제4석유류		6,000	윤활유	−	
				기어유		
				실린더유		
	동식물유류		10,000	대구유		
				정어리유		
				해바라기유		
				들기름		
				아마인유		

바로 확인
예제

자기반응성 물질인 제5류 위험물에
해당하는 것은?

① $CH_3(C_6H_4)NO_2$
② CH_3COCH_3
③ $C_6H_2(NO_2)_3OH$
④ $C_6H_5NO_2$

정답 ③
풀이 $C_6H_2(NO_2)_3OH$: 트라이나이
트로페놀

Key
Point
세부기준개정 확정되지 않아 지정
수량 확정되지 않음

05 제5류 위험물(자기반응성 물질) ★★★

등급	품명	지정수량(kg) 제1종 : 10kg 제2종 : 100kg	위험물	분자식	기타
I	질산에스터류	10	질산메틸	CH_3ONO_2	−
			질산에틸	$C_2H_5ONO_2$	
			나이트로글리세린	$C_3H_5(ONO_2)_3$	
			나이트로글리콜		
			나이트로셀룰로오스	−	
			셀룰로이드		
	유기과산화물		과산화벤조일	$(C_6H_5CO)_2O_2$	• 과산화메틸
			아세틸퍼옥사이드	−	에틸케톤

등급	품명	지정수량(kg) 제1종 : 10kg 제2종 : 100kg	위험물	분자식	기타
II	하이드록실아민	100		NH_2OH	–
	하이드록실아민염류			–	
	나이트로화합물		트라이나이트로톨루엔	$C_6H_2(NO_2)_3CH_3$	• 다이나이트로벤젠 • 다이나이트로톨루엔
			트라이나이트로페놀	$C_6H_2(NO_2)_3OH$	
			테트릴		
	나이트로소화합물				
	아조화합물				
	다이아조화합물		–	–	–
	하이드라진유도체				
	질산구아니딘				

암기법 10 : 질유, 100 : 하실나아다하

06 제6류 위험물(산화성 액체) ★★★

등급	위험물	지정수량(kg)	분자식	기타
I	질산	300	HNO_3	–
	과산화수소		H_2O_2	
	과염소산		$HClO_4$	–
	할로젠간화합물		BrF_3	삼플루오린화브로민
			BrF_5	오플루오린화브로민
			IF_5	오플루오린화아이오딘

Key point
질산구아니딘은 제5류 위험물이다.

바로 확인 예제

다음 중 제6류 위험물에 해당하는 것은?

① IF_5 ② $HClO_3$
③ NO_3 ④ H_2O

정답 ①
풀이 IF_5는 제6류 위험물 종류 중 할로젠간화합물에 해당한다.

일반적 성질	• 모두 무기화합물로 대부분 무색결정, 백색분말의 산화성 고체 • 강산화성 물질, 불연성고체, 조연성, 조해성을 가짐 • 비중은 1보다 크며, 물에 녹는 물질도 있음 • 분자 내에 산소를 함유하고 있어 분해 시 산소 발생
위험성	• 가연물과 접촉, 혼합으로 분해 폭발 • 알칼리금속의 과산화물은 물과 반응하여 산소 방출 및 심하게 발열 • 가열, 충격, 마찰 등에 의해 분해
저장 및 취급	• 가연물과 접촉 및 혼합 피함 • 서늘하고 환기 잘 되는 곳에 보관 • 알칼리금속과산화물은 물과 접촉 피함
소화방법	• 알칼리금속과산화물 : 주수금지 　⇒ 탄산수소염류 소화약제, 팽창질석, 마른모래 등을 이용한 질식소화 • 그 외 : 주수소화 　⇒ 옥내소화전, 스프링클러설비, 물분무 소화설비, 강화액 소화설비, 포 　　소화설비 등

[공통특징]
• 직사광선을 피하고 환기가 잘 되는 냉암소에 저장
• 주로 주수소화

01   아염소산염류
지정수량 50kg

1   아염소산나트륨(NaClO$_2$)

비중	–	분해온도	175℃

(1) 일반적 성질
　① 무색의 결정성 분말
　② 물에 잘 녹음

(2) 위험성
　① 산과 반응하여 이산화염소 발생
　② 가연물과 혼합하면 충격에 의해 폭발

2   아염소산칼륨(KClO$_2$)

비중	–	분해온도	160℃

(1) 일반적 성질
　백색의 결정성 분말

(2) 위험성

열, 햇빛, 충격에 의해 분해하여 산소 발생

02 염소산염류

지정수량 50kg

1 염소산나트륨($NaClO_3$)

비중	2.5	분해온도	300℃

(1) 일반적 성질

물, 알코올, 에테르에 잘 녹으며 조해성 있음

(2) 위험성

① 산과 반응하여 유독성의 이산화염소 발생
② 가열하면 분해되어 산소 발생
③ 철제를 부식시키므로 철제용기에 보관하지 않음

2 염소산칼륨($KClO_3$)

비중	2.34	분해온도	400℃

(1) 일반적 성질

① 강력한 산화제
② 온수, 글리세린에 잘 녹으나 냉수, 알코올에 잘 녹지 않음

(2) 위험성

① 가연물과 접촉 시 연소 또는 폭발 위험
② 산과 반응하면 이산화염소 발생

03 과염소산염류

지정수량 50kg

1 과염소산나트륨($NaClO_4$)

비중	2.5	분해온도	482℃

(1) 일반적 성질

① 무취의 결정
② 물, 알코올, 아세톤에 잘 녹으나 에테르에 녹지 않음

PART 02

[공통특징]

• 환기가 잘 되는 냉암소에 보관
• 주로 주수소화

바로 확인 예제

염소산칼륨의 성질에 대한 설명으로 옳은 것은?
① 가연성 고체이다.
② 강력한 산화제이다.
③ 물보다 가볍다.
④ 열분해하면 수소가 발생한다.

정답 ②
풀이 순수형태에서는 흰 결정의 물질이며 마찰과 충격에 예민하여 폭발하기 쉬우며, 강력한 산화제이다.

[공통특징]

• 직사광선을 피하고 환기가 잘 되는 냉암소에 저장
• 주로 주수소화

과염소산나트륨의 성질이 아닌 것은?

① 수용성이다.
② 조해성이 있다.
③ 분해온도는 약 400℃이다.
④ 물보다 가볍다.

정답 ④
풀이 과염소산나트륨의 비중은 2.5로
물보다 무겁다.

(2) 위험성

　　가열하면 분해하여 산소 발생

2 과염소산칼륨($KClO_4$)

비중	2.52	분해온도	400℃

(1) 일반적 성질

　　물, 알코올, 에테르에 잘 녹지 않음

(2) 위험성

　　① 가연물을 혼합하면 외부의 충격에 의해 폭발 위험
　　② 가열하면 분해하여 산소 발생

04 무기과산화물
지정수량 50kg

1 과산화나트륨(Na_2O_2)

비중	2.8	분해온도	460℃

(1) 일반적 성질

　　순수한 것은 백색 분말이며, 일반적으로 황색 분말

(2) 위험성

　　① 산화 반응하여 과산화수소 발생
　　② 분해하여 산소 발생

(3) 저장 및 소화방법

　　물과 반응하여 수산화나트륨과 산소를 발생하며 발열하므로 주수소화 금지

2 과산화칼륨(K_2O_2)

비중	2.9	분해온도	–

(1) 일반적 성질

　　무색 또는 오렌지색 분말

(2) 위험성

　　① 산화 반응하여 과산화수소 발생
　　② 분해하여 산소 발생
　　③ 피부접촉 시 피부를 부식시킬 위험이 있음

물과 접촉 시, 발열하면서 폭발 위험
성이 증가하는 것은?

① 과산화칼륨
② 과망가니즈산나트륨
③ 아이오딘산칼륨
④ 과염소산칼륨

정답 ①
풀이 과산화칼륨은 물과 반응하면
산소를 발생하며 폭발의 위험이 있기
때문에 모래, 팽창질석 등을 이용하여
질식소화한다.

(3) 저장 및 소화방법

물과 반응하여 수산화칼륨과 산소를 발생하며 발열하므로 주수소화 금지

05 브로민산염류

1 브로민산칼륨($KBrO_3$)

비중	3.27	분해온도	–

(1) 일반적 성질

① 무색의 결정

② 물에 잘 녹으나 알코올, 에테르에 녹지 않음

(2) 위험성

① 가연물과 접촉 시 연소 또는 폭발 위험

② 열분해하며 산소 방출

(3) 저장 및 소화방법

① 환기가 잘 되는 냉암소에 저장

② 주로 주수소화

06 질산염류
지정수량 300kg

1 질산칼륨(KNO_3)

비중	2.1	분해온도	400℃

(1) 일반적 성질

① 무색 또는 흰색의 결정

② 물, 글리세린에 잘 녹으나 알코올, 에테르에 녹지 않음

③ 황, 목탄과 혼합하여 흑색화약 제조

(2) 위험성

① 가연물과 접촉 시 연소 또는 폭발 위험

② 열분해하며 산소 방출

(3) 저장 및 소화방법

① 환기가 잘 되는 냉암소에 저장

② 주로 주수소화

Key point

질산암모늄의 특징

1) 불안정한 물질이고 물에 녹을 때는 흡열반응을 나타낸다.
2) 물에 잘 녹는다.
3) 가열 시 분해하여 산소를 발생한다.
4) 무색무취의 결정이다.

바로 확인 예제

제1류 위험물 중 흑색화약의 원료로 사용되는 것은?

① KNO_3 ② $NaNO_3$
③ BaO_2 ④ NH_4NO_3

정답 ①

풀이 흑색화약 원료
질산칼륨(KNO_3), 숯, 황

Chapter 03 제1류 위험물(산화성 고체)   49

07 아이오딘산염류

1 아이오딘산칼륨(KIO_3)

비중	3.89	분해온도	–

(1) 일반적 성질

물에 녹음

(2) 위험성

가연물과 접촉 시 연소 또는 폭발 위험

(3) 저장 및 소화방법

용기는 밀봉하고 환기가 잘 되는 건조한 냉소에 보관

08 과망가니즈산염류

1 과망가니즈산칼륨($KMnO_4$)

비중	2.7	분해온도	–

(1) 일반적 성질

① 진한 보라색 결정

② 물, 아세톤, 알코올에 잘 녹음

(2) 위험성

① 황산과 격렬하게 반응함

② 유기물과 혼합 시 위험성이 증가함

(3) 저장 및 소화방법

① 갈색 유리병에 넣어 일광을 차단하고 냉암소에 보관

② 목탄, 황 등 환원성 물질과 격리하여 저장

③ 주로 주수소화

09 다이크로뮴산염류

1 다이크로뮴산칼륨($K_2Cr_2O_7$)

비중	2.69	분해온도	500℃

(1) 일반적 성질

물, 글리세린에 잘 녹으나 알코올, 에테르에 잘 녹지 않음

(2) 위험성

① 가연물과 접촉 시 연소 또는 폭발 위험

② 열분해하며 산소 방출

(3) 저장 및 소화방법

① 환기가 잘 되는 냉암소에 저장

② 주로 주수소화

바로 확인 예제

다음 물질 중 제1류 위험물이 아닌 것은?

① Na_2O_2
② $NaClO_3$
③ NH_4ClO_4
④ $HClO_4$

정답 ④

풀이 과염소산은 제6류 위험물이다.

바로 확인 예제

제1류 위험물의 저장방법에 대한 설명으로 틀린 것은?

① 조해성 물질은 방습에 주의한다.
② 무기과산화물은 물 속에 보관한다.
③ 분해를 촉진하는 물품과의 접촉을 피하여 저장한다.
④ 복사열이 없고 환기가 잘 되는 서늘한 곳에 저장한다.

정답 ②

풀이 무기과산화물은 물과 반응하면 산소를 방출하고 심하게 발열하므로 물과의 접촉을 피하여야 한다.

제2류 위험물(가연성 고체)

일반적 성질	• 비교적 낮은 온도에서 착화하기 쉬운 가연성 물질 • 비중은 1보다 크므로 불용성이며 산소를 함유하지 않는 강한 환원성 물질 • 대부분 물에 녹지 않음 • 산소와의 결합이 쉬움
위험성	• 산화제와 혼합 시 가열, 충격, 마찰에 의해 발화폭발 위험 • 금속분, 철분은 밀폐된 공간에서 분진폭발 위험 있음 • 금속분, 철분, 마그네슘은 물·습기·산과 접촉하여 수소와 열 발생
저장 및 취급	• 점화원으로부터 멀리하고 가열을 피할 것 • 강산화성 물질과의 혼합을 피할 것
소화방법	• 금속분, 철분, 마그네슘 : 주수금지 ⇒ 탄산수소염류 분말 소화약제, 팽창질석, 마른모래 등을 이용한 질식소화 • 인화성 고체 및 그 밖의 것 : 주수소화 ⇒ 옥내소화전, 스프링클러설비, 물분무 소화설비, 강화액 소화설비 등
위험물 기준	• 황 : 순도 60wt% 이상인 것, 불순물은 활석 등 불연성 물질과 수분으로 한정 • 철분 : 철의 분말로서 $53\mu m$의 표준체를 통과하는 것이 50wt% 이상인 것 • 금속분 : 알칼리금속, 알칼리토류금속, 철 및 마그네슘의 금속의 분말로서 구리, 니켈을 제외하고 $150\mu m$의 표준체를 통과하는 것이 50wt% 이상인 것 • 마그네슘 : 지름 2mm 이상의 막대모양이거나 2mm의 체를 통과하지 않는 덩어리 상태의 것 제외

01 황화인

지정수량 100kg

1 삼황화인(P_4S_3)

비중	2.03	분해온도	100℃

(1) 일반적 성질

① 일반적으로 황색 결정

② 차가운 물에서 녹지 않고 뜨거운 물에서 분해

(2) 위험성

① 연소 시 오산화인과 이산화황 생성

② 분해하여 산소 발생

(3) 저장 및 소화방법

　　① 직사광선을 피하며 건조한 장소에 보관

　　② 일반적으로 주수소화

2 오황화인(P_2S_5)

비중	2.09	분해온도	142℃

(1) 일반적 성질

　　① 일반적으로 담황색 결정

　　② 알코올, 이황화탄소에 잘 녹음

　　③ 조해성, 흡습성 있음

(2) 위험성

　　물, 알칼리와 반응하여 황화수소와 인산 생성

(3) 저장 및 소화방법

　　직사광선을 피하며 건조한 장소에 보관

3 칠황화인(P_4S_7)

비중	2.19	분해온도	310℃

(1) 일반적 성질

　　① 일반적으로 담황색 결정

　　② 이황화탄소에 약간 녹음

(2) 위험성

　　온수에서 급격히 분해하여 황화수소와 인산 생성

(3) 저장 및 소화방법

　　직사광선을 피하며 건조한 장소에 보관

02 적린(P)

지정수량 100kg

비중	2.2	분해온도	260℃

(1) 일반적 성질

　　① 황린과 동소체

　　② 비교적 안정하여 공기 중에 방치해도 자연발화하지 않음

　　③ 물에 녹지 않음

바로 확인
예제

적린과 동소체 관계에 있는 위험물은?

① 오황화인　　② 인화알루미늄
③ 인화칼슘　　④ 황린

정답 ④

풀이 적린과 황린은 동소체 관계
이다.

바로 확인
예제

적린의 성질에 대한 설명 중 틀린 것은?

① 물이나 이황화탄소에 녹지 않는다.
② 발화온도는 약 260℃ 정도이다.
③ 연소할 때 인화수소 가스가 발생한다.
④ 산화제가 섞여 있으면 마찰에 의해 착화하기 쉽다.

정답 ③
풀이
• $4P + 5O_2 \rightarrow 2P_2O_5$
• 적린은 연소 시 오산화인이 발생한다.

Key
point
용융된 황을 물에서 급냉하면 탄성이 있는 고무상황을 얻을 수 있다.

(2) 위험성

　연소 시 오산화인 발생

(3) 저장 및 소화방법

　① 직사광선을 피하여 건조한 장소에 보관
　② 주로 주수소화

03 황(S)　　　　　　지정수량 100kg

비중	2.07	분해온도	232.2℃

(1) 일반적 성질

　① 황색 결정 또는 분말
　② 물에 녹지 않음

(2) 위험성

　① 전기부도체로 정전기에 의해 연소할 수 있음
　② 분말이 공기 중에 있을 때 분진폭발의 위험이 있음
　③ 연소할 때 발생하는 아황산가스는 인체에 해로움

(3) 저장 및 소화방법

　① 물 속에 저장하여 가연성 증기 발생 억제
　② 주로 주수소화

04 금속분　　　　　　지정수량 500kg

1 알루미늄분(Al)

비중	2.7	분해온도	−

(1) 일반적 성질

　은백색 광택이 있는 금속

(2) 위험성

　① 끓는 물, 산, 알칼리와 반응하여 수소 발생하며 폭발
　② 분진폭발의 위험이 있음

바로 확인
예제

위험물의 소화방법으로 적합하지 않은 것은?

① 적린은 다량의 물로 소화한다.
② 황화인의 소규모 화재 시에는 모래로 질식소화한다.
③ 알루미늄분은 다량의 물로 소화한다.
④ 황의 소규모 화재 시에는 모래로 질식소화한다.

정답 ③
풀이 알루미늄은 물과 만나면 수소를 방출하며 폭발의 위험이 크기 때문에 물과 닿지 않아야 한다.

(3) 저장 및 소화방법

    ① 물과 닿지 않게 건조한 냉소에 저장

    ② 주수금지하고 탄산수소염류 분말 소화약제, 팽창질석, 마른모래 등을 이용하여 질식소화

2 아연분(Zn)

비중	7.14	분해온도	–

(1) 일반적 성질

    은백색 광택이 있는 분말

(2) 위험성

    ① 물, 산, 알칼리와 반응하여 수소 발생하며 폭발

    ② 분진폭발의 위험이 있음

(3) 저장 및 소화방법

    ① 물과 닿지 않게 건조한 냉소에 저장

    ② 주수금지하고 탄산수소염류 분말 소화약제, 팽창질석, 마른모래 등을 이용하여 질식소화

05 철분(Fe)

지정수량 500kg

비중	7.87	분해온도	–

(1) 일반적 성질

    백색분말, 실온에서는 짙은 회색

(2) 위험성

    물 또는 산과 반응하여 수소 발생하며 폭발

(3) 저장 및 소화방법

    ① 물과 닿지 않게 건조한 냉소에 저장

    ② 주수금지하고 탄산수소염류 분말 소화약제, 팽창질석, 마른모래 등을 이용하여 질식소화

바로 확인 예제

소화설비의 기준에서 이산화탄소 소화설비가 적응성이 있는 대상물은?

① 알칼리금속과산화물
② 철분
③ 인화성 고체
④ 제3류 위험물의 금수성 물질

정답 ③

풀이 이산화탄소 소화기는 제2류 위험물 중 철분에는 적응성이 없고 인화성 고체에는 적응성이 있다.

<table><tr><td>바로 확인 예제</td></tr></table>

바로 확인 예제

화재 시 물을 이용한 냉각소화를 할 경우 오히려 위험성이 증가하는 물질은?

① 질산에틸   ② 마그네슘
③ 적린   ④ 황

정답 ②

풀이 마그네슘이 물과 반응하면 수소가 발생하므로 주로 질식소화한다.

06 마그네슘(Mg)

지정수량 500kg

비중	1.74	분해온도	−

(1) 일반적 성질

은백색 광택의 금속

(2) 위험성

① 온수 또는 강산과 반응하여 수소 발생
② 습기와 반응하여 열이 축적되면 자연발화의 위험이 있음
③ 공기 중에 부유하면 분진폭발의 위험이 있음

(3) 저장 및 소화방법

① 물과 닿지 않게 건조한 냉소에 저장
② 주수금지하고 탄산수소염류 분말 소화약제, 팽창질석, 마른모래 등을 이용하여 질식소화

07 인화성 고체

지정수량 1,000kg

(1) 일반적 성질

제4류 위험물과 비슷한 성질을 가짐

05 제3류 위험물(자연발화성 및 금수성 물질)

일반적 성질	• 자연발화성 물질(황린) ⇒ 공기 중에서 온도가 높아지면 스스로 발화 • 금수성 물질(황린 외) ⇒ 물과 접촉하면 가연성 가스 발생
위험성	• 황린 제외하고 금수성 물질은 물과 반응 시 가연성 가스 발생 및 발열 • 강산화성 물질, 강산류 접촉에 의해 위험성 증가
저장 및 취급	• 밀봉하여 공기, 물과 접촉 방지 • 칼륨, 나트륨 및 알칼리금속은 산소가 함유되지 않은 석유류에 저장
소화방법	• 자연발화성 물질(황린) : 주수소화 • 금수성 물질(황린 외) : 주수금지하고 질식소화

01 알킬알루미늄
지정수량 10kg

1 트라이에틸알루미늄[$(C_2H_5)_3Al$]

(1) 일반적 성질

무색투명한 액체

(2) 위험성

① 물과 반응하여 수산화알루미늄과 에탄 발생

② 산, 할로겐, 알코올과 반응

③ 공기와 접촉하면 자연발화

(3) 저장 및 소화방법

① 용기는 완전 밀봉하고, 용기 상부는 불연성 가스로 봉입

② 주수소화 금지하고 탄산수소염류 분말 소화약제, 팽창질석, 마른모래 등으로 질식소화해야 함

2 트라이메틸알루미늄[$(CH_3)_3Al$]

(1) 일반적 성질

무색투명한 액체

(2) 위험성

    ① 물과 반응하여 수산화알루미늄과 메탄 발생

    ② 산, 할로겐, 알코올과 반응

    ③ 공기와 접촉하면 자연발화

(3) 저장 및 소화방법

    ① 용기는 완전 밀봉하고, 용기 상부는 불연성 가스로 봉입

    ② 주수소화 금지하고 탄산수소염류 분말 소화약제, 팽창질석, 마른모래 등으로 질식소화해야 함

---

02 칼륨(K)

지정수량 10kg

비중	0.857

(1) 일반적 성질

    ① 은백색 광택이 있는 무른 금속

    ② 불꽃색은 보라색

(2) 위험성

    물, 알코올과 반응하여 수소 발생

(3) 저장 및 소화방법

    ① 공기 중 물과 닿지 않도록 석유(등유, 경유) 속에 저장

    ② 주수소화 금지하고 탄산수소염류 분말 소화약제, 팽창질석, 마른모래 등으로 질식소화해야 함

---

03 알킬리튬

지정수량 10kg

1 메틸리튬(CH_3Li)

(1) 일반적 성질

    무색결정 분말

(2) 위험성

    물과 반응하여 수산화리튬과 메탄 발생

(3) 저장 및 소화방법

    주수소화 금지하고 탄산수소염류 분말 소화약제, 팽창질석, 마른모래 등으로 질식소화해야 함

04 나트륨(Na)

비중	0.97

(1) 일반적 성질

　① 은백색 광택이 있는 무른 금속

　② 불꽃색은 노란색

(2) 위험성

　물, 알코올과 반응하여 수소 발생

(3) 저장 및 소화방법

　① 공기 중 물과 닿지 않도록 석유(등유, 경유) 속에 저장

　② 주수소화 금지하고 탄산수소염류 분말 소화약제, 팽창질석, 마른모래 등
　　으로 질식소화해야 함

05 황린(P_4)

비중	1.82

(1) 일반적 성질

　담황색 또는 백색의 고체

(2) 위험성

　① 연소하면서 오산화인을 발생하고 마늘냄새의 악취가 남

　② 증기는 공기보다 무겁고 맹독성임

(3) 저장 및 소화방법

　① 물과 반응하지 않으므로 보호액(pH9인 물) 속에 보관

　② 주수소화 가능

바로 확인 예제

황린의 위험성에 대한 설명으로 틀린 것은?

① 공기 중에서 자연발화의 위험성이 있다.

② 연소 시 발생되는 증기는 유독하다.

③ 화학적 활성이 커서 CO_2, H_2O와 격렬히 반응한다.

④ 강알칼리 용액과 반응하여 독성 가스를 발생한다.

정답 ③

풀이 황린은 자연발화의 위험성이 크므로 물 속에 저장한다(물과 반응하지 않음).

06 알칼리금속(K, Na 제외), 알칼리토금속

지정수량 50kg

1 리튬(Li)

비중	0.534

(1) 일반적 성질
  ① 은백색 광택의 무른 금속
  ② 불꽃색은 빨간색

(2) 위험성
  물과 반응하여 수소 발생

(3) 저장 및 소화방법
  ① 물과 반응하지 않도록 건조한 냉암소에 저장
  ② 주수소화 금지하고 탄산수소염류 분말 소화약제, 팽창질석, 마른모래 등
  으로 질식소화해야 함

2 칼슘(Ca)

비중	1.55

(1) 일반적 성질
  ① 은백색 광택의 무른 금속
  ② 불꽃색은 오렌지색

(2) 위험성
  물과 반응하여 수소 발생

(3) 저장 및 소화방법
  ① 물과 반응하지 않도록 건조한 냉암소에 저장
  ② 주수소화 금지하고 탄산수소염류 분말 소화약제, 팽창질석, 마른모래 등
  으로 질식소화해야 함

07 금속의 수소화물

1 수소화나트륨(NaH)

비중	1.36

(1) 일반적 성질

회백색의 분말

(2) 위험성

물과 반응하여 수산화나트륨과 수소 발생

(3) 저장 및 소화방법

① 물과 반응하지 않도록 건조한 냉암소에 저장
② 주수소화 금지하고 탄산수소염류 분말 소화약제, 팽창질석, 마른모래 등
으로 질식소화해야 함

2 수소화리튬(LiH)

비중	0.82

(1) 일반적 성질

회색 고체 결정

(2) 위험성

물과 반응하여 수산화리튬과 수소 발생

(3) 저장 및 소화방법

① 물과 반응하지 않도록 건조한 냉암소에 저장
② 주수소화 금지하고 탄산수소염류 분말 소화약제, 팽창질석, 마른모래 등
으로 질식소화해야 함

3 수소화칼슘(CaH₂)

비중	1.9

(1) 일반적 성질

회색 분말

(2) 위험성

물과 반응하여 수산화칼슘과 수소 발생

바로 확인 예제

수소화나트륨의 소화약제로 적당하지 않은 것은?

① 물　　　　② 건조사
③ 팽창질석　　④ 팽창진주암

정답 ①
풀이 수소화나트륨은 물과 반응 시 수소가 발생되며 폭발의 위험이 있기 때문에 주로 질식소화한다.

PART 02

(3) 저장 및 소화방법

    ① 물과 반응하지 않도록 건조한 냉암소에 저장

    ② 주수소화 금지하고 탄산수소염류 분말 소화약제, 팽창질석, 마른모래 등
으로 질식소화해야 함

08 금속의 인화물

지정수량 300kg

1 인화칼슘(Ca_3P_2)

비중	2.51

(1) 일반적 성질

    ① 적갈색 결정성 분말

    ② 알코올, 에테르에 녹지 않음

(2) 위험성

    물과 반응하여 수산화칼슘과 포스핀 발생

(3) 저장 및 소화방법

    ① 물과 반응하지 않도록 건조한 냉암소에 저장

    ② 주수소화 금지하고 탄산수소염류 분말 소화약제, 팽창질석, 마른모래 등
으로 질식소화해야 함

2 인화알루미늄(AlP)

비중	2.4 ~ 2.8

(1) 일반적 성질

    황색 결정으로 살충제 원료

(2) 위험성

    물과 반응하여 포스핀 발생

(3) 저장 및 소화방법

    ① 물과 반응하지 않도록 건조한 냉암소에 저장

    ② 주수소화 금지하고 탄산수소염류 분말 소화약제, 팽창질석, 마른모래 등
으로 질식소화해야 함

09 칼슘, 알루미늄의 탄화물

지정수량 300kg

1 탄화칼슘(CaC_2)

비중	2.2

(1) 일반적 성질

백색 결정

(2) 위험성

물과 반응하여 수산화칼슘과 아세틸렌 발생

(3) 저장 및 소화방법

① 환기가 잘 되고 습기가 없는 냉암소에 저장
② 장기간 보관 시 불연성 가스 충전
③ 밀폐용기에 보관 필요
④ 주수소화 금지하고 탄산수소염류 분말 소화약제, 팽창질석, 마른모래 등
으로 질식소화해야 함

2 탄화알루미늄(Al_4C_3)

비중	2.36

(1) 일반적 성질

무색 또는 황색 분말

(2) 위험성

물과 반응하여 수산화알루미늄과 메탄 발생

(3) 저장 및 소화방법

① 건조한 냉암소에 저장
② 주수소화 금지하고 탄산수소염류 분말 소화약제, 팽창질석, 마른모래 등
으로 질식소화해야 함

바로 확인 예제

인화칼슘, 탄화알루미늄, 나트륨이 물과 반응하였을 때 발생하는 가스에 해당하지 않는 것은? ★빈출

① 포스핀가스
② 수소
③ 이황화탄소
④ 메탄

정답 ③
풀이
• 인화칼슘 : 포스핀가스
• 탄화알루미늄 : 메탄
• 나트륨 : 수소

06 제4류 위험물(인화성 액체)

Key point sidebar

Key point

자주 출제되는 제4류 위험물 발화점

1) 산화프로필렌 : 449℃
2) 이황화탄소 : 90℃
3) 휘발유 : 280 ~ 456℃
4) 메탄올 : 약 470℃

바로 확인 예제

다음 설명 중 제2석유류에 해당하는 것은? (단, 1기압 상태이다.)

① 착화점이 21℃ 미만인 것
② 착화점이 30℃ 이상 50℃ 미만인 것
③ 인화점이 21℃ 이상 70℃ 미만인 것
④ 인화점이 21℃ 이상 90℃ 미만인 것

정답 ③

풀이 제2석유류란 등유, 경유 그 밖에 1기압에서 인화점이 섭씨 21도 이상 70도 미만인 것을 말한다.

구분	내용
일반적 성질	• 물에 녹지 않는 비수용성 • 비중은 1보다 작아 물보다 가벼움 • 증기비중은 공기보다 무겁기 때문에 낮은 곳에 체류하며 연소, 폭발의 위험 존재 • 전기부도체이므로 정전기가 발생하고 정전기에 의해 연소될 가능성이 있음 • 인화점에 의해 제1, 2, 3, 4석유류로 분류
위험성	• 증기와 공기가 혼합되면 연소할 가능성 있음 • 정전기에 의해 인화할 수 있음
저장 및 취급	• 통풍이 잘 되는 냉암소에 저장 • 누출 방지를 위해 밀폐용기 사용
소화방법	• 질식소화 ⇒ 이산화탄소 소화기, 포 소화설비, 분말 소화약제 등 • 억제소화 ⇒ 할로겐화합물 소화설비
위험물 기준	• 특수인화물 : 이황화탄소, 다이에틸에터 그 밖에 1기압에서 발화점이 섭씨 100도 이하인 것 또는 인화점이 섭씨 영하 20도 이하이고 비점이 섭씨 40도 이하인 것 • 제1석유류 : 아세톤, 휘발유 그 밖에 1기압에서 인화점이 섭씨 21도 미만인 것 • 제2석유류 : 등유, 경유 그 밖에 1기압에서 인화점이 섭씨 21도 이상 70도 미만인 것 • 제3석유류 : 중유, 크레오소트유, 그 밖에 1기압에서 인화점이 섭씨 70도 이상 섭씨 200도 미만인 것 • 제4석유류 : 기어유, 실린더유 그 밖에 1기압에서 인화점이 섭씨 200도 이상 섭씨 250도 미만인 것 • 알코올류 : 1분자를 구성하는 탄소원자의 수가 1개부터 3개까지인 포화1가 알코올(변성알코올 포함) • 동식물유류 : 동물의 지육 등 또는 식물의 종자나 과육으로부터 추출한 것으로서 1기압에서 인화점이 섭씨 250도 미만인 것

01 특수인화물
지정수량 50L

1 이황화탄소(CS_2)

비중	1.26	인화점	−30℃

(1) 일반적 성질

① 무색의 휘발성 액체
② 비수용성이며, 벤젠·알코올·에테르에 녹음

(2) 위험성

    ① 증기는 공기보다 무겁고 유독함

    ② 연소 시 이산화탄소와 이산화황을 발생하며, 파란불꽃을 냄

(3) 저장 및 소화방법

    ① 물 속에 저장하여 가연성 증기 발생 억제

    ② 옥내소화전, 스프링클러설비, 물분무 소화설비 등을 이용한 주수소화 가능

2 다이에틸에터($C_2H_5OC_2H_5$)

비중	0.7	인화점	−45℃

(1) 일반적 성질

    ① 물에 약간 녹고 알코올에 잘 녹음

    ② 휘발성이 높고, 마취성 있음

(2) 위험성

    ① 전기부도체이므로 정전기 발생에 주의

    ② 공기와 장시간 접촉 시 폭발성의 과산화물 생성

(3) 저장방법

    ① 통풍 및 환기가 잘 되는 곳에 저장

    ② 과산화물 생성 방지 위해 갈색병에 저장

    ③ 용기는 밀봉하여 2% 이상의 공간용적 확보

(4) 소화방법

    ① 질식소화 ⇒ 이산화탄소 소화기, 포 소화설비, 분말 소화약제 등

    ② 억제소화 ⇒ 할로겐화합물 소화설비

3 아세트알데하이드(CH_3CHO)

비중	0.78	인화점	−38℃

(1) 일반적 성질

    ① 물, 알코올, 에테르에 잘 녹음

    ② 휘발성과 환원성 강함

(2) 위험성

    산화성 물질과 혼합 시 폭발 가능

(3) 저장방법

    ① 직사광선을 피하여 차광성 있는 피복으로 가림

    ② 폭발 방지 위해 저장용기 내부에 불활성 기체 봉입

    ③ 저장 시 구리, 은, 수은, 마그네슘 등으로 만든 용기 사용하지 않음

바로 확인 예제

다음 중 무색투명한 휘발성 액체로서 물에 녹지 않고 물보다 무거워서 물 속에 보관하는 위험물은?

① 경유   ② 황린
③ 황   ④ 이황화탄소

정답 ④

풀이 이황화탄소는 가연성 증기의 발생을 억제하기 위해 물 속에 저장한다.

Key point

다이에틸에터
1) 일반식 : R − O − R
2) 연소범위 : 1.9 ~ 48%

바로 확인 예제

다음 중 인화점이 0℃보다 작은 것은 모두 몇 개인가?

$C_2H_5OC_2H_5$, CS_2, CH_3CHO

① 0개   ② 1개
③ 2개   ④ 3개

정답 ④

풀이
• 다이에틸에터 : −45℃
• 이황화탄소 : −30℃
• 아세트알데하이드 : −38℃

(4) 소화방법

    ① 질식소화 ⇒ 이산화탄소 소화기, 포 소화설비, 분말 소화약제 등

    ② 억제소화 ⇒ 할로겐화합물 소화설비

4 산화프로필렌(CH_2CHOCH_3)

비중	0.83	인화점	$-37℃$

(1) 일반적 성질

    ① 무색의 휘발성이 강한 액체

    ② 물, 알코올, 에테르에 잘 녹음

(2) 저장방법

    ① 저장 시 구리, 은, 수은, 마그네슘 등으로 만든 용기 사용하지 않음

    ② 폭발 방지 위해 저장용기 내부에 불활성 기체 봉입

(3) 소화방법

    ① 질식소화 ⇒ 이산화탄소 소화기, 포 소화설비, 분말 소화약제 등

    ② 억제소화 ⇒ 할로겐화합물 소화설비

02 제1 석유류(비수용성)   지정수량 200L

1 휘발유

비중	0.65 ~ 0.80	인화점	$-43 \sim -20℃$

(1) 일반적 성질

    ① 물보다 가볍고 물에 녹지 않음

    ② 증기는 공기보다 무거워 낮은 곳에 체류

(2) 위험성

    ① 전기부도체이므로 정전기에 의한 폭발 우려가 있어 취급 시 주의

    ② 화기에 주의

(3) 저장방법

    직사광선 피하며 통풍이 잘 되는 곳에 저장

(4) 소화방법

    ① 질식소화 ⇒ 이산화탄소 소화기, 포 소화설비, 분말 소화약제 등

    ② 억제소화 ⇒ 할로겐화합물 소화설비

2 메틸에틸케톤(CH₃COC₂H₅)

비중	0.8	인화점	-7℃

(1) 일반적 성질

　① 휘발성이 강한 무색의 액체
　② 물, 알코올, 에테르에 녹음

(2) 위험성

　① 인화점이 0도보다 낮아 화재 위험이 큼
　② 탈지작용이 있으므로 취급 시 피부에 닿지 않도록 주의

3 톨루엔(C₆H₅CH₃)

비중	0.86	인화점	4℃

(1) 일반적 성질

　① 진한 질산과 진한 황산을 나이트로화하면 트라이나이트로톨루엔 생성
　② 물에 녹지 않고 알코올, 에테르, 벤젠에 녹음
　③ 방향족 탄화수소

(2) 위험성

　① 연소하여 이산화탄소와 물 생성
　② 마찰, 충격, 화기 피해야 함

(3) 소화방법

　① 질식소화 ⇒ 이산화탄소 소화기, 포 소화설비, 분말 소화약제 등
　② 억제소화 ⇒ 할로겐화합물 소화설비

4 벤젠(C₆H₆)

비중	0.879	인화점	-11℃

(1) 일반적 성질

　① 무색의 휘발성 액체
　② 물에 녹지 않고 알코올, 에테르, 아세톤에 녹음

(2) 위험성

　① 벤젠 증기는 마취성과 독성이 있음
　② 취급 시 정전기 발생에 주의

(3) 소화방법

　① 질식소화 ⇒ 이산화탄소 소화기, 포 소화설비, 분말 소화약제 등
　② 억제소화 ⇒ 할로겐화합물 소화설비

바로 확인 예제

벤젠(C_6H_6)의 일반적인 성질로 틀린 것은?

① 휘발성이 강한 액체이다.
② 인화점은 가솔린보다 낮다.
③ 물에 녹지 않는다.
④ 화학적으로 공명구조를 이루고 있다.

정답 ②

풀이
• 벤젠의 인화점 : -11℃
• 가솔린의 인화점 : -43 ~ -20℃

03 제1석유류(수용성)
지정수량 400L

1 아세톤(CH_3COCH_3)

비중	0.79	인화점	-18℃

(1) 일반적 성질
  ① 무색투명한 휘발성 액체
  ② 물, 알코올, 에테르에 녹음
  ③ 겨울철에도 인화의 위험 있음

(2) 위험성
  피부에 닿으면 탈지작용

(3) 저장방법
  ① 직사광선 피하며 통풍이 잘 되는 서늘한 곳에 보관
  ② 공기와 장기간 접촉하면 과산화물을 생성하므로 갈색병에 저장

(4) 소화방법
  ① 질식소화 ⇒ 이산화탄소 소화기, 포 소화설비, 분말 소화약제 등
  ② 억제소화 ⇒ 할로겐화합물 소화설비

04 알코올류
지정수량 400L

1 메틸알코올(CH_3OH)

비중	0.79	인화점	11℃

(1) 일반적 성질
  ① 무색투명한 액체
  ② 물, 알코올, 에테르에 녹음

(2) 위험성
  ① 독성이 있음
  ② 산화하면 '메틸알코올 → 포름알데하이드 → 포름산(개미산, 의산)'이 됨

(3) 저장방법
  직사광선 피하며 통풍이 잘 되는 서늘한 곳에 보관

(4) 소화방법

　① 질식소화 ⇒ 이산화탄소 소화기, 포 소화설비, 분말 소화약제 등

　② 억제소화 ⇒ 할로겐화합물 소화설비

2 에틸알코올(C_2H_5OH)

비중	0.79	인화점	13℃

(1) 일반적 성질

　① 무색투명한 액체

　② 물, 알코올, 에테르에 녹음

　③ 술의 원료

(2) 위험성

　① 메틸알코올과 달리 독성이 없음

　② 산화하면 '에틸알코올 → 아세트알데하이드 → 초산(아세트산)'이 됨

(3) 위험성

　직사광선 피하며 통풍이 잘 되는 서늘한 곳에 보관

(4) 소화방법

　① 질식소화 ⇒ 이산화탄소 소화기, 포 소화설비, 분말 소화약제 등

　② 억제소화 ⇒ 할로겐화합물 소화설비

05 제2 석유류　　지정수량 비수용성 1,000L/수용성 2,000L

구분	비중	인화점
등유	0.79	40 ~ 70℃
경유	0.83	50 ~ 70℃
아세트산(CH_3COOH)	1.05	40℃
하이드라진(N_2H_4)	1.011	37.8℃

바로 확인 예제

1몰의 에틸알코올이 완전연소하였을 때 생성되는 이산화탄소는 몇 몰인가?

① 1몰　　② 2몰

③ 3몰　　④ 4몰

정답 ②

풀이 에틸알코올의 완전연소 반응식

$C_2H_5OH + 3O_2 → 2CO_2 + 3H_2O$

에틸알코올은 산소와 반응하여 2몰의 이산화탄소와 물을 생성한다.

바로 확인 예제

등유에 관한 설명으로 틀린 것은?

① 물보다 가볍다.

② 녹는점은 상온보다 높다.

③ 발화점은 상온보다 높다.

④ 증기는 공기보다 무겁다.

정답 ②

풀이

등유의 녹는점 : 약 -47℃ ~ -40℃

06 제3 석유류

지정수량 비수용성 2,000L/수용성 4,000L

구분	비중	인화점
중유	1.05	40℃
아닐린($C_6H_5NH_2$)	1.02	70℃
나이트로벤젠($C_6H_5NO_2$)	1.218	88℃
글리세린($C_3H_5(OH)_3$)	1.26	160℃

07 동식물유류

지정수량 10,000L

(1) 일반적 성질

아이오딘값에 따라 건성유, 반건성유, 불건성유로 나뉨

(2) 위험성

건성유는 불포화결합이 많아 공기 중 산소와 결합하기 쉬우므로 자연발화 위험이 큼

(3) 종류

구분	아이오딘값	불포화도	종류
건성유	130 이상	큼	대구유, 정어리유, 상어유, 해바라기유, 동유, 아마인유, 들기름
반건성유	100 초과 130 미만	중간	면실유, 청어유, 쌀겨유, 옥수수유, 채종유, 참기름, 콩기름
불건성유	100 이하	작음	소기름, 돼지기름, 고래기름, 올리브유, 팜유. 땅콩기름, 피마자유, 야자유

---

07 제5류 위험물(자기반응성 물질)

일반적 성질	• 유기화합물이며(하이드라진유도체 제외) 가연성 물질 • 비중이 1보다 큼 • 분자 자체에 산소를 함유하고 있어 산소 공급 없이도 가열, 충격 등에 의해 연소 폭발 • 시간경과에 따라 자연발화 위험
위험성	• 분해 시 스스로 산소 발생 • 강산화제와 혼합 시 위험도 증가
저장 및 취급	충격, 마찰 등을 피함
소화방법	• 주수소화 ⇒ 물분무 소화설비, 옥내소화전, 강화액 소화설비 등 • 질식소화는 효과 없음

상온 중 액체 또는 고체인 위험물 품명	품명	위험물	상태
	질산 에스터류	질산메틸 질산에틸 나이트로글리콜 나이트로글리세린	액체
		나이트로셀룰로오스 셀룰로이드	고체
	나이트로화합물	트라이나이트로톨루엔 트라이나이트로페놀 다이나이트로벤젠 테트릴	고체

01 질산에스터류

지정수량 10kg

1 질산메틸(CH_3ONO_2)

비중	1.22	인화점	–

(1) 일반적 성질

　물에 녹지 않고 에테르, 알코올에 잘 녹음

(2) 위험성

　① 폭발성이 크고 폭약, 로켓용 연료로 사용

　② 가열, 충격, 마찰 피해야 함

[공통특징]

주수소화 : 옥내소화전, 물분무 소화설비, 스프링클러설비, 강화액 소화설비 등 이용

2 질산에틸($C_2H_5ONO_2$)

비중	1.11	인화점	−

(1) 일반적 성질
① 물에 녹지 않고 에테르, 알코올에 잘 녹음
② 방향성 가짐

(2) 저장방법
통풍이 잘 되는 냉암소에 저장

3 나이트로글리콜($C_2H_4(ONO_2)_2$)

비중	1.49	인화점	217℃

(1) 일반적 성질
① 물에 녹지 않고 에테르, 알코올에 잘 녹음
② 다이너마이트 재료로 사용

(2) 위험성
증기는 맹독성을 가짐

(3) 저장방법
마찰 및 충격을 피하고 통풍이 잘 되는 냉암소에 저장

4 나이트로글리세린($C_3H_5(ONO_2)_3$)

비중	1.6	인화점	210℃

(1) 일반적 성질
① 물에 녹지 않고 에테르, 알코올에 잘 녹음
② 규조토에 나이트로글리세린 흡수시켜 다이너마이트 생성
③ 충격, 마찰에 매우 예민하고 겨울철에는 동결할 우려가 있음

(2) 저장방법
통풍이 잘 되는 냉암소에 저장

5 나이트로셀룰로오스

비중	1.5	인화점	180℃

(1) 일반적 성질
① 물에 녹지 않고 벤젠, 알코올에 잘 녹음
② 질화도에 따라 강면약과 약면약으로 나뉨(질화도가 클수록 위험성 증가)

(2) 위험성

① 운반 또는 저장 시 물, 알코올과 혼합하면 위험성 감소됨

② 가열, 충격, 마찰에 의하여 연소, 폭발함

③ 건조한 상태에서 발화의 위험이 있음

(3) 저장방법

① 물 또는 알코올 등을 첨가하여 습윤시켜 저장

② 열원, 충격, 마찰 등을 피하고 냉암소에 저장

6 셀룰로이드

비중	1.32 ~ 1.35	인화점	170 ~ 190℃

(1) 일반적 성질

① 질소가 함유된 유기물

② 물에 잘 녹지 않고 아세톤과 알코올에 녹음

(2) 위험성

장시간 방치하면 햇빛, 고온 등에 의해 분해가 촉진되어 자연발화 위험

(3) 저장방법

마찰 및 충격을 피하고 통풍이 잘 되는 냉암소에 저장

02 유기과산화물   지정수량 10kg

1 과산화벤조일[$(C_6H_5CO)_2O_2$]

비중	1.33	인화점	125℃

(1) 일반적 성질

상온에서 안정함

(2) 위험성

① 유기물, 환원성과의 접촉 피하고 마찰 및 충격 피함

② 건조 방지를 위해 희석제 사용

[공통특징]

주수소화 : 옥내소화전, 물분무 소화설비, 스프링클러설비, 강화액 소화설비 등 이용

바로 확인 예제

과산화벤조일의 지정수량은 얼마인가?

① 10kg   ② 50L

③ 100kg   ④ 1,000L

정답 ①

풀이 과산화벤조일은 제5류 위험물로 지정수량은 10kg이다.

03 나이트로화합물

지정수량 100kg

1 트라이나이트로톨루엔[$C_6H_2(NO_2)_3CH_3$]

비중	1.66	인화점	300℃

(1) 일반적 성질

① 담황색 결정
② 물에 녹지 않고 알코올에는 가열하면 녹으며, 아세톤, 에테르, 벤젠에 잘 녹음
③ 장기간 저장 가능

(2) 위험성

① 폭약의 원료로 사용
② 운반 시 10%의 물을 넣어 운반

2 트라이나이트로페놀[$C_6H_2(NO_2)_3OH$]

비중	1.8	인화점	300℃

(1) 일반적 성질

① 찬물에 미량 녹고, 온수, 알코올, 에테르, 벤젠에 잘 녹음
② 쓴맛이 있고, 독성이 있음

(2) 위험성

① 구리, 납, 철 등과 반응하여 피크린산염 생성
② 단독으로는 충격, 마찰에 안정하지만 아이오딘, 알코올, 황 등과의 혼합물은 충격 및 마찰에 의해 폭발

3 다이나이트로톨루엔[$C_6H_3CH_3(NO_2)_2$]

비중	1.32	인화점	400℃

(1) 일반적 성질

황색의 결정

(2) 저장방법

통풍이 잘 되는 냉암소에 저장

제6류 위험물(산화성 액체)

일반적 성질	• 산화성 액체이며 무기화합물로 이루어짐 • 비중은 1보다 크고 표준상태에서 모두 액체 • 불연성, 조연성, 강산화제의 특징을 가짐 • 분자 내에 산소 함유하고 있어 분해 시 산소 발생
위험성	물과 접촉 시 발열반응(과산화수소 제외)
저장 및 취급	• 화기 및 직사광선 피해 저장 • 물, 가연물, 유기물과 접촉 금지
소화방법	• 주수소화 ⇒ 물분무 소화설비, 옥내소화전, 강화액 소화설비 • 포 소화설비나 마른모래(건조사)
위험물 기준	• 질산 ⇒ 비중 1.49 이상 • 과산화수소 ⇒ 농도 36wt% 이상

Key point
6류 위험물은 이산화탄소 소화설비, 할로겐화합물 소화설비에 적응성이 없다.

01 과산화수소(H_2O_2)

지정수량 300kg

비중	1.465	인화점	152℃

(1) 일반적 성질

① 물, 알코올, 에테르에 잘 녹고 석유, 벤젠에 녹지 않음

② 표백제 또는 살균제로 이용

(2) 위험성

① 열, 햇빛에 의해 분해 촉진

② 60wt% 이상에서 단독으로 분해폭발

(3) 저장 및 소화방법

① 뚜껑에 작은 구멍을 뚫은 갈색 용기에 보관

② 햇빛에 의해 분해가 촉진되므로 햇빛 차단하거나 갈색병에 보관

③ 인산과 요산은 분해 방지 안정제 역할을 함

④ 주로 주수소화

바로 확인 예제

무색 또는 옅은 청색의 액체로 농도가 36wt% 이상인 것을 위험물로 간주하는 것은?

① 과산화수소
② 과염소산
③ 질산
④ 초산

정답 ①

풀이 과산화수소 위험물 산정 기준 무색 또는 옅은 청색의 액체로 농도가 36wt% 이상인 것을 위험물로 간주한다.

02 과염소산(HClO₄)

지정수량 300kg

비중	1.76	인화점	39℃

(1) 위험성

가열하면 유독성의 염화수소 발생되며 분해

(2) 저장 및 소화방법

① 물과의 접촉 피하고 강산화제, 환원제 등과 격리 보관

② 직사광선 피하고 통풍이 잘 되는 냉암소에 저장

③ 주로 주수소화

03 질산(HNO₃)

지정수량 300kg

비중	1.49	인화점	122℃

(1) 일반적 성질

단백질과 크산토프로테인반응을 일으켜 노란색으로 변함

(2) 위험성

① 물과 반응하여 발열

② 빛에 의해 분해되어 이산화질소 생성

(3) 저장 및 소화

① 햇빛에 의해 분해되므로 갈색병에 보관

② 주로 주수소화

바로 확인 예제

다음 중 산화성 고체위험물에 속하지 않는 것은?

① Na₂O₂
② HClO₄
③ NH₄ClO₄
④ KClO₃

정답 ②

풀이 과염소산은 산화성 액체로 제6류 위험물이다.

04 할로젠간화합물

지정수량 300kg

구분	비중	인화점
삼플루오린화브로민(BrF₃)	1.76	39℃
오플루오린화브로민(BrF₅)	1.76	39℃
오플루오린화아이오딘(IF₅)	1.76	39℃

단원별 출제예상문제

01 ★빈출

이황화탄소 저장 시 물 속에 저장하는 이유로 가장 옳은 것은?

① 공기 중 수소와 접촉하여 산화되는 것을 방지하기 위하여
② 공기와 접촉 시 환원하기 때문에
③ 가연성 증기의 발생을 억제하기 위해서
④ 불순물을 제거하기 위하여

해설

이황화탄소는 가연성 증기의 발생을 억제하기 위해 물 속에 저장한다.

02

규조토에 흡수시켜 다이너마이트를 제조할 때 사용되는 위험물은?

① 다이나이트로톨루엔
② 질산에틸
③ 나이트로글리세린
④ 나이트로셀룰로오스

해설

나이트로글리세린은 다이너마이트의 원료로 사용된다.

03

위험물의 유별과 성질을 잘못 연결한 것은?

① 제2류 - 가연성 고체
② 제3류 - 자연발화성 및 금수성 물질
③ 제5류 - 자기반응성 물질
④ 제6류 - 산화성 고체

해설

제6류 위험물은 산화성 액체이다.

04

나이트로셀룰로오스의 저장·취급방법으로 옳은 것은?

① 건조한 상태로 보관하여야 한다.
② 물 또는 알코올 등을 첨가하여 습윤시켜야 한다.
③ 물기에 접촉하면 위험하므로 제습제를 첨가하여야 한다.
④ 알코올에 접촉하면 자연발화의 위험이 있으므로 주의하여야 한다.

해설

나이트로셀룰로오스는 저장 시 열원, 충격, 마찰 등을 피하고 냉암소에 저장하여야 한다.

05

제2류 위험물에 대한 설명 중 틀린 것은?

① 황은 물에 녹지 않는다.
② 오황화인은 CS_2에 녹는다.
③ 삼황화인은 가연성 물질이다.
④ 칠황화인은 더운물에 분해되어 이산화황을 발생한다.

해설

칠황화인은 물과 반응 시 황화수소를 생성한다.

정답 01 ③ 02 ③ 03 ④ 04 ② 05 ④

06

휘발유에 대한 설명으로 옳지 않은 것은?

① 전기양도체이므로 정전기 발생에 주의해야 한다.
② 빈 드럼통이라도 가연성 가스가 남아 있을 수 있으므로 취급에 주의해야 한다.
③ 취급·저장 시 환기를 잘 시켜야 한다.
④ 직사광선을 피해 통풍이 잘 되는 곳에 저장한다.

해설

휘발유는 전기부도체이다.

07 빈출

염소산칼륨 20킬로그램과 아염소산나트륨 10킬로그램을 과염소산과 함께 저장하는 경우 지정수량 1배로 저장하려면 과염소산은 얼마나 저장할 수 있는가?

① 20킬로그램
② 40킬로그램
③ 80킬로그램
④ 120킬로그램

해설

- 각 위험물의 지정수량
  - 염소산칼륨(1류) : 50kg
  - 아염소산나트륨(1류) : 50kg
  - 과염소산(6류) : 300kg
- 저장하는 과염소산의 용량 = x
- 지정수량 합 = $\left(\dfrac{20}{50}\right) + \left(\dfrac{10}{50}\right) + \left(\dfrac{x}{300}\right) = 1$
- ∴ $x = 120kg$

08

과산화나트륨에 대한 설명 중 틀린 것은?

① 순수한 것은 백색이다.
② 상온에서 물과 반응하여 수소가스가 발생한다.
③ 화재 발생 시 주수소화는 위험할 수 있다.
④ CO 및 CO_2 제거제를 제조할 때 사용된다.

해설

과산화나트륨은 물과 반응하여 수산화나트륨과 산소가 발생하며 발열하므로 주수소화를 금지한다.

09

삼황화인의 연소 생성물을 옳게 나열한 것은?

① P_2O_5, SO_2
② P_2O_5, H_2S
③ H_3PO_4, SO_2
④ H_3PO_4, H_2S

해설

삼황화인 연소반응식
- $P_4S_3 + 8O_2 \rightarrow 2P_2O_5 + 3SO_2$
- 삼황화인은 연소 시 오산화인과 이산화황을 생성한다.

10

다음 위험물 중 인화점이 가장 낮은 것은?

① 아세톤
② 이황화탄소
③ 클로로벤젠
④ 다이에틸에터

해설

- 아세톤 : −18℃
- 이황화탄소 : −30℃
- 클로로벤젠 : 32℃
- 다이에틸에터 : −45℃

정답 06 ① 07 ④ 08 ② 09 ① 10 ④

09 위험물별 특징

01 위험물별 피복유형

위험물	종류	피복
제1류	알칼리금속과산화물	방수성
	그 외	차광성
제2류	철분, 금속분, 마그네슘	방수성
제3류	자연발화성 물질	차광성
	금수성 물질	방수성
제4류	특수인화물	차광성
제5류	—	차광성
제6류		차광성

바로 확인 예제

위험물안전관리법령상 위험물 운반 시 차광성이 있는 피복으로 덮지 않아도 되는 것은?

① 제1류 위험물
② 제2류 위험물
③ 제3류 위험물 중 자연발화성 물질
④ 제4류 위험물

정답 ②
풀이 제2류 위험물은 방수성 있는 피복으로 덮는다.

02 위험물별 유별 주의사항 및 게시판 ★★★

유별	종류	운반용기 외부 주의사항	게시판
제1류	알칼리금속 과산화물	가연물접촉주의, 화기·충격주의, 물기엄금	물기엄금
	그 외	가연물접촉주의, 화기·충격주의	—
제2류	철분, 금속분, 마그네슘	화기주의, 물기엄금	화기주의
	인화성 고체	화기엄금	화기엄금
	그 외	화기주의	화기주의
제3류	자연발화성 물질	화기엄금, 공기접촉엄금	화기엄금
	금수성 물질	물기엄금	물기엄금
제4류		화기엄금	화기엄금
제5류	—	화기엄금, 충격주의	화기엄금
제6류		가연물접촉주의	—

게시판 크기 : 표지는 한 변의 길이가 0.3m, 다른 한 변의 길이는 0.6m 이상

바로 확인 예제

위험물제조소의 게시판에 '화기주의'라고 쓰여 있다. 제 몇 류 위험물 제조소인가? **빈출**

① 제1류   ② 제2류
③ 제3류   ④ 제4류

정답 ②
풀이
• 제2류 위험물(인화성 고체 제외) : 화기주의
• 제2류 위험물 중 인화성 고체 : 화기엄금

종류	바탕색	문자색
위험물제조소	백색	흑색
위험물	흑색	황색
주유 중 엔진정지	황색	흑색
화기엄금	적색	백색
물기엄금	청색	백색

04 위험물별 특징 정리

유별	종류	운반용기 외부 주의사항	게시판	소화방법	피복
제1류	알칼리금속 과산화물	가연물접촉주의 화기·충격주의 물기엄금	물기엄금	주수금지	방수성
	그 외	가연물접촉주의 화기·충격주의	–	주수소화	차광성
제2류	철분, 금속분, 마그네슘	화기주의 물기엄금	화기주의	주수금지	방수성
	인화성 고체	화기엄금	화기엄금	주수소화 질식소화	–
	그 외	화기주의	화기주의	주수소화	
제3류	자연발화성 물질	화기엄금 공기접촉엄금	화기엄금	주수소화	차광성
	금수성 물질	물기엄금	물기엄금	주수금지	방수성
제4류	–	화기엄금	화기엄금	질식소화	차광성 (특수인화물)
제5류		화기엄금 충격주의	화기엄금	주수소화	차광성
제6류		가연물접촉주의	–	주수소화	차광성

주유취급소에 설치하는 "주유 중 엔진정지"라는 표시를 한 게시판의 바탕과 문자의 색상을 차례대로 옳게 나타낸 것은?

① 황색, 흑색　② 흑색, 황색
③ 백색, 흑색　④ 흑색, 백색

정답 ①
풀이 주유취급소에 설치하는 "주유 중 엔진정지"라는 표시는 황색바탕에 흑색문자로 나타낸다.

Key point
인화점이 21도 미만인 액체위험물의 옥외저장탱크 주입구에 설치하는 게시판에는 "옥외저장탱크 주입구"라고 표시하고, 게시판은 백색바탕에 흑색문자로 할 것

Chapter 09

단원별 출제예상문제

01 빈출

제조소의 게시판 사항 중 위험물의 종류에 따른 주의사항이 옳게 연결된 것은?

① 제2류 위험물(인화성 고체 제외) – 화기엄금
② 제3류 위험물 중 금수성 물질 – 물기엄금
③ 제4류 위험물 – 화기주의
④ 제5류 위험물 – 물기엄금

해설

- 제3류 위험물 중 금수성 물질 – 물기엄금
- 제3류 위험물 중 자연발화성 물질 – 화기엄금
- 제2류 위험물(인화성 고체 제외) – 화기주의
- 제4류 위험물 – 화기엄금
- 제5류 위험물 – 화기엄금

02

위험물을 운반용기에 수납하여 적재할 때 차광성이 있는 피복으로 가려야 하는 위험물이 아닌 것은?

① 제1류 위험물
② 제2류 위험물
③ 제5류 위험물
④ 제6류 위험물

해설

차광성 있는 피복으로 가려야 하는 위험물
- 제1류 위험물
- 제3류 위험물 중 자연발화성 물질
- 제4류 위험물 중 특수인화물
- 제5류 위험물
- 제6류 위험물

03 빈출

제4류 위험물을 저장 및 취급하는 위험물제조소에 설치한 "화기엄금" 게시판의 색상으로 올바른 것은?

① 적색바탕에 흑색문자
② 흑색바탕에 적색문자
③ 백색바탕에 적색문자
④ 적색바탕에 백색문자

해설

제4류 위험물은 게시판에 화기엄금을 표시하고 이는 적색바탕에 백색문자로 표현한다.

04 빈출

$NaClO_2$을 수납하는 운반용기의 외부에 표시하여야 할 주의사항으로 옳은 것은?

① 화기엄금 및 충격주의
② 화기주의 및 물기엄금
③ 화기·충격주의 및 가연물접촉주의
④ 화기엄금 및 공기접촉엄금

해설

$NaClO_2$는 아염소산나트륨으로 제1류 위험물에 해당한다. 제1류 위험물(알칼리금속과산화물 제외)은 수납하는 운반용기의 외부에 화기·충격주의, 가연물접촉주의를 표시한다.

10 위험물 운반

01 위험물 운반기준

1 적재방법 ★★★

(1) 고체위험물

운반용기 내용적의 95% 이하의 수납율로 수납

(2) 액체위험물

운반용기 내용적의 98% 이하의 수납율로 수납하되, 55℃의 온도에서 누설되지 않도록 충분한 공간용적을 유지

(3) 알킬알루미늄등

운반용기 내용적의 90% 이하의 수납율로 수납하되, 50℃의 온도에서 5% 이상의 공간용적을 유지

2 운반용기 외부에 행하는 표시사항

① 위험물의 품명 및 위험등급
② 위험물의 화학명 및 수용성(제4류 위험물로서 수용성인 것에 한함)
③ 위험물 수량
④ 규정에 의한 주의사항

02 위험물 운반방법

(1) 위험물 또는 위험물을 수납한 운반용기가 현저하게 마찰 또는 동요를 일으키지 아니하도록 운반해야 함
(2) 지정수량 이상의 위험물을 차량으로 운반하는 경우에는 해당 차량에 다음의 기준에 의한 표지를 설치해야 함
　① 한 변의 길이가 0.3m 이상, 다른 한 변의 길이가 0.6m 이상인 직사각형의 판으로 할 것
　② 바탕은 흑색으로 하고, 황색의 반사도료로 '위험물'이라고 표기할 것
(3) 지정수량 이상의 위험물을 차량으로 운반하는 경우에 있어서 다른 차량에 바꾸어 싣거나 휴식, 고장 등으로 차량을 일시 정차시킬 때에는 안전한 장소를 택하고 운반하는 위험물의 안전 확보에 주의해야 함

(4) 지정수량 이상의 위험물을 차량으로 운반하는 경우에는 당해 위험물에 적응성이 있는 소형수동식소화기를 당해 위험물의 소요단위에 상응하는 능력단위 이상 갖추어야 함

(5) 위험물의 운반 도중 위험물이 현저하게 새는 등 재난발생의 우려가 있는 경우에는 응급조치를 강구하는 동시에 가까운 소방관서 그 밖의 관계기관에 통보하여야 함

03 위험물 운송기준

1 위험물 안전관리자 ★

① 안전관리자를 선임한 제조소등의 관계인은 그 안전관리자를 해임하거나 안전관리자가 퇴직한 때에는 해임하거나 퇴직한 날부터 30일 이내에 다시 안전관리자를 선임하여야 함
② 안전관리자를 선임한 경우에는 선임한 날부터 14일 이내 행정안전부령으로 정하는 바에 따라 소방본부장 또는 소방서장에게 신고하여야 함

2 위험물운송자

① 이동탱크저장소에 의해 위험물을 운송하는 자(운송책임자 및 이동탱크저장소운전자를 말하며, 이하 "위험물운송자")는 당해 위험물을 취급할 수 있는 국가기술자격자 또는 안전교육을 받은 자여야 함
② 안전관리자, 탱크시험자, 위험물운반자, 위험물운송자 등 위험물의 안전관리와 관련된 업무를 수행하는 자는 소방청장이 실시하는 안전교육을 받아야 함
③ 운송책임자의 범위, 감독 또는 지원 방법 등에 관한 구체적인 기준은 행정안전부령으로 정함
④ 위험물운송자는 이동탱크저장소에 의하여 위험물을 운송하는 때에는 행정안전부령으로 정하는 기준을 준수하는 등 당해 위험물의 안전 확보를 위해 세심한 주의를 기울여야 함

3 운송책임자의 감독, 지원을 받아 운송하는 위험물 ★★

① 알킬알루미늄
② 알킬리튬
③ 알킬알루미늄, 알킬리튬을 함유하는 위험물

바로 확인 예제

위험물안전관리법령상 운송책임자의 감독·지원을 받아 운송하여야 하는 위험물에 해당하는 것은? ✈빈출

① 특수인화물
② 알킬리튬
③ 질산구아니딘
④ 하이드라진유도체

정답 ②

풀이 운송하는 위험물이 알킬알루미늄, 알킬리튬이거나 이 둘을 함유하는 위험물일 때에는 운송책임자의 감독 또는 지원을 받아 이를 운송하여야 한다.

4 운송책임자의 자격

① 당해 위험물의 취급에 관한 국가기술자격을 취득하고 관련 업무에 1년 이상 종사한 경력이 있는 자
② 위험물의 운송에 관한 안전교육을 수료하고 관련 업무에 2년 이상 종사한 경력이 있는 자

5 운송책임자의 감독 또는 지원 방법

(1) 운송책임자가 이동탱크저장소에 동승하는 방법

운송책임자가 이동탱크저장소에 동승하여 운송 중인 위험물의 안전 확보에 관하여 운전자에게 필요한 감독 또는 지원을 하는 방법. 다만 운전자가 운송책임자의 자격이 있는 경우에는 운송책임자의 자격이 없는 자가 동승할 수 있음

(2) 동승하지 않고 별도의 사무실에 운송책임자가 대기하면서 다음을 이행하는 방법

① 운송경로를 미리 파악하고 관할소방관서 또는 관련업체(비상대응에 관한 협력을 얻을 수 있는 업체를 말한다)에 대한 연락체계를 갖추는 것
② 이동탱크저장소의 운전자에 대해 수시로 안전 확보 상황을 확인하는 것
③ 비상시의 응급처치에 관해 조언을 하는 것
④ 그 밖에 위험물의 운송 중 안전 확보에 관해 필요한 정보를 제공하고 감독, 지원하는 것

바로 확인 예제

이동탱크저장소에 의한 위험물의 운송 시 준수하여야 하는 기준에서 다음 중 어떤 위험물을 운송할 때 위험물운송자는 위험물안전카드를 휴대하여야 하는가? ✈빈출

① 특수인화물 및 제1석유류
② 알코올류 및 제2석유류
③ 제3석유류 및 동식물유류
④ 제4석유류

정답 ①

풀이 위험물(제4류 위험물에 있어서는 특수인화물 및 제1석유류에 한함)운송자는 위험물안전카드를 휴대하여야 한다.

6 위험물안전카드를 휴대해야 하는 위험물 ★

① 제4류 위험물 중 특수인화물
② 제1석유류

7 위험물운송 시 준수사항

(1) 위험물운송자는 장거리(고속국도 340km 이상, 그 밖의 도로 200km 이상)의 운송을 하는 때에는 2명 이상의 운전자로 함

(2) 다만, 다음의 3가지 경우에는 그러하지 아니함

① 운전책임자의 동승
운송책임자가 별도의 사무실이 아닌 이동탱크저장소에 함께 동승한 경우, 이때는 운송책임자가 운전자의 역할을 하지 않는 경우임
② 운송위험물의 위험성이 낮은 경우
운송하는 위험물이 제2류 위험물, 제3류 위험물(칼슘 또는 알루미늄의 탄화물과 이것만을 함유한 것), 제4류 위험물(특수인화물 제외)인 경우
③ 적당한 휴식을 취하는 경우
운송 도중에 2시간 이내마다 20분 이상씩 휴식하는 경우

Chapter 10

단원별 출제예상문제

01

위험물의 운반에 관한 기준에서 적재방법 기준으로 틀린 것은?

① 고체위험물은 운반용기의 내용적 95% 이하의 수납율로 수납할 것
② 액체위험물은 운반용기의 내용적 98% 이하의 수납율로 수납할 것
③ 알킬알루미늄등은 운반용기 내용적의 95% 이하의 수납율로 수납하되, 50℃의 온도에서 5% 이상의 공간용적을 유지할 것
④ 제3류 위험물 중 자연발화성 물질에 있어서는 불활성 기체를 봉입하여 밀봉하는 등 공기와 접하지 아니하도록 할 것

해설

알킬알루미늄등은 운반용기 내용적의 90% 이하의 수납율로 수납하되, 50℃의 온도에서 5% 이상의 공간용적을 유지하도록 할 것

02

위험물안전관리자를 해임한 후 며칠 이내에 후임자를 선임하여야 하는가?

① 14일   ② 15일
③ 20일   ④ 30일

해설

제조소등의 관계인은 그 안전관리자를 해임하거나 안전관리자가 퇴직한 때에는 해임하거나 퇴직한 날부터 30일 이내에 다시 안전관리자를 선임하여야 한다.

03

위험물안전관리법령상 이동탱크저장소에 의한 위험물운송 시 위험물운송자는 장거리에 걸치는 운송을 하는 때에는 2명 이상의 운전자로 하여야 한다. 다음 중 그러하지 않아도 되는 경우가 아닌 것은?

① 적린을 운송하는 경우
② 알루미늄의 탄화물을 운송하는 경우
③ 이황화탄소를 운송하는 경우
④ 운송도중에 2시간 이내마다 20분 이상씩 휴식하는 경우

해설

위험물운송자는 장거리(고속국도 340km 이상, 그 밖의 도로 200km 이상)의 운송을 하는 때에는 2명 이상의 운전자로 한다. 다만, 다음의 3가지 경우에는 그러하지 아니하다.
• 운전책임자의 동승 : 운송책임자가 별도의 사무실이 아닌 이동탱크저장소에 함께 동승한 경우, 이때는 운송책임자가 운전자의 역할을 하지 않는 경우이다.
• 운송위험물의 위험성이 낮은 경우 : 운송하는 위험물이 제2류 위험물, 제3류 위험물(칼슘 또는 알루미늄의 탄화물과 이것만을 함유한 것), 제4류 위험물(특수인화물 제외)인 경우
• 적당한 휴식을 취하는 경우 : 운송 도중에 2시간 이내마다 20분 이상씩 휴식하는 경우

정답   01 ③   02 ④   03 ③

04

위험물안전관리법령상 위험물 운송에 관한 규정으로 틀린 것은?

① 이동탱크저장소에 의하여 위험물을 운송하는 자는 당해 위험물을 취급할 수 있는 국가기술자격자 또는 안전교육을 받은 자여야 한다.
② 안전관리자 · 탱크시험자 · 위험물운반자 · 위험물운송자 등 위험물의 안전관리와 관련된 업무를 수행하는 자는 시 · 도지사가 실시하는 안전교육을 받아야 한다.
③ 운송책임자의 범위, 감독 또는 지원의 방법 등에 관한 구체적인 기준은 행정안전부령으로 정한다.
④ 위험물운송자는 이동탱크저장소에 의하여 위험물을 운송하는 때에는 행정안전부령으로 정하는 기준을 준수하는 등 당해 위험물의 안전 확보를 위하여 세심한 주의를 기울여야 한다.

해설

안전관리자 · 탱크시험자 · 위험물운반자 · 위험물운송자 등 위험물의 안전관리와 관련된 업무를 수행하는 자로서 대통령령이 정하는 자는 해당 업무에 관한 능력의 습득 또는 향상을 위하여 소방청장이 실시하는 교육을 받아야 한다.

05

위험물안전관리법령상 위험물의 운송에 있어서 운송책임자의 감독 또는 지원을 받아 운송하여야 하는 위험물에 속하지 않는 것은?

① $Al(CH_3)_3$
② CH_3Li
③ $Cd(CH_3)_2$
④ $Al(C_4H_9)_3$

해설

운송하는 위험물이 알킬알루미늄, 알킬리튬이거나 이 둘을 함유하는 위험물일 때에는 운송책임자의 감독 또는 지원을 받아 이를 운송하여야 한다.

06

위험물안전관리법령상 위험물의 운반에 관한 기준에서 액체위험물은 운반용기 내용적의 몇 % 이하의 수납율로 수납하여야 하는가?

① 80
② 85
③ 90
④ 98

해설

액체위험물은 운반용기 내용적의 98% 이하의 수납율로 수납해야 한다.

정답   04 ② 05 ③ 06 ④

11 위험물제조소

01 위험물제조소 관련 용어 정의 ★

구분	정의
위험물	인화성 또는 발화성 등의 성질을 가지는 것으로서 대통령령이 정하는 물품
지정수량	위험물의 종류별로 위험성을 고려하여 대통령령이 정하는 수량으로 제조소등의 설치허가 등에 있어 최저의 기준이 되는 수량
제조소	위험물을 제조할 목적으로 지정수량 이상의 위험물을 취급하기 위해 규정에 따른 허가를 받은 장소
저장소	지정수량 이상의 위험물을 저장하기 위한 대통령령이 정하는 장소로 규정에 따른 허가를 받은 장소
취급소	지정수량 이상의 위험물을 제조 외의 목적으로 취급하기 위한 대통령령이 정하는 장소로서 규정에 따른 허가를 받은 장소
제조소등	제조소, 저장소, 취급소

02 위험물제조소등 분류 ★

위험물제조소등		
제조소	저장소	취급소
–	옥외 · 내저장소 옥외 · 내탱크저장소 이동탱크저장소 간이탱크저장소 지하탱크저장소 암반탱크저장소	일반취급소 주유취급소 판매취급소 이송취급소

다음 중 위험물안전관리법령상 위험물제조소와의 안전거리가 가장 먼 것은?

① 「고등교육법」에서 정하는 학교
② 「의료법」에 따른 병원급 의료기관
③ 「고압가스 안전관리법」에 의하여 허가를 받은 고압가스제조시설
④ 「문화재보호법」에 의한 유형문화재와 기념물 중 지정문화재

정답 ④
풀이
• 사람이 많이 모이는 곳 : 30m 이상
• 고압가스제조시설(35,000V 이상) : 5m 이상
• 문화재 : 50m 이상

구분	거리
사용전압 7,000V 초과 35,000V 이하의 특고압 가공전선	3m 이상
사용전압 35,000V 초과의 특고압 가공전선	5m 이상
주거용으로 사용	10m 이상
고압가스, 액화석유가스, 도시가스를 저장, 취급하는 시설	20m 이상
• 학교, 병원급 의료기관 • 공연장, 영화상영관 및 그 밖에 이와 유사한 시설로서 수용인원 300명 이상인 것 • 아동복지시설, 노인복지시설, 장애인복지시설, 한부모가족복지시설, 어린이집, 성매매피해자등을 위한 지원시설, 정신건강증진시설, 보호시설 및 그 밖에 이와 유사한 시설로서 수용인원 20명 이상인 것	30m 이상
유형문화재, 기념물 중 지정문화재	50m 이상

04 보유공지 ★★

위험물을 취급하는 건축물 그 밖의 시설 주위에는 취급하는 위험물의 최대수량에 따라 다음 표에 의한 너비의 공지를 보유해야 함

취급하는 위험물의 최대수량	공지의 너비
지정수량의 10배 이하	3m 이상
지정수량의 10배 초과	5m 이상

05 위험물제조소

위험물제조소의 위치·구조 및 설비의 기준에 대한 설명 중 틀린 것은?

① 벽, 기둥 및 바닥은 내화구조로 하고 보와 서까래는 불연재료로 하여야 한다.
② 제조소의 표지판은 한 변이 30cm 이상, 다른 한 변이 60cm 이상의 크기로 한다.
③ '화기엄금'을 표시하는 게시판은 적색바탕에 백색문자로 한다.
④ 지정수량 10배를 초과한 위험물을 취급하는 제조소는 보유공지의 너비가 5m 이상이어야 한다.

정답 ①
풀이 벽, 기둥, 바닥, 보, 서까래 및 계단은 불연재료로 한다.

1 건축물 구조 ★

① 지하층이 없도록 하여야 함
② 벽·기둥·바닥·보·서까래 및 계단은 불연재료로 함
③ 연소의 우려가 있는 외벽은 출입구 외의 개구부가 없는 내화구조의 벽으로 하여야 함
④ 연소의 우려가 있는 외벽은 단층건물일 경우 제조소가 설치된 부지의 경계선에서 3m 이내에 있는 외벽일 것

⑤ 지붕은 폭발력이 위로 방출될 정도의 가벼운 불연재료로 덮어야 함
⑥ 위험물을 취급하는 건축물의 창 및 출입구에 유리를 이용하는 경우에는 망입유리로 하여야 함
⑦ 출입구와 비상구에는 갑종방화문(60분 + 방화문, 60분 방화문) 또는 을종방화문(30분 방화문)을 설치하되, 연소의 우려가 있는 외벽에 설치하는 출입구에는 수시로 열 수 있는 자동폐쇄식의 **갑종방화문(60분 + 방화문, 60분 방화문)**을 설치하여야 함
⑧ 액체위험물을 취급하는 건축물의 바닥은 위험물이 스며들지 못하는 재료를 사용하고, 적당한 경사를 두어 그 최저부에 집유설비를 하여야 함

2 환기설비 ★

① 환기는 자연배기방식으로 할 것
② 급기구는 당해 급기구가 설치된 실의 **바닥면적 150m²마다 1개 이상으로 하되, 급기구의 크기는 800cm²** 이상으로 할 것. 다만 바닥면적이 150m² 미만인 경우에는 다음의 크기로 하여야 함

바닥면적	급기구 면적
60m² 미만	150cm² 이상
60m² 이상 90m² 미만	300cm² 이상
90m² 이상 120m² 미만	450cm² 이상
120m² 이상 150m² 미만	600cm² 이상

③ **급기구는 낮은 곳에 설치하고 가는 눈의 구리망** 등으로 인화방지망을 설치할 것
④ 환기구는 지붕 위 또는 지상 2m 이상의 높이에 회전식 고정벤티레이터 또는 루프팬 방식(roof fan : 지붕에 설치하는 배기장치)으로 설치할 것

3 배출설비

① 배출설비는 예외적인 경우를 제외하고는 국소방식으로 하여야 함
② 배출설비는 강제배출 방식으로 함
③ **급기구는 높은 곳에 설치하고, 가는 눈의 구리망** 등으로 인화방지망을 설치
④ 배출구는 지상 2m 이상으로서 연소의 우려가 없는 장소에 설치하고, 배출 덕트가 관통하는 벽부분의 바로 가까이에 화재 시 자동으로 폐쇄되는 방화댐퍼를 설치
⑤ 국소방식 배출능력은 1시간당 배출장소 용적의 20배 이상인 것으로 하여야 함

Key point

위험물제조소 일반점검표 중 안전
장치 점검내용
1) 부식·손상 유무
2) 고정상황의 적부
3) 기능의 적부

4 압력계 및 안전장치와 피뢰설비

(1) 위험물을 가압하는 설비 또는 그 취급하는 위험물의 압력이 상승할 우려가
있는 설비에는 압력계 및 다음에 해당하는 안전장치를 설치하여야 함
  ① 자동적으로 압력의 상승을 정지시키는 장치
  ② 감압 측에 안전밸브를 부착한 감압밸브
  ③ 안전밸브를 겸하는 경보장치
  ④ 파괴판 ⇒ 위험물의 성질에 따라 안전밸브의 작동이 곤란한 가압설비에
  한하여 설치

(2) 제6류 위험물을 취급하는 경우를 제외하고 지정수량의 10배 이상의 위험물
을 취급하는 제조소에는 피뢰침을 설치하여야 함

06 알킬알루미늄등, 아세트알데하이드등의 취급 특례

1 알킬알루미늄등을 취급하는 제조소의 특례
  ① 알킬알루미늄등을 취급하는 설비의 주위에는 누설범위를 국한하기 위한
  설비와 누설된 알킬알루미늄등을 안전한 장소에 설치된 저장실에 유입
  시킬 수 있는 설비를 갖출 것
  ② 알킬알루미늄등을 취급하는 설비에는 불활성 기체를 봉입하는 장치를
  갖출 것

바로 확인
예제

알킬알루미늄등 또는 아세트알데하이
드등을 취급하는 제조소의 특례기준
으로서 옳은 것은?
① 알킬알루미늄등을 취급하는 설비
에는 불활성 기체 또는 수증기를
봉입하는 장치를 설치한다.
② 알킬알루미늄등을 취급하는 설비
는 은·수은·동·마그네슘을 성
분으로 하는 것으로 만들지 않는다.
③ 아세트알데하이드등을 취급하는 탱
크에는 냉각장치 또는 보냉장치
및 불활성 기체 봉입장치를 설치한다.
④ 아세트알데하이드등을 취급하는 설
비의 주위에는 누설범위를 국한하
기 위한 설비와 누설되었을 때 안
전한 장소에 설치된 저장실에 유
입시킬 수 있는 설비를 갖춘다.

정답 ③
풀이 아세트알데하이드등을 취급
하는 탱크에는 냉각장치 또는 저온을
유지하기 위한 장치(보냉장치) 및 연
소성 혼합기체의 생성에 의한 폭발을
방지하기 위한 불활성 기체를 봉입하
는 장치를 갖추어야 한다.

2 아세트알데하이드등을 취급하는 제조소의 특례
  ① 아세트알데하이드등을 취급하는 설비는 은·수은·동·마그네슘 또는
  이들을 성분으로 하는 합금으로 만들지 아니할 것
  ② 아세트알데하이드등을 취급하는 설비에는 연소성 혼합기체의 생성에 의
  한 폭발을 방지하기 위한 불활성 기체 또는 수증기를 봉입하는 장치를
  갖출 것
  ③ 아세트알데하이드등을 취급하는 탱크(옥외에 있는 탱크 또는 옥내에 있
  는 탱크로서 그 용량이 지정수량의 5분의 1 미만인 것은 제외)에는 냉각
  장치 또는 저온을 유지하기 위한 장치(보냉장치) 및 연소성 혼합기체의
  생성에 의한 폭발을 방지하기 위한 불활성 기체를 봉입하는 장치를 갖
  출 것
    → 다만, 지하에 있는 탱크가 아세트알데하이드등의 온도를 저온으로 유
    지할 수 있는 구조인 경우에는 냉각장치 및 보냉장치를 갖추지 아니할
    수 있음

Chapter 11

단원별 출제예상문제

01

위험물안전관리법에서 사용하는 용어의 정의 중 틀린 것은?

① "지정수량"은 위험물의 종류별로 위험성을 고려하여 대통령령이 정하는 수량이다.
② "제조소"라 함은 위험물을 제조할 목적으로 지정수량 이상의 위험물을 취급하기 위하여 규정에 따라 허가를 받은 장소를 말한다.
③ "저장소"라 함은 지정수량 이상의 위험물을 저장하기 위한 대통령령이 정하는 장소로서 규정에 따라 허가를 받은 장소를 말한다.
④ "제조소등"이라 함은 제조소, 저장소 및 이동탱크를 말한다.

해설

"제조소등"이라 함은 제조소, 저장소 및 취급소를 말한다.

02

위험물안전관리법령에서 정의하는 다음 용어는 무엇인가?

> 인화성 또는 발화성 등의 성질을 가지는 것으로서 대통령령이 정하는 물품을 말한다.

① 위험물
② 인화성 물질
③ 자연발화성 물질
④ 가연물

해설

위험물안전관리법령상 위험물이란 인화성 또는 발화성 등의 성질을 가지는 것으로서 대통령령이 정하는 물품을 말한다.

03

「제조소 일반점검표」에 기재되어 있는 위험물 취급설비 중 안전장치의 점검내용이 아닌 것은?

① 회전부 등 급유상태의 적부
② 부식 · 손상 유무
③ 고정상황의 적부
④ 기능의 적부

해설

제조소 일반점검표 중 안전장치 점검내용
• 부식 · 손상 유무
• 고정상황의 적부
• 기능의 적부

04

위험물제조소의 기준에 있어서 위험물을 취급하는 건축물의 구조로 적당하지 않은 것은?

① 지하층이 없도록 하여야 한다.
② 연소의 우려가 있는 외벽은 내화구조의 벽으로 하여야 한다.
③ 출입구는 연소의 우려가 있는 외벽에 설치하는 경우 을종방화문(30분 방화문)을 설치하여야 한다.
④ 지붕은 폭발력이 위로 방출될 정도의 가벼운 불연재료로 덮어야 한다.

해설

연소의 우려가 있는 외벽에 설치하는 출입구에는 수시로 열 수 있는 자동폐쇄식의 갑종방화문(60분 + 방화문, 60분 방화문)을 설치하여야 한다.

05

지정수량의 10배 이상의 위험물을 취급하는 제조소에는 피뢰침을 설치하여야 하지만 제 몇 류 위험물을 취급하는 경우는 이를 제외할 수 있는가?

① 제2류 위험물
② 제4류 위험물
③ 제5류 위험물
④ 제6류 위험물

해설

피뢰침 설치 시 확인해야 할 주의점
• 지정수량의 10배 이상 취급 시 설치한다.
• 제6류 위험물을 취급하는 경우는 제외한다.

정답 01 ④ 02 ① 03 ① 04 ③ 05 ④

12 위험물저장소

바로 확인 예제

위험물안전관리법령상 옥내저장소 저장창고의 바닥은 물이 스며 나오거나 스며들지 아니하는 구조로 하여야 한다. 다음 중 반드시 이 구조로 하지 않아도 되는 위험물은?

① 제1류 위험물 중 알칼리금속의 과산화물
② 제4류 위험물
③ 제5류 위험물
④ 제2류 위험물 중 철분

정답 ③

풀이 제1류 위험물 중 알칼리금속의 과산화물 또는 이를 함유하는 것, 제2류 위험물 중 철분·금속분·마그네슘 또는 이 중 어느 하나 이상을 함유하는 것, 제3류 위험물 중 금수성 물질 그리고 제4류 위험물의 저장창고의 바닥은 물이 스며 나오거나 스며들지 아니하는 구조로 하여야 한다.

바로 확인 예제

위험물안전관리법령상 옥내저장소에서 기계에 의하여 하역하는 구조로 된 용기만을 겹쳐 쌓아 위험물을 저장하는 경우 그 높이는 몇 미터를 초과하지 않아야 하는가?

① 2   ② 4
③ 6   ④ 8

정답 ③

풀이 옥내저장소에서 기계에 의하여 하역하는 구조로 된 용기만을 겹쳐 쌓아 위험물을 저장하는 경우에 있어서는 6m를 초과하지 않아야 한다.

---

01 옥내저장소

1 저장창고 구조

(1) 저장창고는 위험물의 저장을 전용으로 하는 독립된 건축물임

① 저장창고는 지면에서 처마까지 높이 6m 미만인 단층건물이어야 하며 바닥은 지반면보다 높아야 함

② 단, 제2류 위험물 또는 제4류 위험물 저장하는 창고로서 다음 기준에 적합한 경우에는 20m 이하로 할 수 있음
- 벽, 기둥, 보 및 바닥 → 내화구조
- 출입구 → 갑종방화문(60분 + 방화문, 60분 방화문) 설치
- 피뢰침 설치(다만, 안전상 지장 없는 경우 설치 안 해도 됨)

(2) 벽·기둥 및 바닥 : 내화구조

(3) 보, 서까래 : 불연재료

(4) 출입구

① 갑종방화문(60분 + 방화문, 60분 방화문) 또는 을종방화문(30분 방화문) 설치

② 연소의 우려가 있는 외벽에 있는 출입구 : 수시로 열 수 있는 자동폐쇄식의 갑종방화문(60분 + 방화문, 60분 방화문) 설치

(5) 물이 스며 나오거나 스며들지 아니하는 구조로 해야 하는 바닥

① 제1류 위험물 중 알칼리금속의 과산화물 또는 이를 함유하는 것

② 제2류 위험물 중 철분, 마그네슘, 금속분 또는 이 중 어느 하나 이상을 함유하는 것

③ 제3류 위험물 중 금수성 물질

④ 제4류 위험물

(6) 액상의 위험물의 저장창고의 바닥

위험물이 스며들지 아니하는 구조로 하고, 적당하게 경사지게 하여 그 최저부에 집유설비를 하여야 함

(7) 옥내저장소에서 위험물 저장 기준

① 옥내저장소에서 동일 품명의 위험물이더라도 자연발화할 우려가 있는 위험물 또는 재해가 현저하게 증대할 우려가 있는 위험물을 다량 저장하는 경우에는 지정수량의 10배 이하마다 구분하여 상호 간 0.3m 이상의 간격을 두어 저장하여야 함

② 옥내저장소에서 위험물을 저장하는 경우에는 다음의 규정에 의한 높이를 초과하여 용기를 겹쳐 쌓지 아니하여야 함
  • 기계에 의해 하역하는 구조로 된 용기만을 겹쳐 쌓는 경우 : 6m
  • 제4류 위험물 중 제3석유류, 제4석유류 및 동식물유류를 수납하는 용기만을 겹쳐 쌓는 경우 : 4m
  • 그 밖의 경우 : 3m

2 다층건물의 옥내저장소의 기준

① 저장창고는 각 층의 바닥을 지면보다 높게 하고, 층고(바닥면으로부터 상층의 바닥까지의 높이)를 6m 미만으로 하여야 함
② 하나의 저장창고의 바닥면적 합계는 1,000m² 이하로 하여야 함
③ 저장창고의 벽·기둥·바닥 및 보를 내화구조로 하고, 계단을 불연재료로 하며, 연소의 우려가 있는 외벽은 출입구 외의 개구부를 갖지 아니하는 벽으로 하여야 함
④ 2층 이상의 층의 바닥에는 개구부를 두지 아니하여야 함(다만, 내화구조의 벽과 갑종방화문(60분 + 방화문, 60분 방화문) 또는 을종방화문(30분 방화문)으로 구획된 계단실에 있어서는 그러하지 아니함)

3 지정과산화물을 저장, 취급하는 옥내저장소의 기준

① 서까래의 간격은 30cm 이하로 할 것 ★★
② 저장창고의 출입구에는 갑종방화문(60분 + 방화문, 60분 방화문)을 설치할 것
③ 저장창고의 창은 바닥면으로부터 2m 이상의 높이에 두되, 하나의 벽면에 두는 창의 면적의 합계를 당해 벽면의 면적의 80분의 1 이내로 하고, 하나의 창의 면적을 0.4m² 이내로 할 것
④ 저장창고는 150m² 이내마다 격벽으로 완전하게 구획할 것
⑤ 저장창고의 외벽은 두께 20cm 이상의 철근콘크리트조나 철골철근콘크리트조 또는 두께 30cm 이상의 보강콘크리트블록조로 할 것

4 보유공지 ★★

① 옥내저장소의 주위에는 그 저장 또는 취급하는 위험물의 최대수량에 따라 아래 표에 의한 너비의 공지를 보유해야 함

○ Key point

지정과산화물은 두께 0.3m 이상의 철근콘크리트조로 된 뚜껑을 설치할 것

바로 확인 예제

지정과산화물 옥내저장소의 저장창고 출입구 및 창의 설치기준으로 틀린 것은?

① 창은 바닥면으로부터 2m 이상의 높이에 설치한다.
② 하나의 창의 면적을 0.4m² 이내로 한다.
③ 하나의 벽면에 두는 창의 면적의 합계를 해당 벽면의 면적의 80분의 1이 초과되도록 한다.
④ 출입구에는 갑종방화문(60분 + 방화문, 60분 방화문)을 설치한다.

정답 ③
풀이 저장창고의 창은 바닥면으로부터 2m 이상의 높이에 두되, 하나의 벽면에 두는 창의 면적의 합계를 당해 벽면의 면적의 80분의 1 이내로 한다.

② 다만, 지정수량의 20배를 초과하는 옥내저장소와 동일한 부지 내에 있는 다른 옥내저장소와의 사이에는 아래 표에 정하는 공지 너비의 3분의 1의 공지를 보유할 수 있음

위험물 최대수량	공지의 너비	
	벽, 기둥 및 바닥 : 내화구조	그 밖의 건축물
지정수량의 5배 이하	–	0.5m 이상
지정수량의 5배 초과 10배 이하	1m 이상	1.5m 이상
지정수량의 10배 초과 20배 이하	2m 이상	3m 이상
지정수량의 20배 초과 50배 이하	3m 이상	5m 이상
지정수량의 50배 초과 200배 이하	5m 이상	10m 이상
지정수량의 200배 초과	10m 이상	15m 이상

02 옥외저장소

1 덩어리 상태의 황만을 지반면에 설치한 경계표시의 안쪽에서 저장 또는 취급 시 기준 ★★
① 하나의 경계표시의 내부 면적은 100m² 이하일 것
② 2 이상의 경계표시를 설치한 경우에 있어서 각각의 경계표시 내부의 면적을 합산한 면적은 1,000m² 이하로 할 것
③ 경계표시는 불연재료로 만드는 동시에 황이 새지 않는 구조로 할 것
④ 경계표시의 높이는 1.5m 이하로 할 것

2 저장할 수 있는 위험물
① 제2류 위험물 중 황 또는 인화성 고체(인화점 0℃ 미만은 취급불가)
② 제4류 위험물 중 특수인화물 제외한 것(제1석유류는 인화점이 0℃ 이상인 것에 한함)
③ 제6류 위험물

3 보유공지 ★★
① 경계표시 주위에는 그 저장 또는 취급하는 위험물의 최대수량에 따라 아래 표에 의한 너비의 공지를 보유할 것
② 다만, 제4류 위험물 중 제4석유류와 제6류 위험물을 저장 또는 취급하는 옥외저장소의 보유공지는 아래 표에 의한 공지 너비의 3분의 1 이상의 너비로 할 수 있음

위험물 최대수량	공지의 너비
지정수량의 10배 이하	3m 이상
지정수량의 10배 초과 20배 이하	5m 이상
지정수량의 20배 초과 50배 이하	9m 이상
지정수량의 50배 초과 200배 이하	12m 이상
지정수량의 200배 초과	15m 이상

03 옥내탱크저장소

1 위치, 구조 및 설비 기술 기준

① 단층건물에 설치된 탱크전용실에 설치할 것
② 옥내저장탱크와 탱크전용실의 벽과의 사이 및 옥내저장탱크 상호 간에는 0.5m 이상의 간격을 유지할 것
③ 옥내저장탱크의 용량은 지정수량의 40배 이하일 것

2 탱크전용실을 1층 또는 지하층에만 설치하는 위험물

① 제2류 위험물 중 덩어리 황, 황화인, 적린
② 제3류 위험물 중 황린
③ 제6류 위험물 중 질산

3 옥내탱크저장소 중 탱크전용실을 단층건물 외의 건축물에 설치하는 것

① 제2류 위험물 중 황화인, 적린 및 덩어리 황
② 제3류 위험물 중 황린
③ 제4류 위험물 중 인화점이 38℃ 이상인 위험물
④ 제6류 위험물 중 질산

4 옥내탱크저장소에서 인화점 섭씨 70도 이상의 제4류 위험물만을 저장, 취급하는 곳에 설치하는 소화설비

① 물분무 소화설비
② 고정식 포 소화설비
③ 이동식 이외의 불활성 가스 소화설비
④ 이동식 이외의 할로겐화합물 소화설비
⑤ 이동식 이외의 분말 소화설비

바로 확인 예제

위험물안전관리법령상 옥내탱크저장소의 기준에서 옥내저장탱크 상호 간에는 몇 m 이상의 간격을 유지하여야 하는가?
① 0.3   ② 0.5
③ 0.7   ④ 1.0

정답 ②
풀이 옥내저장탱크와 탱크전용실의 벽과의 사이 및 옥내저장탱크의 상호 간에는 0.5m 이상의 간격을 유지할 것. 다만, 탱크의 점검 및 보수에 지장이 없는 경우에는 그러하지 아니하다.

1 보유공지 ★★

저장 또는 취급하는 위험물의 최대수량에 따라 옥외저장탱크의 측면으로부터 아래 표에 의한 너비의 공지를 보유

위험물의 최대수량	공지의 너비
지정수량의 500배 이하	3m 이상
지정수량의 500배 초과 1,000배 이하	5m 이상
지정수량의 1,000배 초과 2,000배 이하	9m 이상
지정수량의 2,000배 초과 3,000배 이하	12m 이상
지정수량의 3,000배 초과 4,000배 이하	15m 이상
지정수량의 4,000배 초과	탱크의 수평단면의 최대지름과 높이 중 큰 것 이상 ① 소 : 15m 이상 ② 대 : 30m 이하

2 외부구조 및 설비

(1) 밸브 없는 통기관
  ① 직경 : 30mm 이상
  ② 끝부분은 수평면보다 45도 이상 구부려 빗물 등의 침투를 막는 구조로 할 것
  ③ 인화점이 38℃ 미만인 위험물만을 저장 또는 취급하는 탱크에 설치하는 통기관에는 화염방지장치를 설치하고, 그 외의 탱크에 설치하는 통기관에는 40메쉬(mesh) 이상의 **구리망 또는 동등 이상의 성능을 가진 인화방지장치를 설치할 것**(다만, 인화점이 70℃ 이상인 위험물만을 해당 위험물의 인화점 미만의 온도로 저장 또는 취급하는 탱크에 설치하는 통기관에는 인화방지장치를 설치하지 않을 수 있음)
  ④ 통기관 밸브는 저장탱크에 위험물을 주입하는 경우를 제외하고는 항상 개방되어 있는 구조로 하는 한편, 폐쇄하였을 경우 10kPa 이하의 압력에서 개방되는 구조로 할 것

(2) 대기밸브부착 통기관
  ① 5kPa 이하의 압력 차이로 작동할 수 있을 것
  ② 가는 눈의 구리망 등으로 인화방지망 설치할 것

(3) 펌프설비 기준
  ① 펌프설비의 주위에는 너비 3m 이상의 공지를 보유할 것
  ② 펌프실의 바닥의 주위에는 높이 0.2m 이상의 턱을 만들고 바닥은 콘크리트 등 위험물이 스며들지 아니하는 재료로 적당히 경사지게 하여 그

바로 확인 예제

위험물 옥외탱크저장소에서 지정수량 3,000배 초과의 위험물을 저장할 경우 보유공지의 너비는 몇 m 이상으로 하여야 하는가? (단, 제4류 위험물과 제6류 위험물이 아닌 경우)

① 0.5   ② 2.5
③ 10   ④ 15

정답 ④
풀이

저장 또는 취급하는 위험물의 최대수량	공지의 너비
지정수량의 500배 이하	3m 이상
지정수량의 500배 초과 1,000배 이하	5m 이상
지정수량의 1,000배 초과 2,000배 이하	9m 이상
지정수량의 2,000배 초과 3,000배 이하	12m 이상
지정수량의 3,000배 초과 4,000배 이하	15m 이상

바로 확인 예제

위험물옥외저장탱크의 통기관에 관한 사항으로 옳지 않은 것은?

① 밸브 없는 통기관의 직경은 30mm 이상으로 한다.
② 대기밸브부착 통기관은 항시 열려 있어야 한다.
③ 밸브 없는 통기관의 선단은 수평면보다 45도 이상 구부려 빗물 등의 침투를 막는 구조로 한다.
④ 대기밸브부착 통기관은 5kPa 이하의 압력차이로 작동할 수 있어야 한다.

정답 ②
풀이 대기밸브부착 통기관에는 인화밸브장치를 설치할 것

최저부에는 집유설비를 설치할 것

③ 펌프실 외의 장소에 설치하는 펌프설비에는 그 직하의 지반면의 주위에 높이 0.15m 이상의 턱을 만들고 당해 지반면은 콘크리트 등 위험물이 스며들지 아니하는 재료로 적당히 경사지게 하여 그 최저부에는 집유설비를 할 것

→ 이 경우 제4류 위험물(온도 20℃의 물 100g에 용해되는 양이 1g 미만인 것에 한한다)을 취급하는 펌프설비에 있어서는 당해 위험물이 직접 배수구에 유입하지 아니하도록 집유설비에 유분리장치를 설치하여야 함

3 옥외탱크저장소 게시판에 기재하는 내용

① 위험물의 지정수량의 배수
② 위험물의 저장최대수량
③ 위험물의 품명
④ 안전관리자 성명 또는 직명

4 방유제

(1) 용량

① 탱크 1기 ⇒ 탱크용량의 110% 이상
② 탱크 2기 이상 ⇒ 최대인 것 용량의 110% 이상
③ 인화성 없는 액체 ⇒ 100%로 함

(2) 높이 : 0.5m 이상 3m 이하

(3) 두께 : 0.2m 이상

(4) 면적 : 80,000m² 이하

(5) 방유제 내에 설치하는 옥외저장탱크 수 : 10 이하

(6) 방유제는 옥외저장탱크의 지름에 따라 그 탱크의 옆판으로부터 다음의 거리를 유지

① 지름 15m 미만인 경우 : 탱크 높이의 3분의 1 이상 ★
② 지름 15m 이상인 경우 : 탱크 높이의 2분의 1 이상 ★
③ 인화점이 200℃ 이상인 위험물을 저장 또는 취급하는 것에 있어서는 그러하지 아니함

바로 확인 예제

위험물안전관리법령상 위험물옥외탱크저장소에 방화에 관하여 필요한 사항을 게시한 게시판에 기재하여야 하는 내용이 아닌 것은?

① 위험물의 지정수량의 배수
② 위험물의 저장최대수량
③ 위험물의 품명
④ 위험물의 성질

정답 ④
풀이

• 제조소에는 보기 쉬운 곳에 다음의 기준에 따라 방화에 관하여 필요한 사항을 게시한 게시판을 설치하여야 한다.
• 게시판에는 저장 또는 취급하는 위험물의 유별·품명 및 저장최대수량 또는 취급최대수량, 지정수량의 배수 및 안전관리자의 성명 또는 직명을 기재할 것

바로 확인 예제

위험물안전관리법령상 옥외탱크저장소의 기준에 따라 다음의 인화성 액체 위험물을 저장하는 옥외저장탱크 1~4호를 동일의 방유제 내에 설치하는 경우 방유제에 필요한 최소 용량으로서 옳은 것은? (단, 암반탱크 또는 특수액체위험물탱크의 경우는 제외한다.)

• 1호 탱크 : 등유 1,500kL
• 2호 탱크 : 가솔린 1,000kL
• 3호 탱크 : 경유 500kL
• 4호 탱크 : 중유 250kL

① 1,650kL   ② 1,500kL
③ 500kL   ④ 250kL

정답 ①
풀이

방유제용량 = 최대탱크용량 × 1.1
　　　　　 = 1,500 × 1.1
　　　　　 = 1,650kL

바로 확인 예제

지하탱크저장소 탱크전용실의 안쪽과 지하저장탱크와의 사이는 몇 m 이상의 간격을 유지하여야 하는가?

① 0.1   ② 0.2
③ 0.3   ④ 0.5

정답 ①

풀이 지하저장탱크와 탱크전용실의 안쪽과의 사이는 0.1m 이상의 간격을 유지하여야 한다.

1 위치, 구조 및 설비기준

(1) 위험물을 저장 또는 취급하는 저장탱크는 지면하에 설치된 탱크전용실에 설치하여야 함. 다만, 제4류 위험물의 지하저장탱크가 다음 기준에 적합한 때에는 그러하지 아니함

  ① 당해 탱크를 지하철, 지하가 또는 지하터널로부터 수평거리 10m 이내의 장소 또는 지하건축물 내의 장소에 설치하지 않을 것

  ② 당해 탱크를 그 수평투영의 세로 및 가로보다 각각 0.6m 이상 크고 두께가 0.3m 이상인 철근콘크리트조의 뚜껑으로 덮을 것

  ③ 뚜껑에 걸리는 중량이 직접 당해 탱크에 걸리지 아니하는 구조일 것

  ④ 당해 탱크를 견고한 기초 위에 고정할 것

  ⑤ 당해 탱크를 지하의 가장 가까운 벽, 피트, 가스관 등의 시설물 및 대지경계선으로부터 0.6m 이상 떨어진 곳에 매설할 것

(2) 탱크전용실

  ① 지하의 가장 가까운 벽, 피트, 가스관 등의 시설물 및 대지경계선으로부터 0.1m 이상 떨어진 곳에 설치해야 함

  ② 지하저장탱크와 탱크전용실의 안쪽과의 사이는 0.1m 이상의 간격 유지해야 함

  ③ 당해 탱크의 주위에 마른모래 또는 습기 등에 의하여 응고되지 아니하는 입자지름 5mm 이하의 마른자갈분을 채워야 함

(3) 지하저장탱크의 윗부분

  지면으로부터 0.6m 이상 아래에 있어야 함

(4) 지하저장탱크를 2 이상 인접해 설치하는 경우

  ① 그 상호 간에 1m 이상의 간격을 유지하여야 함

  ② 당해 2 이상의 지하저장탱크의 용량의 합계가 지정수량의 100배 이하인 때에는 0.5m 이상의 간격 유지하여야 함

  ③ 다만, 그 사이에 탱크전용실의 벽이나 두께 20cm 이상의 콘크리트 구조물이 있는 경우에는 그러하지 아니함

06 간이저장탱크

1 위치, 구조 및 설비기준

① 간이저장탱크 용량 : 600L 이하

② 간이저장탱크 두께 : 3.2mm 이상의 강판으로 흠이 없도록 제작하여야 하며, 70kPa의 압력으로 10분간의 수압시험을 실시하여 새거나 변형되지 않아야 함

③ 하나의 간이탱크저장소에 설치하는 간이저장탱크는 그 수를 3 이하로 하고, 동일한 품질의 위험물의 간이저장탱크를 2 이상 설치하지 아니하여야 함

④ 간이저장탱크 외면 : 녹을 방지하기 위해 도장해야 함. 다만, 탱크 재질이 부식의 우려가 없는 스테인리스 강판 등인 경우에는 그러하지 아니함

07 이동탱크저장소

1 이동저장탱크의 구조

(1) 탱크의 구조

① 탱크(맨홀 및 주입관의 뚜껑 포함)는 두께 3.2mm 이상의 강철판 또는 이와 동등 이상의 강도, 내식성 및 내열성이 있다고 인정하여 소방청장이 정하여 고시하는 재료 및 구조로 위험물이 새지 않도록 제작할 것

② 압력탱크(최대상용압력이 46.7kPa 이상인 탱크) 외의 탱크는 70kPa의 압력으로, 압력탱크는 최대상용압력의 1.5배의 압력으로 각각 10분간의 수압시험을 실시하여 새거나 변형되지 않을 것(이 경우 수압시험은 용접부에 대한 비파괴시험과 기밀시험으로 대체 가능)

(2) 칸막이

4,000L 이하마다 3.2mm 이상의 강철판 또는 이와 동등 이상의 강도, 내열성 및 내식성이 있는 금속성의 것으로 칸막이 설치

(3) 안전장치

상용압력이 20kPa 이하인 탱크에 있어서는 20kPa 이상 24kPa 이하의 압력에서, 상용압력이 20kPa를 초과하는 탱크에 있어서는 상용압력의 1.1배 이하의 압력에서 작동하는 것으로 할 것

(4) 안전장치

① 두께 1.6mm 이상의 강철판 또는 이와 동등 이상의 강도, 내열성 및 내식성이 있는 금속성의 것으로 할 것

② 하나의 구획부분에 2개 이상의 방파판을 이동탱크저장소의 진행방향과 평행으로 설치하되, 각 방파판은 그 높이 및 칸막이로부터의 거리를 다르게 할 것

③ 하나의 구획부분에 설치하는 각 방파판의 면적의 합계는 당해 구획부분의 최대 수직단면적의 50% 이상으로 할 것. 다만, 수직단면이 원형이거나 짧은 지름이 1m 이하의 타원형일 경우에는 40% 이상으로 할 수 있음

(5) 방호틀

① 두께 2.3mm 이상의 강철판 또는 이와 동등 이상의 기계적 성질이 있는 재료로서 산모양의 형상으로 하거나 이와 동등 이상의 강도가 있는 형상으로 할 것

② 정상부분은 부속장치보다 50mm 이상 높게 하거나 이와 동등 이상의 성능이 있는 것으로 할 것

2 탱크 외부도장 ★

유별	제1류	제2류	제3류	제5류	제6류
색상	회색	적색	청색	황색	청색

암기법 회적청황청

08 탱크의 용량

1 탱크의 용량

(1) 위험물을 저장 또는 취급하는 탱크의 용량은 해당 탱크의 내용적에서 공간용적을 뺀 용적으로 함

(2) 공간용적 ★★

① 일반적인 탱크의 공간용적은 탱크 내용적의 100분의 5 이상 100분의 10 이하의 용적으로 함

② 소화설비(소화약제 방출구를 탱크 안의 윗부분에 설치하는 것에 한함)를 설치하는 탱크의 공간용적은 당해 소화설비의 소화약제 방출구 아래의 0.3m 이상 1m 미만 사이의 면으로부터 윗부분의 용적으로 함

③ 암반탱크에 있어서는 당해 탱크 내에 용출하는 7일간의 지하수의 양에 상당하는 용적과 당해 탱크의 내용적의 100분의 1의 용적 중에서 보다 큰 용적을 공간용적으로 함

바로 확인 예제

위험물 이동저장탱크의 외부도장 색상으로 적합하지 않은 것은?

① 제2류 – 적색
② 제3류 – 청색
③ 제5류 – 황색
④ 제6류 – 회색

정답 ④

풀이

유별	1	2	3	5	6
색상	회색	적색	청색	황색	청색

바로 확인 예제

위험물탱크의 용량은 탱크의 내용적에서 공간용적을 뺀 용적으로 한다. 이 경우 소화약제 방출구를 탱크 안의 윗부분에 설치하는 탱크의 공간용적은 당해 소화설비의 소화약제 방출구 아래의 어느 범위의 면으로부터 윗부분의 용적으로 하는가?

① 0.1미터 이상 0.5미터 미만 사이의 면
② 0.3미터 이상 1미터 미만 사이의 면
③ 0.5미터 이상 1미터 미만 사이의 면
④ 0.5미터 이상 1.5미터 미만 사이의 면

정답 ②

풀이 소화약제 방출구를 탱크 안의 윗부분에 설치하는 탱크의 공간용적은 당해 소화설비의 소화약제 방출구 아래 0.3미터 이상 1미터 미만 사이의 면으로부터 윗부분의 용적으로 한다.

2 탱크의 용적산정기준 ★★★

(1) 탱크용량

> 탱크용량 = 탱크내용적 − 공간용적
> = (탱크의 내용적) × (1 − 공간용적비율)

(2) 원통형 탱크의 내용적

① 횡으로 설치한 것

> $V = \pi r^2(l + \dfrac{l_1 + l_2}{3})(1 - 공간용적)$

> 원의 면적 × $\dfrac{가운데\ 체적길이 + 양끝\ 체적길이\ 합}{3}$ × (1 − 공간용적)

② 종으로 설치한 것

> $V = \pi r^2 l$

바로 확인 예제

다음과 같이 횡으로 설치한 원통형 위험물탱크에 대하여 탱크의 용량을 구하면 약 몇 m³인가? (단, 공간용적은 탱크 내용적의 100분의 5로 한다.)

🗸빈출

```
  5m           10m         5m
 ←→|←———————→|←→
```

① 52.4   ② 261.6
③ 994.8   ④ 1,047.2

정답 ③

풀이 위험물저장탱크의 내용적

• $V = \pi r^2(l + \dfrac{l_1 + l_2}{3})(1 - 공간용적)$

• 원의 면적 × (가운데 체적길이 + $\dfrac{양끝\ 체적길이의\ 합}{3}$)(1 − 용적)

• $3.14 × 5^2 × (10 + \dfrac{10}{3})(1 - 0.05) = 994.8m^3$

PART 02

Chapter 12

단원별 출제예상문제

01

지정수량 20배 이상의 제1류 위험물을 저장하는 옥내저장소에서 내화구조로 하지 않아도 되는 것은? (단, 원칙적인 경우에 한한다.)

① 바닥   ② 보
③ 기둥   ④ 벽

해설

• 벽, 기둥 및 바닥 : 내화구조
• 보, 서까래 : 불연재료

02

옥외저장소에서 저장 또는 취급할 수 있는 위험물이 아닌 것은? (단, 국제해상위험물규칙에 적합한 용기에 수납된 위험물의 경우는 제외한다.)

① 제2류 위험물 중 황
② 제1류 위험물 중 과염소산염류
③ 제6류 위험물
④ 제2류 위험물 중 인화점이 10℃인 인화성 고체

해설

옥외저장소에 저장할 수 있는 위험물 유별
• 제2류 위험물 중 황, 인화성 고체(인화점이 0도 이상인 것에 한함)
• 제4류 위험물 중 제1석유류(인화점이 0도 이상인 것에 한함), 알코올류, 제2석유류, 제3석유류, 제4석유류, 동식물유류
• 제6류 위험물

03

인화점이 섭씨 200℃ 미만인 위험물을 저장하기 위하여 높이가 15m이고 지름이 18m인 옥외저장탱크를 설치하는 경우 옥외저장탱크와 방유제와의 사이에 유지하여야 하는 거리는?

① 5.0m 이상   ② 6.0m 이상
③ 7.5m 이상   ④ 9.0m 이상

해설

• 방유제는 옥외저장탱크의 지름에 따라 그 탱크의 옆판으로부터 다음에 정하는 거리를 유지할 것(다만, 인화점이 200℃ 이상인 위험물을 저장 또는 취급하는 것에 있어서는 그러하지 아니하다)
  – 지름이 15m 미만인 경우에는 탱크 높이의 3분의 1 이상
  – 지름이 15m 이상인 경우에는 탱크 높이의 2분의 1 이상
• 옥외저장탱크와 방유제 사이의 거리
  – 지름 15m 이상은 탱크 높이의 $\frac{1}{2}$
  – $15 \times \frac{1}{2} = 7.5\text{m}$ 이상

04

위험물안전관리법령상 지하탱크저장소의 위치·구조 및 설비의 기준에 따라 다음 ( )에 들어갈 수치를 순서대로 바르게 나열한 것은?

> 탱크전용실은 지하의 가장 가까운 벽, 피트, 가스관 등의 시설물 및 대지경계선으로부터 ( )m 이상 떨어진 곳에 설치하고, 지하저장탱크와 탱크전용실의 안쪽과의 사이는 ( )m 이상의 간격을 유지하도록 하며, 당해 탱크의 주위에 마른모래 또는 습기 등에 의하여 응고되지 아니하는 입자지름 ( )mm 이하의 마른자갈분을 채워야 한다.

① 0.1, 0.1, 5
② 0.1, 0.3, 5
③ 0.1, 0.1, 10
④ 0.1, 0.3, 10

해설

탱크전용실은 지하의 가장 가까운 벽, 피트, 가스관 등의 시설물 및 대지경계선으로부터 0.1m 이상 떨어진 곳에 설치하고, 지하저장탱크와 탱크전용실의 안쪽과의 사이는 0.1m 이상의 간격을 유지하도록 하며, 당해 탱크의 주위에 마른모래 또는 습기 등에 의하여 응고되지 아니하는 입자지름 5mm 이하의 마른자갈분으로 채워야 한다.

정답   01 ②   02 ②   03 ③   04 ①

05

다음은 위험물안전관리법령에 따른 이동탱크저장소에 대한 기준이다. ( ) 안에 안에 알맞은 수치를 차례대로 나열한 것은?

이동저장탱크는 그 내부에 ( )L 이하마다 ( )mm 이상의 강철판 또는 이와 동등 이상의 강도·내열성 및 내식성이 있는 금속성의 것으로 칸막이를 설치하여야 한다.

① 2,500, 3.2
② 2,500, 4.8
③ 4,000, 3.2
④ 4,000, 4.8

해설

이동저장탱크는 그 내부에 4,000L 이하마다 3.2mm 이상의 강철판 또는 이와 동등 이상의 강도·내열성 및 내식성이 있는 금속성의 것으로 칸막이를 설치하여야 한다.

06 빈출

위험물안전관리법령상 그림과 같이 횡으로 설치한 원형탱크의 용량은 약 몇 m³인가? (단, 공간용적은 내용적의 100분의 10이다.)

① 1,690.9
② 1,335.1
③ 1,268.4
④ 1,201.1

해설

위험물저장탱크의 내용적은 아래와 같이 구한다.

$$V = \pi r^2(l + \frac{l_1 + l_2}{3})(1 - 공간용적)$$

$$= 원의 면적 \times (가운데 체적길이 + \frac{양끝 체적길이의 합}{3})(1 - 공간용적)$$

$$= 3.14 \times 5^2 \times (15 + 2)(1 - 0.1) = 1,201.05m^3$$

13 위험물취급소

01 주유취급소 및 판매취급소

1 주유취급소

(1) 건축물 등의 제한

주유취급소에는 주유 또는 그에 부대하는 업무를 위하여 사용되는 다음의 건축물 또는 시설 외에는 다른 건축물 그 밖의 공작물을 설치할 수 없음

① 주유 또는 등유·경유를 옮겨 담기 위한 작업장
② 주유취급소의 업무를 행하기 위한 사무소
③ 자동차 등의 점검 및 간이정비를 위한 작업장
④ 자동차 등의 세정을 위한 작업장
⑤ 주유취급소에 출입하는 사람을 대상으로 한 점포·휴게음식점 또는 전시장
⑥ 주유취급소의 관계자가 거주하는 주거시설
⑦ 전기자동차용 충전설비(전기를 동력원으로 하는 자동차에 직접 전기를 공급하는 설비를 말함)
⑧ 그 밖의 소방청장이 정하여 고시하는 건축물 또는 시설

(2) 위험물 취급기준 ★

① 자동차에 주유할 때에는 고정주유설비를 이용하여 직접 주유할 것
② 자동차에 인화점 40℃ 미만의 위험물을 주유할 때에는 자동차의 원동기를 반드시 정지시킬 것
③ 고정주유설비에는 당해 주유설비에 접속한 전용탱크 또는 간이탱크의 배관 외의 것을 통하여서는 위험물을 공급하지 아니할 것
④ 고정주유설비에 접속하는 탱크에 위험물을 주유할 때 접속된 고정주유설비의 사용을 중지할 것
⑤ 주유설비의 중심선을 기점으로 도로경계선까지 4m 이상의 거리를 유지할 것

(3) 주유취급소에 유리를 부착할 수 있는 기준 : 하나의 유리판의 가로 길이는 2m 이내

(4) 고정주유설비에서 펌프기기의 주유단 끝부분의 최대 토출량

① 경유 : 분당 180L 이하
② 등유 : 분당 80L 이하
③ 제1석유류(휘발유 제외) : 분당 50L 이하

바로 확인 예제

위험물안전관리법령상 주유취급소에 설치·운영할 수 없는 건축물 또는 시설은?

① 주유취급소를 출입하는 사람을 대상으로 하는 그림 전시장
② 주유취급소를 출입하는 사람을 대상하는 하는 일반 음식점
③ 주유원 주거시설
④ 주유취급소를 출입하는 사람을 대상으로 하는 휴게음식점

정답 ②
풀이 주유취급소에는 주유 또는 그에 부대하는 업무를 위하여 사용되는 다음의 건축물 또는 시설 외에는 다른 건축물 그 밖의 공작물을 설치할 수 없다.
• 주유 또는 등유·경유를 채우기 위한 작업장
• 주유취급소의 업무를 행하기 위한 사무소
• 자동차 등의 점검 및 간이정비를 위한 작업장
• 자동차 등의 세정을 위한 작업장
• 주유취급소에 출입하는 사람을 대상으로 한 점포·휴게음식점 또는 전시장
• 주유취급소의 관계자가 거주하는 주거시설
• 전기자동차용 충전설비
• 그 밖의 주유취급에 관련된 용도로서 소방청장이 정하여 고시하는 건축물 또는 시설

Key point
휘발유 : 분당 50L 이하

2 판매취급소

① 점포에서 위험물을 용기에 담아 판매하기 위해 지정수량의 40배 이하의 위험물을 취급하는 장소를 뜻함
② 제1종 판매취급소는 건축물의 1층에 설치
③ 저장 또는 취급하는 위험물의 수량에 따라 제1종(지정수량 20배 이하)과 제2종(지정수량 40배 이하)으로 구분

3 제1종 판매취급소 ★

(1) 저장, 취급하는 위험물의 수량이 지정수량의 20배 이하인 판매취급소

(2) 설치 가능한 위험물 배합실 기준

① 바닥면적은 6㎡ 이상 15㎡ 이하로 할 것
② 내화구조 또는 불연재료로 된 벽으로 구획할 것
③ 출입구에는 수시로 열 수 있는 자동폐쇄식의 갑종방화문(60분 + 방화문, 60분 방화문)을 설치할 것
④ 출입구 문턱의 높이는 바닥면으로부터 0.1m 이상으로 할 것
⑤ 바닥은 위험물이 침투하지 아니하는 구조로 하여 적당한 경사를 두고 집유설비를 할 것
⑥ 내부에 체류한 가연성의 증기 또는 가연성의 미분을 지붕 위로 방출하는 설비를 할 것

4 제2종 판매취급소

(1) 저장, 취급하는 위험물의 수량이 지정수량의 40배 이하인 판매취급소

(2) 위치, 구조 및 설비의 기준

① 벽, 기둥, 바닥, 보를 내화구조로 하고 천장을 불연재료로 하며, 판매취급소로 사용되는 부분과 다른 부분과의 격벽은 내화구조로 할 것
② 상층의 바닥을 내화구조로 하고, 상층이 없는 경우에는 지붕을 내화구조로 할 것
③ 연소의 우려가 없는 부분에 한하여 창을 두되, 해당 창에는 갑종방화문(60분 + 방화문, 60분 방화문), 을종방화문(30분 방화문)을 설치할 것
④ 출입구에는 갑종방화문(60분 + 방화문, 60분 방화문) 또는 을종방화문(30분 방화문)을 설치할 것
　→ 다만, 해당 부분 중 연소의 우려가 있는 벽에 설치하는 출입구에는 수시로 열 수 있는 자동폐쇄식의 갑종방화문(60분 + 방화문, 60분 방화문) 설치

바로 확인 예제

위험물안전관리법령상 고정주유설비는 주유설비의 중심선을 기점으로 하여 도로경계선까지 몇 m 이상의 거리를 유지해야 하는가?

① 1 　　② 3
③ 4 　　④ 6

정답 ③
풀이 4m 이상의 거리를 유지해야 한다.

Key point
일반적으로 페인트점, 화공약품점이 판매취급소에 해당

Key point
1) 제조소와 달리 판매취급소는 안전거리 또는 보유공지에 관한 규제를 받지 않음
2) 위험물을 저장하는 탱크시설을 갖추지 않아도 됨

Key point
제1종 판매취급소 사용 부분에 상층이 있는 경우에 있어서는 그 상층 바닥을 내화구조로 하고, 상층이 없는 구조는 지붕을 내화구조 또는 불연재료로 할 것

바로 확인 예제

위험물안전관리법령상 판매취급소에 관한 설명으로 옳지 않은 것은?

① 건축물의 1층에 설치하여야 한다.
② 위험물을 저장하는 탱크시설을 갖추어야 한다.
③ 건축물의 다른 부분과는 내화구조의 격벽으로 구획하여야 한다.
④ 제조소와 달리 안전거리 또는 보유공지에 관한 규제를 받지 않는다.

정답 ②
풀이 탱크시설은 갖추지 않아도 된다.

02 이송취급소

1 배관의 안전거리

(1) 건축물(지하 내의 건축물 제외) : 1.5m 이상

(2) 지하가 및 터널 : 10m 이상

(3) 위험물의 유입 우려가 있는 수도시설 : 300m 이상

(4) 다른 공작물 : 0.3m 이상

(5) 배관의 외면과 지표면과의 거리
   ① 산이나 들 : 0.9m 이상
   ② 그 밖의 지역 : 1.2m 이상

(6) 도로의 경계(도로 밑 매설 시) : 1m 이상

(7) 시가지 도로의 노면 아래에 매설하는 경우
   ① 배관의 외면과 노면과의 거리 : 1.5m 이상
   ② 보호판 관 또는 방호구조물의 외면과 노면과의 거리 : 1.2m 이상

(8) 시가지 외의 도로의 노면 아래에 매설하는 경우 : 1.2m 이상

(9) 포장된 차도에 매설하는 경우 : 배관의 외면과 토대의 최하부와의 거리는 0.5m 이상

(10) 하천 또는 수로의 끝에 매설하는 경우
   ① 하천 횡단 : 4.0m
   ② 수로 횡단
      • 하수도 또는 운하 : 2.5m
      • 그 외 : 1.2m

2 밸브

① 원칙적으로 이송기지 또는 전용부지 내에 설치할 것
② 개폐상태를 설치장소에서 쉽게 확인할 수 있도록 할 것
③ 지하에 설치하는 경우에는 점검상자 안에 설치할 것
④ 당해 밸브의 관리에 관계하는 자가 아니면 수동으로 개폐할 수 없도록 할 것

3 경보설비 설치

① 이송기지 : 비상벨장치 및 확성장치 설치
② 가연성 증기를 발생하는 위험물을 취급하는 펌프실 등 : 가연성 증기 경보설비 설치

Chapter 13

단원별 출제예상문제

01

주유취급소의 고정주유설비에서 펌프기기의 주유관 끝부분에서의 최대 토출량으로 틀린 것은?

① 휘발유는 분당 50리터 이하
② 경유는 분당 180리터 이하
③ 등유는 분당 80리터 이하
④ 제1석유류(휘발유 제외)는 분당 100리터 이하

해설

제1석유류(휘발유 제외)는 분당 50리터 이하이다.

02

다음은 위험물안전관리법령에 따른 판매취급소에 대한 정의이다. ( )에 알맞은 말을 순서대로 바르게 나열한 것은?

> 판매취급소라 함은 점포에서 위험물을 용기에 담아 판매하기 위하여 지정수량의 ( )배 이하의 위험물을 ( )하는 장소를 말한다.

① 20, 취급
② 40, 취급
③ 20, 저장
④ 40, 저장

해설

판매취급소라 함은 점포에서 위험물을 용기에 담아 판매하기 위하여 지정수량의 40배 이하의 위험물을 취급하는 장소이다.

03

1종 판매취급소에 설치하는 위험물 배합실의 기준으로 틀린 것은?

① 바닥면적은 6m² 이상 15m² 이하일 것
② 내화구조 또는 불연재료로 된 벽으로 구획할 것
③ 출입구에는 수시로 열 수 있는 자동폐쇄식의 갑종방화문(60분 + 방화문, 60분 방화문)을 설치할 것
④ 출입구 문턱의 높이는 바닥면으로부터 0.2m 이상으로 할 것

해설

출입구 문턱의 높이는 바닥면으로부터 0.1m 이상으로 할 것

04

이송취급소의 배관이 하천을 횡단하는 경우 하천 밑에 매설하는 배관의 외면과 계획하상(계획하상이 최심하상보다 높은 경우에는 최심하상)과의 거리는?

① 1.2m 이상
② 2.5m 이상
③ 3.0m 이상
④ 4.0m 이상

해설

이송취급소의 배관이 하천을 횡단하는 경우 하천 밑에 매설하는 배관의 외면과 계획하상(계획하상이 최심하상보다 높은 경우에는 최심하상)과의 거리는 4m 이상이다.

05

이송취급소의 교체밸브, 제어밸브 등의 설치기준으로 틀린 것은?

① 밸브는 원칙적으로 이송기지 또는 전용부지 내에 설치할 것
② 밸브는 그 개폐상태를 설치장소에서 쉽게 확인할 수 있도록 할 것
③ 밸브를 지하에 설치하는 경우에는 점검상자 안에 설치할 것
④ 밸브는 해당 밸브의 관리에 관계하는 자가 아니면 수동으로만 개폐할 수 있도록 할 것

해설

밸브는 당해 밸브의 관리에 관계하는 자가 아니면 수동으로 개폐할 수 없도록 할 것

정답 01 ④ 02 ② 03 ④ 04 ④ 05 ④

14 제조소등에서 위험물 저장 및 취급

01 알킬알루미늄등, 아세트알데하이드등 저장 및 취급

1 알킬알루미늄등을 저장 또는 취급하는 이동탱크저장소 비치 물품

① 긴급시의 연락처　　② 응급조치의 필요사항 기재하는 서류
③ 방호복　　　　　　④ 고무장갑
⑤ 밸브 등을 죄는 결합공구　⑥ 휴대용 확성기

2 알킬알루미늄 공간용적

① 알킬알루미늄등은 운반용기 내용적의 90% 이하의 수납율로 수납 ★
② 50℃ 온도에서 5% 이상의 공간용적 유지 ★

3 아세트알데하이드등 저장기준 ★

(1) 보냉장치 있는 경우

이동저장탱크에 저장하는 아세트알데하이드등 또는 다이에틸에터등의 온도는 당해 위험물의 비점 이하로 유지할 것

(2) 보냉장치 없는 경우

이동저장탱크에 저장하는 아세트알데하이드등 또는 다이에틸에터등의 온도는 40℃ 이하로 유지할 것

02 휘발유 저장 시 이동저장탱크 유속

휘발유를 저장하던 이동저장탱크에 등유나 경유를 탱크 상부로부터 주입할 때 또는 등유나 경유를 저장하던 이동저장탱크에 휘발유를 주입할 때에는 다음의 기준에 따라 정전기 등에 의한 재해를 방지하기 위한 조치를 할 것

① 이동저장탱크의 상부로부터 위험물을 주입할 때에는 위험물의 액표면이 주입관의 끝부분을 넘는 높이가 될 때까지 그 주입관 내의 유속을 초당 1m 이하로 할 것
② 이동저장탱크의 밑부분으로부터 위험물을 주입할 때에는 위험물의 액표면이 주입관의 정상부분을 넘는 높이가 될 때까지 그 주입배관 내의 유속을 초당 1m 이하로 할 것

Chapter 14

단원별 출제예상문제

01

다음 ( ) 안에 들어갈 알맞은 단어는?

> 보냉장치가 있는 이동저장탱크에 저장하는 아세트알데하이드등 또는 다이에틸에터등의 온도는 당해 위험물의 ( ) 이하로 유지하여야 한다.

① 비점
② 인화점
③ 융해점
④ 발화점

해설

보냉장치가 있는 이동저장탱크에 저장하는 아세트알데하이드등 또는 다이에틸에터등의 온도는 당해 위험물의 비점 이하로 유지하여야 한다.

02

위험물의 운반에 관한 기준에서 적재방법 기준으로 틀린 것은?

① 고체위험물은 운반용기의 내용적 95% 이하의 수납율로 수납할 것
② 액체위험물은 운반용기의 내용적 98% 이하의 수납율로 수납할 것
③ 알킬알루미늄등은 운반용기 내용적의 95% 이하의 수납율로 수납하되, 50℃의 온도에서 5% 이상의 공간용적을 유지할 것
④ 제3류 위험물 중 자연발화성 물질에 있어서는 불활성 기체를 봉입하여 밀봉하는 등 공기와 접하지 아니하도록 할 것

해설

알킬알루미늄등은 운반용기의 내용적의 90% 이하의 수납율로 수납하되, 50℃의 온도에서 5% 이상의 공간용적을 유지하도록 해야 한다.

03

휘발유를 저장하던 이동저장탱크에 등유나 경유를 탱크 상부로부터 주입할 때 액표면이 일정 높이가 될 때까지 위험물의 주입관 내 유속을 몇 m/s 이하로 하여야 하는가?

① 1
② 2
③ 3
④ 5

해설

이동저장탱크의 상부로부터 위험물을 주입할 때에는 위험물의 액표면이 주입관의 끝부분을 넘는 높이가 될 때까지 그 주입관 내의 유속을 초당 1m 이하로 할 것

04

이동저장탱크에 알킬알루미늄을 저장하는 경우에 불활성 기체를 봉입할 때의 압력은 몇 kPa 이하이어야 하는가?

① 10
② 20
③ 30
④ 40

해설

이동저장탱크에 알킬알루미늄을 저장하는 경우에 불활성 기체를 봉입하는데 이때의 압력은 20kPa 이하여야 한다.

정답 01 ① 02 ③ 03 ① 04 ②

01 안전교육

1 위험물안전관리법령에 의한 안전교육

① 탱크시험자의 업무에 대한 강습교육과 안전교육을 받으면 탱크시험자의 기술인력이 될 수 있음
② 안전관리자, 탱크시험자의 기술인력, 위험물운반자 및 위험물운송자는 소방청장이 실시하는 교육을 받아야 함
③ 제조소등 관계인은 교육대상자에 대해 필요한 안전교육을 받게 하여야 함
④ 시·도지사·소방본부장 또는 소방서장은 교육대상자가 교육을 받지 아니한 때에는 그 교육대상자가 교육을 받을 때까지 이 법의 규정에 따라 그 자격으로 행하는 행위를 제한할 수 있음

2 안전교육대상자

① 안전관리자로 선임된 자
② 탱크시험자의 기술인력으로 종사하는 자
③ 위험물운반자로 종사하는 자
④ 위험물운송자로 종사하는 자

3 안전관리자의 책무

① 위험물의 취급작업에 참여하여 당해 작업이 저장 또는 취급에 관한 기술기준과 예방규정에 적합하도록 해당 작업자(당해 작업에 참여하는 위험물취급자격자를 포함한다)에 대하여 지시 및 감독하는 업무
② 화재 등의 재난이 발생한 경우 응급조치 및 소방관서 등에 대한 연락업무
③ 위험물시설의 안전을 담당하는 자를 따로 두는 제조소등의 경우에는 그 담당자에게 다음의 규정에 의한 업무의 지시, 그 밖의 제조소등의 경우에는 다음의 규정에 의한 업무
  • 제조소등의 위치·구조 및 설비를 기술기준에 적합하도록 유지하기 위한 점검과 점검상황의 기록·보존
  • 제조소등의 구조 또는 설비의 이상을 발견한 경우 관계자에 대한 연락 및 응급조치
  • 화재가 발생하거나 화재발생의 위험성이 현저한 경우 소방관서 등에 대한 연락 및 응급조치

바로 확인 예제

위험물안전관리법령에 의한 안전교육에 대한 설명으로 옳은 것은?
① 제조소등의 관계인은 교육대상자에 대하여 안전교육을 받게 할 의무가 있다.
② 안전관리자, 탱크시험자의 기술인력, 위험물운반자 및 위험물운송자는 안전교육을 받을 의무가 없다.
③ 탱크시험자의 업무에 대한 강습교육을 받으면 탱크시험자의 기술인력이 될 수 있다.
④ 소방서장은 교육대상자가 교육을 받지 아니한 때에는 그 자격을 정지하거나 취소할 수 있다.

정답 ①

풀이
• 제조소등의 관계인은 위험물안전관리법 제28조(안전교육) 제1항의 규정에 따른 교육대상자에 대하여 필요한 안전교육을 받게 하여야 한다.
• 안전관리자·탱크시험자·위험물운반자·위험물운송자 등 위험물의 안전관리와 관련된 업무를 수행하는 자로서 대통령령이 정하는 자는 해당 업무에 관한 능력의 습득 또는 향상을 위하여 소방청장이 실시하는 교육을 받아야 한다.

Key point
항공기·선박(선박법의 규정에 따른 선박)·철도 및 궤도에 의한 위험물의 저장·취급 및 운반에 있어서는 위험물안전관리법을 적용하지 아니한다.

- 제조소등의 계측장치·제어장치 및 안전장치 등의 적정한 유지·관리
- 제조소등의 위치·구조 및 설비에 관한 설계도서 등의 정비·보존 및 제조소등의 구조 및 설비의 안전에 관한 사무의 관리
④ 화재 등의 재해의 방지와 응급조치에 관하여 인접하는 제조소등과 그 밖의 관련되는 시설의 관계자와 협조체제의 유지
⑤ 위험물 취급에 관한 일지의 작성·기록
⑥ 그 밖에 위험물을 수납한 용기를 차량에 적재하는 작업, 위험물설비를 보수하는 작업 등 위험물의 취급과 관련된 작업의 안전에 관하여 필요한 감독의 수행

02 위험물 저장 또는 취급기준

1 지정수량 미만인 위험물의 저장, 취급
지정수량 미만인 위험물의 저장 또는 취급에 관한 기술상의 기준은 시·도의 조례로 정함

2 위험물시설의 설치 및 변경 등
(1) 제조소등을 설치하고자 할 때, 제조소등의 위치·구조 또는 설비 가운데 행정안전부령이 정하는 사항을 변경하고자 할 때는 시·도지사의 허가를 받아야 함

(2) 제조소등의 위치·구조 또는 설비의 변경 없이 당해 제조소등에서 저장하거나 취급하는 위험물의 품명·수량 또는 지정수량의 배수를 변경하고자 하는 자는 변경하고자 하는 날의 1일 전까지 행정안전부령이 정하는 바에 따라 시·도지사에게 신고하여야 함 ★

(3) 다음의 어느 하나에 해당하는 제조소등의 경우에는 허가를 받지 아니하고 당해 제조소등을 설치하거나 그 위치·구조 또는 설비를 변경할 수 있으며, 신고를 하지 아니하고 위험물의 품명·수량 또는 지정수량의 배수를 변경할 수 있음
① 주택의 난방시설(공동주택의 중앙난방시설 제외)을 위한 저장소 또는 취급소
② 농예용, 축산용 또는 수산용으로 필요한 난방시설 또는 건조시설을 위한 지정수량 20배 이하의 저장소 ★

03 예방규정, 정기점검

1 예방규정

(1) 대통령령으로 정하는 제조소등의 관계인은 해당 제조소등의 화재예방과 화재 등 재해발생 시의 비상조치를 위하여 행정안전부령으로 정하는 바에 따라 예방규정을 정하여 해당 제조소등의 사용을 시작하기 전에 시·도지사에게 제출하여야 함(예방규정을 변경한 때에도 같음)

(2) 대통령령으로 정하는 제조소등이란 다음의 어느 하나에 해당하는 제조소등을 말함
  ① 지정수량의 10배 이상의 위험물을 취급하는 제조소
  ② 지정수량의 100배 이상의 위험물을 저장하는 옥외저장소
  ③ 지정수량의 150배 이상의 위험물을 저장하는 옥내저장소
  ④ 지정수량의 200배 이상의 위험물을 저장하는 옥외탱크저장소
  ⑤ 암반탱크저장소
  ⑥ 이송취급소
  ⑦ 지정수량의 10배 이상의 위험물을 취급하는 일반취급소

2 정기점검 및 정기검사 ★★

(1) 정기점검 : 연 1회 이상

(2) 대통령령이 정하는 제조소등의 관계인은 그 제조소등에 대해 행정안전부령이 정하는 바에 따라 기술기준에 적합한지 여부를 정기적으로 점검하고 점검결과를 기록하여 보존해야 함

(3) 정기점검을 한 제조소등의 관계인은 점검을 한 날부터 30일 이내 점검결과를 시·도지사에게 제출해야 함

(4) 아래 정기점검의 대상이 되는 제조소등의 관계인 가운데 대통령령으로 정하는 제조소등의 관계인은 행정안전부령으로 정하는 바에 따라 소방본부장 또는 소방서장으로부터 해당 제조소등이 기술기준에 적합하게 유지하고 있는지 여부에 대하여 정기적으로 검사받아야 함

  ① 다음의 제조소등
    • 지정수량의 10배 이상의 위험물을 취급하는 제조소
    • 지정수량의 100배 이상의 위험물을 저장하는 옥외저장소
    • 지정수량의 150배 이상의 위험물을 저장하는 옥내저장소
    • 지정수량의 200배 이상의 위험물을 저장하는 옥외탱크저장소
    • 암반탱크저장소
    • 이송취급소
    • 지정수량의 10배 이상의 위험물을 취급하는 일반취급소

Key point

정기검사 대상인 제조소등
대통령령으로 정하는 제조소등이라 함은 액체위험물을 저장 또는 취급하는 50만리터 이상의 옥외탱크저장소를 말한다.

② 지하탱크저장소

③ 이동탱크저장소

⑤ 위험물을 취급하는 탱크로서 지하에 매설된 탱크가 있는 제조소, 주유
취급소 또는 일반취급소

04 자체소방대

1 설치기준 ★★★

① 제4류 위험물의 최대수량의 합이 지정수량의 3천배 이상 취급하는 제조
소 또는 일반취급소(다만, 보일러로 위험물을 소비하는 일반취급소 등
행정안전부령으로 정하는 일반취급소는 제외한다)

② 제4류 위험물의 최대수량이 지정수량의 50만배 이상 저장하는 옥외탱
크저장소

③ 자체소방대를 설치하는 사업소의 관계인은 다음 표의 규정에 의하여 자
체소방대에 화학소방자동차 및 자체소방대원을 두어야 함

제조소 또는 일반취급소에서 취급하는 제4류 위험물의 최대수량 합	화학소방자동차 (대)	자체소방대원 수 (인)
지정수량의 3천배 이상 12만배 미만인 사업소	1	5
지정수량의 12만배 이상 24만배 미만인 사업소	2	10
지정수량의 24만배 이상 48만배 미만인 사업소	3	15
지정수량의 48만배 이상인 사업소	4	20
옥외탱크저장소에 저장하는 제4류 위험물의 최대수량이 지정수량의 50만배 이상인 사업소	2	10

2 행정처분

시·도지사는 제조소등의 관계인이 다음의 어느 하나에 해당하는 때에는 행정
안전부령이 정하는 바에 따라 허가를 취소하거나 6월 이내의 기간을 정하여
제조소등의 전부 또는 일부의 사용정지를 명할 수 있음

① 변경허가를 받지 아니하고, 제조소등의 위치, 구조 또는 설비를 변경한 때

② 완공검사를 받지 않고 제조소등을 사용한 때

③ 안전조치 이행명령을 따르지 아니한 때

④ 수리, 개조 또는 이전의 명령을 위반한 때

⑤ 위험물안전관리자를 선임하지 아니한 때

⑥ 대리자를 지정하지 아니한 때

⑦ 정기점검을 하지 아니한 때

⑧ 정기검사를 받지 아니한 때

⑨ 저장, 취급기준 준수명령을 위반한 때

Key point
제독차가 갖추어야 하는 소화능력
및 설비의 기준
가성소다 및 규조토를 각각 50kg
이상 비치할 것

바로 확인
예제

제조소에서 취급하는 제4류 위험물
의 최대수량의 합이 지정수량의 24
만배 이상 48만배 미만인 사업소의
자체소방대에 두는 화학소방자동차
수와 소방대원의 인원기준으로 옳은
것은?

① 2대, 4인　② 2대, 12인
③ 3대, 15인　④ 3대, 24인

정답 ③
풀이

제4류 위험물의 최대수량의 합	소방차 (대)	소방대원 (인)
3천배 이상 12만배 미만	1	5
12만배 이상 24만배 미만	2	10
24만배 이상 48만배 미만	3	15
48만배 이상	4	20

바로 확인
예제

위험물안전관리법상 제조소등의 허가취소 또는 사용정지의 사유에 해당하지 않는 것은?

① 안전교육대상자가 교육을 받지 아니한 때
② 완공검사를 받지 않고 제조소등을 사용한 때
③ 위험물안전관리자를 선임하지 아니한 때
④ 제조소등의 정기검사를 받지 아니한 때

정답 ①

풀이 시·도지사는 제조소등의 관계인이 다음의 어느 하나에 해당하는 때에는 허가를 취소하거나 6개월 이내의 기간을 정하여 제조소등의 전부 또는 일부의 사용정지를 명할 수 있다.
- 변경허가를 받지 아니하고 제조소 등의 위치, 구조 또는 설비를 변경한 때
- 완공검사를 받지 아니하고 제조소 등을 사용한 때
- 안전조치 이행명령을 따르지 아니한 때
- 수리, 개조 또는 이전의 명령을 위반한 때
- 위험물안전관리자를 선임하지 아니한 때
- 대리자를 지정하지 아니한 때
- 정기점검을 하지 아니한 때
- 정기검사를 받지 아니한 때
- 저장, 취급기준 준수명령을 위반한 때

3 벌칙

(1) 1년 이상 10년 이하의 징역

제조소등 또는 관련 법상 허가를 받지 않고 지정수량 이상의 위험물을 저장 또는 취급하는 장소에서 위험물을 유출, 방출 또는 확산시켜 사람의 생명, 신체 또는 재산에 대해 위험을 발생시킨 자

(2) 7년 이하의 금고 또는 7천만원 이하의 벌금

업무상 과실로 제조소등에서 위험물을 유출, 방출 또는 확산시켜 사람의 생명, 신체 또는 재산에 대해 위험을 발생시킨 자

(3) 5년 이하의 징역 또는 1억원 이하의 벌금

제조소등의 설치허가를 받지 아니하고 제조소등을 설치한 자

(4) 3년 이하의 징역 또는 3천만원 이하의 벌금

저장소 또는 제조소등이 아닌 장소에서 지정수량 이상의 위험물을 저장 또는 취급한 자

(5) 1년 이하의 징역 또는 1천만원 이하의 벌금

① 탱크시험자로 등록하지 아니하고 탱크시험자의 업무를 한 자
② 정기점검을 하지 아니하거나 점검기록을 허위로 작성한 관계인으로서 규정에 따른 허가를 받은 자
③ 정기검사를 받지 아니한 관계인으로서 규정에 따른 허가를 받은 자
④ 자체소방대를 두지 아니한 관계인으로서 규정에 따른 허가를 받은 자
⑤ 운반용기에 대한 검사를 받지 아니하고 운반용기를 사용하거나 유통시킨 자
⑥ 규정에 따른 명령을 위반하여 보고 또는 자료제출을 하지 아니하거나 허위의 보고 또는 자료제출을 한 자 또는 관계공무원의 출입, 검사 또는 수거를 거부, 방해 또는 기피한 자
⑦ 제조소등에 대한 긴급 사용정지, 제한명령을 위반한 자

(6) 1천만원 이하의 벌금

① 위험물의 취급에 관한 안전관리와 감독을 하지 아니한 자
② 안전관리자 또는 그 대리자가 참여하지 아니한 상태에서 위험물을 취급한 자
③ 변경한 예방규정을 제출하지 아니한 관계인으로서 규정에 따른 허가를 받은 자
④ 위험물의 운반에 관한 중요기준에 따르지 아니한 자
⑤ 요건을 갖추지 아니한 위험물운반자
⑥ 규정을 위반한 위험물운송자
⑦ 관계인의 정당한 업무를 방해하거나 출입, 검사 등을 수행하면서 알게 된 비밀을 누설한 자

Chapter 15

단원별 출제예상문제

01

위험물안전관리법령에 의한 위험물 운송에 관한 규정으로 틀린 것은?

① 이동탱크저장소에 의하여 위험물을 운송하는 자는 당해 위험물을 취급할 수 있는 국가기술자격자 또는 안전교육을 받은 자이어야 한다.
② 안전관리자·탱크시험자·위험물운반자·위험물운송자 등 위험물의 안전관리와 관련된 업무를 수행하는 자는 시·도지사가 실시하는 안전교육을 받아야 한다.
③ 운송책임자의 범위, 감독 또는 지원의 방법 등에 관한 구체적인 기준은 행정안전부령으로 정한다.
④ 위험물운송자는 이동탱크저장소에 의하여 위험물을 운송하는 때에는 행정안전부령으로 정하는 기준을 준수하는 등 당해 위험물의 안전 확보를 위하여 세심한 주의를 기울여야 한다.

해설
안전관리자·탱크시험자·위험물운반자·위험물운송자 등 위험물의 안전관리와 관련된 업무를 수행하는 자로서 대통령령이 정하는 자는 해당 업무에 관한 능력의 습득 또는 향상을 위하여 소방청장이 실시하는 교육을 받아야 한다.

02

위험물 관련 신고 및 선임에 관한 사항으로 옳지 않은 것은?

① 제조소의 위치·구조 변경 없이 위험물의 품명 변경 시는 변경하고자 하는 날의 14일 이전까지 신고하여야 한다.
② 제조소 설치자의 지위를 승계한자는 승계한 날로부터 30일 이내에 신고하여야 한다.
③ 위험물안전관리자를 해임한 때에는 해임한 날로부터 30일 이내에 다시 안전관리자를 선임하여야 한다.
④ 위험물안전관리자가 퇴직한 때에는 퇴직한 날로부터 30일 이내에 다시 안전관리자를 선임하여야 한다.

해설
위험물안전관리법 제6조 제2항(위험물시설의 설치 및 변경 등)
제조소등의 위치·구조 또는 설비의 변경 없이 당해 제조소등에서 저장하거나 취급하는 위험물의 품명·수량 또는 지정수량의 배수를 변경하고자 하는 자는 변경하고자 하는 날의 1일 전까지 행정안전부령이 정하는 바에 따라 시·도지사에게 신고하여야 한다.

03

위험물제조소등의 허가에 관계된 설명으로 옳은 것은?

① 제조소등을 변경하고자 하는 경우에는 언제나 허가를 받아야 한다.
② 위험물의 품명을 변경하고자 하는 경우에는 언제나 허가를 받아야 한다.
③ 농예용으로 필요한 난방시설을 위한 지정수량 20배 이하의 저장소는 허가대상이 아니다.
④ 저장하는 위험물의 변경으로 지정수량의 배수가 달라지는 경우는 언제나 허가대상이 아니다.

해설
위험물안전관리법 제6조 제3항(위험물시설의 설치 및 변경 등)
제1항 및 제2항의 규정에 불구하고 다음의 어느 하나에 해당하는 제조소등의 경우에는 허가를 받지 아니하고 당해 제조소등을 설치하거나 그 위치·구조 또는 설비를 변경할 수 있으며, 신고를 하지 아니하고 위험물의 품명·수량 또는 지정수량의 배수를 변경할 수 있다.
• 주택의 난방시설(공동주택의 중앙난방시설을 제외한다)을 위한 저장소 또는 취급소
• 농예용·축산용 또는 수산용으로 필요한 난방시설 또는 건조시설을 위한 지정수량 20배 이하의 저장소

04

정기점검대상 제조소등에 해당하지 않는 것은?

① 이동탱크저장소
② 지정수량 120배의 위험물을 저장하는 옥외저장소
③ 지정수량 120배의 위험물을 저장하는 옥내저장소
④ 이송취급소

해설

정기점검대상 제조소등
- 지정수량 10배 이상의 위험물을 취급하는 제조소
- 지정수량 100배 이상의 위험물을 저장하는 옥외저장소
- 지정수량 150배 이상의 위험물을 저장하는 옥내저장소
- 지정수량 200배 이상의 위험물을 저장하는 옥외탱크저장소
- 암반탱크저장소
- 이송취급소
- 지정수량 10배 이상의 위험물을 취급하는 일반취급소
- 지하탱크저장소
- 이동탱크저장소
- 위험물을 취급하는 탱크로서 지하에 매설된 탱크가 있는 제조소, 주유취급소 또는 일반취급소

05

위험물안전관리법령상 위험물제조소등에 자체소방대를 두어야 할 대상의 기준으로 옳은 것은? (단, 원칙적인 경우에 한한다.)

① 지정수량 3,000배 이상의 위험물을 저장하는 저장소 또는 제조소
② 지정수량 3,000배 이상의 위험물을 취급하는 제조소 또는 일반취급소
③ 지정수량 3,000배 이상의 제4류 위험물을 저장하는 저장소 또는 제조소
④ 지정수량 3,000배 이상의 제4류 위험물을 취급하는 제조소 또는 일반취급소

해설

위험물안전관리법령상 자체소방대를 설치하여야 하는 사업소
- 제조소 또는 일반취급소에서 취급하는 제4류 위험물의 최대수량의 합이 지정수량의 3천배 이상인 경우(다만, 보일러로 위험물을 소비하는 일반취급소 등 행정안전부령으로 정하는 일반취급소는 제외한다)
- 옥외탱크저장소에 저장하는 제4류 위험물의 최대수량이 지정수량의 50만배 이상인 경우

정답 04 ③ 05 ④

03

최근 7개년 CBT 기출복원문제

01 제3류 위험물을 취급하는 제조소는 300명 이상을 수용할 수 있는 극장으로부터 몇 m 이상의 안전거리를 유지하여야 하는가?

① 5　　　　　　　　② 10
③ 30　　　　　　　　④ 70

> 사람이 많이 모이는 곳은 30m 이상이다.

02 자연발화가 잘 일어나는 경우와 가장 거리가 먼 것은?

① 주변의 온도가 높을 것
② 습도가 높을 것
③ 표면적이 넓을 것
④ 열전도율이 클 것

> 자연발화조건
> • 주위의 온도가 높을 것
> • 습도가 높을 것
> • 표면적이 넓을 것
> • 열전도율이 적을 것
> • 발열량이 클 것

03 금수성 물질 저장시설에 설치하는 주의사항 게시판의 바탕색과 문자색을 옳게 나타낸 것은? ★빈출

① 적색바탕에 백색문자　② 백색바탕에 적색문자
③ 청색바탕에 백색문자　④ 백색바탕에 청색문자

> 제3류 위험물 중 금수성 물질 저장시설에 설치하는 게시판에 표시하는 주의사항은 물기엄금이고, 청색바탕에 백색문자로 표시한다.

04 식용유 화재 시 제1종 분말 소화약제를 이용하여 화재의 제어가 가능하다. 이때의 소화원리에 가장 가까운 것은?

① 촉매효과에 의한 질식소화
② 비누화 반응에 의한 질식소화
③ 아이오딘화에 의한 냉각소화
④ 가수분해 반응에 의한 냉각소화

> 식용유 화재(주방 화재)에서는 비누화 반응을 통해 소화가 이루어진다. 제1종 분말 소화약제는 알칼리금속화합물을 포함하여, 고온의 식용유와 반응하면 지방산과 결합하여 비누처럼 변하는 비누화 반응이 일어난다. 이 반응은 기름의 표면에 비누층을 형성해 산소의 접근을 차단하고, 연료로 작용하는 기름의 연소를 방지해 질식소화를 유도한다.

05 B, C급 화재뿐만 아니라 A급 화재까지도 사용이 가능한 분말 소화약제는? ★빈출

① 제1종 분말 소화약제
② 제2종 분말 소화약제
③ 제3종 분말 소화약제
④ 제4종 분말 소화약제

> 분말 소화약제의 종류
>
> | 약제명 | 주성분 | 분해식 | 적응화재 |
> |--------|--------|--------|----------|
> | 제1종 | 탄산수소나트륨 | $2NaHCO_3 \rightarrow Na_2CO_3 + CO_2 + H_2O$ | BC |
> | 제2종 | 탄산수소칼륨 | $2KHCO_3 \rightarrow K_2CO_3 + CO_2 + H_2O$ | BC |
> | 제3종 | 인산암모늄 | $NH_4H_2PO_4 \rightarrow NH_3 + HPO_3 + H_2O$ | ABC |
> | 제4종 | 탄산수소칼륨 + 요소 | – | BC |

정답　　01 ③　02 ④　03 ③　04 ②　05 ③

06 위험물을 취급함에 있어서 정전기를 유효하게 제거하기 위한 설비를 설치하고자 한다. 위험물안전관리법령상 공기 중의 상대습도를 몇 % 이상 되게 하여야 하는가? ✗빈출

① 50 ② 60
③ 70 ④ 80

정전기를 유효하게 제거하기 위해서는 상대습도를 70% 이상 되게 하여야 한다.

07 소화전용물통 3개를 포함한 수조 80L의 능력단위는? ✗빈출

① 0.3 ② 0.5
③ 1.0 ④ 1.5

소화설비의 능력단위

소화설비	용량(L)	능력단위
소화전용물통	8	0.3
수조(물통 3개 포함)	80	1.5
수조(물통 6개 포함)	190	2.5
마른모래(삽 1개 포함)	50	0.5
팽창질석·팽창진주암(삽 1개 포함)	160	1.0

08 위험물 혼재수량에 대하여 확인하지 않아도 되는 것은?

① 1/10 ② 1/5
③ 1/3 ④ 1/2

위험물 혼재수량을 확인하지 않아도 되는 기준은 1/10이다. 위험물안전관리법에 따르면, 위험물의 종류에 따라 일정 비율 이하로 혼재할 경우 수량을 더하지 않고 관리할 수 있는데, 그 기준이 1/10 이하일 때이다.

09 위험물안전관리법령상 간이탱크저장소에 대한 설명 중 틀린 것은?

① 간이저장탱크의 용량은 600리터 이하여야 한다.
② 하나의 간이탱크저장소에 설치하는 간이저장탱크는 5개 이하여야 한다.
③ 간이저장탱크는 두께 3.2mm 이상의 강판으로 흠이 없도록 제작하여야 한다.
④ 간이저장탱크는 70kPa의 압력으로 10분간의 수압시험을 실시하여 새거나 변형되지 않아야 한다.

하나의 간이탱크저장소에 설치하는 간이저장탱크는 그 수를 3 이하로 하고, 동일한 품질의 위험물 간이저장탱크를 2 이상 설치하지 않아야 한다.

10 건축물 화재 시 성장기에서 최성기로 진행될 때 실내온도가 급격히 상승하기 시작하면서 화염이 실내 전체로 급격히 확대되는 연소현상은?

① 슬롭오버(Slop over)
② 플래시오버(Flash over)
③ 보일오버(Boil over)
④ 프로스오버(Froth over)

플래시오버(Flash over)는 실내 화재가 어느 한 지점에서 발생하여 실내의 모든 가연물이 동시에 발화하게 되는 현상으로, 온도가 급격히 상승하고 화염이 방 전체를 덮는 상태를 말한다. 이는 화재에서 매우 위험한 단계로, 화재의 확산이 급격하게 이루어진다.

11 B급 화재의 표시색상은? ✗빈출

① 청색 ② 무색
③ 황색 ④ 백색

화재의 종류

급수	화재(명칭)	색상
A	일반	백색
B	유류	황색
C	전기	청색
D	금속	무색

12 위험물제조소에서 국소방식의 배출설비 배출능력은 1시간당 배출장소 용적의 몇 배 이상인 것으로 하여야 하는가?

① 5 ② 10
③ 15 ④ 20

국소방식의 배출능력은 1시간당 배출장소 용적의 20배 이상인 것으로 해야 한다.

정답 06 ③ 07 ④ 08 ① 09 ② 10 ② 11 ③ 12 ④

13 연소의 3요소를 모두 포함하는 것은?

① 과염소산, 산소, 불꽃
② 마그네슘분말, 연소열, 수소
③ 아세톤, 수소, 산소
④ 불꽃, 아세톤, 질산암모늄

- 연소의 3요소 : 가연물, 산소공급원, 점화원
- 불꽃 : 점화원, 아세톤 : 가연물, 질산암모늄 : 산소공급원

14 할론 소화약제 1011의 화학식으로 옳은 것은?

① CH_2ClBr ② $CHClBr$
③ CF_2ClBr ④ $CFClBr$

- 할론넘버는 C, F, Cl, Br 순으로 매긴다.
- 할론 1011 = CH_2ClBr
- 할론 1011은 브로모클로로메탄(Bromochloromethane)으로, 할론 1011은 주로 소방용 소화약제로 사용된다.

15 가연물이 연소할 때 공기 중의 산소농도를 떨어뜨려 연소를 중단시키는 소화방법은?

① 제거소화   ② 질식소화
③ 냉각소화   ④ 억제소화

공기 중의 산소농도를 한계산소량 이하로 낮추어 연소를 중지시키는 소화방법은 질식소화로, 이산화탄소 등 불활성 가스의 방출로 화재를 제어하는 것, 모래 등을 이용하여 불을 끄는 것은 질식소화의 예이다.

16 위험물제조소의 경우 연면적이 최소 몇 m²이면 자동화재탐지설비를 설치해야 하는가? (단, 원칙적인 경우에 한한다.)

① 100   ② 300
③ 500   ④ 1,000

제조소 및 일반취급소는 연면적이 500제곱미터 이상이면 자동화재탐지설비를 설치해야 한다.

17 다음 물질 중 분진폭발의 위험이 가장 낮은 것은?

① 마그네슘 가루   ② 아연 가루
③ 밀가루   ④ 시멘트 가루

분진폭발의 원인물질로 작용할 위험성이 가장 낮은 물질은 시멘트, 모래, 석회분말 등이다.

18 분말 소화약제의 식별 색을 옳게 나타낸 것은?   ✈빈출

① $KHCO_3$: 백색
② $NH_4H_2PO_4$: 담홍색
③ $NaHCO_3$: 보라색
④ $KHCO_3 + (NH_2)_2CO$: 초록색

분말 소화약제의 종류

약제명	주성분	적응화재	색상
제1종	탄산수소나트륨($NaHCO_3$)	BC	백색
제2종	탄산수소칼륨($KHCO_3$)	BC	보라색
제3종	인산암모늄($NH_4H_2PO_4$)	ABC	담홍색
제4종	탄산수소칼륨 + 요소($KHCO_3 + (NH_2)_2CO$)	BC	회색

19 위험물안전관리법령에 따른 대형수동식소화기의 설치기준에서 방호대상물의 각 부분으로부터 하나의 대형수동식소화기까지의 보행거리는 몇 m 이하가 되도록 설치하여야 하는가? (단, 옥내소화전설비, 옥외소화전설비, 스프링클러설비 또는 물분무등소화설비와 함께 설치하는 경우는 제외한다.)

① 10   ② 15
③ 20   ④ 30

대형수동식소화기에 있어서는 30m 이하가 되도록 설치하여야 한다.

20 위험물제조소등에 설치하는 이산화탄소 소화설비의 소화약제 저장용기 설치장소로 적합하지 않은 곳은?

① 방호구역 외의 장소
② 온도가 40℃ 이하이고 온도변화가 작은 장소
③ 빗물이 침투할 우려가 없는 장소
④ 직사일광이 잘 들어오는 장소

위험물제조소등에 설치하는 이산화탄소 소화설비의 소화약제 저장용기는 직사광선 및 빗물이 침투할 우려가 없는 곳에 설치해야 한다.

21 위험물안전관리법령상 제조소등에 대한 긴급 사용정지명령 등을 할 수 있는 권한이 없는 자는?

① 시·도지사
② 소방본부장
③ 소방서장
④ 소방청장

위험물안전관리법 제25조(제조소 등에 대한 긴급사용정지명령 등) 시·도지사, 소방본부장 또는 소방서장은 공공의 안전을 유지하거나 재해의 발생을 방지하기 위하여 긴급한 필요가 있다고 인정하는 때에는 제조소등의 관계인에 대하여 당해 제조소등의 사용을 일시 정지하거나 그 사용을 제한할 것을 명할 수 있다.

22 다음 중 화재 시 내알코올포 소화약제를 사용하는 것이 가장 적합한 위험물은?

① 아세톤
② 휘발유
③ 경유
④ 등유

내알코올포 소화약제는 주로 물과 섞이는 성질을 가진 물질, 즉 수용성인 인화성 액체에 적합하다. 이러한 약제는 알코올류와 같이 물과 쉽게 혼합되는 화재에 효과적이다. 따라서 소포성 있는 위험물화재(알코올화재 등)에서는 내알코올포를 사용해야 한다.

23 위험물안전관리법령상 다음 ( ) 안에 알맞은 수치는?

옥내저장소에서 위험물을 저장하는 경우 기계에 의하여 하역하는 구조로 된 용기만을 겹쳐 쌓는 경우에 있어서는 ( )m 높이를 초과하여 용기를 겹쳐 쌓지 아니하여야 한다.

① 10
② 5
③ 15
④ 6

옥내저장소에서 위험물을 저장하는 경우 기계에 의하여 하역하는 구조로 된 용기만을 겹쳐 쌓는 경우에 있어서는 6m 높이를 초과하여 용기를 겹쳐 쌓지 아니하여야 한다.

24 금속칼륨의 보호액으로 가장 적합한 것은?

① 물
② 아세트산
③ 등유
④ 에틸알코올

금속칼륨은 공기와의 접촉을 막기 위해 석유, 등유 등의 산소가 함유되지 않은 보호액(석유류)에 저장한다.

25 다음은 P_2S_5와 물의 화학반응이다. ( ) 안에 알맞은 숫자를 차례대로 나열한 것은?

$$P_2S_5 + (\quad)H_2O \rightarrow (\quad)H_2S + (\quad)H_3PO_4$$

① 2, 8, 5
② 2, 5, 8
③ 8, 5, 2
④ 8, 2, 5

오황화인과 물의 반응식
• $P_2S_5 + 8H_2O \rightarrow 5H_2S + 2H_3PO_4$
• 오황화인은 물과 반응하면 황화수소(H_2S)와 인산(H_3PO_4)을 생성한다.

정답 20 ④ 21 ④ 22 ① 23 ④ 24 ③ 25 ③

PART 03

26 위험물제조소에서 다음과 같이 위험물을 취급하고 있는 경우 각각의 지정수량 배수의 총합은 얼마인가?

> • 브로민산나트륨 : 300kg
> • 과산화나트륨 : 150kg
> • 다이크로뮴산나트륨 : 500kg

① 3.5 ② 4.0
③ 4.5 ④ 5.0

> • 브로민산나트륨(1류)의 지정수량 : 300kg
> • 과산화나트륨(1류)의 지정수량 : 50kg
> • 다이크로뮴산나트륨(1류)의 지정수량 : 1,000kg
> ∴ 지정수량 $= \dfrac{300}{300} + \dfrac{150}{50} + \dfrac{500}{1,000} = 4.5$배

27 위험물안전관리법령상 위험물을 운반하기 위해 적재할 때 예를 들어 제6류 위험물은 1가지 유별(제1류 위험물)하고만 혼재할 수 있다. 다음 중 가장 많은 유별과 혼재가 가능한 것은? (단, 지정수량의 1/10을 초과하는 위험물이다.) ★빈출

① 제1류 ② 제2류
③ 제3류 ④ 제4류

유별을 달리하는 혼재기준

1	6		혼재 가능
2	5	4	혼재 가능
3	4		혼재 가능

28 가솔린의 연소범위에 가장 가까운 것은?

① 1.4 ~ 7.6vol% ② 2.0 ~ 23.0vol%
③ 1.8 ~ 36.5vol% ④ 1.0 ~ 50.0vol%

> 가솔린의 연소범위는 1.4 ~ 7.6vol%이다.

29 위험물제조소등에 옥내소화전설비를 설치할 때 옥내소화전이 가장 많이 설치된 층의 소화전의 개수가 4개일 경우 확보하여야 할 수원의 수량은?

① 10.4m³ ② 20.8m³
③ 31.2m³ ④ 41.6m³

> 소화설비 설치기준에 따른 수원의 수량
> • 옥내소화전 = 설치개수(최대 5개) × 7.8m³
> • 옥외소화전 = 설치개수(최대 4개) × 13.5m³
> ∴ 옥내소화전의 수원의 수량 = 4 × 7.8 = 31.2m³

30 탄화칼슘을 물과 반응시키면 무슨 가스가 발생하는가? ★빈출

① 에탄 ② 에틸렌
③ 메탄 ④ 아세틸렌

> 탄화칼슘과 물의 반응식
> • $CaC_2 + 2H_2O \rightarrow Ca(OH)_2 + C_2H_2$
> • 탄화칼슘은 물과 반응하여 수산화칼슘과 아세틸렌을 발생한다.

31 위험물안전관리법령상 운송책임자의 감독·지원을 받아 운송하여야 하는 위험물에 해당하는 것은? ★빈출

① 특수인화물 ② 알킬리튬
③ 질산구아니딘 ④ 하이드라진유도체

> 운송하는 위험물이 알킬알루미늄, 알킬리튬이거나 이 둘을 함유하는 위험물일 때에는 운송책임자의 감독 또는 지원을 받아 이를 운송하여야 한다.

32 위험물안전관리법상 지하탱크저장소 탱크전용실의 안쪽과 지하저장탱크와의 사이는 몇 m 이상의 간격을 유지하여야 하는가?

① 0.1 ② 0.2
③ 0.3 ④ 0.5

> 지하저장탱크와 탱크전용실의 안쪽과의 사이는 0.1m 이상의 간격을 유지하여야 한다.

정답 26 ③ 27 ④ 28 ① 29 ③ 30 ④ 31 ② 32 ①

33 산화성 고체 위험물의 화재예방과 소화방법에 대한 설명 중 틀린 것은?

① 무기과산화물은 화재 시 물에 의한 냉각소화 원리를 이용하여 소화한다.
② 통풍이 잘 되는 차가운 곳에 저장한다.
③ 분해촉매, 이물질과의 접촉을 피한다.
④ 조해성 물질은 방습하고 용기는 밀전한다.

무기과산화물(과산화나트륨, 과산화칼륨)은 물과 반응하면 산소를 방출하며 폭발하기 때문에 주로 질식소화를 해야 한다.

34 위험물 이동저장탱크의 외부도장 색상으로 적합하지 않은 것은?

① 제2류 − 적색
② 제3류 − 청색
③ 제5류 − 황색
④ 제6류 − 회색

이동저장탱크의 외부도장 색상

유별	1	2	3	5	6
색상	회색	적색	청색	황색	청색

35 다음 중 위험물안전관리법령상 지정수량의 1/10을 초과하는 위험물을 운반할 때 혼재할 수 없는 경우는? ✅빈출

① 제1류 위험물과 제6류 위험물
② 제2류 위험물과 제4류 위험물
③ 제4류 위험물과 제5류 위험물
④ 제5류 위험물과 제3류 위험물

유별을 달리하는 위험물 혼재기준

1	6		혼재 가능
2	5	4	혼재 가능
3	4		혼재 가능

36 위험물탱크의 용량은 탱크의 내용적에서 공간용적을 뺀 용적으로 한다. 이 경우 소화약제 방출구를 탱크 안의 윗부분에 설치하는 탱크의 공간용적은 당해 소화설비의 소화약제 방출구 아래의 어느 범위의 면으로부터 윗부분의 용적으로 하는가?

① 0.1m 이상 0.5m 미만 사이의 면
② 0.3m 이상 1m 미만 사이의 면
③ 0.5m 이상 1m 미만 사이의 면
④ 0.5m 이상 1.5m 미만 사이의 면

소화약제 방출구를 탱크 안의 윗부분에 설치하는 탱크의 공간용적은 당해 소화설비의 소화약제 방출구 아래 0.3m 이상 1m 미만 사이의 면으로부터 윗부분의 용적으로 한다.

37 상온에서 액상인 것으로만 나열된 것은?

① 나이트로셀룰로오스, 나이트로글리세린
② 질산에틸, 나이트로글리세린
③ 질산에틸, 피크린산
④ 나이트로셀룰로오스, 셀룰로이드

품명	위험물	상태
질산에스터류	질산메틸 질산에틸 나이트로글리콜 나이트로글리세린	액체
	나이트로셀룰로오스 셀룰로이드	고체
나이트로화합물	트라이나이트로톨루엔 트라이나이트로페놀 다이나이트로벤젠 테트릴	고체

38 위험물의 운반에 관한 기준에서 적재방법 기준으로 틀린 것은?

① 고체위험물은 운반용기의 내용적 95% 이하의 수납율로 수납할 것
② 액체위험물은 운반용기의 내용적 98% 이하의 수납율로 수납할 것
③ 알킬알루미늄은 운반용기 내용적의 95% 이하의 수납율로 수납하되, 50℃의 온도에서 5% 이상의 공간용적을 유지할 것
④ 제3류 위험물 중 자연발화성 물질에 있어서는 불활성 기체를 봉입하여 밀봉하는 등 공기와 접하지 아니하도록 할 것

> 알킬알루미늄등은 운반용기의 내용적의 90% 이하의 수납율로 수납하되, 50℃의 온도에서 5% 이상의 공간용적을 유지하도록 해야 한다.

39 소화난이도등급 Ⅰ의 옥내저장소에 설치하여야 하는 소화설비에 해당하지 않는 것은?

① 옥외소화전설비   ② 연결살수설비
③ 스프링클러설비   ④ 물분무 소화설비

> 소화난이도등급 Ⅰ의 옥내저장소에 설치하여야 하는 소화설비
> • 처마높이가 6m 이상인 단층건물 또는 다른 용도의 부분이 있는 건축물에 설치한 옥내저장소 : 스프링클러설비 또는 이동식 외의 물분무등소화설비
> • 그 밖의 것 : 옥외소화전설비, 스프링클러설비, 이동식 외의 물분무등소화설비 또는 이동식 포 소화설비

40 다음 중 위험물저장탱크의 내용적을 구하는 식으로 알맞은 것은?

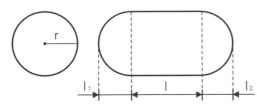

① $V = \pi r \times (l + \dfrac{l_1 + l_2}{3}) \times (1 - 공간용적)$

② $V = \pi r \times (l + \dfrac{l_1 + l_2}{2}) \times (1 - 공간용적)$

③ $V = \pi r^2 \times (l + \dfrac{l_1 + l_2}{3}) \times (1 - 공간용적)$

④ $V = \pi r^2 \times (l + \dfrac{l_1 + l_2}{2}) \times (1 - 공간용적)$

> 위험물저장탱크의 내용적
> $V = \pi r^2 \times (l + \dfrac{l_1 + l_2}{3})(1 - 공간용적)$
> $= 원의\ 면적 \times (가운데\ 체적길이 + \dfrac{양끝\ 체적길이의\ 합}{3})$
> $(1 - 공간용적)$

41 알루미늄분의 위험성에 대한 설명 중 틀린 것은?

① 뜨거운 물과 접촉 시 결렬하게 반응한다.
② 산화제와 혼합하면 가열, 충격 등으로 발화할 수 있다
③ 연소 시 수산화알루미늄과 수소를 발생한다.
④ 염산과 반응하여 수소를 발생한다.

> • $2Al + 6H_2O \rightarrow 2Al(OH)_3 + 3H_2$
> • 알루미늄분은 물과 반응하여 수산화알루미늄과 수소를 발생하며 폭발하므로 물과의 접촉은 위험하다.
> • $4Al + 3O_2 \rightarrow 2Al_2O_3$
> • 알루미늄분은 연소하여 산화알루미늄을 발생한다.

42 위험물 관련 신고 및 선임에 관한 사항으로 옳지 않은 것은?

① 제조소의 위치·구조 변경 없이 위험물의 품명 변경 시는 변경한 날로부터 7일 이내에 신고하여야 한다.
② 제조소 설치자의 지위를 승계한 자는 승계한 날로부터 30일 이내에 신고하여야 한다.
③ 위험물안전관리자를 선임한 경우에는 선임한 날로부터 14일 이내에 신고하여야 한다.
④ 위험물안전관리자가 퇴직한 때에는 퇴직일로부터 30일 이내에 다시 안전관리자를 선임하여야 한다.

> 위험물안전관리법 제6조 제2항(위험물시설의 설치 및 변경 등)
> 제조소등의 위치·구조 또는 설비의 변경 없이 당해 제조소등에서 저장하거나 취급하는 위험물의 품명·수량 또는 지정수량의 배수를 변경하고자 하는 자는 변경하고자 하는 날의 1일 전까지 행정안전부령이 정하는 바에 따라 시·도지사에게 신고하여야 한다.

정답   38 ③   39 ②   40 ③   41 ③   42 ①

43 소화설비의 주된 소화효과를 옳게 설명한 것은?

① 옥내 · 옥외소화전설비 : 질식소화
② 스프링클러설비, 물분무 소화설비 : 억제소화
③ 포, 분말 소화설비 : 억제소화
④ 할로겐화합물 소화설비 : 억제소화

할로겐화합물 소화설비는 억제소화의 효과를 가진다.

44 제조소의 게시판 사항 중 위험물의 종류에 따른 주의사항이 옳게 연결된 것은? ★빈출

① 제2류 위험물(인화성 고체 제외) - 화기엄금
② 제3류 위험물 중 금수성 물질 - 물기엄금
③ 제4류 위험물 - 화기주의
④ 제5류 위험물 - 물기엄금

• 제3류 위험물 중 금수성 물질 : 물기엄금
• 제3류 위험물 중 자연발화성 물질 : 화기엄금

45 위험물안전관리자를 해임한 후 며칠 이내에 후임자를 선임하여야 하는가?

① 14일
② 15일
③ 20일
④ 30일

제조소등의 관계인은 그 안전관리자를 해임하거나 안전관리자가 퇴직한 때에는 해임하거나 퇴직한 날부터 30일 이내에 다시 안전관리자를 선임하여야 한다.

46 위험물안전관리법령상 위험물옥외저장소에 저장할 수 있는 품명은? (단, 국제해상위험물규칙에 적합한 용기에 수납된 경우를 제외한다.)

① 특수인화물
② 무기과산화물
③ 알코올류
④ 칼륨

옥외저장소에 저장할 수 있는 위험물 유별
• 제2류 위험물 중 황, 인화성 고체(인화점이 0도 이상인 것에 한함)
• 제4류 위험물 중 제1석유류(인화점이 0도 이상인 것에 한함), 알코올류, 제2석유류, 제3석유류, 제4석유류, 동식물유류
• 제6류 위험물

47 위험물안전관리법령상 제조소등의 정기점검대상에 해당하지 않는 것은?

① 지정수량 15배의 제조소
② 지정수량 40배의 옥내탱크저장소
③ 지정수량 50배의 이동탱크저장소
④ 지정수량 20배의 지하탱크저장소

정기점검대상 제조소등
• 지정수량 10배 이상의 위험물을 취급하는 제조소
• 지정수량 100배 이상의 위험물을 저장하는 옥외저장소
• 지정수량 150배 이상의 위험물을 저장하는 옥내저장소
• 지정수량 200배 이상의 위험물을 저장하는 옥외탱크저장소
• 암반탱크저장소
• 이송취급소
• 지정수량 10배 이상의 위험물을 취급하는 일반취급소
• 지하탱크저장소
• 이동탱크저장소
• 위험물을 취급하는 탱크로서 지하에 매설된 탱크가 있는 제조소 · 주유취급소 또는 일반취급소

48 제3류 위험물 중 은백색 광택이 있고 노란색 불꽃을 내며 연소하며 비중이 약 0.97, 융점이 97.7℃인 물질의 지정수량은 몇 kg인가?

① 10
② 20
③ 50
④ 300

제3류 위험물인 나트륨은 은백색 광택을 띠고, 노란색 불꽃을 내며 연소하며, 비중은 약 0.97, 융점은 97.7℃이고 지정수량은 10kg이다.

49 과산화수소의 저장 및 취급 방법으로 옳지 않은 것은?

① 갈색 용기를 사용한다.
② 직사광선을 피하고 냉암소에 보관한다.
③ 농도가 클수록 위험성이 높아지므로 분해방지 안정제를 넣어 분해를 억제시킨다.
④ 장시간 보관 시 철분을 넣어 유리용기에 보관한다.

과산화수소는 열, 햇빛에 의해 분해가 촉진되므로 뚜껑에 작은 구멍을 뚫은 갈색병에 보관해야 한다.

정답 43 ④ 44 ② 45 ④ 46 ③ 47 ② 48 ① 49 ④

50 메탄올과 비교한 에탄올의 성질에 대한 설명 중 틀린 것은?

① 인화점이 낮다.　　② 발화점이 낮다.
③ 증기비중이 크다.　④ 비점이 높다.

> • 메탄올의 인화점 : 11℃
> • 에탄올의 인화점 : 13℃

51 위험물제조소등에 자체소방대를 두어야 할 대상으로 옳은 것은?

① 지정수량 300배 이상의 제4류 위험물을 취급하는 저장소
② 지정수량 300배 이상의 제4류 위험물을 취급하는 제조소
③ 지정수량 3,000배 이상의 제4류 위험물을 취급하는 저장소
④ 지정수량 3,000배 이상의 제4류 위험물을 취급하는 제조소

> 위험물안전관리법령상 자체소방대를 설치해야 하는 사업소
> • 제조소 또는 일반취급소에서 취급하는 제4류 위험물의 최대수량의 합이 지정수량의 3천배 이상인 경우(다만, 보일러로 위험물을 소비하는 일반취급소 등 행정안전부령으로 정하는 일반취급소는 제외한다)
> • 옥외탱크저장소에 저장하는 제4류 위험물의 최대수량이 지정수량의 50만배 이상인 경우

52 제조소등의 관계인이 예방규정을 정하여야 하는 제조소등이 아닌 것은?

① 지정수량 100배의 위험물을 저장하는 옥외탱크저장소
② 지정수량 150배의 위험물을 저장하는 옥내저장소
③ 지정수량 10배의 위험물을 취급하는 제조소
④ 지정수량 5배의 위험물을 취급하는 이송취급소

> 예방규정을 정해야 하는 제조소등
> • 지정수량의 10배 이상의 위험물을 취급하는 제조소
> • 지정수량의 10배 이상의 위험물을 취급하는 일반취급소
> • 지정수량의 100배 이상의 위험물을 저장하는 옥외저장소
> • 지정수량의 150배 이상의 위험물을 저장하는 옥내저장소
> • 지정수량의 200배 이상의 위험물을 저장하는 옥외탱크저장소
> • 암반탱크저장소
> • 이송취급소

53 이황화탄소를 화재예방상 물 속에 저장하는 이유는? ✈빈출

① 불순물을 물에 용해시키기 위해
② 가연성 증기의 발생을 억제하기 위해
③ 상온에서 수소가스를 발생시키기 때문에
④ 공기와 접촉하면 즉시 폭발하기 때문에

> 이황화탄소는 가연성 증기의 발생을 억제하기 위해 물 속에 저장한다.

54 다이너마이트의 원료로 사용되며 건조한 상태에서는 타격, 마찰에 의하여 폭발의 위험이 있으므로 운반 시 물 또는 알코올을 첨가하여 습윤시키는 위험물은?

① 벤조일퍼옥사이드
② 트라이나이트로톨루엔
③ 나이트로셀룰로오스
④ 다이나이트로나프탈렌

> 나이트로셀룰로오스는 제5류 위험물로 다이너마이트의 원료로 사용되며 건조한 상태에서는 타격, 마찰에 의하여 폭발의 위험이 있으므로 운반 시 물 또는 알코올을 첨가하여 습윤시킨다.

55 다음 중 발화점이 가장 낮은 것은?

① 이황화탄소　　　② 산화프로필렌
③ 휘발유　　　　　④ 메탄올

> • 이황화탄소 : 90℃
> • 산화프로필렌 : 449℃
> • 휘발유 : 280~456℃
> • 메탄올 : 약 470℃

56 위험물안전관리법에서 규정하고 있는 내용으로 틀린 것은?

① 민사집행법에 의한 경매, 「채무자 회생 및 파산에 관한 법률」에 의한 환가, 국제징수법·관세법 또는 「지방세징수법」에 따른 압류재산의 매각과 그 밖에 이에 준하는 절차에 따라 제조소등의 시설의 전부를 인수한 자는 그 설치자의 지위를 승계한다.

② 피성년후견인, 탱크시험자의 등록이 취소된 날로부터 2년이 지나지 아니한 자는 탱크시험자로 등록하거나 탱크시험자의 업무에 종사할 수 없다.

③ 농예용·축산용으로 필요한 난방시설 또는 건조시설을 위한 지정수량 20배 이하의 취급소는 신고를 하지 아니하고 위험물의 품명·수량을 변경할 수 있다.

④ 법정의 완공검사를 받지 아니하고 제조소등을 사용한 때 시·도지사는 허가를 취소하거나 6월 이내의 기간을 정하여 사용정지를 명할 수 있다.

> 위험물안전관리법 제6조 제3항(위험물시설의 설치 및 변경 등)
> 다음의 어느 하나에 해당하는 제조소등의 경우에는 허가를 받지 아니하고 당해 제조소등을 설치하거나 그 위치·구조 또는 설비를 변경할 수 있으며, 신고를 하지 아니하고 위험물의 품명·수량 또는 지정수량의 배수를 변경할 수 있다.
> • 주택의 난방시설(공동주택의 중앙난방시설을 제외한다)을 위한 저장소 또는 취급소
> • 농예용·축산용 또는 수산용으로 필요한 난방시설 또는 건조시설을 위한 지정수량 20배 이하의 저장소

57 위험물안전관리법령상 특수인화물의 정의에 대해 다음 ( ) 안에 알맞은 수치를 차례대로 옳게 나열한 것은?

> 특수인화물이라 함은 이황화탄소, 다이에틸에터 그 밖에 1기압에서 발화점이 섭씨 ( )도 이하인 것 또는 인화점이 섭씨 영하 ( )도 이하이고 비점이 섭씨 40도 이하인 것을 말한다.

① 100, 20
② 25, 0
③ 100, 0
④ 25, 20

> 특수인화물이란 이황화탄소, 다이에틸에터 그 밖에 1기압에서 발화점이 섭씨 100도 이하인 것 또는 인화점이 섭씨 영하 20도 이하이고 비점이 섭씨 40도 이하인 것을 말한다.

58 $KMnO_4$의 지정수량은 몇 kg인가?

① 50
② 100
③ 300
④ 1,000

> 과망가니즈산칼륨($KMnO_4$)은 제1류 위험물로 지정수량은 1,000kg이다.

59 피크린산 제조에 사용되는 물질과 가장 관계가 있는 것은?

① C_6H_6
② $C_6H_5CH_3$
③ $C_3H_5(OH)_3$
④ C_6H_5OH

> 피크린산은 질산·페놀(C_6H_5OH)을 반응시켜 제조한다.

60 위험물안전관리법령상 제2류 위험물의 위험등급에 대한 설명으로 옳은 것은?

① 제2류 위험물 중 위험등급 Ⅰ에 해당되는 품명이 없다.

② 제2류 위험물 중 위험등급 Ⅲ에 해당되는 품명은 지정수량이 500kg인 품명만 해당된다.

③ 제2류 위험물 중 황화인, 적린, 황 등 지정수량이 100kg인 품명은 위험등급 Ⅰ에 해당한다.

④ 제2류 위험물 중 지정수량이 1,000kg인 인화성 고체는 위험등급 Ⅱ에 해당한다.

> 제2류 위험물의 위험등급
> • 황화인, 적린, 황 : 위험등급 Ⅱ
> • 나머지는 위험등급 Ⅲ

정답   56 ③   57 ①   58 ④   59 ④   60 ①

01 위험등급이 나머지 셋과 다른 것은?

① 알칼리토금속　　② 아염소산염류
③ 질산에스터류　　④ 제6류 위험물

- 알칼리토금속 : 위험등급 Ⅱ
- 아염소산염류, 질산에스터류, 제6류 위험물 : 위험등급 Ⅰ

02 전기화재의 급수와 표시색상을 옳게 나타낸 것은?

① C급 - 백색　　② D급 - 백색
③ C급 - 청색　　④ D급 - 청색

화재의 종류		
급수	화재	색상
A	일반	백색
B	유류	황색
C	전기	청색
D	금속	무색

03 화재 발생 시 물을 이용한 소화를 하면 오히려 위험성이 증대되는 것은?

① 황린　　　　　② 적린
③ 탄화알루미늄　④ 나이트로셀룰로오스

탄화알루미늄과 물의 반응식
- $Al_4C_3 + H_2O \rightarrow Al(OH)_3 + CH_4$
- 탄화알루미늄이 물과 만나면 수산화알루미늄과 메탄이 발생한다.

04 제5류 위험물의 화재에 적응성이 없는 소화설비는?

① 옥외소화전설비
② 스프링클러설비
③ 물분무 소화설비
④ 할로겐화합물 소화설비

제5류 위험물은 물에 잘 녹으므로 주수소화한다.

05 금속칼륨에 화재가 발생했을 때 사용할 수 없는 소화약제는?

① 이산화탄소　　② 건조사
③ 팽창질석　　　④ 팽창진주암

금속칼륨은 공기와의 접촉을 막아야 하므로 주수소화를 금지하고, 탄산수소염류 분말 소화약제, 팽창질석, 마른모래 등으로 질식소화해야 한다.

06 제5류 위험물의 화재의 예방과 진압대책으로 옳지 않은 것은?

① 서로 1m 이상의 간격을 두고 유별로 정리한 경우라도 제3류 위험물과는 동일한 옥내저장소에 저장할 수 없다.
② 위험물제조소의 주의사항 게시판에는 주의사항으로 "화기엄금"만 표기하면 된다.
③ 이산화탄소 소화기와 할로겐화합물 소화기는 모두 적응성이 없다.
④ 운반용기의 외부에는 주의사항으로 "화기엄금"만 표시하면 된다.

제5류 위험물은 운반용기의 외부에 "화기엄금" 및 "충격주의"를 표시한다.

정답　　01 ①　02 ③　03 ③　04 ④　05 ①　06 ④

07 다음 중 가연물이 될 수 없는 것은?

① 질소
② 나트륨
③ 나이트로셀룰로오스
④ 나프탈렌

질소는 산소를 포함하고 있기 때문에 가연물이 될 수 없다.

08 가연성 물질과 주된 연소형태의 연결이 틀린 것은?

① 종이, 섬유 – 분해연소
② 셀룰로이드, TNT – 자기연소
③ 목재, 석탄 – 표면연소
④ 황, 알코올 – 증발연소

목재와 석탄은 분해연소를 한다.

09 가연성 고체의 미세한 입자가 일정 농도 이상 공기 중에 분산되어 있을 때 점화원에 의하여 연소폭발되는 현상은?

① 분진폭발
② 산화폭발
③ 분해폭발
④ 중합폭발

공기 중에 퍼져 있는 분진이 점화원에 의해 폭발하는 현상을 분진폭발이라 한다.

10 액화 이산화탄소 1kg이 25℃, 2atm에서 방출되어 모두 기체가 되었다. 방출된 기체상의 이산화탄소 부피는 약 몇 L인가? ★빈출

① 278
② 556
③ 1,111
④ 1,985

- $PV = \dfrac{wRT}{M}$

- $V = \dfrac{wRT}{PM}$

$= \dfrac{1,000 \times 0.082 \times 298}{2 \times 44} = 277.681L$

P = 압력, V = 부피, w = 질량, M = 분자량, R = 기체상수(0.082를 곱한다), T = 절대온도(℃를 환산하기 위해 273을 더한다)

11 식용유 화재 시 제1종 분말 소화약제를 이용하여 화재의 제어가 가능하다. 이때의 소화원리에 가장 가까운 것은?

① 촉매효과에 의한 질식소화
② 비누화 반응에 의한 질식소화
③ 아이오딘화에 의한 냉각소화
④ 가수분해 반응에 의한 냉각소화

탄산수소나트륨 소화약제는 염기성을 띠며 식용유와 반응하여 비누화 반응을 일으키는데 이는 질식효과가 있다.

12 전기설비에 적응성이 없는 소화설비는?

① 이산화탄소 소화설비
② 물분무 소화설비
③ 포 소화설비
④ 할로겐화합물 소화기

포 소화설비는 전도성이 크므로 전기설비에 적응성이 없다.

13 할로겐화합물 소화약제 중 할론 2402의 화학식은?

① $C_2Br_4F_2$
② $C_7Cl_4F_2$
③ $C_2Cl_4Br_2$
④ $C_2F_4Br_2$

할론넘버는 C, F, Cl, Br 순으로 매긴다.
→ 할론 2402 = $C_2F_4Br_2$

14 유류화재에 해당하는 표시 색상은? ★빈출

① 백색
② 황색
③ 청색
④ 흑색

화재의 종류

급수	화재	색상
A	일반	백색
B	유류	황색
C	전기	청색
D	금속	무색

정답 07① 08③ 09① 10① 11② 12③ 13④ 14②

15 위험물안전관리법령상 분말 소화설비의 기준에서 규정한 전역방출방식 또는 국소방출방식 분말 소화설비의 가압용 또는 축압용가스에 해당하는 것은?

① 네온가스
② 아르곤가스
③ 수소가스
④ 이산화탄소

> 분말 소화설비의 화재안전기준에 의해 가압용가스 또는 축압용가스는 질소가스 또는 이산화탄소로 해야 한다.

16 $NH_4H_2PO_4$이 열분해하여 생성되는 물질 중 암모니아와 수증기의 부피 비율은? ✦빈출

① 1 : 1
② 1 : 2
③ 2 : 1
④ 3 : 2

> • $NH_4H_2PO_4 \rightarrow HPO_3 + NH_3 + H_2O$
> • 인산암모늄은 열분해하여 메타인산, 암모니아, 물을 생성한다.
> • 암모니아(NH_3)와 수증기(H_2O)의 몰수비가 1 : 1이므로, 부피 비율은 1 : 1이다.

17 폭굉유도거리(DID)가 짧아지는 조건이 아닌 것은?

① 관경이 클수록 짧아진다.
② 압력이 높을수록 짧아진다.
③ 점화원의 에너지가 클수록 짧아진다.
④ 관 속에 이물질이 있을 경우 짧아진다.

> 폭굉유도거리가 짧아지는 조건
> • 연소속도가 큰 혼합가스일수록
> • 압력이 높을수록
> • 관 지름이 작을수록
> • 점화원 에너지가 클수록
> • 관 속에 이물질이 있을 경우

18 위험물안전관리법령의 소화설비 설치기준에 의하면 옥외소화전설비의 수원의 수량은 옥외소화전 설치개수(설치개수가 4 이상인 경우에는 4)에 몇 m³을 곱한 양 이상이 되도록 하여야 하는가?

① 7.5m³
② 13.5m³
③ 20.5m³
④ 25.5m³

> 소화설비 설치기준에 따른 수원의 수량
> • 옥내소화전 = 설치개수(최대 5개) × 7.8m³
> • 옥외소화전 = 설치개수(최대 4개) × 13.5m³

19 유류화재 소화 시 분말 소화약제를 사용할 경우 소화 후에 재발화 현상이 가끔씩 발생할 수 있다. 다음 중 이러한 현상을 예방하기 위하여 병용하여 사용하면 가장 효과적인 포 소화약제는?

① 단백포 소화약제
② 수성막포 소화약제
③ 알코올형포 소화약제
④ 합성계면활성제포 소화약제

> 수성막포 소화약제는 유류화재에 우수한 소화효과를 나타낸다.

20 위험물안전관리법령상 제4류 위험물을 지정수량의 3천배 초과 4천배 이하로 저장하는 옥외탱크저장소의 보유공지는 얼마인가?

① 6m 이상
② 9m 이상
③ 12m 이상
④ 15m 이상

> 옥외탱크저장소의 보유공지
>
> | 저장 또는 취급하는 위험물의 최대수량 | 공지의 너비 |
> |---|---|
> | 지정수량의 500배 이하 | 3m 이상 |
> | 지정수량의 500배 초과 1,000배 이하 | 5m 이상 |
> | 지정수량의 1,000배 초과 2,000배 이하 | 9m 이상 |
> | 지정수량의 2,000배 초과 3,000배 이하 | 12m 이상 |
> | 지정수량의 3,000배 초과 4,000배 이하 | 15m 이상 |

정답 15④ 16① 17① 18② 19② 20④

21 연소 시 아황산가스를 발생하는 것은?

① 황
② 적린
③ 황린
④ 인화칼슘

> 황은 공기 중에서 연소하여 아황산가스를 발생한다.

22 제2류 위험물의 취급상 주의사항에 대한 설명으로 옳지 않은 것은?

① 적린은 공기 중에서 방치하면 자연발화한다.
② 황은 정전기가 발생하지 않도록 주의해야 한다.
③ 마그네슘의 화재 시 물, 이산화탄소 소화약제 등은 사용할 수 없다.
④ 삼황화인은 100℃ 이상 가열하면 발화할 위험이 있다.

> 적린은 비교적 안정하여 공기 중에 방치해도 자연발화하지 않는다.

23 가솔린의 연소범위에 가장 가까운 것은?

① 1.4 ~ 7.6vol%
② 2.0 ~ 23.0vol%
③ 1.8 ~ 36.5vol%
④ 1.0 ~ 50.0vol%

> 가솔린의 연소범위는 1.4 ~ 7.6vol%이다.

24 과망가니즈산칼륨에 대한 설명으로 옳은 것은?

① 물에 잘 녹는 흑자색의 결정이다.
② 에탄올, 아세톤에 녹지 않는다.
③ 물에 녹았을 때는 진한 노란색을 띤다.
④ 강알칼리와 반응하여 수소를 방출하며 폭발한다.

> 과망가니즈산칼륨은 물에 잘 녹으며 금속성 광택이 있는 보라색 결정이다.

25 위험물안전관리법의 규정상 운반차량에 혼재해서 적재할 수 없는 것은? (단, 지정수량의 10배인 경우이다.) ⭐빈출

① 염소화규소화합물 – 특수인화물
② 고형알코올 – 나이트로화합물
③ 염소산염류 – 질산
④ 질산구아니딘 – 황린

유별을 달리하는 위험물 혼재기준			
1	6		혼재 가능
2	5	4	혼재 가능
3	4		혼재 가능

질산구아니딘(5류)과 황린(3류)은 혼재불가하다.

26 위험물안전관리법령에서 정한 아세트알데하이드등을 취급하는 제조소의 특례에 관한 내용이다. ( ) 안에 해당하는 물질이 아닌 것은?

> 아세트알데하이드등을 취급하는 설비는 ( ), ( ), ( ), ( ) 또는 이들을 성분으로 하는 합금으로 만들지 아니할 것

① 동
② 은
③ 금
④ 마그네슘

> 아세트알데하이드등을 취급하는 설비는 은·수은·동·마그네슘 또는 이들을 성분으로 하는 합금을 사용하면 당해 위험물이 이러한 금속 등과 반응해서 폭발성 화합물을 만들 우려가 있기 때문에 제한한다.

27 다음 설명 중 제2석유류에 해당하는 것은? (단, 1기압 상태이다.)

① 착화점이 21℃ 미만인 것
② 착화점이 30℃ 이상 50℃ 미만인 것
③ 인화점이 21℃ 이상 70℃ 미만인 것
④ 인화점이 21℃ 이상 90℃ 미만인 것

> 제2석유류란 등유, 경유 그 밖에 1기압에서 인화점이 섭씨 21도 이상 70도 미만인 것을 말한다.

정답 21① 22① 23① 24① 25④ 26③ 27③

28 위험물안전관리법에서 정의한 다음 용어는 무엇인가?

> 인화성 또는 발화성 등의 성질을 가지는 것으로서 대통령령이 정하는 물품을 말한다.

① 위험물
② 인화성 물질
③ 자연발화성 물질
④ 가연물

> 위험물이란 인화성 또는 발화성 등의 성질을 가지는 것으로서 대통령령이 정하는 물품을 말한다.

29 물분무 소화설비의 설치기준으로 적합하지 않은 것은?

① 물분무 소화설비의 방사구역은 150㎡ 이상(방호대상물의 표면적이 150㎡ 미만인 경우에는 당해 표면적)으로 해야 한다.
② 분무헤드의 배치는 분무헤드로부터 방사되는 물분무에 의하여 방호대상물의 모든 표면을 유효하게 소화할 수 있도록 설치해야 한다.
③ 물분무 소화설비에는 비상전원을 설치한다.
④ 수원의 수위가 수평회전식 펌프보다 낮은 위치에 있는 가압송수장치의 물올림장치는 타 설비와 겸용하여 설치한다.

> 수원의 수위가 펌프보다 낮은 위치에 있는 가압송수장치에는 다음 기준에 따른 물올림장치를 설치할 것
> • 물올림장치에는 전용의 탱크를 설치할 것
> • 탱크의 유효수량은 100L 이상으로 하되, 구경 15mm 이상의 급수배관에 따라 해당 탱크에 물이 계속 보급되도록 할 것

30 고정 지붕 구조를 가진 높이 15m의 원통종형 옥외저장탱크 안의 탱크 상부로부터 아래로 1m 지점에 포 방출구가 설치되어 있다. 이 조건의 탱크를 신설하는 경우 최대 허가량은 얼마인가? (단, 탱크의 단면적은 100㎡이고, 탱크 내부에는 별다른 구조물이 없으며, 공간용적 기준은 만족하는 것으로 가정한다.)

① 1,400㎥
② 1,370㎥
③ 1,350㎥
④ 1,300㎥

> 탱크 최대 허가량
> • 단면적 × 높이 = $3.14 \times r^2 \times l$
> • 소화설비를 설치하는 탱크의 공간용적은 당해 소화설비의 소화약제 방출구 아래의 0.3m 이상 1m 미만 사이면 최대탱크 허가량을 구할 수 있다.
> • $100 \times (15 - 1 - 0.3) = 100 \times 13.7 = 1,370㎥$

31 지정수량 10배의 벤조일퍼옥사이드 운송 시 혼재할 수 있는 위험물류로 옳은 것은? ⭐빈출

① 제1류
② 제2류
③ 제3류
④ 제6류

유별을 달리하는 위험물 혼재기준

1	6		혼재 가능
2	5	4	혼재 가능
3	4		혼재 가능

> 벤조일퍼옥사이드는 제5류 위험물이므로 제2류 위험물과 혼재 가능하다.

32 염소산나트륨의 저장 및 취급 시 주의할 사항으로 틀린 것은?

① 철제용기에 저장은 피해야 한다.
② 열분해 시 이산화탄소가 발생하므로 질식에 유의한다.
③ 조해성이 있으므로 방습에 유의한다.
④ 용기에 밀전하여 보관한다.

> 염소산나트륨은 열분해 시 산소가 발생한다.

33 이동탱크저장소의 위험물 운송에 있어서 운송책임자의 감독, 지원을 받아 운송하여야 하는 위험물의 종류에 해당하는 것은? ⭐빈출

① 칼륨
② 알킬알루미늄
③ 질산에스터류
④ 아염소산염류

> 운송하는 위험물이 알킬알루미늄, 알킬리튬이거나 이 둘을 함유하는 위험물일 때에는 운송책임자의 감독 또는 지원을 받아 이를 운송하여야 한다.

정답   28 ① 29 ④ 30 ② 31 ② 32 ② 33 ②

34 삼황화인과 오황화인의 공통점이 아닌 것은?

① 물과 접촉하여 인화수소가 발생한다.
② 가연성 고체이다.
③ 분자식이 P와 S로 이루어져 있다.
④ 연소 시 오산화인과 이산화황이 생성된다.

삼황화인(2류)과 오황화인(2류)의 차이점
• 삼황화인은 물과 반응하지 않는다.
• 오황화인은 물과 반응 시 황화수소, 인산을 발생한다.

35 다음 중 물과 반응하여 가연성 가스를 발생하지 않는 것은?

① 리튬
② 나트륨
③ 황
④ 칼슘

황은 물에 녹지 않는다.

36 소화난이도등급 Ⅰ의 옥내저장소에 설치하여야 하는 소화설비에 해당하지 않는 것은?

① 옥외소화전설비
② 연결살수설비
③ 스프링클러설비
④ 물분무 소화설비

연결살수설비는 위험물 소화설비가 아니다.

37 위험물 "과염소산, 과산화수소, 질산" 중 비중이 물보다 큰 것은 모두 몇 개인가?

① 0
② 1
③ 2
④ 3

• 과염소산 : 1.76
• 과산화수소 : 1.465
• 질산 : 1.49

38 알루미늄분의 위험성에 대한 설명 중 틀린 것은?

① 뜨거운 물과 접촉 시 결렬하게 반응한다.
② 산화제와 혼합하면 가열, 충격 등으로 발화할 수 있다.
③ 연소 시 수산화알루미늄과 수소를 발생한다.
④ 염산과 반응하여 수소를 발생한다.

알루미늄과 물의 반응식
• $2Al + 6H_2O \rightarrow 2Al(OH)_3 + 3H_2$
• 알루미늄분은 물과 반응하여 수산화알루미늄과 수소를 발생하며 폭발한다.

39 염소산칼륨 20kg과 아염소산나트륨 10kg을 과염소산과 함께 저장하는 경우 지정수량 1배로 저장하려면 과염소산은 얼마나 저장할 수 있는가? 🌟빈출

① 20킬로그램
② 40킬로그램
③ 80킬로그램
④ 120킬로그램

• 각 위험물의 지정수량
 – 염소산칼륨(1류) : 50kg
 – 아염소산칼륨(1류) : 50kg
 – 과염소산(6류) : 300kg
• 저장하는 과염소산의 용량 = x
• 지정수량 합 = $(\frac{20}{50}) + (\frac{10}{50}) + (\frac{x}{300}) = 1$
∴ x = 120kg

40 지정수량이 나머지 셋과 다른 것은?

① 과염소산칼륨
② 과산화나트륨
③ 황
④ 아염소산나트륨

• 황의 지정수량 : 100kg
• 과염소산칼륨, 과산화나트륨, 아염소산나트륨의 지정수량 : 50kg

정답 **34**① **35**③ **36**② **37**④ **38**③ **39**④ **40**③

41 위험물안전관리법령에서 규정하고 있는 옥내소화전설비의 설치기준에 관한 내용 중 옳은 것은?

① 옥내소화전은 제조소등 건축물의 층마다 당해 층의 각 부분에서 하나의 호스접속구까지의 수평거리가 25m 이하가 되도록 설치한다.

② 수원의 수량은 옥내소화전이 가장 많이 설치된 층의 옥내소화전 설치개수(설치개수가 5개 이상인 경우는 5개)에 18.6m³를 곱한 양 이상이 되도록 설치한다.

③ 옥내소화전설비는 각 층을 기준으로 하여 당해 층의 모든 옥내소화전(설치개수가 5개 이상인 경우는 5개의 옥내소화전)을 동시에 사용할 경우에 각 노즐 끝부분의 방수압력이 170kPa 이상의 성능이 되도록 한다.

④ 옥내소화전설비는 각 층을 기준으로 하여 당해 층의 모든 옥내소화전(설치개수가 5개 이상인 경우는 5개의 옥내소화전)을 동시에 사용할 경우에 각 노즐 끝부분의 방수량이 1분당 130L 이상의 성능이 되도록 한다.

> • 수원의 수량은 옥내소화전이 가장 많이 설치된 층의 옥내소화전 설치개수(설치개수가 5개 이상인 경우는 5개)에 7.8m²를 곱한 양 이상이 되도록 설치할 것
> • 옥내소화전설비는 각 층을 기준으로 하여 당해 층의 모든 옥내소화전(설치개수가 5개 이상인 경우는 5개의 옥내소화전)을 동시에 사용할 경우에 각 노즐 끝부분의 방수압력이 350kPa 이상이고, 방수량이 1분당 260L 이상의 성능이 되도록 할 것

42 위험물안전관리법령의 위험물 운반에 관한 기준에서 고체위험물은 운반용기 내용적의 몇 % 이하의 수납율로 수납하여야 하는가?

① 80　　　　　② 85
③ 90　　　　　④ 95

> 고체위험물은 운반용기의 내용적의 95% 이하의 수납율로 수납할 것

43 위험물안전관리법령상 품명이 나머지 셋과 다른 하나는?

① 트라이나이트로톨루엔
② 나이트로글리세린
③ 나이트로글리콜
④ 셀룰로이드

품명	위험물	상태
질산에스터류	질산메틸 질산에틸 나이트로글리콜 나이트로글리세린	액체
	나이트로셀룰로오스 셀룰로이드	고체
나이트로화합물	트라이나이트로톨루엔 트라이나이트로페놀 다이나이트로벤젠 테트릴	고체

44 하이드라진의 지정수량은 얼마인가?

① 200kg　　　② 200L
③ 2,000kg　　④ 2,000L

> 하이드라진의 지정수량은 2,000L이다.

45 탄화칼슘을 물과 반응시키면 무슨 가스가 발생하는가? <mark>빈출</mark>

① 에탄　　　　② 에틸렌
③ 메탄　　　　④ 아세틸렌

> 탄화칼슘과 물의 반응식
> • $CaC_2 + 2H_2O \rightarrow Ca(OH)_2 + C_2H_2$
> • 탄화칼슘을 물과 반응시키면 수산화칼슘과 아세틸렌이 발생된다.

46 위험물안전관리법령에서 정의하는 "특수인화물"에 대한 설명으로 올바른 것은?

① 1기압에서 발화점이 150℃ 이상인 것
② 1기압에서 인화점이 40℃ 미만인 고체물질인 것
③ 1기압에서 인화점이 −20℃ 이하이고, 비점 40℃ 이하인 것
④ 1기압에서 인화점이 21℃ 이상, 70℃ 미만인 가연성 물질인 것

> 특수인화물이란 이황화탄소, 다이에틸에터 그 밖에 1기압에서 발화점이 섭씨 100도 이하인 것 또는 인화점이 섭씨 영하 20도 이하이고 비점이 섭씨 40도 이하인 것을 말한다.

정답　　　41 ①　42 ④　43 ①　44 ④　45 ④　46 ③

47 물과 반응하면 발열하면서 위험성이 증가하는 것은?

① 과산화칼륨
② 과망가니즈산나트륨
③ 아이오딘산칼륨
④ 과염소산칼륨

> 과산화칼륨은 물과 반응하면 산소를 발생하고 발열하여 폭발의 위험이 있기 때문에 모래, 팽창질석 등을 이용하여 질식소화한다.

48 제6류 위험물 성질로 알맞은 것은?

① 금수성 물질
② 산화성 액체
③ 산화성 고체
④ 자연발화성 물질

> 제6류 위험물은 산화성 액체이다.

49 물과 친화력이 있는 수용성 용매의 화재에 보통의 포 소화약제를 사용하면 포가 파괴되기 때문에 소화효과를 잃게 된다. 이와 같은 단점을 보완한 소화약제로 가연성인 수용성 용매의 화재에 유효한 효과를 가지고 있는 것은?

① 알코올포 소화약제
② 단백포 소화약제
③ 합성계면활성제포 소화약제
④ 수성막포 소화약제

> 알코올포 소화약제는 일반적인 포 소화약제가 수용성 용매 화재에서 포가 파괴되는 문제를 보완한 소화약제이다. 단백질 가수분해물이나 합성계면활성제에 지방산금속염, 기타 합성계면활성제 또는 고분자 겔 생성물을 첨가하여 이러한 단점을 개선하였다.

50 다음 ( ) 안에 들어갈 수치를 순서대로 바르게 나열한 것은? (단, 제4류 위험물에 적응성을 갖기 위한 살수밀도기준을 적용하는 경우를 제외한다.)

> 위험물제조소등에 설치하는 폐쇄형헤드의 스프링클러설비는 30개의 헤드를 동시에 사용할 경우에 각 끝부분의 방사압력이 ( )kPa 이상이고, 방수량이 1분당 ( )L 이상이어야 한다.

① 100, 80
② 120, 80
③ 100, 100
④ 120, 100

> 위험물제조소등에 설치하는 폐쇄형헤드의 스프링클러설비는 30개의 헤드를 동시에 사용할 경우에 각 끝부분의 방사압력이 100kPa 이상이고, 방수량이 1분당 80L 이상이어야 한다.

51 제1류 위험물이 아닌 경우?

① 과아이오딘산염류
② 퍼옥소붕산염류
③ 아이오딘의 산화물
④ 나이트로화합물

> 나이트로화합물은 제5류 위험물이다.

52 제조소등에 있어서 위험물을 저장하는 기준으로 잘못된 것은?

① 황린은 제3류 위험물이므로 물기가 없는 건조한 장소에 저장하여야 한다.
② 덩어리 상태의 황과 화약류에 해당하는 위험물은 위험물용기에 수납하지 않고 저장할 수 있다.
③ 옥내저장소에서는 용기에 수납하여 저장하는 위험물의 온도가 55℃를 넘지 아니하도록 필요한 조치를 강구하여야 한다.
④ 이동저장탱크에는 저장 또는 취급하는 위험물의 위험성을 알리는 표지를 부착하고 잘 보일 수 있도록 관리하여야 한다.

> • 황린은 자연발화의 위험성이 크므로 pH9인 물 속에 저장한다.
> • 이동저장탱크에는 저장 또는 취급하는 위험물의 위험성을 알리는 표지(유별, 품명, 최대수량 및 적재중량)를 부착하고 잘 보일 수 있도록 관리하여야 한다.

53 마그네슘분의 일반적인 성질에 대한 설명 중 틀린 것은?

① 은백색의 광택이 있는 금속이다.
② 더운 물과 반응하여 산소를 발생한다.
③ 열전도율 및 전기전도도가 큰 금속이다.
④ 황산과 반응하여 수소가스를 발생한다.

> 마그네슘은 물과 반응하여 수소를 발생한다.

정답 47 ① 48 ② 49 ① 50 ① 51 ④ 52 ① 53 ②

54 인화점이 낮은 것부터 높은 순서로 나열된 것은?

① 톨루엔 – 아세톤 – 벤젠
② 아세톤 – 톨루엔 – 벤젠
③ 톨루엔 – 벤젠 – 아세톤
④ 아세톤 – 벤젠 – 톨루엔

> • 아세톤 : -18℃
> • 벤젠 : -11℃
> • 톨루엔 : 4℃

55 위험물제조소의 위치·구조 및 설비의 기준에 대한 설명 중 틀린 것은?

① 벽·기둥·바닥·보·서까래는 내화재료로 하여야 한다.
② 제조소의 표지판은 한 변이 30cm, 다른 한 변이 60cm 이상의 크기로 한다.
③ '화기엄금'을 표시하는 게시판은 적색바탕에 백색문자로 한다.
④ 지정수량 10배를 초과한 위험물을 취급하는 제조소는 보유공지의 너비가 5m 이상이어야 한다.

> 벽, 기둥, 바닥, 보, 서까래 및 계단은 불연재료로 한다.

56 제3류 위험물이 아닌 것은?

① 마그네슘
② 나트륨
③ 칼륨
④ 칼슘

> 마그네슘은 제2류 위험물이다.

57 적재 시 일광의 직사를 피하기 위하여 차광성 있는 피복으로 가려야 하는 위험물은?

① 아세트알데하이드
② 아세톤
③ 메틸알코올
④ 아세트산

> 차광성 있는 피복으로 가려야 하는 위험물
> • 제1류 위험물
> • 제3류 위험물 중 자연발화성 물질
> • 제4류 위험물 중 특수인화물
> • 제5류 위험물
> • 제6류 위험물

58 분진폭발의 위험이 가장 낮은 것은?

① 아연분
② 시멘트
③ 밀가루
④ 커피

> 분진폭발의 원인물질로 작용할 위험성이 가장 낮은 물질은 시멘트, 모래, 석회분말 등이다.

59 물과 반응하여 수소를 발생하는 물질로 불꽃 반응 시 노란색을 나타내는 것은?

① 칼륨
② 과산화칼륨
③ 과산화나트륨
④ 나트륨

> 나트륨(Na)은 물과 반응하여 수소를 발생하며 불꽃 반응 시 노란색을 나타낸다.

60 위험물 이동저장탱크의 외부도장 색상으로 적합하지 않은 것은?

① 제2류 – 적색
② 제3류 – 청색
③ 제5류 – 황색
④ 제6류 – 회색

> 이동저장탱크의 외부도장 색상
>
> | 유별 | 1 | 2 | 3 | 5 | 6 |
> | --- | --- | --- | --- | --- | --- |
> | 색상 | 회색 | 적색 | 청색 | 황색 | 청색 |

01 다음 중 연소의 3요소를 모두 갖춘 것은?

① 휘발유 + 공기 + 수소
② 적린 + 수소 + 성냥불
③ 성냥불 + 황 + 염소산암모늄
④ 알코올 + 수소 + 염소산암모늄

> • 연소의 3요소 : 가연물, 산소공급원, 점화원
> • 성냥불 : 점화원, 황 : 가연물, 염소산암모늄 : 산소공급원

02 위험물안전관리법령상 위험등급 I의 위험물에 해당하는 것은?

① 무기과산화물
② 황화인
③ 제1석유류
④ 황

> • 무기화합물 : I등급
> • 황화인, 제1석유류, 황 : II등급

03 위험물제조소의 경우 연면적이 최소 몇 m²이면 자동화재탐지설비를 설치해야 하는가? (단, 원칙적인 경우에 한한다.)

① 100
② 300
③ 500
④ 1,000

> 제조소 및 일반취급소는 연면적이 500제곱미터 이상이면 자동화재탐지설비를 설치해야 한다.

04 제1종 분말 소화약제의 적응화재 급수는? 빈출

① A급
② BC급
③ AB급
④ ABC급

분말 소화약제의 종류

약제명	주성분	적응화재	색상
제1종	탄산수소나트륨	BC	백색
제2종	탄산수소칼륨	BC	보라색
제3종	인산암모늄	ABC	담홍색
제4종	탄산수소칼륨 + 요소	BC	회색

05 다음 물질 중 분진폭발의 위험성이 가장 낮은 것은?

① 밀가루
② 알루미늄분말
③ 모래
④ 석탄

> 분진폭발의 위험성이 가장 낮은 물질은 시멘트, 모래, 석회분말 등이다.

06 소화설비의 기준에서 이산화탄소 소화설비가 적응성이 있는 대상물은?

① 알칼리금속과산화물
② 철분
③ 인화성 고체
④ 제3류 위험물의 금수성 물질

> 이산화탄소 소화설비는 제2류 위험물 중 철분에는 적응성이 없고 인화성 고체에는 적응성이 있다.

07 다음 중 물이 소화약제로 쓰이는 이유로 가장 거리가 먼 것은?

① 쉽게 구할 수 있다.
② 제거소화가 잘 된다.
③ 취급이 간편하다.
④ 기화잠열이 크다.

> 물이 소화약제로 사용되는 이유는 가격이 싸고, 쉽게 구할 수 있으며, 열 흡수가 매우 크고 사용방법이 비교적 간단하기 때문이다.

정답 01 ③ 02 ① 03 ③ 04 ② 05 ③ 06 ③ 07 ②

08 1몰의 이황화탄소와 고온의 물이 반응하여 생성되는 독성 기체물질의 부피는 표준상태에서 얼마인가?

① 22.4L　　　② 44.8L
③ 67.2L　　　④ 134.4L

- 화학반응식 : $CS_2 + 2H_2O \rightarrow CO_2 + 2H_2S$
- 이황화탄소는 물과 반응하여 1mol의 이산화탄소와 유독한 기체인 2mol의 황화수소 발생
- 표준상태에서 기체는 1mol당 22.4L
- ∴ 반응 시 생성물 = 2mol × 22.4L = 44.8L

09 위험물안전관리법령의 소화설비 설치기준에 의하면 옥외소화전설비의 수원의 수량은 옥외소화전 설치개수(설치개수가 4 이상인 경우에는 4)에 몇 m³을 곱한 양 이상이 되도록 하여야 하는가?

① 7.5m³　　　② 13.5m³
③ 20.5m³　　　④ 25.5m³

소화설비 설치기준에 따른 수원의 수량
- 옥내소화전 = 설치개수(최대 5개) × 7.8m³
- 옥외소화전 = 설치개수(최대 4개) × 13.5m³

10 화재종류 중 금속화재에 해당하는 것은?

① A급　　　② B급
③ C급　　　④ D급

화재의 종류		
급수	화재(명칭)	색상
A	일반	백색
B	유류	황색
C	전기	청색
D	금속	무색

11 정전기로 인한 재해 방지대책 중 틀린 것은?

① 접지를 한다.
② 실내를 건조하게 유지한다.
③ 공기 중의 상대습도를 70% 이상으로 유지한다.
④ 공기를 이온화한다.

정전기 방지대책
- 접지에 의한 방법
- 공기를 이온화함
- 공기 중의 상대습도를 70% 이상으로 유지
- 위험물이 느린 유속으로 흐를 때

12 액화 이산화탄소 1kg이 25℃, 2atm에서 방출되어 모두 기체가 되었다. 방출된 기체상의 이산화탄소 부피는 약 몇 L인가?

① 278　　　② 556
③ 1,111　　　④ 1,985

- $PV = \dfrac{wRT}{M}$
- $V = \dfrac{wRT}{PM}$

$$= \frac{1,000 \times 0.082 \times 298}{2 \times 44} = 277.681L$$

P = 압력, V = 부피, w = 질량, M = 분자량, R = 기체상수(0.082를 곱한다), T = 절대온도(℃를 환산하기 위해 273을 더한다)

13 이산화탄소의 특성에 대한 설명으로 옳지 않은 것은?

① 전기전도성이 우수하다.
② 냉각, 압축에 의하여 액화된다.
③ 과량 존재 시 질식할 수 있다.
④ 상온, 상압에서 무색, 무취의 불연성 기체이다.

이산화탄소는 전기부도체이다.

정답　08 ②　09 ②　10 ④　11 ②　12 ①　13 ①

14 지정수량의 몇 배 이상의 위험물을 취급하는 제조소에는 화재 발생 시 이를 알릴 수 있는 경보설비를 설치하여야 하는가?

① 5
② 10
③ 20
④ 100

> 지정수량의 10배 이상의 위험물을 저장 또는 취급하는 제조소등(이동탱크저장소를 제외한다)에는 화재발생 시 이를 알릴 수 있는 경보설비를 설치하여야 한다.

15 화재 시 이산화탄소를 방출하여 산소의 농도를 13vol%로 낮추어 소화를 하려면 공기 중의 이산화탄소는 몇 vol%가 되어야 하는가? ✖빈출

① 28.1
② 38.1
③ 42.86
④ 48.36

> 이산화탄소 소화농도
> $$\frac{21 - O_2}{21} \times 100$$
> $$= \frac{21 - 13}{21} \times 100 = 38.1\text{vol%}$$

16 다음 위험물의 화재 시 물에 의한 소화방법이 가장 부적합한 것은? ✖빈출

① 황린
② 적린
③ 마그네슘분
④ 황분

> 마그네슘은 물과 반응하면 수소기체와 수산화마그네슘을 생성하므로 물에 의한 소화가 금지된다.

17 위험물제조소 내의 위험물을 취급하는 배관에 대한 설명으로 옳지 않은 것은?

① 배관을 지하에 매설하는 경우 접합부분에는 점검구를 설치하여야 한다.
② 배관을 지하에 매설하는 경우 금속성 배관의 외면에는 부식 방지 조치를 하여야 한다.
③ 최대상용압력의 1.5배 이상의 압력으로 수압시험을 실시하여 이상이 없어야 한다.
④ 배관을 지상에 설치하는 경우에는 안전한 구조의 지지물로 지면에 밀착하여 설치하여야 한다.

> 배관을 지상에 설치하는 경우 안전한 구조의 지지물로 지면에 닿지 않도록 설치하여야 한다.

18 건축물의 1층 및 2층 부분만을 방사능력범위로 하고 지하층 및 3층 이상의 층에 대하여 다른 소화설비를 설치해야 하는 소화설비는?

① 스프링클러설비
② 포 소화설비
③ 옥외소화전설비
④ 물분무 소화설비

> 옥외소화전설비
> 건축물의 1층 및 2층 부분만을 방사능력범위로 하고 건축물의 지하층 및 3층 이상의 층에 대하여 다른 소화설비를 설치할 것. 또한 옥외소화전설비를 옥외 공작물에 대한 소화설비로 하는 경우에도 유효방수거리 등을 고려한 방사능력범위에 따라 설치할 것

19 나이트로셀룰로오스 화재 시 가장 적합한 소화방법은?

① 할로겐화합물 소화기를 사용한다.
② 분말소화기를 사용한다.
③ 이산화탄소 소화기를 사용한다.
④ 다량의 물을 사용한다.

> 나이트로셀룰로오스는 저장 시 열원, 충격, 마찰 등을 피하고 물 또는 알코올 등을 첨가하여 냉암소에 저장하여야 하며 이때 안전한 저장을 위해 에탄올에 보관한다. 화재 시에는 다량의 물을 사용한다.

정답   14 ②   15 ②   16 ③   17 ④   18 ③   19 ④

20 다음 중 강화액 소화약제의 주성분에 해당하는 것은?

① K_2CO_3　　　　② K_2O_2
③ CaO_2　　　　④ $KBrO_3$

> 강화액 소화약제는 물에 중탄산칼륨염, 방청제 및 안정제 등을 첨가하여 −20℃에서도 응고하지 않도록 하며 물의 침투능력을 배가시킨 소화약제이다.

21 알루미늄분의 성질에 대한 설명으로 옳은 것은?

① 금속 중에서 연소열량이 가장 작다.
② 끓는 물과 반응해서 수소를 발생한다.
③ 산화나트륨 수용액과 반응해서 산소를 발생한다.
④ 안전한 저장을 위해 할로겐 원소와 혼합한다.

> 알루미늄분은 물과 반응하여 수소를 발생하며 폭발한다.

22 에틸알코올의 증기비중은 약 얼마인가?

① 0.72　　　　② 0.91
③ 1.13　　　　④ 1.59

> • 증기비중 = $\dfrac{분자량}{29(공기의\ 평균분자량)}$
> • 에틸알코올(C_2H_5OH) 분자량 = (12 × 2) + (1 × 6) + 16
> 　　　　　　　　　　　= 46g/mol
> • 에틸알코올 증기비중 = $\dfrac{분자량}{29(공기의\ 평균분자량)}$ = $\dfrac{46}{29}$ = 1.59

23 아조화합물 800kg, 하이드록실아민 300kg, 유기과산화물 40kg의 총 양은 지정수량의 몇 배에 해당하는가? 빈출

① 7배　　　　② 9배
③ 10배　　　　④ 15배

> • 아조화합물의 지정수량 : 100kg
> • 하이드록실아민의 지정수량 : 100kg
> • 유기과산화물의 지정수량 : 10kg
> ∴ 지정수량 = $\dfrac{800}{100}$ + $\dfrac{300}{100}$ + $\dfrac{40}{10}$ = 15

24 위험물안전관리법령상 행정안전부령으로 정하는 제1류 위험물에 해당하지 않는 것은?

① 과아이오딘산
② 질산구아니딘
③ 차아염소산염류
④ 염소화아이소사이아누르산

> 질산구아니딘은 제5류 위험물이다.

25 흑색화약의 원료로 사용되는 위험물의 유별을 옳게 나타낸 것은?

① 제1류, 제2류　　　　② 제1류, 제4류
③ 제2류, 제4류　　　　④ 제4류, 제5류

> 흑색화약의 원료는 질산칼륨(1류), 숯, 황(2류)이다.

26 위험물제조소에 설치하는 안전장치 중 위험물의 성질에 따라 안전밸브의 작동이 곤란한 가압설비에 한하여 설치하는 것은?

① 파괴판
② 안전밸브를 겸하는 경보장치
③ 감압 측에 안전밸브를 부착한 감압밸브
④ 연성계

> 파괴판은 위험물의 성질에 따라 안전밸브의 작동이 곤란한 가압설비에 한하여 설치하여야 한다.

정답　20 ①　21 ②　22 ④　23 ④　24 ②　25 ①　26 ①

27 위험물안전관리법령상 제3류 위험물에 속하는 담황색의 고체로서 물 속에 보관해야 하는 것은?

① 황린
② 적린
③ 황
④ 나이트로글리세린

> 황린은 제3류 위험물에 속하는 담황색의 고체로서 자연발화의 위험성이 크므로 물 속에 저장한다.

28 액체위험물을 운반용기에 수납할 때 내용적의 몇 % 이하의 수납율로 수납하여야 하는가?

① 95
② 96
③ 97
④ 98

> 액체위험물은 운반용기 내용적의 98% 이하의 수납율로 수납한다.

29 과산화수소의 운반용기 외부에 표시하여야 하는 주의사항은? ✔빈출

① 화기주의
② 충격주의
③ 물기엄금
④ 가연물접촉주의

> 과산화수소는 제6류 위험물로 운반용기 외부에 "가연물접촉주의"를 표시한다.

30 위험물제조소에서 "브로민산나트륨 300kg, 과산화나트륨 150kg, 다이크로뮴산나트륨 500kg"의 위험물을 취급하고 있는 경우 각각의 지정수량 배수의 총합은 얼마인가? ✔빈출

① 3.5
② 4.0
③ 4.5
④ 5.0

> • 브로민산나트륨(1류)의 지정수량 : 300kg
> • 과산화나트륨(1류)의 지정수량 : 50kg
> • 다이크로뮴산나트륨(1류)의 지정수량 : 1,000kg
> ∴ 지정수량 = $\frac{300}{300} + \frac{150}{50} + \frac{500}{1,000}$ = 4.5

31 오황화인과 칠황화인이 물과 반응했을 때 공통으로 나오는 물질은?

① 이산화황
② 황화수소
③ 인화수소
④ 삼산화황

> 오황화인과 칠황화인은 물과 반응 시 황화수소를 생성한다.

32 제3류 위험물에 대한 설명으로 옳지 않은 것은? ✔빈출

① 황린은 공기 중에 노출되면 자연발화하므로 물 속에 저장하여야 한다.
② 나트륨은 물보다 무거우며 석유 등의 보호액 속에 저장하여야 한다.
③ 트라이에틸알루미늄은 상온에서 액체 상태로 존재한다.
④ 인화칼슘은 물과 반응하여 유독성의 포스핀을 발생한다.

> 금속나트륨은 물보다 가벼우며 공기와의 접촉을 막기 위해 경유, 등유 등의 산소가 함유되지 않은 보호액(석유류)에 저장한다.

33 위험물의 운반 시 혼재가 가능한 것은? (단, 지정수량 10배의 위험물인 경우이다.) ✔빈출

① 제1류 위험물과 제2류 위험물
② 제2류 위험물과 제3류 위험물
③ 제4류 위험물과 제5류 위험물
④ 제5류 위험물과 제6류 위험물

유별을 달리하는 위험물 혼재기준			
1	6		혼재 가능
2	5	4	혼재 가능
3	4		혼재 가능

정답 27 ① 28 ④ 29 ④ 30 ③ 31 ② 32 ② 33 ③

34 다음 위험물 중 착화온도가 가장 낮은 것은?

① 이황화탄소
② 다이에틸에터
③ 아세톤
④ 아세트알데하이드

- 이황화탄소 : 약 90℃
- 다이에틸에터 : 약 160℃
- 아세톤 : 약 465℃
- 아세트알데하이드 : 약 175℃

35 휘발유를 저장하던 이동저장탱크에 등유나 경유를 탱크 상부로부터 주입할 때 액표면이 일정 높이가 될 때까지 위험물의 주입관 내의 유속을 몇 m/s 이하로 하여야 하는가?

① 1
② 2
③ 3
④ 5

휘발유를 저장하던 이동저장탱크에 등유나 경유를 저장할 때 이동저장탱크의 상부로부터 위험물을 주입할 때에는 위험물의 액표면이 주입관의 끝부분을 넘는 높이가 될 때까지 그 주입관 내의 유속을 초당 1m 이하로 할 것

36 질산이 공기 중에서 분해되어 발생하는 유독한 갈색증기의 분자량은?

① 16
② 40
③ 46
④ 71

- 질산의 분해 반응식 : $4HNO_3 \rightarrow 2H_2O + 4NO_2 + O_2$
- NO_2 분자량 $= 14 + (16 \times 2) = 46$

37 염소산나트륨의 성상에 대한 설명으로 옳지 않은 것은?

① 자신은 불연성 물질이지만 강한 산화제이다.
② 유리를 녹이므로 철제용기에 저장한다.
③ 열분해하여 산소를 발생한다.
④ 산과 반응하면 유독성의 이산화염소를 발생한다.

염소산나트륨은 철제를 부식시키므로 철제용기의 사용을 피한다.

38 다음 ( ) 안에 알맞은 수치를 차례대로 옳게 나열한 것은?

위험물암반탱크의 공간용적은 당해 탱크 내에 용출하는 ( )일간의 지하수 양에 상당하는 용적과 당해 탱크 내용적의 100분의 ( )의 용적 중에서 보다 큰 용적을 공간용적으로 한다.

① 1, 1
② 7, 1
③ 1, 5
④ 7, 5

위험물암반탱크의 공간용적은 당해 탱크 내에 용출하는 7일간의 지하수 양에 상당하는 용적과 당해 탱크 내용적의 100분의 1의 용적 중에서 보다 큰 용적을 공간용적으로 한다.

39 지정수량 20배 이상의 제1류 위험물을 저장하는 옥내저장소에서 내화구조로 하지 않아도 되는 것은? (단, 원칙적인 경우에 한한다.)

① 바닥
② 보
③ 기둥
④ 벽

- 벽, 기둥 및 바닥 : 내화구조
- 보, 서까래 : 불연재료

40 주유취급소에서 자동차 등에 위험물을 주유할 때에 자동차 등의 원동기를 정지시켜야 하는 위험물의 인화점 기준은? (단, 연료탱크에 위험물을 주유하는 동안 방출되는 가연성 증기를 회수하는 설비가 부착되지 않은 고정주유설비에 의하여 주유하는 경우이다.)

① 20℃ 미만
② 30℃ 미만
③ 40℃ 미만
④ 50℃ 미만

주유취급소에서 자동차 등에 인화점 40℃ 미만의 위험물을 주유할 때에는 자동차 등의 원동기를 정지시켜야 한다.

정답 34 ① 35 ① 36 ③ 37 ② 38 ② 39 ② 40 ③

41 다음 중 물과 접촉하면 열과 산소가 발생하는 것은?

① $NaClO_2$
② $NaClO_3$
③ $KMnO_4$
④ Na_2O_2

> 과산화나트륨과 물의 반응식
> • $2Na_2O_2 + 2H_2O \rightarrow 4NaOH + O_2 + 발열$
> • 과산화나트륨은 물과 반응하면 수산화나트륨과 산소 및 열이 발생한다.

42 알킬알루미늄등 또는 아세트알데하이드등을 취급하는 제조소의 특례기준으로서 옳은 것은?

① 알킬알루미늄등을 취급하는 설비에는 불활성 기체 또는 수증기를 봉입하는 장치를 설치한다.
② 알킬알루미늄등을 취급하는 설비는 은·수은·동·마그네슘을 성분으로 하는 것으로 만들지 않는다.
③ 아세트알데하이드등을 취급하는 탱크에는 냉각장치 또는 보냉장치 및 불활성 기체 봉입장치를 설치한다.
④ 아세트알데하이드등을 취급하는 설비의 주위에는 누설범위를 국한하기 위한 설비와 누설되었을 때 안정한 장소에 설치된 저장실에 유입시킬 수 있는 설비를 갖춘다.

> • 알킬알루미늄등을 취급하는 제조소의 특례
> – 알킬알루미늄등을 취급하는 설비의 주위에는 누설범위를 국한하기 위한 설비와 누설된 알킬알루미늄등을 안전한 장소에 설치된 저장실에 유입시킬 수 있는 설비를 갖출 것
> – 알킬알루미늄등을 취급하는 설비에는 불활성 기체를 봉입하는 장치를 갖출 것
> • 아세트알데하이드등을 취급하는 제조소의 특례
> – 아세트알데하이드등을 취급하는 설비는 은, 수은, 동, 마그네슘 또는 이들을 성분으로 하는 합금으로 만들지 아니할 것
> – 아세트알데하이드등을 취급하는 설비에는 연소성 혼합기체의 생성에 의한 폭발을 방지하기 위한 불활성 기체 또는 수증기를 봉입하는 장치를 갖출 것
> – 아세트알데하이드등을 취급하는 탱크(옥외에 있는 탱크 또는 옥내에 있는 탱크로서 그 용량이 지정수량의 5분의 1 미만의 것을 제외한다)에는 냉각장치 또는 저온을 유지하기 위한 장치(보냉장치) 및 연소성 혼합기체의 생성에 의한 폭발을 방지하기 위한 불활성 기체를 봉입하는 장치를 갖출 것. 다만, 지하에 있는 탱크가 아세트알데하이드등의 온도를 저온으로 유지할 수 있는 구조인 경우에는 냉각장치 및 보냉장치를 갖추지 아니할 수 있다.

43 과산화나트륨에 대한 설명 중 틀린 것은?

① 순수한 것은 백색이다.
② 상온에서 물과 반응하여 수소가스를 발생한다.
③ 화재 발생 시 주수소화는 위험할 수 있다.
④ CO 및 CO_2 제거제를 제조할 때 사용된다.

> 과산화나트륨은 물과 반응하면 수산화나트륨과 산소를 발생한다.

44 그림의 원통형 종으로 설치된 탱크에서 공간용적을 내용적의 10%라고 하면 탱크용량(허가용량)은 약 얼마인가? ★빈출

① 113.04
② 124.34
③ 129.06
④ 138.16

> 위험물저장탱크의 내용적
> $V = \pi r^2 l (1 - 공간용적)$
> $= 3.14 \times 2^2 \times 10 \times (1 - 0.1) = 113.04 m^3$

45 0.99atm, 55℃에서 이산화탄소의 밀도는 약 몇 g/L인가?

① 0.62   ② 1.62
③ 9.65   ④ 12.65

- $PV = \dfrac{wRT}{M}$

- $\dfrac{w}{V} = \dfrac{PM}{RT}$

$$= \dfrac{0.99 \times 44}{0.082 \times 328} = 1.619\,g/L$$

P = 압력, V = 부피, w = 질량, M = 분자량, R = 기체상수(0.082를 곱한다), T = 절대온도(℃를 환산하기 위해 273을 더한다)

46 제2석유류에 해당하는 물질로만 짝지어진 것은?

① 등유, 경유   ② 등유, 중유
③ 글리세린, 기계유   ④ 글리세린, 장뇌유

제2석유류 종류에는 등유, 경유, 크실렌, 클로로벤젠 등이 있다.

47 다음 중 지정수량이 나머지 셋과 다른 물질은?

① 황화인   ② 적린
③ 칼슘   ④ 황

- 황화인, 적린, 황의 지정수량 : 100kg
- 칼슘의 지정수량 : 50kg

48 금속나트륨, 금속칼륨 등을 보호액 속에 저장하는 이유를 가장 옳게 설명한 것은?

① 온도를 낮추기 위하여
② 승화하는 것을 막기 위하여
③ 공기와의 접촉을 막기 위하여
④ 운반 시 충격을 적게 하기 위하여

금속나트륨과 금속칼륨은 공기와의 접촉을 막기 위해 석유, 등유 등의 산소가 함유되지 않은 보호액(석유류)에 저장한다.

49 다음 중 질산에스터류에 속하는 것은?

① 피크린산
② 나이트로벤젠
③ 나이트로글리세린
④ 트라이나이트로톨루엔

품명	위험물	상태
질산에스터류	질산메틸 질산에틸 나이트로글리콜 나이트로글리세린	액체
	나이트로셀룰로오스 셀룰로이드	고체
나이트로화합물	트라이나이트로톨루엔 트라이나이트로페놀 다이나이트로벤젠 테트릴	고체

50 위험물안전관리법령상 위험물제조소의 옥외에 있는 하나의 액체위험물 취급탱크 주위에 설치하는 방유제의 용량은 해당 탱크용량의 몇 % 이상으로 하여야 하는가?

① 50%   ② 60%
③ 100%   ④ 110%

위험물제조소의 옥외에 있는 위험물취급탱크
하나의 취급탱크 주위에 설치하는 방유제의 용량은 당해 탱크용량의 50% 이상으로 하고, 2 이상의 취급탱크 주위에 하나의 방유제를 설치하는 경우 그 방유제의 용량은 당해 탱크 중 용량이 최대인 것의 50%에 나머지 탱크용량 합계의 10%를 가산한 양 이상이 되게 해야 한다.

정답   45 ②   46 ①   47 ③   48 ③   49 ③   50 ①

51 정기점검대상 제조소등에 해당하지 않는 것은?

① 이동탱크저장소
② 지정수량 120배의 위험물을 저장하는 옥외저장소
③ 지정수량 120배의 위험물을 저장하는 옥내저장소
④ 이송취급소

> 정기점검대상 제조소등
> • 지정수량 10배 이상의 위험물을 취급하는 제조소
> • 지정수량 100배 이상의 위험물을 저장하는 옥외저장소
> • 지정수량 150배 이상의 위험물을 저장하는 옥내저장소
> • 지정수량 200배 이상의 위험물을 저장하는 옥외탱크저장소
> • 암반탱크저장소
> • 이송취급소
> • 지정수량 10배 이상의 위험물을 취급하는 일반취급소
> • 지하탱크저장소
> • 이동탱크저장소
> • 위험물을 취급하는 탱크로서 지하에 매설된 탱크가 있는 제조소
>   · 주유취급소 또는 일반취급소

52 위험물안전관리법상 위험물에 해당하는 것은?

① 아황산
② 비중이 1.41인 질산
③ 53마이크로미터의 표준체를 통과하는 것이 50중량퍼센트 이상인 철의 분말
④ 농도가 15중량퍼센트인 과산화수소

> "철분"이라 함은 철의 분말로서 53마이크로미터의 표준체를 통과하는 것이 50중량퍼센트 미만인 것은 제외한다.

53 위험물과 그 위험물이 물과 반응하여 발생하는 가스를 잘못 연결한 것은? ✓빈출

① 탄화알루미늄 – 메탄
② 탄화칼슘 – 아세틸렌
③ 인화칼슘 – 에탄
④ 수소화칼슘 – 수소

> 인화칼슘과 물의 반응식
> • $Ca_3P_2 + 6H_2O \rightarrow 3Ca(OH)_2 + 2PH_3$
> • 인화칼슘은 물과 반응하여 수산화칼슘과 포스핀가스를 발생한다.

54 위험물의 운반에 관한 기준에 따르면 아세톤의 위험등급은 얼마인가?

① 위험등급 Ⅰ
② 위험등급 Ⅱ
③ 위험등급 Ⅲ
④ 위험등급 Ⅳ

> 아세톤의 위험등급은 Ⅱ이다.

55 위험물안전관리법령상 위험물제조소등에 자체소방대를 두어야 할 대상으로 옳은 것은?

① 지정수량 300배 이상의 제4류 위험물을 취급하는 저장소
② 지정수량 300배 이상의 제4류 위험물을 취급하는 제조소
③ 지정수량 3,000배 이상의 제4류 위험물을 취급하는 저장소
④ 지정수량 3,000배 이상의 제4류 위험물을 취급하는 제조소

> 위험물안전관리법령상 자체소방대를 설치해야 하는 사업소
> • 제조소 또는 일반취급소에서 취급하는 제4류 위험물의 최대수량의 합이 지정수량의 3천배 이상인 경우(다만, 보일러로 위험물을 소비하는 일반취급소 등 행정안전부령으로 정하는 일반취급소는 제외한다)
> • 옥외탱크저장소에 저장하는 제4류 위험물의 최대수량이 지정수량의 50만배 이상인 경우

56 다음은 위험물안전관리법령에서 정한 정의이다. 무엇의 정의인가?

> 인화성 또는 발화성 등의 성질을 가지는 것으로서 대통령령이 정하는 물품을 말한다.

① 위험물
② 가연물
③ 특수인화물
④ 제4류 위험물

> 위험물관리법령상 위험물은 인화성 또는 발화성 등의 성질을 가지는 것으로서 대통령령이 정하는 물품을 말한다.

정답　　51 ③　52 ③　53 ③　54 ②　55 ④　56 ①

57 알칼리금속과산화물에 적응성이 있는 소화설비는?

① 할로겐화합물 소화설비
② 탄산수소염류 분말 소화설비
③ 물분무 소화설비
④ 스프링클러설비

> 알칼리금속과산화물은 주수소화를 금지하고, 마른모래·탄산수소염류 분말·팽창질석·팽창진주암 등으로 질식소화한다.

58 저장 또는 취급하는 위험물의 최대수량이 지정수량의 500배 이하일 때 옥외저장탱크의 측면으로부터 몇 m 이상의 보유공지를 유지하여야 하는가? (단, 제6류 위험물은 제외한다.)

① 1   ② 2
③ 3   ④ 4

옥외저장탱크의 보유공지	
저장 또는 취급하는 위험물의 최대수량	공지의 너비
지정수량의 500배 이하	3m 이상
지정수량의 500배 초과 1,000배 이하	5m 이상
지정수량의 1,000배 초과 2,000배 이하	9m 이상
지정수량의 2,000배 초과 3,000배 이하	12m 이상
지정수량의 3,000배 초과 4,000배 이하	15m 이상

59 다음 중 발화점이 가장 낮은 것은?

① 이황화탄소   ② 산화프로필렌
③ 휘발유   ④ 메탄올

> • 이황화탄소 : 90℃
> • 산화프로필렌 : 449℃
> • 휘발유 : 280~456℃
> • 메탄올 : 약 470℃

60 다음 중 옥내저장소의 동일한 실에 서로 1m 이상의 간격을 두고 저장할 수 없는 것은? 빈출

① 제1류 위험물과 제3류 위험물 중 자연발화성 물질(황린 또는 이를 함유한 것에 한한다)
② 제4류 위험물과 제2류 위험물 중 인화성 고체
③ 제1류 위험물과 제4류 위험물
④ 제1류 위험물과 제6류 위험물

> 유별을 달리하더라도 1m 이상 간격을 둘 때 저장 가능한 경우
> • 제1류 위험물(알칼리금속의 과산화물 또는 이를 함유한 것을 제외한다)과 제5류 위험물을 저장하는 경우
> • 제1류 위험물과 제6류 위험물을 저장하는 경우
> • 제1류 위험물과 제3류 위험물 중 자연발화성 물질(황린 또는 이를 함유한 것에 한한다)을 저장하는 경우
> • 제2류 위험물 중 인화성 고체와 제4류 위험물을 저장하는 경우
> • 제3류 위험물 중 알킬알루미늄등과 제4류 위험물(알킬알루미늄 또는 알킬리튬을 함유한 것에 한한다)을 저장하는 경우
> • 제4류 위험물 중 유기과산화물 또는 이를 함유하는 것과 제5류 위험물 중 유기과산화물 또는 이를 함유한 것을 저장하는 경우

01 과산화리튬의 화재현장에서 주수소화가 불가능한 이유는?

① 수소가 발생하기 때문에
② 산소가 발생하기 때문에
③ 이산화탄소가 발생하기 때문에
④ 일산화탄소가 발생하기 때문에

과산화리튬은 물과 반응하여 산소를 발생하며 폭발의 위험이 있기 때문에 주수소화를 하면 안 된다.

02 전기화재의 급수와 표시색상을 옳게 나타낸 것은? ★빈출

① C급 - 백색
② D급 - 백색
③ C급 - 청색
④ D급 - 청색

화재의 종류		
급수	화재	색상
A	일반	백색
B	유류	황색
C	전기	청색
D	금속	무색

03 위험물제조소등에 설치하는 이산화탄소 소화설비의 소화약제 저장용기 설치장소로 적합하지 않은 곳은?

① 방호구역 외의 장소
② 온도가 40℃ 이하이고 온도변화가 작은 장소
③ 빗물이 침투할 우려가 없는 장소
④ 직사일광이 잘 들어오는 장소

위험물제조소등에 설치하는 이산화탄소 소화설비의 소화약제 저장용기는 직사광선 및 빗물이 침투할 우려가 없는 곳에 설치해야 한다.

04 다음 중 수소, 아세틸렌과 같은 가연성 가스가 공기 중 누출되어 연소하는 형식에 가장 가까운 것은?

① 확산연소
② 증발연소
③ 분해연소
④ 표면연소

확산연소란 연소버너 주변에 가연성 가스를 확산시켜 산소와 혼합하고, 연소 가능한 혼합가스를 생성하여 연소하는 현상이다.

05 할로겐화합물 소화약제 중 할론 2402의 화학식은?

① $C_2Br_4F_2$
② $C_7Cl_4F_2$
③ $C_2Cl_4Br_2$
④ $C_2F_4Br_2$

할론넘버는 C, F, Cl, Br 순으로 매긴다.
→ 할론 2402 = $C_2F_4Br_2$

06 위험물제조소등에 설치하여야 하는 자동화재탐지설비의 설치기준에 대한 설명 중 틀린 것은?

① 자동화재탐지설비의 경계구역은 건축물 그 밖의 공작물의 2 이상의 층에 걸치도록 할 것
② 하나의 경계구역에서 그 한 변의 길이는 50m(광전식 분리형 감지기를 설치할 경우에는 100m) 이하로 할 것
③ 자동화재탐지설비의 감지기는 지붕 또는 벽의 옥내에 면한 부분에 유효하게 화재의 발생을 감지할 수 있도록 설치할 것
④ 자동화재탐지설비에는 비상전원을 설치할 것

하나의 경계구역이 2개 이상의 층에 미치지 아니하도록 할 것. 다만, 면적이 500m² 이하의 범위 내에는 2개의 층을 하나의 경계구역으로 할 수 있다.

정답 01 ② 02 ③ 03 ④ 04 ① 05 ④ 06 ①

07 제1종, 제2종, 제3종 분말 소화약제의 주성분에 해당하지 않는 것은?

① 탄산수소나트륨
② 황산마그네슘
③ 탄산수소칼륨
④ 인산암모늄

분말 소화약제의 종류			
약제명	주성분	적응화재	색상
제1종	탄산수소나트륨	BC	백색
제2종	탄산수소칼륨	BC	보라색
제3종	인산암모늄	ABC	담홍색
제4종	탄산수소칼륨 + 요소	BC	회색

08 그림과 같이 횡으로 설치한 원통형 위험물탱크에 대하여 탱크의 용량을 구하면 약 몇 m³인가? (단, 공간용적은 탱크 내 용적의 100분의 5로 한다.)

① 52.4
② 261.6
③ 994.8
④ 1,047.2

위험물저장탱크의 내용적

$$V = \pi r^2 \times (1 + \frac{l_1 + l_2}{3})(1 - 공간용적)$$

$$= 원의 \ 면적 \times (가운데 \ 체적길이 + \frac{양끝 \ 체적길이의 \ 합}{3})$$
$$(1 - 공간용적)$$

$$= 3.14 \times 5^2 \times (10 + \frac{10}{3})(1 - 0.05) = 994.8m^3$$

09 위험물제조소의 경우 연면적이 최소 몇 m²이면 자동화재탐지설비를 설치해야 하는가? (단, 원칙적인 경우에 한한다.)

① 100
② 300
③ 500
④ 1,000

제조소 및 일반취급소는 연면적이 500제곱미터 이상이면 자동화재탐지설비를 설치해야 한다.

10 위험물안전관리법령상 제6류 위험물에 적응성이 없는 것은?

① 스프링클러설비
② 포 소화설비
③ 불활성 가스 소화설비
④ 물분무 소화설비

제6류 위험물의 특징
• 마른모래, 이산화탄소를 이용한 질식소화가 효과적이다.
• 옥내소화전설비, 옥외소화전설비, 스프링클러설비, 물분무 소화설비, 포 소화설비, 인산염류분말 소화설비 등에 적응성이 있다.

11 메틸알코올 8,000리터에 대한 소화능력으로 삽을 포함한 마른모래를 몇 리터 설치하여야 하는가?

① 100
② 200
③ 300
④ 400

소화설비의 능력단위		
소화설비	용량(L)	능력단위
소화전용물통	8	0.3
수조(물통 3개 포함)	80	1.5
수조(물통 6개 포함)	190	2.5
마른모래(삽 1개 포함)	50	0.5
팽창질석·팽창진주암(삽 1개 포함)	160	1.0

• 메틸알코올의 지정수량 : 400L
• 1소요단위 = 10 × 지정수량 = 4,000L
• $\frac{8,000L}{4,000L} = 2$
• 0.5x = 2이므로 x = 4이다.
• 마른모래 소요단위는 4 × 50L = 200L이다.

정답   07 ②   08 ③   09 ③   10 ③   11 ②

12 위험물안전관리법령상 위험물의 운반에 관한 기준에서 적재 시 혼재가 가능한 위험물을 옳게 나타낸 것은? (단, 각각 지정수량의 10배 이상인 경우이다.) 🛩️빈출

① 제1류와 제4류　　② 제3류와 제6류
③ 제1류와 제5류　　④ 제2류와 제4류

유별을 달리하는 위험물 혼재기준

1	6		혼재 가능
2	5	4	혼재 가능
3	4		혼재 가능

13 플래시오버(flash over)에 관한 설명이 아닌 것은?

① 실내화재에서 발생하는 현상
② 순간적인 연소 확대 현상
③ 발생시점은 초기에서 성장기로 넘어가는 분기점
④ 화재로 인하여 온도가 급격히 상승하여 화재가 순간적으로 실내 전체에 확산되어 연소되는 현상

플래시오버의 발생시점은 성장기에서 최성기로 넘어가는 분기점이다.

14 화재 시 이산화탄소를 방출하여 산소의 농도를 13vol%로 낮추어 소화를 하려면 공기 중의 이산화탄소는 몇 vol%가 되어야 하는가? 🛩️빈출

① 28.1　　　　② 38.1
③ 42.86　　　④ 48.36

이산화탄소 소화농도

$$\frac{21 - O_2}{21} \times 100$$

$$= \frac{21 - 13}{21} \times 100 = 38.1vol\%$$

15 위험물안전관리법령상 옥내소화전설비의 비상전원은 몇 분 이상 작동할 수 있어야 하는가?

① 45분　　　　② 30분
③ 20분　　　　④ 10분

옥내소화전설비의 비상전원은 45분 이상 작동할 수 있어야 한다.

16 전기설비에 적응성이 없는 소화설비는?

① 이산화탄소 소화설비　　② 물분무 소화설비
③ 포 소화설비　　　　　　④ 할로겐화합물 소화기

포 소화설비는 전도성이 크므로 전기설비에 적응성이 없다.

17 위험물을 취급함에 있어서 정전기를 유효하게 제거하기 위한 설비를 설치하고자 한다. 위험물안전관리법령상 공기 중의 상대습도를 몇 % 이상 되게 하여야 하는가? 🛩️빈출

① 50　　　　② 60
③ 70　　　　④ 80

정전기를 유효하게 제거하기 위해서는 상대습도를 70% 이상 되게 하여야 한다.

18 위험물안전관리법령에 따라 다음 ( ) 안에 들어갈 알맞은 용어는? 🛩️빈출

주유취급소 중 건축물의 2층 이상의 부분을 점포, 휴게음식점 또는 전시장의 용도로 사용하는 것에 있어서는 당해 건축물의 2층 이상으로부터 주유취급소의 부지 밖으로 통하는 출입구와 당해 출입구로 통하는 통로·계단 및 출입구에 ( )을(를) 설치하여야 한다.

① 피난사다리　　② 경보기
③ 유도등　　　　④ CCTV

주유취급소 중 건축물의 2층 이상의 부분을 점포, 휴게음식점 또는 전시장의 용도로 사용하는 것에 있어 해당 건축물의 2층 이상으로부터 직접 주유취급소의 부지 밖으로 통하는 출입구와 해당 출입구로 통하는 통로·계단에 설치하여야 하는 것은 유도등이다.

정답 12④ 13③ 14② 15① 16③ 17③ 18③

19 스프링클러설비의 장점이 아닌 것은?

① 화재의 초기 진압에 효율적이다.
② 사용 약제를 쉽게 구할 수 있다.
③ 자동으로 화재를 감지하고 소화할 수 있다.
④ 다른 소화설비보다 구조가 간단하고 시설비가 적다.

> 스프링클러설비는 초기시설비용이 많이 든다.

20 다음 중 폭발범위가 가장 넓은 물질은?

① 메탄   ② 톨루엔
③ 에틸알코올   ④ 에틸에터

> • 메탄 : 5 ~ 15%(10)
> • 톨루엔 : 1.3 ~ 6.7%(5.4)
> • 에틸알코올 : 3.5 ~ 20%(16.5)
> • 에틸에터 : 1.7 ~ 48%(46.3)

21 이황화탄소 저장 시 물 속에 저장하는 이유로 가장 옳은 것은?

★빈출

① 공기 중 수소와 접촉하여 산화되는 것을 방지하기 위하여
② 공기와 접촉 시 환원하기 때문에
③ 가연성 증기의 발생을 억제하기 위해서
④ 불순물을 제거하기 위하여

> 이황화탄소는 가연성 증기의 발생을 억제하기 위해 물 속에 저장한다.

22 과산화벤조일 100kg을 저장하려 한다. 지정수량의 배수는 얼마인가?

① 5배   ② 7배
③ 10배   ④ 15배

> • 과산화벤조일의 지정수량 : 10kg
> • 지정수량의 배수 = $\frac{100}{10}$ = 10배

23 과산화칼륨이 물 또는 이산화탄소와 반응할 경우 공통적으로 발생하는 물질은?

★빈출

① 산소   ② 과산화수소
③ 수산화칼륨   ④ 수소

> 과산화칼륨이 물, 이산화탄소와 반응할 경우 공통적으로 산소를 발생한다.

24 다음 중 발화점이 가장 낮은 것은?

① 이황화탄소   ② 산화프로필렌
③ 휘발유   ④ 메탄올

> • 이황화탄소 : 90℃
> • 산화프로필렌 : 449℃
> • 휘발유 : 280 ~ 456℃
> • 메탄올 : 약 470℃

25 과염소산칼륨과 가연성 고체위험물이 혼합되는 것은 위험하다. 그 주된 이유는 무엇인가?

① 전기가 발생하고 자연 가열되기 때문이다.
② 중합반응을 하여 열이 발생되기 때문이다.
③ 혼합하면 과염소산칼륨이 연소하기 쉬운 액체로 변하기 때문이다.
④ 가열, 충격 및 마찰에 의하여 발화·폭발 위험이 높아지기 때문이다.

> 과염소산칼륨은 산화성 고체로, 산화성 물질과 가연성 물질이 혼합되면 가열, 충격 및 마찰에 의해 발화 및 폭발 위험이 높아진다.

정답   19 ④   20 ④   21 ③   22 ③   23 ①   24 ①   25 ④

26 다음 중 위험물안전관리법령상 위험물제조소와의 안전거리가 가장 먼 것은?

① 「고등교육법」에서 정하는 학교
② 「의료법」에 따른 병원급 의료기관
③ 「고압가스 안전관리법」에 의하여 허가를 받은 고압가스제조시설
④ 「문화재보호법」에 의한 유형문화재와 기념물 중 지정문화재

- 사람이 많이 모이는 곳 : 30m 이상
- 고압가스제조시설(35,000V 이상) : 5m 이상
- 문화재 : 50m 이상

27 위험물제조소 표지 및 게시판에 대한 설명이다. 위험물안전관리법령상 옳지 않은 것은? ✔빈출

① 표지는 한 변의 길이가 0.3m, 다른 한 변의 길이가 0.6m 이상으로 하여야 한다.
② 표지의 바탕은 백색, 문자는 흑색으로 하여야 한다.
③ 취급하는 위험물에 따라 규정에 의한 주의사항을 표시한 게시판을 설치하여야 한다.
④ 제2류 위험물(인화성 고체 제외)은 "화기엄금" 주의사항 게시판을 설치하여야 한다.

- 제2류 위험물(인화성 고체 제외)은 "화기주의" 주의사항 게시판을 설치하여야 한다.
- 제2류 위험물 중 인화성 고체는 "화기엄금" 주의사항 게시판을 설치하여야 한다.

28 위험물안전관리법령상 제조소에서 취급하는 제4류 위험물의 최대수량의 합이 지정수량의 12만배 미만인 사업소에 두어야 하는 화학소방자동차 및 자체소방대원의 수의 기준으로 옳은 것은?

① 1대 - 5인
② 2대 - 10인
③ 3대 - 15인
④ 4대 - 20인

제4류 위험물의 최대수량의 합	소방차	소방대원
지정수량의 3천배 이상 12만배 미만	1대	5인
지정수량의 12만배 이상 24만배 미만	2대	10인
지정수량의 24만배 이상 48만배 미만	3대	15인
지정수량의 48만배 이상	4대	20인

29 상온에서 액체인 물질로만 조합된 것은? ✔빈출

① 질산메틸, 나이트로글리세린
② 피크린산, 질산메틸
③ 트라이나이트로톨루엔, 다이나이트로벤젠
④ 나이트로글리콜, 테트릴

품명	위험물	상태
질산에스터류	질산메틸 질산에틸 나이트로글리콜 나이트로글리세린	액체
	나이트로셀룰로오스 셀룰로이드	고체
나이트로화합물	트라이나이트로톨루엔 트라이나이트로페놀 다이나이트로벤젠 테트릴	고체

30 위험물안전관리법령상 운송책임자의 감독·지원을 받아 운송하여야 하는 위험물에 해당하는 것은? ✔빈출

① 특수인화물
② 알킬리튬
③ 질산구아니딘
④ 하이드라진유도체

운송하는 위험물이 알킬알루미늄, 알킬리튬이거나 이 둘을 함유하는 위험물일 때에는 운송책임자의 감독 또는 지원을 받아 이를 운송하여야 한다.

31 위험물안전관리법령상 지정수량이 50kg인 것은?

① $KMnO_4$
② $KClO_2$
③ $NaIO_3$
④ NH_4NO_3

아염소산칼륨($KClO_2$, 1류) : 50kg

정답 26 ④ 27 ④ 28 ① 29 ① 30 ② 31 ②

32 적린이 연소하였을 때 발생하는 물질은?

① 인화수소　　　　　② 포스겐
③ 오산화인　　　　　④ 이산화황

- $4P + 5O_2 \rightarrow 2P_2O_5$
- 적린은 연소 시 오산화인을 발생한다.

33 저장 또는 취급하는 위험물의 최대수량이 지정수량의 500배 이하일 때 옥외저장탱크의 측면으로부터 몇 m 이상의 보유공지를 유지하여야 하는가? (단, 제6류 위험물은 제외한다.)

① 1　　　　　② 2
③ 3　　　　　④ 4

옥외저장탱크의 보유공지	
저장 또는 취급하는 위험물의 최대수량	공지의 너비
지정수량의 500배 이하	3m 이상
지정수량의 500배 초과 1,000배 이하	5m 이상
지정수량의 1,000배 초과 2,000배 이하	9m 이상
지정수량의 2,000배 초과 3,000배 이하	12m 이상
지정수량의 3,000배 초과 4,000배 이하	15m 이상

34 제3류 위험물 중 금수성 물질을 제외한 위험물에 적응성이 있는 소화설비가 아닌 것은?

① 분말 소화설비　　　② 스프링클러설비
③ 옥내소화전설비　　　④ 포 소화설비

- 금수성 물질의 소화에는 탄산수소염류 등을 이용한 분말 소화약제 등 금수성 위험물에 적응성이 있는 분말 소화약제를 이용한다.
- 자연발화성만 가진 위험물의 소화에는 물 또는 강화액포와 같은 주수소화를 사용하는 것이 가능하며, 마른모래, 팽창질석 등 질식소화는 제3류 위험물 전체의 소화에 사용가능하다.

35 제조소등의 위치·구조 또는 설비의 변경 없이 해당 제조소등에서 저장하거나 취급하는 위험물의 품명·수량 또는 지정수량의 배수를 변경하고자 하는 자는 변경하고자 하는 날의 며칠 전까지 행정안전부령이 정하는 바에 따라 시·도지사에게 신고하여야 하는가?

① 1일　　　　　② 14일
③ 21일　　　　　④ 30일

위험물안전관리법 제6조 제2항(위험물시설의 설치 및 변경 등)
제조소등의 위치·구조 또는 설비의 변경 없이 당해 제조소등에서 저장하거나 취급하는 위험물의 품명·수량 또는 지정수량의 배수를 변경하고자 하는 자는 변경하고자 하는 날의 1일 전까지 행정안전부령이 정하는 바에 따라 시·도지사에게 신고하여야 한다.

36 정기점검대상 제조소등에 해당하지 않는 것은?

① 이동탱크저장소
② 지정수량 120배의 위험물을 저장하는 옥외저장소
③ 지정수량 120배의 위험물을 저장하는 옥내저장소
④ 이송취급소

정기점검대상 제조소등
- 지정수량 10배 이상의 위험물을 취급하는 제조소
- 지정수량 100배 이상의 위험물을 저장하는 옥외저장소
- 지정수량 150배 이상의 위험물을 저장하는 옥내저장소
- 지정수량 200배 이상의 위험물을 저장하는 옥외탱크저장소
- 암반탱크저장소
- 이송취급소
- 지정수량 10배 이상의 위험물을 취급하는 일반취급소
- 지하탱크저장소
- 이동탱크저장소
- 위험물을 취급하는 탱크로서 지하에 매설된 탱크가 있는 제조소·주유취급소 또는 일반취급소

정답　　　32 ③　33 ③　34 ①　35 ①　36 ③

37 탄화칼슘의 성질에 대하여 옳게 설명한 것은? 🛫빈출

① 공기 중에서 아르곤과 반응하여 불연성 기체를 발생한다.
② 공기 중에서 질소와 반응하여 유독한 기체를 낸다.
③ 물과 반응하면 탄소가 생성된다.
④ 물과 반응하여 아세틸렌가스가 생성된다.

> 탄화칼슘과 물의 반응식
> • 탄화칼슘을 물과 반응시키면 수산화칼슘과 아세틸렌이 발생된다.
> • $CaC_2 + 2H_2O \rightarrow Ca(OH)_2 + C_2H_2$

38 위험물안전관리법령상 연면적이 450m²인 저장소의 건축물 외벽이 내화구조가 아닌 경우 이 저장소의 소화기 소요단위는?

① 3
② 4.5
③ 6
④ 9

> 위험물의 소요단위(연면적)
>
> | 구분 | 내화구조(m²) | 비내화구조(m²) |
> |---|---|---|
> | 제조소 취급소 | 100 | 50 |
> | 저장소 | 150 | 75 |
>
> • 외벽이 내화구조가 아닌 저장소의 1소요단위 : 75m²
> • $\dfrac{450}{75} = 6$
> • 소요단위는 6단위 이상이 되어야 한다.

39 위험물안전관리법령에 명기된 위험물의 운반용기 재질에 포함되지 않는 것은?

① 고무류
② 유리
③ 도자기
④ 종이

> 운반용기의 재질은 강판·알루미늄판·양철판·유리·금속판·종이·플라스틱·섬유판·고무류·합성섬유·삼·짚 또는 나무로 한다.

40 다음은 위험물탱크의 공간용적에 관한 내용이다. ( ) 안에 숫자를 차례대로 올바르게 나열한 것은? (단, 소화설비를 설치하는 경우와 암반탱크는 제외한다.)

> 탱크의 공간용적은 탱크 내용적의 100분의 ( ) 이상 100분의 ( ) 이하의 용적으로 한다.

① 5, 10
② 5, 15
③ 10, 15
④ 10, 20

> 탱크의 공간용적은 탱크의 내용적의 100분의 5 이상 100분의 10 이하의 용적으로 한다. 다만, 소화설비를 설치하는 탱크의 공간용적은 당해 소화설비의 소화약제 방출구 아래의 0.3m 이상 1m 미만 사이의 면으로부터 윗부분의 용적으로 한다.

41 아래의 위험물을 위험등급 Ⅰ, 위험등급 Ⅱ, 위험등급 Ⅲ의 순서로 옳게 나열한 것은?

> 황린, 인화칼슘, 리튬

① 황린, 인화칼슘, 리튬
② 황린, 리튬, 인화칼슘
③ 인화칼슘, 황린, 리튬
④ 인화칼슘, 리튬, 황린

> • 황린 : Ⅰ등급
> • 리튬 : Ⅱ등급
> • 인화칼슘 : Ⅲ등급

42 1몰의 에틸알코올이 완전연소하였을 때 생성되는 이산화탄소는 몇 몰인가?

① 1몰
② 2몰
③ 3몰
④ 4몰

> 에틸알코올과 산소의 반응식
> • $C_2H_5OH + 3O_2 \rightarrow 2CO_2 + 3H_2O$
> • 에틸알코올은 산소와 반응하여 2몰의 이산화탄소와 물을 생성한다.

정답   37 ④   38 ③   39 ③   40 ①   41 ②   42 ②

43 위험물에 대한 설명으로 틀린 것은?

① 적린은 연소하면 유독성 물질이 발생한다.
② 마그네슘은 연소하면 가연성 수소가스를 발생한다.
③ 황은 분진폭발의 위험이 있다.
④ 황화인에는 P_4S_3, P_2S_5, P_4S_7 등이 있다.

> 마그네슘은 물과 반응하면 수소가스와 수산화마그네슘을 발생한다.

44 위험물안전관리법령에서 정한 아세트알데하이드등을 취급하는 제조소의 특례에 관한 내용이다. ( ) 안에 해당하는 물질이 아닌 것은?

> 아세트알데하이드등을 취급하는 설비는 ( ), ( ), ( ), ( ) 또는 이들을 성분으로 하는 합금으로 만들지 아니할 것

① 동   ② 은
③ 금   ④ 마그네슘

> 아세트알데하이드등을 취급하는 설비는 은·수은·동·마그네슘 또는 이들을 성분으로 하는 합금을 사용하면 당해 위험물이 이러한 금속 등과 반응해서 폭발성 화합물을 만들 우려가 있기 때문에 제한한다.

45 다음 반응식과 같이 벤젠 1kg이 연소할 때 발생되는 CO_2의 양은 약 몇 m^3인가? (단, 27℃, 750mmHg 기준이다.)

> $$2C_6H_6 + 15O_2 \rightarrow 12CO_2 + 6H_2O$$

① 0.72   ② 1.22
③ 1.92   ④ 2.42

> • $PV = \dfrac{wRT}{M}$
>
> • $V = \dfrac{wRT}{PM}$
>
> $= \dfrac{1 \times 0.082 \times 300}{0.9868 \times 78} \times \dfrac{12}{2} = 1.917m^3$

> • $0.9868 = \dfrac{750mmHg}{760mmHg}$
>
> P = 압력, V = 부피, w = 질량, M = 분자량, R = 기체상수(0.082를 곱한다), T = 절대온도(℃를 환산하기 위해 273을 더한다)

46 아세톤의 성질에 관한 설명으로 옳은 것은?

① 비중은 1.02이다.
② 물에 불용이고, 에테르에 잘 녹는다.
③ 증기 자체는 무해하나, 피부에 닿으면 탈지작용이 있다.
④ 인화점이 0℃보다 낮다.

> 아세톤은 수용성이고 인화점은 −18℃이다.

47 제4류 위험물의 일반적 성질에 대한 설명으로 틀린 것은?

① 발생증기가 가연성이며 공기보다 무거운 물질이 많다.
② 정전기에 의하여도 인화할 수 있다.
③ 상온에서 액체이다.
④ 전기도체이다.

> 제4류 위험물은 전기부도체이다.

48 다음 ( ) 안에 들어갈 알맞은 단어는?

> 보냉장치가 있는 이동저장탱크에 저장하는 아세트알데하이드등 또는 다이에틸에터등의 온도는 당해 위험물의 ( ) 이하로 유지하여야 한다.

① 비점   ② 인화점
③ 융해점   ④ 발화점

> 보냉장치가 있는 이동저장탱크에 저장하는 아세트알데하이드등 또는 다이에틸에터등의 온도는 당해 위험물의 비점 이하로 유지하여야 한다.

정답   43 ②   44 ③   45 ③   46 ④   47 ④   48 ①

49 제2류 위험물 중 지정수량이 잘못 연결된 것은?

① 황 – 100kg
② 철분 – 500kg
③ 금속분 – 500kg
④ 인화성 고체 – 500kg

> 인화성 고체의 지정수량은 1,000kg이다.

50 위험물안전관리법령상 위험물의 운반에 관한 기준에 따르면 지정수량 얼마 이하의 위험물에 대하여는 "유별을 달리하는 위험물의 혼재기준"을 적용하지 아니하여도 되는가?

① 1/2
② 1/3
③ 1/5
④ 1/10

> 유별을 달리하는 위험물의 혼재기준은 지정수량의 1/10 이하의 위험물에 대하여는 적용하지 아니한다.

51 위험물안전관리법령상 제3석유류의 액체상태의 판단 기준은?

① 1기압과 섭씨 20도에서 액상인 것
② 1기압과 섭씨 25도에서 액상인 것
③ 기압에 무관하게 섭씨 20도에서 액상인 것
④ 기압에 무관하게 섭씨 25도에서 액상인 것

> 인화성 액체라 함은 제3석유류의 경우 1기압과 섭씨 20도에서 액체인 것만 해당한다.

52 소화난이도등급 I의 옥내탱크저장소에 설치하는 소화설비가 아닌 것은? (단, 인화점이 70℃ 이상의 제4류 위험물만을 저장, 취급하는 장소이다.)

① 물분무 소화설비, 고정식포 소화설비
② 이동식 이외의 이산화탄소 소화설비, 고정식 포 소화설비
③ 이동식의 분말 소화설비, 스프링클러설비
④ 이동식 이외의 할로겐화합물 소화설비, 물분무 소화설비

> 소화난이도등급 I의 옥내탱크저장소에서 인화점 섭씨 70도 이상의 제4류 위험물만을 저장, 취급하는 곳에 설치하는 소화설비는 아래와 같다.
> • 물분무 소화설비
> • 고정식 포 소화설비
> • 이동식 이외의 불활성 가스 소화설비
> • 이동식 이외의 할로겐화합물 소화설비
> • 이동식 이외의 분말 소화설비

53 위험물안전관리법령에 대한 설명 중 옳지 않은 것은?

① 군부대가 지정수량 이상의 위험물을 군사목적으로 임시로 저장 또는 취급하는 경우는 제조소등이 아닌 장소에서 지정수량 이상의 위험물을 취급할 수 있다.
② 철도 및 궤도에 의한 위험물의 저장·취급 및 운반에 있어서는 위험물안전관리법령을 적용하지 아니한다.
③ 지정수량 미만인 위험물의 저장 또는 취급에 관한 기술상의 기준은 국가화재안전기준으로 정한다.
④ 업무상 과실로 제조소등에서 위험물을 유출, 방출 또는 확산시켜 사람의 생명, 신체 또는 재산에 대하여 위험을 발생시킨 자는 7년 이하의 금고 또는 7천만원 이하의 벌금에 처한다.

> 지정수량 미만인 위험물의 저장 또는 취급에 관한 기술상의 기준은 시·도의 조례로 정한다.

54 위험물안전관리자를 해임한 때에는 해임한 날부터 며칠 이내에 위험물안전관리자를 다시 선임하여야 하는가?

① 7
② 14
③ 30
④ 60

> 위험물안전관리자를 해임한 때에는 해임한 날부터 30일 이내에 다시 안전관리자를 선임하여야 한다.

55 질산암모늄의 일반적 성질에 대한 설명 중 옳은 것은?

① 불안정한 물질이고 물에 녹을 때는 흡열반응을 나타낸다.
② 물에 대한 용해도 값이 매우 작아 물에 거의 불용이다.
③ 가열 시 분해하여 수소를 발생한다.
④ 과일향의 냄새가 나는 적갈색 비결정체이다.

> 질산암모늄(1류)의 특징
> • 불안정한 물질이고 물에 녹을 때는 흡열반응을 나타낸다.
> • 물에 잘 녹는다.
> • 가열 시 분해하여 산소를 발생한다.
> • 무색무취의 결정이다.

정답 49 ④　50 ④　51 ①　52 ③　53 ③　54 ③　55 ①

56 나이트로셀룰로오스 5kg과 트라이나이트로페놀을 함께 저장하려고 한다. 이때 지정수량 1배로 저장하려면 트라이나이트로페놀을 몇 kg 저장하여야 하는가?

① 5   ② 10
③ 50   ④ 100

- 각 위험물의 지정수량
  - 나이트로셀룰로오스(5류) : 10kg
  - 트라이나이트로페놀(5류) : 100kg
- 저장하는 트라이나이트로페놀의 용량 = a
- 지정수량 합 = $(\frac{5}{10}) + (\frac{a}{100}) = 1$
- a = 50kg

57 질산의 저장 및 취급법이 아닌 것은?

① 직사광선을 차단한다.
② 분해방지를 위해 요산, 인산 등을 가한다.
③ 유기물과 접촉을 피한다.
④ 갈색병에 넣어 보관한다.

질산은 햇빛에 의해 분해되어 이산화질소를 발생하기 때문에 갈색병에 넣어 보관한다.

58 황린에 관한 설명 중 틀린 것은?

① 물에 잘 녹는다.
② 화재 시 물로 냉각소화할 수 있다.
③ 적린에 비해 불안정하다.
④ 적린과 동소체이다.

황린은 자연발화의 위험성이 크므로 물 속에 저장한다.

59 위험물안전관리법령에 따른 위험물의 운송에 관한 설명 중 틀린 것은?

① 알킬리튬과 알킬알루미늄 또는 이 중 어느 하나 이상을 함유한 것은 운송책임자의 감독·지원을 받아야 한다.
② 이동탱크저장소에 의하여 위험물을 운송할 때 운송책임자에는 법정의 안전교육을 이수하고 관련 업무에 2년 이상 종사한 경력이 있는 자도 포함된다.

③ 서울에서 부산까지 금속의 인화물 300kg을 1명의 운전자가 휴식 없이 운송해도 규정위반이 아니다.
④ 운송책임자의 감독 또는 지원 방법에는 동승하는 방법과 별도의 사무실에서 대기하면서 규정된 사항을 이행하는 방법이 있다.

위험물운송자는 장거리(고속국도 340km 이상, 그 밖의 도로 200km 이상)의 운송을 하는 때에는 2명 이상의 운전자로 한다. 다만, 다음의 3가지 경우에는 그러하지 아니하다.
- 운전책임자의 동승 : 운송책임자가 별도의 사무실이 아닌 이동탱크저장소에 함께 동승한 경우, 이때는 운송책임자가 운전자의 역할을 하지 않는 경우이다.
- 운송위험물의 위험성이 낮은 경우 : 운송하는 위험물이 제2류 위험물, 제3류 위험물(칼슘 또는 알루미늄의 탄화물과 이것만을 함유한 것), 제4류 위험물(특수인화물 제외)인 경우
- 적당한 휴식을 취하는 경우 : 운송 도중에 2시간 이내마다 20분 이상씩 휴식하는 경우

60 위험물안전관리법령상 제조소등의 관계인이 정기적으로 점검하여야 할 대상이 아닌 것은?

① 지정수량의 10배 이상의 위험물을 취급하는 제조소
② 지하탱크저장소
③ 이동탱크저장소
④ 지정수량의 100배 이상의 위험물을 저장하는 옥외탱크저장소

정기점검대상 제조소등
- 지정수량 10배 이상의 위험물을 취급하는 제조소
- 지정수량 100배 이상의 위험물을 저장하는 옥외저장소
- 지정수량 150배 이상의 위험물을 저장하는 옥내저장소
- 지정수량 200배 이상의 위험물을 저장하는 옥외탱크저장소
- 암반탱크저장소
- 이송취급소
- 지정수량 10배 이상의 위험물을 취급하는 일반취급소
- 지하탱크저장소
- 이동탱크저장소
- 위험물을 취급하는 탱크로서 지하에 매설된 탱크가 있는 제조소 · 주유취급소 또는 일반취급소

정답   56 ③   57 ②   58 ①   59 ③   60 ④

01 다음 중 휘발유에 화재가 발생하였을 경우 소화방법으로 가장 적합한 것은?

① 물을 이용하여 제거소화한다.
② 이산화탄소를 이용하여 질식소화한다.
③ 강산화제를 이용하여 촉매소화한다.
④ 산소를 이용하여 희석소화한다.

> 제4류 위험물은 가연성 증기가 발생하여 연소하는 특징이 있으므로 질식소화에 의한 소화가 효과적이다.

02 물의 소화능력을 강화시키기 위해 개발된 것으로 한랭지 또는 겨울철에도 사용할 수 있는 소화기에 해당하는 것은?

① 산·알칼리 소화기
② 강화액 소화기
③ 포 소화기
④ 할로겐화합물 소화기

> 강화액 소화기는 탄산염류와 같은 알칼리금속염류 등을 주성분으로 한 액체를 압축공기 또는 질소가스를 축압하여 만든 소화기로 한랭지 또는 겨울철에도 사용가능하다.

03 제3종 분말 소화약제의 열분해 반응식을 옳게 나타낸 것은?

 빈출

① $NH_4H_2PO_4 \rightarrow HPO_3 + NH_3 + H_2O$
② $2KNO_3 \rightarrow 2KNO_2 + O_2$
③ $KClO_4 \rightarrow KCl + 2O_2$
④ $2CaHCO_3 \rightarrow 2CaO + H_2CO_3$

분말 소화약제의 종류

약제명	주성분	분해식
제1종	탄산수소나트륨	$2NaHCO_3 \rightarrow Na_2CO_3 + CO_2 + H_2O$
제2종	탄산수소칼륨	$2KHCO_3 \rightarrow K_2CO_3 + CO_2 + H_2O$
제3종	인산암모늄	$NH_4H_2PO_4 \rightarrow NH_3 + HPO_3 + H_2O$
제4종	탄산수소칼륨 + 요소	–

04 폭굉유도거리(DID)가 짧아지는 경우는?

① 정상 연소속도가 작은 혼합가스일수록 짧아진다.
② 압력이 높을수록 짧아진다.
③ 관 속에 방해물이 있거나 관 지름이 넓을수록 짧아진다.
④ 점화원 에너지가 약할수록 짧아진다.

> 폭굉유도거리가 짧아지는 조건
> • 연소속도가 큰 혼합가스
> • 압력이 높음
> • 관 지름이 작음
> • 점화원 에너지가 큼

05 1몰의 이황화탄소와 고온의 물이 반응하여 생성되는 유독한 기체물질의 부피는 표준상태에서 얼마인가?

① 22.4L
② 44.8L
③ 67.2L
④ 134.4L

> • 화학반응식 : $CS_2 + 2H_2O \rightarrow CO_2 + 2H_2S$
> • 이황화탄소는 물과 반응하여 1mol의 이산화탄소와 유독한 기체인 2mol의 황화수소 발생
> • 표준상태에서 기체는 1mol당 22.4L
> ∴ 반응 시 생성물 = 2mol × 22.4L = 44.8L

정답 01 ② 02 ② 03 ① 04 ② 05 ②

06 위험물안전관리법령상 위험물제조소등에서 전기설비가 있는 곳에 적응하는 소화설비는?

① 옥내소화전설비
② 스프링클러설비
③ 포 소화설비
④ 할로겐화합물 소화설비

> 전기설비에 적응성이 있는 소화설비
> • 이산화탄소 소화설비
> • 할로겐화합물 소화설비

07 위험물안전관리법령상 제4류 위험물을 지정수량의 3천배 초과 4천배 이하로 저장하는 옥외탱크저장소의 보유공지는 얼마인가?

① 6m 이상
② 9m 이상
③ 12m 이상
④ 15m 이상

옥외저장탱크의 보유공지	
저장 또는 취급하는 위험물의 최대수량	공지의 너비
지정수량의 500배 이하	3m 이상
지정수량의 500배 초과 1,000배 이하	5m 이상
지정수량의 1,000배 초과 2,000배 이하	9m 이상
지정수량의 2,000배 초과 3,000배 이하	12m 이상
지정수량의 3,000배 초과 4,000배 이하	15m 이상

08 플래시오버(Flash Over)에 대한 설명으로 옳은 것은?

① 대부분 화재 초기(발화기)에 발생한다.
② 대부분 화재 종기(쇠퇴기)에 발생한다.
③ 내장재의 종류와 개구부의 크기에 영향을 받는다.
④ 산소의 공급이 주요 요인이 되어 발생한다.

> 플래시오버는 건축물 화재 시 가연성 기체가 모여 있는 상태에서 산소가 유입됨에 따라 성장기에서 최성기로 급격하게 진행되며, 건물 전체로 화재가 확산되는 현상으로 내장재 종류와 개구부 크기에 영향을 받는다.

09 물과 친화력이 있는 수용성 용매의 화재에 보통의 포 소화약제를 사용하면 포가 파괴되기 때문에 소화효과를 잃게 된다. 이와 같은 단점을 보완한 소화약제로 가연성인 수용성 용매의 화재에 유효한 효과를 가지고 있는 것은?

① 알코올형포 소화약제
② 단백포 소화약제
③ 합성계면활성제포 소화약제
④ 수성막포 소화약제

> 수용성 액체 화재에 일반 포 약제를 적용하면 거품이 순식간에 파괴되는 소포성 때문에 소화효과가 없다. 이러한 소포현상이 발생되지 않도록 특별히 제조된 것이 알코올형포 소화약제이다.

10 제5류 위험물에 대한 설명 중 틀린 것은?

① 대부분 물질 자체에 산소를 함유하고 있다.
② 대표적 성질이 자기반응성 물질이다.
③ 가열, 충격, 마찰로 위험성이 증가하므로 주의한다.
④ 불연성이지만 가연물과 혼합은 위험하므로 주의한다.

> 제5류 위험물은 유기화합물이며 가연성 물질이기 때문에 가연물과 혼합 시 위험하지 않다.

11 과산화벤조일(Benzoyl Peroxide)에 대한 설명 중 옳지 않은 것은?

① 지정수량은 10kg이다.
② 저장 시 희석제로 폭발의 위험성을 낮출 수 있다.
③ 상온에서 불안정하다.
④ 건조 상태에서는 마찰·충격으로 폭발의 위험이 있다.

> 과산화벤조일의 특징
> • 상온에서 안정하다.
> • 유기물, 환원성과의 접촉을 피하고 마찰, 충격을 피한다.
> • 건조 방지를 위해 희석제를 사용한다.

정답   06 ④   07 ④   08 ③   09 ①   10 ④   11 ③

12 다음 중 화재 시 내알코올포 소화약제를 사용하는 것이 가장 적합한 위험물은?

① 아세톤
② 휘발유
③ 경유
④ 등유

소포성 있는 위험물화재(알코올화재 등)에서는 내알코올포를 사용해야 한다.

13 다음 중 소화기의 사용방법으로 잘못된 것은?

① 적응화재에 따라 사용할 것
② 성능에 따라 방출거리 내에서 사용할 것
③ 바람을 마주보며 소화할 것
④ 양옆으로 비로 쓸 듯이 방사할 것

바람을 등지고 사용해야 한다.

14 촛불의 화염을 입김으로 불어 끄는 소화방법은?

① 냉각소화
② 촉매소화
③ 제거소화
④ 억제소화

화재가 발생했을 때 연소물이나 화원을 제거하여 소화하는 방법을 제거소화라 한다.

15 위험물시설에 설치하는 자동화재탐지설비의 하나의 경계구역 면적과 그 한 변의 길이의 기준으로 옳은 것은? (단, 광전식 분리형 감지기를 설치하지 않은 경우이다.)

① 300m² 이하, 50m 이하
② 300m² 이하, 100m 이하
③ 600m² 이하, 50m 이하
④ 600m² 이하, 100m 이하

하나의 경계구역의 면적은 600m² 이하로 하고 그 한 변의 길이는 50m 이하로 할 것

16 비전도성 인화성 액체가 관이나 탱크 내에서 움직일 때 정전기가 발생하기 쉬운 조건으로 가장 거리가 먼 것은? 빈출

① 흐름의 낙차가 클 때
② 느린 유속으로 흐를 때
③ 심한 와류가 생성될 때
④ 필터를 통과할 때

유속이 빨라야 마찰이 증가해 정전기가 발생하기 쉽다.

17 인화점이 21℃ 미만인 액체위험물의 옥외저장탱크 주입구에 설치하는 "옥외저장탱크 주입구"라고 표시한 게시판의 바탕 및 문자색을 옳게 나타낸 것은?

① 백색바탕 – 적색문자
② 적색바탕 – 백색문자
③ 백색바탕 – 흑색문자
④ 흑색바탕 – 백색문자

인화점이 21℃ 미만인 액체위험물은 제1석유류이며 옥외저장탱크 주입구에 설치하는 게시판의 표시 색상은 백색바탕에 흑색문자이다.

18 옥내에서 지정수량 100배 이상을 취급하는 일반취급소에 설치하여야 하는 경보설비는? (단, 고인화점 위험물만을 취급하는 경우는 제외한다.)

① 비상경보설비
② 자동화재탐지설비
③ 비상방송설비
④ 비상벨설비 및 확성장치

제조소 및 일반취급소에서 연면적이 500제곱미터 이상이거나 지정수량의 100배 이상을 취급할 때는 자동화재탐지설비를 설치한다.

정답 12 ① 13 ③ 14 ③ 15 ③ 16 ② 17 ③ 18 ②

19 B급 화재의 표시 색상은?

① 백색　　　　　　② 황색
③ 청색　　　　　　④ 초록

화재의 종류		
급수	화재	색상
A	일반	백색
B	유류	황색
C	전기	청색
D	금속	무색

20 폭발의 종류에 따른 물질이 잘못 짝지어진 것은?

① 분해폭발 – 아세틸렌, 산화에틸렌
② 분진폭발 – 금속분, 밀가루
③ 중합폭발 – 사이안화수소, 염화비닐
④ 산화폭발 – 하이드라진, 과산화수소

- 중합폭발은 화합물이 스스로 중합반응을 일으켜 급격히 부피가 팽창하면서 폭발하는 현상이다.
- 사이안화수소는 산화폭발의 위험성을 가지기 때문에 중합폭발과 관련이 없다.

21 과산화수소와 산화프로필렌의 공통점으로 옳은 것은?

① 특수인화물이다.
② 분해 시 질소를 발생한다.
③ 끓는점이 200℃ 이하이다.
④ 용액 상태에서도 자연발화 위험이 있다.

- 과산화수소의 끓는점 : 약 150.2℃
- 산화프로필렌의 끓는점 : 34℃

22 트라이나이트로톨루엔의 성질에 대한 설명 중 옳지 않은 것은?

① 담황색의 결정이다.
② 폭약으로 사용된다.
③ 자연분해의 위험성이 적어 장기간 저장이 가능하다.
④ 조해성과 흡습성이 매우 크다.

트라이나이트로톨루엔은 물에 녹지 않는다.

23 제2류 위험물의 화재 발생 시 소화방법 또는 주의할 점으로 적합하지 않은 것은?

① 마그네슘의 경우 이산화탄소를 이용한 질식소화는 위험하다.
② 황은 비산에 주의하여 분무주수로 냉각소화한다.
③ 적린의 경우 물을 이용한 냉각소화는 위험하다.
④ 인화성 고체는 이산화탄소로 질식소화할 수 있다.

적린은 주로 주수소화한다.

24 다음 제4류 위험물 중 품명이 나머지 셋과 다른 하나는?

① 아세트알데하이드　　② 다이에틸에터
③ 나이트로벤젠　　　　④ 이황화탄소

- 아세트알데하이드, 다이에틸에터, 이황화탄소 : 특수인화물
- 나이트로벤젠 : 제3석유류

25 다음 중 함께 운반차량에 적재할 수 있는 유별을 옳게 연결한 것은? (단, 지정수량 이상을 적재한 경우이다.)

① 제1류 – 제2류　　② 제1류 – 제3류
③ 제1류 – 제4류　　④ 제1류 – 제6류

유별을 달리하는 위험물 혼재기준			
1	6		혼재 가능
2	5	4	혼재 가능
3	4		혼재 가능

정답 19② 　20③ 　21③ 　22④ 　23③ 　24③ 　25④

26 정기점검대상에 해당하지 않는 것은?

① 지정수량 15배의 제조소
② 지정수량 40배의 옥내탱크저장소
③ 지정수량 50배의 이동탱크저장소
④ 지정수량 20배의 지하탱크저장소

정기점검대상 제조소등
• 지정수량 10배 이상의 위험물을 취급하는 제조소
• 지정수량 100배 이상의 위험물을 저장하는 옥외저장소
• 지정수량 150배 이상의 위험물을 저장하는 옥내저장소
• 지정수량 200배 이상의 위험물을 저장하는 옥외탱크저장소
• 암반탱크저장소
• 이송취급소
• 지정수량 10배 이상의 위험물을 취급하는 일반취급소
• 지하탱크저장소
• 이동탱크저장소
• 위험물을 취급하는 탱크로서 지하에 매설된 탱크가 있는 제조소
  · 주유취급소 또는 일반취급소

27 다음은 P_2S_5와 물의 화학반응이다. ( )에 알맞은 숫자를 차례대로 나열한 것은?

$$P_2S_5 + (\ )H_2O \rightarrow (\ )H_2S + (\ )H_3PO_4$$

① 2, 8, 5
② 2, 5, 8
③ 8, 5, 2
④ 8, 2, 5

오황화인과 물의 반응식
$P_2S_5 + 8H_2O \rightarrow 5H_2S + 2H_3PO_4$

28 염소산칼륨에 대한 설명으로 옳은 것은?

① 흑색분말이다.
② 비중이 4.32이다.
③ 글리세린과 에테르에 잘 녹는다.
④ 가열에 의해 분해하여 산소를 방출한다.

염소산칼륨은 제1류 위험물로 가열하면 분해하여 산소를 방출한다.

29 염소산나트륨의 저장 및 취급 시 주의사항으로 틀린 것은?

① 철제용기에 저장할 수 없다.
② 분해방지를 위해 암모니아를 넣어 저장한다.
③ 조해성이 있으므로 방습에 유의한다.
④ 용기에 밀전(密栓)하여 보관한다.

• 염소산나트륨은 환기가 잘 되는 냉암소에 저장하고 가열, 충격, 마찰을 피하며 점화원의 접근을 금지한다.
• 염소산나트륨의 분해를 방지하기 위해 이산화망가니즈를 분해방지제로 사용한다.

30 금속염을 불꽃반응 실험을 한 결과 보라색의 불꽃이 나타났다. 이 금속염에 포함된 금속은 무엇인가?

① Cu
② K
③ Na
④ Li

칼륨(3류)의 특징
• 비중은 0.86이다.
• 은백색의 무른 경금속이다.
• 보라색 불꽃을 내면서 연소한다.

31 위험물안전관리법령상 위험물제조소에 설치하는 배출설비에 대한 내용으로 틀린 것은?

① 배출설비는 예외적인 경우를 제외하고는 국소방식으로 하여야 한다.
② 배출설비는 강제배출 방식으로 한다.
③ 급기구는 낮은 장소에 설치하고 인화방지망을 설치한다.
④ 배출구는 지상 2m 이상 높이에 연소의 우려가 없는 곳에 설치한다.

급기구는 높은 곳에 설치하고, 가는 눈의 구리망 등으로 인화방지망을 설치할 것

정답 26 ② 27 ③ 28 ④ 29 ② 30 ② 31 ③

32 칼륨의 취급상 주의해야 할 내용을 옳게 설명한 것은?

① 석유와 접촉을 피해야 한다.
② 수분과 접촉을 피해야 한다.
③ 화재발생 시 마른모래와 접촉을 피해야 한다.
④ 이산화탄소가 있는 상태에서 보관하여야 한다.

칼륨은 물과 만나 수소를 발생하며 발열하기 때문에 수분과의 접촉을 피해야 한다.

33 위험물제조소에서 다음과 같이 위험물을 취급하고 있는 경우 각각의 지정수량 배수의 총합은 얼마인가? ★빈출

- 브로민산나트륨 : 300kg
- 과산화나트륨 : 150kg
- 다이크로뮴산나트륨 : 500kg

① 3.5
② 4.0
③ 4.5
④ 5.0

- 브로민산나트륨(1류)의 지정수량 : 300kg
- 과산화나트륨(1류)의 지정수량 : 50kg
- 다이크로뮴산나트륨(1류)의 지정수량 : 1,000kg

$$\therefore \ 지정수량 = \frac{300}{300} + \frac{150}{50} + \frac{500}{1,000} = 4.5$$

34 위험물의 지정수량이 나머지 셋과 다른 하나는?

① 질산에스터류
② 나이트로화합물
③ 아조화합물
④ 하이드라진유도체

- 질산에스터류의 지정수량 : 10kg
- 나이트로화합물, 아조화합물, 하이드라진유도체의 지정수량 : 100kg

35 다음 중 제5류 위험물에 해당하지 않는 것은?

① 하이드라진
② 하이드록실아민
③ 하이드라진유도체
④ 하이드록실아민염류

하이드라진은 제4류 위험물 중 제2석유류이다.

36 위험물안전관리법령상 위험등급 I 의 위험물에 해당하는 것은?

① 무기과산화물
② 황화인, 적린, 황
③ 제1석유류
④ 알코올류

- 무기과산화물은 위험등급 I 이다.
- 황화인, 적린, 황, 제1석유류, 알코올류는 위험등급 II 이다.

37 품명이 제4석유류인 위험물은?

① 중유
② 기어유
③ 등유
④ 크레오소트유

- 중유 : 제3석유류
- 기어유 : 제4석유류
- 등유 : 제2석유류
- 크레오소트유 : 제3석유류

38 위험물안전관리법령에서 정한 메틸알코올의 지정수량을 kg 단위로 환산하면 얼마인가? (단, 메틸알코올의 비중은 0.80이다.)

① 200
② 320
③ 400
④ 450

- 메틸알코올의 지정수량 : 400L
- 밀도 = $\dfrac{질량}{부피}$
- 질량 = 부피 × 밀도
  = 0.8(kg/L) × 400L = 320kg

정답 32 ② 33 ③ 34 ① 35 ① 36 ① 37 ② 38 ②

39 과산화나트륨이 물과 반응하면 어떤 물질과 산소를 발생하는가?

① 수산화나트륨
② 수산화칼륨
③ 질산나트륨
④ 아염소산나트륨

과산화나트륨은 물과 반응하여 수산화나트륨과 산소를 발생한다.

40 그림의 원통형 종으로 설치된 탱크에서 공간용적을 내용적의 10%라고 하면 탱크용량(허가용량)은 약 얼마인가? **빈출**

① 113.04
② 124.34
③ 129.06
④ 138.16

위험물저장탱크의 내용적
$V = \pi r^2 l (1 - 공간용적)$
$= 3.14 \times 2^2 \times 10 \times (1 - 0.1) = 113.04 m^3$

41 과산화수소의 위험성으로 옳지 않은 것은?

① 산화제로서 불연성 물질이지만 산소를 함유하고 있다.
② 이산화망가니즈 촉매하에서 분해가 촉진된다.
③ 분해를 막기 위해 하이드라진을 안정제로 사용할 수 있다.
④ 고농도의 것은 피부에 닿으면 화상의 위험이 있다.

• $H_2O_2 + N_2H_4 \rightarrow N_2 + 2H_2O$
• 과산화수소와 하이드라진을 반응시키면 강력한 산화제와 환원제가 반응하므로 폭발의 위험이 있다.

42 제4류 위험물의 품명 중 지정수량이 6,000L인 것은?

① 제3석유류 중 비수용성 액체
② 제3석유류 중 수용성 액체
③ 제4석유류
④ 동식물유류

• 제3석유류 중 비수용성 액체의 지정수량 : 2,000L
• 제3석유류 중 수용성 액체의 지정수량 : 4,000L
• 제4석유류의 지정수량 : 6,000L
• 동식물유류의 지정수량 : 10,000L

43 위험물의 운반에 관한 기준에서 다음 (　)에 알맞은 온도는 몇 ℃인가?

적재하는 제5류 위험물 중 (　)℃ 이하의 온도에서 분해될 우려가 있는 것은 보냉 컨테이너에 수납하는 등 적정한 온도관리를 하여야 한다.

① 40
② 50
③ 55
④ 60

제5류 위험물 중 55℃ 이하의 온도에서 분해될 우려가 있는 것은 보냉 컨테이너에 수납하는 등 적정한 온도관리를 하여야 한다.

44 위험물안전관리법령상 다음 (　) 안에 알맞은 수치는?

옥내저장소에서 위험물을 저장하는 경우 기계에 의하여 하역하는 구조로 된 용기만을 겹쳐 쌓는 경우에 있어서는 (　)m 높이를 초과하여 용기를 겹쳐 쌓지 아니하여야 한다.

① 2
② 4
③ 6
④ 8

옥내저장소에서 위험물을 저장하는 경우 기계에 의하여 하역하는 구조로 된 용기만을 겹쳐 쌓는 경우에 있어서는 6m 높이를 초과하여 용기를 겹쳐 쌓지 아니하여야 한다.

정답　39① 40① 41③ 42③ 43③ 44③

45 위험물안전관리법령에 의한 위험물 운송에 관한 규정으로 틀린 것은?

① 이동탱크저장소에 의하여 위험물을 운송하는 자는 당해 위험물을 취급할 수 있는 국가기술자격자 또는 안전교육을 받은 자여야 한다.

② 안전관리자 · 탱크시험자 · 위험물운반자 · 위험물운송자 등 위험물의 안전관리와 관련된 업무를 수행하는 자는 시 · 도지사가 실시하는 안전교육을 받아야 한다.

③ 운송책임자의 범위, 감독 또는 지원의 방법 등에 관한 구체적인 기준은 행정안전부령으로 정한다.

④ 위험물운송자는 이동탱크저장소에 의하여 위험물을 운송하는 때에는 행정안전부령으로 정하는 기준을 준수하는 등 당해 위험물의 안전확보를 위하여 세심한 주의를 기울여야 한다.

> 안전관리자 · 탱크시험자 · 위험물운반자 · 위험물운송자 등 위험물의 안전관리와 관련된 업무를 수행하는 자로서 대통령령이 정하는 자는 해당 업무에 관한 능력의 습득 또는 향상을 위하여 소방청장이 실시하는 교육을 받아야 한다.

46 위험물안전관리법령에서 정한 물분무 소화설비의 설치기준으로 적합하지 않은 것은?

① 고압의 전기설비가 있는 장소에는 해당 전기설비와 분무헤드 및 배관과의 사이에 전기절연을 위하여 필요한 공간을 보유한다.

② 스트레이너 및 일제개방밸브 또는 수동식개방밸브는 제어밸브의 하류 측 부근에 스트레이너, 일제개방밸브 또는 수동식개방밸브의 순으로 설치한다.

③ 물분무 소화설비에 2 이상의 방사구역을 두는 경우에는 화재를 유효하게 소화할 수 있도록 인접하는 방사구역이 상호 중복되도록 한다.

④ 수원의 수위가 수평회전식 펌프보다 낮은 위치에 있는 가압송수장치의 물올림장치는 타 설비와 겸용하여 설치한다.

> 수원의 수위가 펌프보다 낮은 위치에 있는 가압송수장치에는 다음의 기준에 따른 물올림장치를 설치할 것
> • 물올림장치에는 전용의 탱크를 설치할 것
> • 탱크의 유효수량은 100L 이상으로 하되, 구경 15mm 이상의 급수배관에 따라 해당 탱크에 물이 계속 보급되도록 할 것

47 일반적으로 다음에서 설명하는 성질을 가지고 있는 위험물은?

> • 불안정한 고체 화합물로서 분해가 용이하여 산소를 방출한다.
> • 물과 격렬하게 반응하여 발열한다.

① 무기과산화물
② 과망가니즈산염류
③ 과염소산염류
④ 다이크로뮴산염류

> 무기과산화물의 종류에는 과산화나트륨, 과산화칼륨 등이 있으며, 이들은 물과 반응하여 산소를 발생하며 발열하므로 주수소화를 금지한다.

48 위험물 관련 신고 및 선임에 관한 사항으로 옳지 않은 것은?

① 제조소의 위치 · 구조 변경 없이 위험물의 품명 변경 시는 변경한 날로부터 7일 이내에 신고하여야 한다.

② 안전관리자를 선임한 경우에는 선임한 날부터 14일 이내에 신고하여야 한다.

③ 위험물안전관리자가 퇴직한 경우는 퇴직한 날부터 30일 이내에 안전관리자를 다시 선임하여야 한다.

④ 위험물안전관리자를 해임한 경우는 해임한 날부터 30일 이내에 안전관리자를 다시 선임하여야 한다.

> 제조소등의 위치 · 구조 또는 설비의 변경 없이 당해 제조소등에서 저장하거나 취급하는 위험물의 품명 · 수량 또는 지정수량의 배수를 변경하고자 하는 자는 변경하고자 하는 날의 1일 전까지 행정안전부령이 정하는 바에 따라 시 · 도지사에게 신고하여야 한다.

49 위험물안전관리자를 선임한 제조소등의 관계인은 그 안전관리자를 해임하거나 안전관리자가 퇴직한 때에는 해임하거나 퇴직한 날부터 며칠 이내에 다시 안전관리자를 선임해야 하는가?

① 10일
② 20일
③ 30일
④ 40일

> 제조소등의 관계인은 그 안전관리자를 해임하거나 안전관리자가 퇴직한 때에는 해임하거나 퇴직한 날부터 30일 이내에 다시 안전관리자를 선임해야 한다.

정답   45 ②   46 ④   47 ①   48 ①   49 ③

50 소화난이도등급 Ⅰ에 해당하는 위험물제조소는 연면적이 몇 m² 이상인 것인가? (단, 면적 외의 조건은 무시한다.)

① 400
② 600
③ 800
④ 1,000

소화난이도등급 Ⅰ에 해당하는 제조소 : 연면적 기준 1,000m² 이상

51 질산에틸의 성질에 대한 설명 중 틀린 것은?

① 비점은 약 88℃이다.
② 무색의 액체이다.
③ 증기는 공기보다 무겁다.
④ 물에 잘 녹는다.

질산에틸은 물에 녹지 않고 에테르, 알코올에 잘 녹는다.

52 제6류 위험물 운반용기의 외부에 표시하여야 하는 주의사항은?

① 충격주의
② 가연물접촉주의
③ 화기엄금
④ 화기주의

유별	종류	운반용기 외부 주의사항
제1류	알칼리금속의 과산화물	가연물접촉주의, 화기·충격주의, 물기엄금
	그 외	가연물접촉주의, 화기·충격주의
제2류	철분, 금속분, 마그네슘	화기주의, 물기엄금
	인화성 고체	화기엄금
	그 외	화기주의
제3류	자연발화성 물질	화기엄금, 공기접촉엄금
	금수성 물질	물기엄금
제4류	–	화기엄금
제5류		화기엄금, 충격주의
제6류		가연물접촉주의

53 위험물안전관리법령상 위험물옥외저장소에 저장할 수 있는 품명은? (단, 국제해상위험물규칙에 적합한 용기에 수납된 경우를 제외한다.)

① 특수인화물
② 무기과산화물
③ 알코올류
④ 칼륨

옥외저장소에 저장할 수 있는 위험물 유별
• 제2류 위험물 중 황, 인화성 고체(인화점이 0도 이상인 것에 한함)
• 제4류 위험물 중 제1석유류(인화점이 0도 이상인 것에 한함), 알코올류, 제2석유류, 제3석유류, 제4석유류, 동식물유류
• 제6류 위험물

54 위험물안전관리법령에 따른 위험물의 운송에 관한 설명 중 틀린 것은?

① 알킬리튬과 알킬알루미늄 또는 이 중 어느 하나 이상을 함유한 것은 운송책임자의 감독, 지원을 받아야 한다.
② 이동탱크저장소에 의하여 위험물을 운송할 때의 운송책임자는 법정의 교육이수자도 포함된다.
③ 서울에서 부산까지 금속의 인화물 300kg을 1명의 운전자가 휴식 없이 운송해도 규정위반이 아니다.
④ 운송책임자의 감독 또는 지원의 방법에는 동승하는 방법과 별도의 사무실에서 대기하면서 규정된 사항을 이행하는 방법이 있다.

위험물운송자는 장거리(고속국도 340km 이상, 그 밖의 도로 200km 이상)의 운송을 하는 때에는 2명 이상의 운전자로 한다. 다만, 다음의 3가지 경우에는 그러하지 아니하다.
• 운전책임자의 동승 : 운송책임자가 별도의 사무실이 아닌 이동탱크저장소에 함께 동승한 경우, 이때는 운송책임자가 운전자의 역할을 하지 않는 경우이다.
• 운송위험물의 위험성이 낮은 경우 : 운송하는 위험물이 제2류 위험물, 제3류 위험물(칼슘 또는 알루미늄의 탄화물과 이것만을 함유한 것), 제4류 위험물(특수인화물 제외)인 경우
• 적당한 휴식을 취하는 경우 : 운송 도중에 2시간 이내마다 20분 이상씩 휴식하는 경우

정답 50 ④ 51 ④ 52 ② 53 ③ 54 ③

55 황은 순도가 몇 중량퍼센트 이상이어야 위험물에 해당하는가?

① 40 ② 50

③ 60 ④ 70

황은 순도 60wt% 이상인 것을 위험물 기준으로 본다.

56 황린의 저장 및 취급에 관한 주의사항으로 틀린 것은?

✦빈출

① 발화점이 낮으므로 화기에 주의한다.
② 백색 또는 담황색의 고체이며 물에 녹지 않는다.
③ 물과의 접촉을 피한다.
④ 자연발화성이므로 주의한다.

황린은 자연발화의 위험성이 크므로 물 속에 저장한다.

57 부틸리튬(n-Butyl lithium)에 대한 설명으로 옳은 것은?

① 무색의 가연성 고체이며 자극성이 있다.
② 증기는 공기보다 가볍고 점화원에 의해 산화의 위험이 있다.
③ 화재 발생 시 이산화탄소 소화설비는 적응성이 없다.
④ 탄화수소나 다른 극성의 액체에 용해가 잘 되며 휘발성은 없다.

부틸리튬 화재를 다루는 데 이산화탄소 소화설비는 적응성이 없고, 금속화재용 소화제를 사용하는 것이 적합하다.

58 제4류 위험물 중 특수인화물로만 나열된 것은?

① 아세트알데하이드, 산화프로필렌, 염화아세틸
② 산화프로필렌, 염화아세틸, 부틸알데하이드
③ 부틸알데하이드, 이소프로필아민, 다이에틸에터
④ 이황화탄소, 황화다이메탈, 이소프로필아민

특수인화물의 종류
산화프로필렌, 다이에틸에터, 아세트알데하이드, 이황화탄소, 이소프로필아민, 황화다이메탈

59 위험물안전관리법령에서 제3류 위험물에 해당하지 않는 것은?

① 알칼리금속 ② 칼륨

③ 황화인 ④ 황린

황화인은 제2류 위험물이다.

60 복수의 성상을 가지는 위험물에 대한 품명지정의 기준상 유별의 연결이 틀린 것은?

① 산화성 고체의 성상 및 가연성 고체의 성상을 가지는 경우 : 가연성 고체
② 산화성 고체의 성상 및 자기반응성 물질의 성상을 가지는 경우 : 자기반응성 물질
③ 가연성 고체의 성상과 자연발화성 물질의 성상 및 금수성 물질의 성상을 가지는 경우 : 자연발화성 물질 및 금수성 물질
④ 인화성 액체의 성상 및 자기반응성 물질의 성상을 가지는 경우 : 인화성 액체

복수성상의 위험물 기준
• 위험물 위험 순서 : 1 < 2 < 4 < 3 < 5 < 6
• 인화성 액체(4류) < 자기반응성 물질(5류)

정답 55 ③ 56 ③ 57 ③ 58 ④ 59 ③ 60 ④

06 2023년 3회 CBT 기출복원문제

01 위험물제조소등에 자동화재탐지설비를 설치하는 경우, 당해 건축물 그 밖의 공작물의 주요한 출입구에서 그 내부의 전체를 볼 수 있는 경우에 하나의 경계구역의 면적은 최대 몇 m²까지 할 수 있는가?

① 300
② 600
③ 1,000
④ 1,200

> 하나의 경계구역의 면적은 600m² 이하로 하고 그 한 변의 길이는 50m(광전식분리형 감지기를 설치할 경우에는 100m) 이하로 할 것. 다만, 당해 건축물 그 밖의 공작물의 주요한 출입구에서 그 내부의 전체를 볼 수 있는 경우에 있어서는 그 면적을 1,000m² 이하로 할 수 있다.

02 소화기의 사용방법을 옳게 설명한 것을 모두 나열한 것은?

> ㄱ. 적응화재에만 사용할 것
> ㄴ. 불과 최대한 멀리 떨어져서 사용할 것
> ㄷ. 바람을 마주보고 풍하에서 풍상 방향으로 사용할 것
> ㄹ. 양옆으로 비를 쓸 듯이 골고루 사용할 것

① ㄱ, ㄴ
② ㄱ, ㄷ
③ ㄱ, ㄹ
④ ㄱ, ㄷ, ㄹ

> 소화기 사용방법
> • 적응화재에 따라 사용
> • 성능에 따라 방출거리 내에서 사용
> • 바람을 등지고 사용
> • 양옆으로 비로 쓸 듯이 방사

03 위험물제조소등에 설치해야 하는 각 소화설비의 설치기준에 있어서 각 노즐 또는 헤드 끝부분의 방사압력 기준이 나머지 셋과 다른 설비는?

① 옥내소화전설비
② 옥외소화전설비
③ 스프링클러설비
④ 물분무 소화설비

> 방사압력 기준
> • 스프링클러설비 : 100kPa
> • 옥내소화전설비, 옥외소화전설비, 물분무 소화설비 : 350kPa

04 자연발화가 잘 일어나는 경우와 가장 거리가 먼 것은?

① 주변의 온도가 높을 것
② 습도가 높을 것
③ 표면적이 넓을 것
④ 열전도율이 클 것

> 자연발화 조건
> • 주위의 온도가 높을 것
> • 열전도율이 적을 것
> • 발열량이 클 것
> • 습도가 높을 것
> • 표면적이 넓을 것

05 위험물안전관리에 관한 세부기준에 따르면 이산화탄소 소화설비 저장용기는 온도가 몇 ℃ 이하인 장소에 설치하여야 하는가?

① 35
② 40
③ 45
④ 50

> 이산화탄소 소화설비 저장용기는 온도가 40℃ 이하이고 온도변화가 작은 장소에 설치한다.

정답 　01 ③ 　02 ③ 　03 ③ 　04 ④ 　05 ②

06 화재별 급수에 따른 화재의 종류 및 표시색상을 모두 옳게 나타낸 것은? ✈빈출

① A급 : 유류화재 – 황색
② B급 : 유류화재 – 황색
③ A급 : 유류화재 – 백색
④ B급 : 유류화재 – 백색

화재의 종류		
급수	화재	색상
A	일반	백색
B	유류	황색
C	전기	청색
D	금속	무색

07 이산화탄소 소화설비의 소화약제 저장용기 설치장소로 적합하지 않은 곳은?

① 방호구역 외의 장소
② 온도가 40℃ 이하이고 온도변화가 작은 장소
③ 빗물이 침투할 우려가 없는 장소
④ 직사일광이 잘 들어오는 장소

위험물제조소등에 설치하는 이산화탄소 소화설비의 소화약제 저장용기는 직사광선 및 빗물이 침투할 우려가 없는 곳에 설치해야 한다.

08 위험물안전관리법에서 정한 정전기를 유효하게 제거할 수 있는 방법에 해당하지 않는 것은? ✈빈출

① 위험물 이송 시 배관 내 유속을 빠르게 하는 방법
② 공기를 이온화하는 방법
③ 접지에 의한 방법
④ 공기 중의 상대습도를 70% 이상으로 하는 방법

정전기 방지대책
• 접지에 의한 방법
• 공기를 이온화함
• 공기 중의 상대 습도를 70% 이상으로 함
• 위험물의 유속이 느릴 때

09 위험물안전관리법상 특수인화물의 정의에 대해 다음 ( )안에 알맞은 수치를 차례대로 옳게 나열한 것은?

특수인화물이라 함은 이황화탄소, 다이에틸에터 그 밖에 1기압에서 발화점이 섭씨 ( )도 이하인 것 또는 인화점이 섭씨 영하 ( )도 이하이고 비점이 섭씨 40도 이하인 것을 말한다.

① 100, 20
② 25, 0
③ 100, 0
④ 25, 20

특수인화물이란 이황화탄소, 다이에틸에터 그 밖에 1기압에서 발화점이 섭씨 100도 이하인 것 또는 인화점이 섭씨 영하 20도 이하이고 비점이 섭씨 40도 이하인 것을 말한다.

10 화재 시 이산화탄소를 방출하여 산소의 농도를 13vol%로 낮추어 소화를 하려면 공기 중의 이산화탄소는 몇 vol%가 되어야 하는가? ✈빈출

① 28.1
② 38.1
③ 42.86
④ 48.36

이산화탄소 소화농도

$$\frac{21 - O_2}{21} \times 100$$

$$= \frac{21 - 13}{21} \times 100 = 38.1 \text{vol}\%$$

11 분말 소화약제 중 제1종과 제2종 분말이 각각 열분해될 때 공통적으로 생성되는 물질은? ⭐빈출

① N_2, CO_2
② N_2, O_2
③ H_2O, CO_2
④ H_2O, N_2

분말 소화약제의 종류

약제명	주성분	분해식
제1종	탄산수소나트륨	$2NaHCO_3 \rightarrow Na_2CO_3 + CO_2 + H_2O$
제2종	탄산수소칼륨	$2KHCO_3 \rightarrow K_2CO_3 + CO_2 + H_2O$
제3종	인산암모늄	$NH_4H_2PO_4 \rightarrow NH_3 + HPO_3 + H_2O$
제4종	탄산수소칼륨 + 요소	–

12 요리용 기름의 화재 시 비누화 반응을 일으켜 질식효과와 재발화 방지 효과를 나타내는 소화약제는?

① $NaHCO_3$
② $KHCO_3$
③ $BaCl_2$
④ $NH_4H_2PO_4$

탄산수소나트륨 소화약제는 염기성을 띠며 식용유와 반응하여 비누화 반응을 일으키는데 이는 질식효과가 있다.

13 제1종 분말 소화약제의 화학식과 색상이 옳게 연결된 것은? ⭐빈출

① $NaHCO_3$ – 백색
② $KHCO_3$ – 백색
③ $NaHCO_3$ – 담홍색
④ $KHCO_3$ – 담홍색

분말 소화약제의 종류

약제명	주성분	적응화재	색상
제1종	탄산수소나트륨	BC	백색
제2종	탄산수소칼륨	BC	보라색
제3종	인산암모늄	ABC	담홍색
제4종	탄산수소칼륨 + 요소	BC	회색

14 위험물안전관리법령에서 정한 위험물의 유별 성질을 잘못 나타낸 것은?

① 제1류 : 산화성
② 제4류 : 인화성
③ 제5류 : 자기반응성
④ 제6류 : 가연성

제6류 위험물은 산화성 액체이다.

15 알칼리금속의 화재 시 소화약제로 가장 적합한 것은?

① 물
② 마른모래
③ 이산화탄소
④ 할로겐화합물

알칼리금속과산화물은 주수소화를 금지하고 마른모래·탄산수소염류 분말·팽창질석·팽창진주암 등으로 질식소화한다.

16 위험물안전관리법령에 따른 스프링클러헤드의 설치방법에 대한 설명으로 옳지 않은 것은?

① 개방형헤드는 반사판에서 하방으로 0.45m, 수평방향으로 0.3m 공간을 보유할 것
② 폐쇄형헤드는 가연성 물질 수납 부분에 설치 시 반사판으로부터 하방으로 0.9m, 수평방향으로 0.4m 공간을 확보할 것
③ 폐쇄형헤드 중 개구부에 설치하는 것은 당해 개구부의 상단으로부터 높이 0.15m 이내의 벽면에 설치할 것
④ 폐쇄형헤드설치 시 급배기용 덕트의 긴 변의 길이가 1.2m를 초과하는 것이 있는 경우에는 당해 덕트의 윗면에도 헤드를 설치할 것

폐쇄형헤드 설치 시 급배기용 덕트의 긴 변의 길이가 1.2m를 초과하는 것이 있는 경우에 당해 덕트의 아래면에도 헤드를 설치해야 한다.

정답 11 ③ 12 ① 13 ① 14 ④ 15 ② 16 ④

17 팽창질석(삽 1개 포함) 160리터의 소화 능력단위는?

① 0.5 　　　　　② 1.0
③ 1.5 　　　　　④ 2.0

소화설비의 능력단위

소화설비	용량(L)	능력단위
소화전용물통	8	0.3
수조(물통 3개 포함)	80	1.5
수조(물통 6개 포함)	190	2.5
마른모래(삽 1개 포함)	50	0.5
팽창질석·팽창진주암(삽 1개 포함)	160	1.0

18 탄화칼슘 저장소에 수분이 침투하여 반응하였을 때 발생하는 가연성 가스는?

① 메탄 　　　　　② 아세틸렌
③ 에탄 　　　　　④ 프로판

탄화칼슘과 물의 반응식
• $CaC_2 + 2H_2O \rightarrow Ca(OH)_2 + C_2H_2$
• 탄화칼슘은 물과 반응하여 아세틸렌이 발생하므로 주수소화가 위험하다.

19 제6류 위험물의 화재에 적응성이 없는 소화설비는?

① 옥내소화전설비 　　　② 스프링클러설비
③ 포 소화설비 　　　　④ 불활성 가스 소화설비

제6류 위험물의 소화
• 마른모래, 이산화탄소를 이용한 질식소화가 효과적이다.
• 옥내소화전설비, 옥외소화전설비, 스프링클러설비, 물분무 소화설비, 포 소화설비, 인산염류 분말 소화설비 등에 적응성이 있다.

20 다음 중 가연물이 연소할 때 공기 중의 산소농도를 떨어뜨려 연소를 중단시키는 소화방법은?

① 제거소화 　　　　② 질식소화
③ 냉각소화 　　　　④ 억제소화

공기 중의 산소농도를 한계산소량 이하로 낮추어 연소를 중지시키는 소화방법은 질식소화로, 이산화탄소 등 불활성 가스의 방출로 화재를 제어하는 것, 모래 등을 이용하여 불을 끄는 것은 질식소화의 예이다.

21 질산암모늄에 대한 설명으로 옳은 것은?

① 물에 녹을 때 발열반응을 한다.
② 가열하면 폭발적으로 분해하여 산소와 암모니아를 생성한다.
③ 소화방법으로 질식소화가 좋다.
④ 단독으로도 급격한 가열, 충격으로 분해·폭발할 수 있다.

공기 중에서는 안정하지만, 고온 또는 밀폐용기에 있거나 가연성 물질과 공존 또는 단독으로 급격한 가열, 충격, 분해에 의해 폭발할 수 있다.

22 인화칼슘, 탄화알루미늄, 나트륨이 물과 반응하였을 때 발생하는 가스에 해당하지 않는 것은?

① 포스핀가스 　　　　② 수소
③ 이황화탄소 　　　　④ 메탄

• 인화칼슘 : 포스핀가스
• 탄화알루미늄 : 메탄
• 나트륨 : 수소

23 $C_6H_5CH_3$의 일반적 성질이 아닌 것은?

① 벤젠보다 독성이 매우 강하다.
② 진한 질산과 진한 황산으로 나이트로화하면 TNT가 된다.
③ 비중은 약 0.86이다.
④ 물에 녹지 않는다.

톨루엔($C_6H_5CH_3$)에 노출될 경우 눈이 떨리거나 운동 능력에 문제가 생길 수 있고 두통, 어지럼증, 기억력장애 또는 환각증세 등 신경계에 유해한 영향을 주지만 벤젠보다 독성이 강하지 않다.

정답 17 ② 　18 ② 　19 ④ 　20 ② 　21 ④ 　22 ③ 　23 ①

24 삼황화인의 연소 시 발생하는 가스에 해당하는 것은?

① 이산화황
② 황화수소
③ 산소
④ 인산

삼황화인은 연소 시 오산화인과 이산화황을 발생한다.

25 제4류 위험물의 일반적인 성질에 대한 설명 중 틀린 것은?

① 대부분 유기화합물이다.
② 액체 상태이다.
③ 대부분 물보다 가볍다.
④ 대부분 물에 녹기 쉽다.

인화성 액체로 대부분 물에 잘 녹지 않는다.

26 과염소산에 대한 설명으로 틀린 것은?

① 가열하면 쉽게 발화한다.
② 강한 산화력을 갖고 있다.
③ 무색의 액체이다.
④ 물과 접촉하면 발열한다.

과염소산은 가열하면 유독성의 염화수소가 발생되며 분해한다.

27 휘발유에 대한 설명으로 옳지 않은 것은?

① 지정수량은 200리터이다.
② 전기의 불량도체로서 정전기 축적이 용이하다.
③ 원유의 성질·상태·처리방법에 따라 탄화수소의 혼합 비율이 다르다.
④ 발화점은 −43 ~ −20℃ 정도이다.

휘발유의 발화점은 약 280 ~ 456℃이다.

28 과산화칼륨과 과산화마그네슘이 염산과 각각 반응했을 때 공통으로 나오는 물질의 지정수량은?

① 50L
② 100kg
③ 300kg
④ 1,000L

• 과산화칼륨과 과산화마그네슘이 염산과 반응 시 과산화수소가 발생한다.
• 과산화수소는 제6류 위험물로, 지정수량은 300kg이다.

29 에틸알코올의 증기비중은 약 얼마인가?

① 0.72
② 0.91
③ 1.13
④ 1.59

• 증기비중 = $\dfrac{분자량}{29(공기의\ 평균분자량)}$

• 에틸알코올(C_2H_5OH) 분자량 = $(12 \times 2) + (1 \times 6) + 16$ = 46g/mol

• 에틸알코올 증기비중 = $\dfrac{분자량}{29(공기의\ 평균분자량)} = \dfrac{46}{29} = 1.59$

30 질산의 성상에 대한 설명으로 옳은 것은?

① 흡습성이 강하고 부식성이 있는 무색의 액체이다.
② 햇빛에 의해 분해하여 암모니아가 생성되는 흰색을 띤다.
③ Au, Pt와 잘 반응하여 질산염과 질소가 생성된다.
④ 비휘발성이고 정전기에 의한 발화에 주의해야 한다.

질산의 특징
• 흡습성이 강하고 부식성이 있는 무색의 액체이다.
• 단백질과 크산토프로테인 반응을 일으켜 노란색으로 변한다.
• 빛에 의해 분해되므로 갈색병에 보관한다.

31 과산화수소의 저장 및 취급 방법으로 옳지 않은 것은?

① 갈색 용기를 사용한다.
② 직사광선을 피하고 냉암소에 보관한다.
③ 농도가 클수록 위험성이 높아지므로 분해방지 안정제를 넣어 분해를 억제시킨다.
④ 장시간 보관 시 철분을 넣어 유리용기에 보관한다.

과산화수소는 열, 햇빛에 의해 분해가 촉진되므로 뚜껑에 작은 구멍을 뚫은 갈색병에 보관해야 한다.

정답 24① 25④ 26① 27④ 28③ 29④ 30① 31④

32 다음 ( ) 안에 적합한 숫자를 차례대로 나열한 것은?

> 자연발화성 물질 중 알킬알루미늄등은 운반용기의 내용적의 ( )% 이하의 수납율로 수납하되, 50℃의 온도에서 ( )% 이상의 공간용적을 유지하도록 할 것

① 90, 5　　　　　　② 90, 10
③ 95, 5　　　　　　④ 95, 10

> 자연발화성 물질 중 알킬알루미늄등은 운반용기의 내용적의 90% 이하의 수납율로 수납하되, 50℃의 온도에서 5% 이상의 공간용적을 유지하도록 할 것

33 위험물탱크의 용량은 탱크의 내용적에서 공간용적을 뺀 용적으로 한다. 이 경우 소화약제 방출구를 탱크 안의 윗부분에 설치하는 탱크의 공간용적은 당해 소화설비의 소화약제 방출구 아래의 어느 범위의 면으로부터 윗부분의 용적으로 하는가?

① 0.1미터 이상 0.5미터 미만 사이의 면
② 0.3미터 이상 1미터 미만 사이의 면
③ 0.5미터 이상 1미터 미만 사이의 면
④ 0.5미터 이상 1.5미터 미만 사이의 면

> 소화설비(소화약제 방출구를 탱크 안의 윗부분에 설치하는 것에 한한다)를 설치하는 탱크의 공간용적은 해당 소화설비의 소화약제 방출구 아래의 0.3m 이상 1m 미만 사이의 면으로부터 윗부분의 용적으로 한다.

34 자기반응성 물질에 해당하는 물질은?

① 과산화칼륨　　　　② 벤조일퍼옥사이드
③ 트라이에틸알루미늄　④ 메틸에틸케톤

> 벤조일퍼옥사이드의 특징
> • 무색, 무취의 고체이다.
> • 제5류 위험물인 자기반응성 물질이다.
> • 품명은 유기과산화물이다.
> • 가급적 소분하여 저장한다.

35 다음 위험물의 지정수량 배수의 총합은 얼마인가?

> 질산 150kg, 과산화수소수 420kg, 과염소산 300kg

① 2.5　　　　　　② 2.9
③ 3.4　　　　　　④ 3.9

> • 질산(6류), 과산화수소(6류), 과염소산(6류)의 지정수량 : 300kg
> • 지정수량 $= \dfrac{150}{300} + \dfrac{420}{300} + \dfrac{300}{300} = 2.9$배

36 제4류 위험물 운반용기의 외부에 표시해야 하는 사항이 아닌 것은?

① 규정에 의한 주의사항
② 위험물의 품명 및 위험등급
③ 위험물의 관리자 및 지정수량
④ 위험물의 화학명

> 운반용기 외부 표시사항
> • 위험물의 품명, 위험등급, 화학명 및 수용성(제4류 위험물의 수용성인 것에 한함)
> • 위험물의 수량
> • 수납하는 위험물에 따른 주의사항

37 제조소의 옥외에 모두 3기의 휘발유 취급탱크를 설치하고 그 주위에 방유제를 설치하고자 한다. 방유제 안에 설치하는 각 취급탱크의 용량이 5만L, 3만L, 2만L일 때 필요한 방유제의 용량은 몇 L 이상인가?

① 66,000　　　　　② 60,000
③ 33,000　　　　　④ 30,000

> 제조소 옥외의 위험물취급탱크의 방유제 용량
> (최대 탱크용량 × 0.5) + (나머지 탱크용량 × 0.1)
> = 50,000 × 0.5 + (30,000 + 20,000) × 0.1
> = 30,000L

정답　32 ①　33 ②　34 ②　35 ②　36 ③　37 ④

38 $NH_4H_2PO_4$이 열분해하여 생성되는 물질 중 암모니아와 수증기의 부피 비율은? 빈출

① 1 : 1
② 1 : 2
③ 2 : 1
④ 3 : 2

- $NH_4H_2PO_4 \rightarrow HPO_3 + NH_3 + H_2O$
- 인산암모늄은 열분해하여 메타인산, 암모니아, 물을 생성한다.
- 암모니아(NH_3)와 수증기(H_2O)의 몰수비가 1 : 1이므로, 부피 비율은 1 : 1이다.

39 위험물안전관리법령상 위험물의 운반에 관한 기준에 따르면 알코올류의 위험등급은 얼마인가?

① 위험등급 Ⅰ
② 위험등급 Ⅱ
③ 위험등급 Ⅲ
④ 위험등급 Ⅳ

위험등급 Ⅱ에는 제1석유류와 알코올류가 있다.

40 금속리튬이 물과 반응하였을 때 생성되는 물질은?

① 수산화리튬과 수소
② 수산화리튬과 산소
③ 수소화리튬과 물
④ 산화리튬과 물

- $LiH + H_2O \rightarrow LiOH + H_2$
- 금속리튬이 물과 반응하면 수산화리튬과 수소가 발생한다.

41 이황화탄소를 화재예방상 물 속에 저장하는 이유는?

① 불순물을 물에 용해시키기 위해서
② 가연성 증기 발생을 억제하기 위해서
③ 상온에서 수소가스를 발생시키기 때문에
④ 공기와 접촉하면 즉시 폭발하기 때문에

이황화탄소는 가연성 증기의 발생을 억제하기 위해 물 속에 저장한다.

42 지하저장탱크에 경보음을 울리는 방법으로 과충전방지장치를 설치하고자 한다. 탱크용량의 최소 몇 %가 찰 때 경보음이 울리도록 하여야 하는가?

① 80
② 85
③ 90
④ 95

탱크용량의 90%가 찰 때 경보음이 울리도록 한다.

43 과산화칼륨이 물 또는 이산화탄소와 반응할 경우 공통적으로 발생하는 물질은? 빈출

① 산소
② 과산화수소
③ 수산화칼륨
④ 수소

과산화칼륨은 물, 이산화탄소와 반응 후 공통적으로 산소를 발생한다.

44 다음에서 설명하는 위험물에 해당하는 것은?

- 지정수량은 300kg이다.
- 산화성 액체위험물이다.
- 가열하면 분해하여 유독성 가스를 발생한다.
- 증기비중은 약 3.5이다.

① 브로민산칼륨
② 클로로벤젠
③ 질산
④ 과염소산

과염소산은 산화성 액체로 지정수량 300kg인 제6류 위험물이다.

45 다음 물질 중 위험물 유별에 따른 구분이 나머지 셋과 다른 하나는? 빈출

① 트라이나이트로톨루엔
② 질산메틸
③ 다이나이트로벤젠
④ 테트릴

품명	위험물	상태
질산에스터류	질산메틸 질산에틸 나이트로글리콜 나이트로글리세린	액체
	나이트로셀룰로오스 셀룰로이드	고체
나이트로화합물	트라이나이트로톨루엔 트라이나이트로페놀 다이나이트로벤젠 테트릴	고체

정답 38① 39② 40① 41② 42③ 43① 44④ 45②

46 위험물안전관리법령에서 규정하고 있는 사항으로 틀린 것은?

① 법정의 안전교육을 받아야 하는 사람은 안전관리자로 선임된 자, 탱크시험자의 기술인력으로 종사하는 자, 위험물운반자로 종사하는 자, 위험물운송자로 종사하는 자이다.

② 지정수량의 150배 이상의 위험물을 저장하는 옥내저장소는 관계인이 예방규정을 정하여야 하는 제조소등에 해당한다.

③ 정기검사의 대상이 되는 것은 액체위험물을 저장 또는 취급하는 10만리터 이상의 옥외탱크저장소, 암반탱크저장소, 이송취급소이다.

④ 법정의 안전관리자교육이수자와 소방공무원으로 근무한 경력이 3년 이상인 자는 제4류 위험물에 대한 위험물 취급 자격자가 될 수 있다.

> 정기검사의 대상이 되는 것은 액체위험물을 저장 또는 취급하는 50만L 이상의 옥외탱크저장소이다.

47 위험물의 화재 시 소화방법에 대한 다음 설명 중 옳은 것은?

① 아연분은 주수소화가 적당하다.

② 마그네슘은 봉상주수소화가 적당하다.

③ 알루미늄은 건조사로 피복하여 소화하는 것이 좋다.

④ 황화인은 산화제로 피복하여 소화하는 것이 좋다.

> 알루미늄은 물과 반응 시 수소를 발생하며 폭발하기 때문에 건조사로 피복하여 소화한다.

48 그림과 같이 횡으로 설치한 원형탱크의 용량은 약 몇 m³인가? (단, 공간용적은 내용적의 10/100이다.) ✈빈출

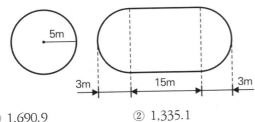

① 1,690.9

② 1,335.1

③ 1,268.4

④ 1,201.1

> 위험물저장탱크의 내용적
>
> $$V = \pi r^2 \times (1 + \frac{l_1 + l_2}{3})(1 - 공간용적)$$
>
> $$= 원의\ 면적 \times (가운데\ 체적길이 + \frac{양끝\ 체적길이의\ 합}{3})$$
> $$(1 - 공간용적)$$
>
> $$= 3.14 \times 5^2 \times (15 + 2)(1 - 0.1) = 1,201.05 m^3$$

49 위험물제조소의 기준에 있어서 위험물을 취급하는 건축물의 구조로 적당하지 않은 것은?

① 지하층이 없도록 하여야 한다.

② 연소의 우려가 있는 외벽은 내화구조의 벽으로 하여야 한다.

③ 출입구는 연소의 우려가 있는 외벽에 설치하는 경우 을종방화문(30분 방화문)을 설치하여야 한다.

④ 지붕은 폭발력이 위로 방출될 정도의 가벼운 불연재료로 덮어야 한다.

> 연소의 우려가 있는 외벽에 설치하는 출입구에는 수시로 열 수 있는 자동폐쇄식의 갑종방화문(60분 + 방화문, 60분 방화문)을 설치하여야 한다.

50 다음 2가지 물질이 반응하였을 때 포스핀을 발생시키는 것은? ✈빈출

① 사염화탄소 + 물

② 황산 + 물

③ 오황화인 + 물

④ 인화칼슘 + 물

> 인화칼슘은 물과 반응하여 수산화칼슘과 포스핀가스가 발생하므로 주수금지이다.

51 위험물안전관리법령상 주유취급소의 소화설비 기준과 관련한 설명 중 틀린 것은?

① 모든 주유취급소는 소화난이도등급 Ⅱ 또는 소화난이도등급 Ⅲ에 속한다.
② 소화난이도등급 Ⅱ에 해당하는 주유취급소에는 대형수동식소화기 및 소형수동식소화기 등을 설치하여야 한다.
③ 소화난이도등급 Ⅲ에 해당하는 주유취급소에는 소형수동식소화기 등을 설치하여야 하며, 위험물의 소요단위 산정은 지하탱크저장소의 기준을 준용한다.
④ 모든 주유취급소의 소화설비 설치를 위해서는 위험물의 소요단위를 산출하여야 한다.

소화난이도등급 Ⅲ에 해당하는 주유취급소에는 소형수동식소화기 등을 설치하여야 하며, 능력단위의 수치가 건축물 그 밖의 공작물 및 위험물의 소요단위의 수치에 이르도록 설치해야 한다.

52 위험물안전관리법령상 위험물제조소등에 자체소방대를 두어야 할 대상으로 옳은 것은?

① 지정수량 300배 이상의 제4류 위험물을 취급하는 저장소
② 지정수량 300배 이상의 제4류 위험물을 취급하는 제조소
③ 지정수량 3,000배 이상의 제4류 위험물을 취급하는 저장소
④ 지정수량 3,000배 이상의 제4류 위험물을 취급하는 제조소

위험물안전관리법령상 자체소방대를 설치해야 하는 사업소
• 제조소 또는 일반취급소에서 취급하는 제4류 위험물의 최대수량의 합이 지정수량의 3천배 이상인 경우(다만, 보일러로 위험물을 소비하는 일반취급소 등 행정안전부령으로 정하는 일반취급소는 제외한다)
• 옥외탱크저장소에 저장하는 제4류 위험물의 최대수량이 지정수량의 50만배 이상인 경우

53 소화설비의 기준에서 용량 160L 팽창질석의 능력단위는?

① 0.5
② 1.0
③ 1.5
④ 2.5

소화설비의 능력단위		
소화설비	용량(L)	능력단위
소화전용물통	8	0.3
수조(물통 3개 포함)	80	1.5
수조(물통 6개 포함)	190	2.5
마른모래(삽 1개 포함)	50	0.5
팽창질석·팽창진주암(삽 1개 포함)	160	1.0

54 과산화나트륨 78g과 충분한 양의 물이 반응하여 생성되는 기체의 종류와 생성량을 옳게 나타낸 것은?

① 수소, 1g
② 산소, 16g
③ 수소, 2g
④ 산소, 32g

• $2Na_2O_2 + 2H_2O \rightarrow 4NaOH + O_2$
• 과산화나트륨은 물과 만나 수산화나트륨과 산소를 생성한다.
• Na_2O_2 분자량 = $(23 \times 2) + (16 \times 2)$ = 78g/mol
• 과산화나트륨 78g = 1mol
• 2mol의 과산화나트륨(156g)이 반응할 때 산소(1mol, 16g)가 생성되므로 과산화나트륨 1mol당 산소는 0.5mol이 생성된다.
• 0.5mol × 32g = 16g

55 순수한 것은 무색, 투명한 기름상의 액체이고 공업용은 담황색인 위험물로 충격, 마찰에는 매우 예민하고 겨울철에는 동결할 우려가 있는 것은?

① 펜트리트
② 트라이나이트로벤젠
③ 나이트로글리세린
④ 질산메틸

나이트로글리세린은 무색, 투명한 기름상의 액체로 물에 잘 녹지 않으며 충격, 마찰에는 매우 예민하고 겨울철에는 동결할 우려가 있다.

정답 51 ③ 52 ④ 53 ② 54 ② 55 ③

56 다음 황린의 성질에 대한 설명으로 옳은 것은?

① 분자량은 약 108이다.
② 융점은 약 120℃이다.
③ 비점은 약 120℃이다.
④ 비중은 약 1.8이다.

> 황린의 비중은 1.82이다.

57 다음 중 산을 가하면 이산화염소를 발생시키는 물질은?

① 아염소산나트륨
② 브로민산나트륨
③ 옥소산칼륨
④ 다이크로뮴산나트륨

> • $3NaClO_2 + 2HCl \rightarrow 3NaCl + 2ClO_2 + H_2O_2$
> • 아염소산나트륨은 염산과 만나면 염화나트륨, 이산화염소, 과산화수소가 발생한다.

58 옥외저장탱크 중 압력탱크 외의 탱크에 통기관을 설치하여야 할 때 밸브 없는 통기관인 경우 통기관의 지름은 몇 mm 이상으로 하여야 하는가?

① 10   ② 15
③ 20   ④ 30

> 밸브 없는 통기관의 지름은 30mm 이상으로 한다.

59 제2류 위험물 중 인화성 고체의 제조소에 설치하는 주의사항 게시판에 표시할 내용을 옳게 나타낸 것은?

① 적색바탕에 백색문자로 "화기엄금" 표시
② 적색바탕에 백색문자로 "화기주의" 표시
③ 백색바탕에 적색문자로 "화기엄금" 표시
④ 백색바탕에 적색문자로 "화기주의" 표시

> • 제2류 위험물(인화성 고체 제외) : 화기주의
> • 제2류 위험물 중 인화성 고체 : 화기엄금

60 다음 품명에 따른 지정수량이 틀린 것은?

① 알킬리튬 : 10kg
② 황린 : 50kg
③ 알칼리금속 : 50kg
④ 유기과산화물 : 10kg

> 황린의 지정수량 : 20kg

01 위험물안전관리법령상 제3류 위험물 중 금수성 물질의 제조소에 설치하는 주의사항 게시판의 바탕색과 문자색을 옳게 나타낸 것은? ★빈출

① 청색바탕에 황색문자
② 황색바탕에 청색문자
③ 청색바탕에 백색문자
④ 백색바탕에 청색문자

> 제3류 위험물 중 금수성 물질은 물기엄금이고 청색바탕에 백색문자로 표시한다.

02 다음과 같은 반응식에서 5m³의 탄산가스를 만들기 위해 필요한 탄산수소나트륨의 양은 약 몇 kg인가? (단, 표준상태이고 나트륨의 원자량은 23이다.)

$$2NaHCO_3 \rightarrow Na_2CO_3 + CO_2 + H_2O$$

① 18.75
② 37.5
③ 56.25
④ 75

> • CO_2 1mol = 22.4L
> • CO_2 1Kmol = 44kg
> • $5m^3 \times \dfrac{1}{22.4}$ = 0.2232Kmol
> • $NaCO_3$ 1mol = 84kg
> ∴ 탄산수소나트륨 양 = 0.4464Kmol × 84 = 37.49kg

03 연소에 대한 설명으로 옳지 않은 것은?

① 산화되기 쉬운 것일수록 타기 쉽다.
② 산소와의 접촉면적이 큰 것일수록 타기 쉽다.
③ 충분한 산소가 있어야 타기 쉽다.
④ 열전도율이 큰 것일수록 타기 쉽다.

> 열전도율이 작은 것일수록 타기 쉽다.

04 탄화칼슘은 물과 반응 시 위험성이 증가하는 물질이다. 주수소화 시 물과 반응하면 어떤 가스가 발생하는가? ★빈출

① 수소
② 메탄
③ 에탄
④ 아세틸렌

> 탄화칼슘과 물의 반응식
> • $CaC_2 + 2H_2O \rightarrow Ca(OH)_2 + C_2H_2$
> • 탄화칼슘과 물이 반응하면 수산화칼슘과 아세틸렌이 발생한다.

05 위험물의 자연발화를 방지하는 방법으로 가장 거리가 먼 것은?

① 통풍을 잘 시킬 것
② 저장실의 온도를 낮출 것
③ 습도가 높은 곳에서 저장할 것
④ 정촉매 작용을 하는 물질과의 접촉을 피할 것

> 습도가 높으면 미생물로 인한 자연발화의 위험성이 높아지기 때문에 습도를 낮게 유지해야 한다.

06 과염소산의 화재예방에 요구되는 주의사항에 대한 설명으로 옳은 것은?

① 유기물과 접촉 시 발화의 위험이 있기 때문에 가연물과 접촉시키지 않는다.
② 자연발화의 위험이 높으므로 냉각시켜 보관한다.
③ 공기 중 발화하므로 공기와의 접촉을 피해야 한다.
④ 액체 상태는 위험하므로 고체 상태로 보관한다.

> 과염소산은 산화성 고체로 유기물과 접촉 시 발화의 위험이 있기 때문에 가연물과 접촉시키지 않는다.

정답 01 ③ 02 ② 03 ④ 04 ④ 05 ③ 06 ①

07 15℃의 기름 100g에 8,000J의 열량을 주면 기름의 온도는 몇 ℃가 되겠는가? (단, 기름의 비열은 2J/g · ℃이다.)

① 25
② 45
③ 50
④ 55

> 기름의 온도계산
> • 온도차 = $\dfrac{열량}{비열 \times 질량}$
>
> $= \dfrac{8,000}{2 \times 100} = 40℃$
>
> • 기름의 온도 − 15 = 40℃
> ∴ 기름의 온도 = 55

08 제5류 위험물의 화재예방상 유의사항 및 화재 시 소화방법에 관한 설명으로 옳지 않은 것은?

① 대량의 주수에 의한 소화가 좋다.
② 화재 초기에는 질식소화가 효과적이다.
③ 일부 물질의 경우 운반 또는 저장 시 안정제를 사용해야 한다.
④ 가연물과 산소공급원이 같이 있는 상태이므로 점화원의 방지에 유의하여야 한다.

> 화재 초기에는 주수소화가 효과적이다.

09 폭발의 종류에 따른 물질이 잘못 짝지어진 것은?

① 분해폭발 − 아세틸렌, 산화에틸렌
② 분진폭발 − 금속분, 밀가루
③ 중합폭발 − 사이안화수소, 염화비닐
④ 산화폭발 − 하이드라진, 과산화수소

> • 중합폭발은 화합물이 스스로 중합반응을 일으켜 급격히 부피가 팽창하면서 폭발하는 현상이다.
> • 사이안화수소는 산화폭발의 위험성을 가지기 때문에 중합폭발과 관련이 없다.

10 착화온도가 낮아지는 원인과 가장 관계가 있는 것은?

① 발열량이 적을 때
② 압력이 높을 때
③ 습도가 높을 때
④ 산소와의 결합력이 나쁠 때

> 착화온도가 낮아지는 원인
> • 발열량이 높을 때
> • 압력이 높을 때
> • 습도가 낮을 때
> • 산소와의 결합력이 좋을 때

11 위험물안전관리법령상 알칼리금속과산화물에 적응성이 있는 소화설비는?

① 할로겐화합물 소화설비
② 탄산수소염류 분말 소화설비
③ 물분무 소화설비
④ 스프링클러설비

> 알칼리금속과산화물은 주수소화를 금지하고 마른모래 · 탄산수소염류 분말 · 팽창질석 · 팽창진주암 등으로 질식소화한다.

12 Halon 1001의 화학식에서 수소원자의 수는?

① 0
② 1
③ 2
④ 3

> 할론넘버는 C, F, Cl, Br 순으로 매긴다.
> • 할론 1011 = CH_3Br
> • 수소원자는 3개이다.

13 이산화탄소 소화약제에 관한 설명 중 틀린 것은?

① 소화약제에 의한 오손이 없다.
② 소화약제 중 증발잠열이 가장 크다.
③ 전기 절연성이 있다.
④ 장기간 저장이 가능하다.

> 증발잠열이 가장 큰 것은 물 소화약제이다.

14 수성막포 소화약제에 사용되는 계면활성제는?

① 염화단백포 계면활성제
② 산소계 계면활성제
③ 황산계 계면활성제
④ 불소계 계면활성제

> 수성막포 소화약제는 불소계 계면활성제를 바탕으로 한 기포성 수성 소화약제이다.

15 질소와 아르곤과 이산화탄소의 용량비가 52대 40대 8인 혼합물 소화약제에 해당하는 것은?

① IG – 541
② HCFC BLEND A
③ HFC – 125
④ HFC – 23

> IG – 541 혼합물 종류
> N_2 : Ar : CO_2 = 52 : 40 : 8로 혼합

16 위험물안전관리법령상 소화설비의 적응성에 관한 내용이다. 옳은 것은?

① 마른모래는 대상물 중 제1류 ~ 제6류 위험물에 적응성이 있다.
② 팽창질석은 전기설비를 포함한 모든 대상물에 적응성이 있다.
③ 분말 소화약제는 셀룰로이드류의 화재에 가장 적당하다.
④ 물분무 소화설비는 전기설비에 사용할 수 없다.

> 마른모래는 화재 표면에 뿌려 질식소화하며 제1류부터 제6류까지 위험물 소화에 사용된다.

17 다음 중 공기포 소화약제가 아닌 것은?

① 단백포 소화약제
② 합성계면활성제포 소화약제
③ 화학포 소화약제
④ 수성막포 소화약제

> 공기포는 포 소화약제와 물을 기계적으로 교반시키면서 공기를 흡입하여(공기를 핵으로 하여) 발생시킨 포로 일명 기계포라고도 한다. 단백포 소화약제, 불화단백포 소화약제, 합성계면활성제포 소화약제, 수성막포 소화약제, 내알코올포(수용성액체용포) 소화약제가 있다.

18 물은 냉각소화가 주된 대표적인 소화약제이다. 물의 소화효과를 높이기 위하여 무상주수를 함으로써 부가적으로 작용하는 소화효과로 이루어진 것은?

① 질식소화작용, 제거소화작용
② 질식소화작용, 유화소화작용
③ 타격소화작용, 유화소화작용
④ 타격소화작용, 피복소화작용

> 무상주수 소화효과
> • 질식소화
> • 유화소화

정답   13② 14④ 15① 16① 17③ 18②

19 분말 소화약제 중 제1종과 제2종 분말이 각각 열분해될 때 공통적으로 생성되는 물질은?

① N_2, CO_2
② N_2, O_2
③ H_2O, CO_2
④ H_2O, N_2

분말 소화약제의 종류		
약제명	주성분	분해식
제1종	탄산수소나트륨	$2NaHCO_3 \rightarrow Na_2CO_3 + CO_2 + H_2O$
제2종	탄산수소칼륨	$2KHCO_3 \rightarrow K_2CO_3 + CO_2 + H_2O$
제3종	인산암모늄	$NH_4H_2PO_4 \rightarrow NH_3 + HPO_3 + H_2O$
제4종	탄산수소칼륨 + 요소	–

20 다음 중 강화액 소화약제의 주성분에 해당하는 것은?

① K_2CO_3
② K_2O_2
③ CaO_2
④ $KBrO_3$

강화액 소화약제는 물에 중탄산칼륨염, 방청제 및 안정제 등을 첨가하여 $-20℃$에서도 응고하지 않도록 하며 물의 침투능력을 배가시킨 소화약제이다.

21 트라이나이트로톨루엔의 작용기에 해당하는 것은?

① $-NO$
② $-NO_2$
③ $-NO_3$
④ $-NO_4$

O₂N NO₂
NO₂

주어진 구조를 보면, 톨루엔($C_6H_5CH_3$) 고리 위에 세 개의 나이트로기($-NO_2$)가 붙어 있는 것을 확인할 수 있다. 이 구조는 트라이나이트로톨루엔(TNT)으로, 여기서 작용기는 나이트로기($-NO_2$)이다.

22 위험물의 성질에 대한 설명 중 틀린 것은?

① 황린은 공기 중에서 산화할 수 있다.
② 적린은 $KClO_3$와 혼합하면 위험하다.
③ 황린은 물에 매우 잘 녹는다.
④ 황화인은 가연성 고체이다.

황린은 백색 또는 담황색의 자연발화성 고체이다. 벤젠, 알코올에는 일부 용해하고, 이황화탄소(CS_2), 삼염화인, 염화황에는 잘 녹는다. 증기는 공기보다 무겁고 자극적이며 맹독성인 물질이며 자연발화의 위험성이 크므로 물 속에 저장한다.

23 알루미늄분의 성질에 대한 설명으로 옳은 것은?

① 금속 중에서 연소열량이 가장 작다.
② 끓는 물과 반응해서 수소를 발생한다.
③ 산화나트륨 수용액과 반응해서 산소를 발생한다.
④ 안전한 저장을 위해 할로겐 원소와 혼합한다.

알루미늄분은 물과 반응하여 수소를 발생하며 폭발한다.

24 피리딘의 일반적인 성질에 대한 설명 중 틀린 것은?

① 순수한 것은 무색 액체이다.
② 약알칼리성을 나타낸다.
③ 물보다 가볍고, 증기는 공기보다 무겁다.
④ 흡습성이 없고, 비수용성이다.

피리딘은 수용성이다.

25 위험물안전관리법령에서는 특수인화물을 1기압에서 발화점이 $100℃$ 이하인 것 또는 인화점이 얼마 이하이고 비점이 $40℃$ 이하인 것으로 정의하는가?

① $-10℃$
② $-20℃$
③ $-30℃$
④ $-40℃$

특수인화물이란 1기압에서 발화점이 섭씨 $100℃$ 이하, 인화점이 섭씨 영하 $20℃$ 이하이고 비점은 섭씨 $40℃$ 이하이다.

정답 19 ③ 20 ① 21 ② 22 ③ 23 ② 24 ④ 25 ②

26 과염소산나트륨의 성질이 아닌 것은?

① 물과 급격히 반응하여 산소를 발생한다.
② 가열하면 분해되어 조연성 가스를 방출한다.
③ 융점은 400℃보다 높다.
④ 비중은 물보다 무겁다.

과염소산나트륨은 물에 잘 녹고 반응하지 않는다.

27 인화칼슘이 물과 반응할 경우에 대한 설명 중 틀린 것은? 🔖빈출

① 발생 가스는 가연성이다.
② 포스겐가스가 발생한다.
③ 발생 가스는 독성이 강하다.
④ $Ca(OH)_2$가 생성된다.

인화칼슘이 물과 반응하면 수산화칼슘과 포스핀가스가 발생하므로 주수금지해야 한다.

28 위험물안전관리법령상 품명이 다른 하나는? 🔖빈출

① 나이트로글리콜
② 나이트로글리세린
③ 셀룰로이드
④ 테트릴

품명	위험물	상태
질산에스터류	질산메틸 질산에틸 나이트로글리콜 나이트로글리세린	액체
	나이트로셀룰로오스 셀룰로이드	고체
나이트로화합물	트라이나이트로톨루엔 트라이나이트로페놀 다이나이트로벤젠 테트릴	고체

29 에틸알코올의 증기비중은 약 얼마인가?

① 0.72
② 0.91
③ 1.13
④ 1.59

- 증기비중 = $\dfrac{분자량}{29(공기의\ 평균분자량)}$
- 에틸알코올(C_2H_5OH) 분자량 = $(12 \times 2) + (1 \times 6) + 16$
  $= 46g/mol$
- 에틸알코올 증기비중 = $\dfrac{분자량}{29(공기의\ 평균분자량)} = \dfrac{46}{29} = 1.59$

30 인화칼슘이 물과 반응하였을 때 발생하는 가스에 대한 설명으로 옳은 것은? 🔖빈출

① 폭발성인 수소를 발생한다.
② 유독한 인화수소를 발생한다.
③ 조연성인 산소를 발생한다.
④ 가연성인 아세틸렌을 발생한다.

인화칼슘과 물의 반응식
- $Ca_3P_2 + 6H_2O \rightarrow 3Ca(OH)_2 + 2PH_3$
- 인화칼슘은 물과 반응하여 수산화칼슘과 포스핀가스를 발생한다.

31 아조화합물 800kg, 하이드록실아민 300kg, 유기과산화물 40kg의 총 양은 지정수량의 몇 배에 해당하는가? 🔖빈출

① 7배
② 9배
③ 10배
④ 15배

- 아조화합물의 지정수량 : 100kg
- 하이드록실아민의 지정수량 : 100kg
- 유기과산화물의 지정수량 : 10kg
- $\therefore$ 지정수량 = $\dfrac{800}{100} + \dfrac{300}{100} + \dfrac{40}{10} = 15$

32 물과 반응하여 가연성 가스를 발생하지 않는 것은?

① 칼륨
② 과산화칼륨
③ 탄화알루미늄
④ 트라이에틸알루미늄

과산화칼륨과 물이 만나면 산소와 열이 발생하고 산소는 조연성 가스이다.

정답 26① 27② 28④ 29④ 30② 31④ 32②

33 다음 중 제5류 위험물로만 나열되지 않은 것은?

① 과산화벤조일, 질산메틸
② 과산화초산, 다이나이트로벤젠
③ 과산화요소, 나이트로글리콜
④ 아세토나이트릴, 트라이나이트로톨루엔

> 아세토나이트릴은 제4류 위험물이다.

34 질산과 과염소산의 공통성질이 아닌 것은?

① 가연성이며 강산화제이다.
② 비중이 1보다 크다.
③ 가연물과 혼합으로 발화의 위험이 있다.
④ 물과 접촉하면 발열한다.

> 불연성, 조연성, 강산화제이다.

35 과산화나트륨에 대한 설명으로 틀린 것은?

① 알코올에 잘 녹아서 산소와 수소를 발생시킨다.
② 상온에서 물과 격렬하게 반응한다.
③ 비중이 약 2.8이다.
④ 조해성 물질이다.

> 과산화나트륨은 물에 잘 녹아 열과 산소가 발생한다.

36 질산칼륨을 약 400℃에서 가열하여 열분해시킬 때 주로 생성되는 물질은?

① 질산과 산소
② 질산과 칼륨
③ 아질산칼륨과 산소
④ 아질산칼륨과 질소

> 질산칼륨의 분해반응식
> • $2KNO_3 \rightarrow 2KNO_2 + O_2$
> • 질산칼륨을 가열하면 분해하여 아질산칼륨과 산소를 방출한다.

37 다음 중 분자량이 가장 큰 위험물은?

① 과염소산
② 과산화수소
③ 질산
④ 하이드라진

> • 과염소산(6류) : 104.5
> • 과산화수소(6류) : 34
> • 질산(6류) : 63
> • 하이드라진(4류) : 32

38 인화칼슘, 탄화알루미늄, 나트륨이 물과 반응하였을 때 발생하는 가스에 해당하지 않는 것은?

① 포스핀가스
② 수소
③ 이황화탄소
④ 메탄

> • 인화칼슘 : 포스핀가스
> • 탄화알루미늄 : 메탄
> • 나트륨 : 수소

39 염소산나트륨에 대한 설명으로 틀린 것은?

① 조해성이 크므로 보관용기는 밀봉하는 것이 좋다.
② 무색, 무취의 고체이다.
③ 산과 반응하여 유독성의 이산화나트륨 가스가 발생한다.
④ 물, 알코올, 글리세린에 녹는다.

> 염소산나트륨은 산과 반응하여 이산화염소가 발생한다.

40 연소 시 발생하는 가스를 옳게 나타낸 것은?

① 황린 – 황산가스
② 황 – 무수인산가스
③ 적린 – 아황산가스
④ 삼황화사인(삼황화인) – 아황산가스

> 삼황화인은 아황산가스를 발생한다.

정답 33 ④ 34 ① 35 ① 36 ③ 37 ① 38 ③ 39 ③ 40 ④

41 위험물안전관리법령상 연면적이 450m²인 저장소의 건축물 외벽이 내화구조가 아닌 경우 이 저장소의 소화기 소요단위는?

① 3   ② 4.5
③ 6   ④ 9

위험물의 소요단위(연면적)

구분	내화구조(m²)	비내화구조(m²)
제조소 취급소	100	50
저장소	150	75

- 외벽이 내화구조가 아닌 저장소의 1소요단위 : 75m²
- $\dfrac{450}{75} = 6$
- 소요단위는 6단위 이상이 되어야 한다.

42 위험물안전관리법령상 주유취급소에 설치·운영할 수 없는 건축물 또는 시설은?

① 주유취급소를 출입하는 사람을 대상으로 하는 그림전시장
② 주유취급소를 출입하는 사람을 대상으로 하는 일반음식점
③ 주유원 주거시설
④ 주유취급소를 출입하는 사람을 대상으로 하는 휴게음식점

주유취급소에는 주유 또는 그에 부대하는 업무를 위하여 사용되는 다음의 건축물 또는 시설 외에는 다른 건축물 그 밖의 공작물을 설치할 수 없다.
- 주유 또는 등유·경유를 채우기 위한 작업장
- 주유취급소의 업무를 행하기 위한 사무소
- 자동차 등의 점검 및 간이정비를 위한 작업장
- 자동차 등의 세정을 위한 작업장
- 주유취급소에 출입하는 사람을 대상으로 한 점포·휴게음식점 또는 전시장
- 주유취급소의 관계자가 거주하는 주거시설
- 전기자동차용 충전설비(전기를 동력원으로 하는 자동차에 직접 전기를 공급하는 설비를 말한다. 이하 같다)
- 그 밖의 소방청장이 정하여 고시하는 건축물 또는 시설

43 위험물옥외저장탱크의 통기관에 관한 사항으로 옳지 않은 것은?

① 밸브 없는 통기관의 지름은 30mm 이상으로 한다.
② 대기밸브부착 통기관은 항시 열려 있어야 한다.
③ 밸브 없는 통기관의 끝부분은 수평면보다 45도 이상 구부려 빗물 등의 침투를 막는 구조로 한다.
④ 대기밸브부착 통기관은 5kPa 이하의 압력 차이로 작동할 수 있어야 한다.

대기밸브는 탱크 내부의 압력조절을 위해 작동하는 장치로, 항시 열려 있는 것이 아니라 탱크 내외부의 압력 차가 일정 수준에 도달했을 때 자동으로 열리고 닫히는 구조를 가진다.

44 위험물관리법령상 옥외저장소 중 덩어리 상태의 황을 지반면에 설치한 경계표시의 안쪽에서 저장 또는 취급할 때 경계표시의 높이는 몇 m 이하로 하여야 하는가?

① 1   ② 1.5
③ 2   ④ 2.5

옥외저장소 중 덩어리 상태의 황을 지반면에 설치한 경계표시의 안쪽에서 저장 또는 취급할 때 경계표시의 높이는 1.5m 이하로 한다.

45 아염소산나트륨의 저장 및 취급 시 주의사항으로 가장 거리가 먼 것은?

① 물 속에 넣어 냉암소에 저장한다.
② 강산류와의 접촉을 피한다.
③ 취급 시 충격, 마찰을 피한다.
④ 가연성 물질과 접촉을 피한다.

아염소산나트륨은 물에 잘 녹으므로 물 속에 보관이 불가능하다.

정답   41 ③   42 ②   43 ②   44 ②   45 ①

46 위험물안전관리법령상 위험물을 운반하기 위해 적재할 때 예를 들어 제6류 위험물은 1가지 유별(제1류 위험물)하고만 혼재할 수 있다. 다음 중 가장 많은 유별과 혼재가 가능한 것은? (단, 지정수량의 1/10을 초과하는 위험물이다.) ✈빈출

① 제1류
② 제2류
③ 제3류
④ 제4류

유별을 달리하는 위험물 혼재기준			
1	6		혼재 가능
2	5	4	혼재 가능
3	4		혼재 가능

47 위험물안전관리법령상 사업소의 관계인이 자체소방대를 설치하여야 할 제조소등의 기준으로 옳은 것은?

① 제4류 위험물을 지정수량의 3천배 이상 취급하는 제조소 또는 일반취급소
② 제4류 위험물을 지정수량의 5천배 이상 취급하는 제조소 또는 일반취급소
③ 제4류 위험물 중 특수인화물을 지정수량의 3천배 이상 취급하는 제조소 또는 일반취급소
④ 제4류 위험물 중 특수인화물을 지정수량의 5천배 이상 취급하는 제조소 또는 일반취급소

> 위험물안전관리법령상 자체소방대를 설치해야 하는 사업소
> • 제조소 또는 일반취급소에서 취급하는 제4류 위험물의 최대수량의 합이 지정수량의 3천배 이상인 경우(다만, 보일러로 위험물을 소비하는 일반취급소등 행정안전부령으로 정하는 일반취급소는 제외한다)
> • 옥외탱크저장소에 저장하는 제4류 위험물의 최대수량이 지정수량의 50만배 이상인 경우

48 소화난이도등급 II의 제조소에 소화설비를 설치할 때 대형수동식소화기와 함께 설치하여야 하는 소형수동식소화기 등의 능력단위에 관한 설명으로 옳은 것은?

① 위험물의 소요단위에 해당하는 능력단위의 소형수동식소화기 등을 설치할 것
② 위험물의 소요단위의 1/2 이상에 해당하는 능력단위의 소형수동식소화기 등을 설치할 것
③ 위험물의 소요단위의 1/5 이상에 해당하는 능력단위의 소형수동식소화기 등을 설치할 것
④ 위험물의 소요단위의 10배 이상에 해당하는 능력단위의 소형수동식소화기 등을 설치할 것

> 소화난이도등급 II의 제조소에 소화설비를 설치할 때 대형수동식소화기와 함께 설치하여야 하는 소형수동식소화기 등의 능력단위는 위험물의 소요단위의 1/5 이상에 해당하는 능력단위의 소형수동식소화기 등을 설치해야 한다.

49 위험물안전관리법령상 위험물의 운반 시 운반용기는 다음의 기준에 따라 수납 적재하여야 한다. 다음 중 틀린 것은?

① 수납하는 위험물과 위험한 반응을 일으키지 않아야 한다.
② 고체위험물은 운반용기 내용적의 95% 이하의 수납율로 수납하여야 한다.
③ 액체위험물은 운반용기 내용적의 95% 이하의 수납율로 수납하여야 한다.
④ 하나의 외장용기에는 다른 종류의 위험물을 수납하지 않는다.

> 액체위험물은 용기 내용적의 98% 이하의 수납율로 수납한다.

50 다음 중 위험물안전관리법이 적용되는 영역은?

① 항공기에 의한 대한민국 영공에서의 위험물의 저장, 취급 및 운반
② 궤도에 의한 위험물의 저장, 취급 및 운반
③ 철도에 의한 위험물의 저장, 취급 및 운반
④ 자가용 승용차에 의한 지정수량 이하의 위험물의 저장, 취급 및 운반

> 위험물안전관리법이 적용되는 영역
> • 자가용 승용차에 의한 지정수량 이하의 위험물의 저장·취급 및 운반
> • 항공기·선박(선박법에 따른 선박)·철도 및 궤도에 의한 위험물의 저장·취급 및 운반에 있어서는 위험물안전관리법을 적용하지 아니함

정답 46 ④ 47 ① 48 ③ 49 ③ 50 ④

51 제2류 위험물 중 인화성 고체의 제조소에 설치하는 주의사항 게시판에 표시할 내용을 옳게 나타낸 것은? ★빈출

① 적색바탕에 백색문자로 "화기엄금" 표시
② 적색바탕에 백색문자로 "화기주의" 표시
③ 백색바탕에 적색문자로 "화기엄금" 표시
④ 백색바탕에 적색문자로 "화기주의" 표시

- 제2류 위험물(인화성 고체 제외) : 화기주의
- 제2류 위험물 중 인화성 고체 : 화기엄금

52 위험물안전관리법령상 제4류 위험물의 품명에 따른 위험등급과 옥내저장소 하나의 저장창고 바닥면적 기준을 옳게 나열한 것은? (단, 전용의 독립된 단층건물에 설치하며, 구획된 실이 없는 하나의 저장창고인 경우에 한한다.)

① 제1석유류 : 위험등급 I, 최대 바닥면적 1,000m²
② 제2석유류 : 위험등급 I, 최대 바닥면적 2,000m²
③ 제3석유류 : 위험등급 II, 최대 바닥면적 1,000m²
④ 알코올류 : 위험등급 II, 최대 바닥면적 1,000m²

다음의 위험물을 저장하는 창고 바닥면적 기준 : 1,000m²
- 제4류 위험물 중 특수인화물, 제1석유류 및 알코올류
- 알코올류 위험등급은 II등급이다.

53 인화점이 21℃ 미만인 액체위험물의 옥외저장탱크 주입구에 설치하는 "옥외저장탱크 주입구"라고 표시한 게시판의 바탕 및 문자색을 옳게 나타낸 것은?

① 백색바탕 – 적색문자   ② 적색바탕 – 백색문자
③ 백색바탕 – 흑색문자   ④ 흑색바탕 – 백색문자

인화점이 21℃ 미만인 액체위험물은 제1석유류이며 옥외저장탱크 주입구에 설치하는 게시판의 표시 색상은 백색바탕에 흑색문자이다.

54 위험물안전관리법령상 옥내탱크저장소의 기준에서 옥내저장 탱크 상호 간에는 몇 m 이상의 간격을 유지하여야 하는가?

① 0.3   ② 0.5
③ 0.7   ④ 1.0

옥내저장탱크와 탱크전용실의 벽과의 사이 및 옥내저장탱크의 상호 간에는 0.5m 이상의 간격을 유지할 것. 다만, 탱크의 점검 및 보수에 지장이 없는 경우에는 그러하지 아니하다.

55 위험물안전관리법령상 위험물안전관리자의 책무에 해당하지 않는 것은?

① 화재 등의 재난이 발생할 경우 소방관서 등에 대한 연락 업무
② 화재 등의 재난이 발생할 경우 응급조치
③ 위험물 취급에 관한 일지의 작성 · 기록
④ 위험물안전관리자의 선임 · 신고

위험물안전관리자의 책무
- 위험물의 취급작업에 참여하여 당해 작업이 저장 또는 취급에 관한 기술기준과 예방규정에 적합하도록 해당 작업자(당해 작업에 참여하는 위험물취급자격자를 포함한다)에 대하여 지시 및 감독하는 업무
- 화재 등의 재난이 발생한 경우 응급조치 및 소방관서 등에 대한 연락업무
- 위험물시설의 안전을 담당하는 자를 따로 두는 제조소등의 경우에는 그 담당자에게 다음의 규정에 의한 업무의 지시, 그 밖의 제조소등의 경우에는 다음의 규정에 의한 업무
  - 제조소등의 위치 · 구조 및 설비를 기술기준에 적합하도록 유지하기 위한 점검과 점검상황의 기록 · 보존
  - 제조소등의 구조 또는 설비의 이상을 발견한 경우 관계자에 대한 연락 및 응급조치
  - 화재가 발생하거나 화재발생의 위험성이 현저한 경우 소방관서 등에 대한 연락 및 응급조치
  - 제조소등의 계측장치 · 제어장치 및 안전장치 등의 적정한 유지 · 관리
  - 제조소등의 위치 · 구조 및 설비에 관한 설계도서 등의 정비 · 보존 및 제조소등의 구조 및 설비의 안전에 관한 사무의 관리
- 화재 등의 재해의 방지와 응급조치에 관하여 인접하는 제조소등과 그 밖의 관련되는 시설의 관계자와 협조체제의 유지
- 위험물의 취급에 관한 일지의 작성 · 기록
- 그 밖에 위험물을 수납한 용기를 차량에 적재하는 작업, 위험물설비를 보수하는 작업 등 위험물의 취급과 관련된 작업의 안전에 관하여 필요한 감독의 수행

정답   51 ①   52 ④   53 ③   54 ②   55 ④

56 나트륨 화재 시 사용 가능한 소화약제는?

① 물
② 마른모래
③ 이산화탄소
④ 사염화탄소

> 나트륨은 수분과 접촉을 차단하여 공기의 산화를 방지하기 위해 보호액 속에 저장하며, 소화방법은 마른모래, 건조사, 탄산수소염류 분말에 의한 질식소화를 한다.

57 위험물안전관리법령상 위험등급의 종류가 나머지 셋과 다른 하나는?

① 제1류 위험물 중 다이크로뮴산염류
② 제2류 위험물 중 인화성 고체
③ 제3류 위험물 중 금속의 인화물
④ 제4류 위험물 중 알코올류

> • 알코올류의 위험등급은 Ⅱ등급이다.
> • 다이크로뮴산염류, 인화성 고체, 금속의 인화물의 위험등급은 Ⅲ 등급이다.

58 위험물안전관리법령상 제조소등의 관계인이 정기적으로 점검 하여야 할 대상이 아닌 것은?

① 지정수량의 10배 이상의 위험물을 취급하는 제조소
② 지하탱크저장소
③ 이동탱크저장소
④ 지정수량의 100배 이상의 위험물을 저장하는 옥외탱 크저장소

> 정기점검대상 제조소등
> • 지정수량 10배 이상의 위험물을 취급하는 제조소
> • 지정수량 100배 이상의 위험물을 저장하는 옥외저장소
> • 지정수량 150배 이상의 위험물을 저장하는 옥내저장소
> • 지정수량 200배 이상의 위험물을 저장하는 옥외탱크저장소
> • 암반탱크저장소
> • 이송취급소
> • 지정수량 10배 이상의 위험물을 취급하는 일반취급소
> • 지하탱크저장소
> • 이동탱크저장소
> • 위험물을 취급하는 탱크로서 지하에 매설된 탱크가 있는 제조소
>   · 주유취급소 또는 일반취급소

59 위험물안전관리법령상 위험물제조소의 옥외에 있는 하나의 액체위험물 취급탱크 주위에 설치하는 방유제의 용량은 해당 탱크용량의 몇 % 이상으로 하여야 하는가?

① 50%
② 60%
③ 100%
④ 110%

> 제조소의 옥외에 있는 위험물취급탱크
> 하나의 취급탱크 주위에 설치하는 방유제의 용량은 당해 탱크용량 의 50% 이상으로 하고, 2 이상의 취급탱크 주위에 하나의 방유제 를 설치하는 경우 그 방유제의 용량은 당해 탱크 중 용량이 최대인 것의 50%에 나머지 탱크용량 합계의 10%를 가산한 양 이상이 되 게 해야 한다.

60 위험물안전관리법령상 위험물의 탱크 내용적 및 공간용적에 관한 기준으로 틀린 것은?

① 위험물을 저장 또는 취급하는 탱크의 용량은 해당 탱 크의 내용적에서 공간용적을 뺀 용적으로 한다.
② 탱크의 공간용적은 탱크의 내용적의 100분의 5 이상 100분의 10 이하의 용적으로 한다.
③ 소화설비(소화약제 방출구를 탱크 안의 윗부분에 설치 하는 것에 한한다)를 설치하는 탱크의 공간용적은 해 당 소화설비의 소화약제 방출구 아래의 0.3m 이상 1m 미만 사이의 면으로부터 윗부분의 용적으로 한다.
④ 암반탱크에 있어서는 해당 탱크 내에 용출하는 30일 간의 지하수의 양에 상당하는 용적과 해당 탱크의 내 용적의 100분의 1의 용적 중에서 보다 큰 용적을 공 간용적으로 한다.

> 암반탱크에 있어서는 해당 탱크 내에 용출하는 7일간의 지하수의 양에 상당하는 용적과 해당 탱크의 내용적의 100분의 1의 용적 중 에서 보다 큰 용적을 공간용적으로 한다.

정답   56 ②   57 ④   58 ④   59 ①   60 ④

08 2023년 1회 CBT 기출복원문제

01 다음 중 정전기 방지대책으로 가장 거리가 먼 것은? ✦빈출

① 접지를 한다.
② 공기를 이온화한다.
③ 21% 이상의 산소농도를 유지하도록 한다.
④ 공기의 상대습도를 70% 이상으로 한다.

> 정전기 방지대책
> • 접지에 의한 방법
> • 공기를 이온화함
> • 공기 중의 상대습도를 70% 이상으로 함
> • 위험물이 느린 유속으로 흐를 때

02 다음 중 제4류 위험물의 화재 시 물을 이용한 소화를 시도하기 전에 고려해야 하는 위험물의 성질로 가장 옳은 것은?

① 수용성, 비중
② 증기비중, 끓는점
③ 색상, 발화점
④ 분해온도, 녹는점

> • 수용성, 비수용성(물에 녹음, 안 녹음)
> • 비중(물보다 비중이 작으면 화재면이 확대)

03 다음 점화에너지 중 물리적 변화에서 얻어지는 것은?

① 압축열
② 산화열
③ 중합열
④ 분해열

> 공기를 압축하면 분자가 더 빠르게 움직여서 온도가 증가하는데 이는 물리적 변화에서 얻어지는 것이다.

04 다음 중 유류저장 탱크화재에서 일어나는 현상으로 거리가 먼 것은?

① 보일오버
② 플래시오버
③ 슬롭오버
④ bleve

> 플래시오버는 건축물 화재 시 가연성 기체가 모여 있는 상태에서 산소가 유입됨에 따라 건물 전체로 화재가 확산되는 현상이다.

05 금속분의 연소 시 주수소화하면 위험한 원인으로 옳은 것은? ✦빈출

① 물에 녹아 산이 된다.
② 물과 작용하여 유독가스를 발생한다.
③ 물과 작용하여 수소가스를 발생한다.
④ 물과 작용하여 산소가스를 발생한다.

> 금속분 연소 시에 주수소화하면 수소를 발생하여 위험하기 때문에 마른모래에 의한 질식소화를 해야 한다.

06 연소의 3요소인 산소의 공급원이 될 수 없는 것은?

① H_2O_2
② KNO_3
③ HNO_3
④ CO_2

> • 연소의 3요소 : 가연물, 산소공급원, 점화원
> • 이산화탄소는 불연성 가스이므로 산소공급원이 될 수 없다.

정답 01 ③ 02 ① 03 ① 04 ② 05 ③ 06 ④

07 인화칼슘이 물과 반응하였을 때 발생하는 가스는? ✦빈출

① 수소　　　　　　② 포스겐
③ 포스핀　　　　　④ 아세틸렌

> 인화칼슘은 물과 반응하여 수산화칼슘과 포스핀가스가 발생하므로 주수금지해야 한다.

08 폭굉유도거리(DID)가 짧아지는 경우는?

① 정상 연소속도가 작은 혼합가스일수록 짧아진다.
② 압력이 높을수록 짧아진다.
③ 관 지름이 넓을수록 짧아진다.
④ 점화원 에너지가 약할수록 짧아진다.

> 폭굉유도거리가 짧아지는 조건
> • 연소속도가 큰 혼합가스
> • 압력이 높음
> • 관 지름이 작음
> • 점화원 에너지가 큼
> • 관 속에 이물질이 있음

09 다음 중 제5류 위험물의 화재 시에 가장 적당한 소화방법은?

① 물에 의한 냉각소화
② 질소에 의한 질식소화
③ 사염화탄소에 의한 부촉매소화
④ 이산화탄소에 의한 질식소화

> 제5류 위험물은 물에 의한 냉각소화가 가장 효과적이다.

10 공기 중의 산소농도를 한계산소량 이하로 낮추어 연소를 중지시키는 소화방법은?

① 냉각소화　　　　② 제거소화
③ 억제소화　　　　④ 질식소화

> 공기 중의 산소농도를 한계산소량 이하로 낮추어 연소를 중지시키는 소화방법은 질식소화로, 이산화탄소 등 불활성 가스의 방출로 화재를 제어하는 것, 모래 등을 이용하여 불을 끄는 것은 질식소화의 예이다.

11 다음 중 D급 화재에 해당하는 것은? ✦빈출

① 플라스틱 화재　　② 휘발유 화재
③ 나트륨 화재　　　④ 전기 화재

화재의 종류		
급수	화재	색상
A	일반	백색
B	유류	황색
C	전기	청색
D	금속	무색

> 금속나트륨은 D급 화재이다.

12 위험물안전관리법령상 제4류 위험물에 적응성이 없는 소화설비는?

① 옥내소화전설비
② 포 소화설비
③ 불활성 가스 소화설비
④ 할로겐화합물 소화설비

> 소량의 화재에는 물을 제외한 이산화탄소, 할로겐화합물, 분말 소화약제로 질식소화하며, 대량의 화재에는 포 소화약제에 의한 질식소화가 효과적이다.

13 위험물안전관리법령상 철분, 금속분, 마그네슘에 적응성이 있는 소화설비는?

① 불활성 가스 소화설비
② 할로겐화합물 소화설비
③ 포 소화설비
④ 탄산수소염류 분말 소화설비

> 철분, 금속분, 마그네슘 등의 금수성 물질은 화재 시 물을 사용할 경우 화재를 더욱 확대시킬 수 있기 때문에 물 대신 마른모래, 탄산수소염류 분말 소화약제 등을 이용한 질식소화 방법을 주로 사용한다.

정답　07 ③　08 ②　09 ①　10 ④　11 ③　12 ①　13 ④

14 제6류 위험물의 화재에 적응성이 없는 소화설비는?

① 옥내소화전설비   ② 스프링클러설비
③ 포 소화설비   ④ 불활성 가스 소화설비

> 제6류 위험물의 소화
> • 마른모래, 이산화탄소를 이용한 질식소화가 효과적이다.
> • 옥내소화전설비, 옥외소화전설비, 스프링클러설비, 물분무 소화설비, 포 소화설비, 인산염류 분말 소화설비 등에 적응성이 있다.

15 소화약제로서 물의 단점인 동결현상을 방지하기 위하여 주로 사용되는 물질은?

① 에틸알코올   ② 글리세린
③ 에틸렌글리콜   ④ 탄산칼슘

> 부동제 종류
> 에틸렌글리콜, 프로필렌글리콜, 디에틸렌글리콜, 글리세린, 염화나트륨 등이 사용된다.

16 불활성 기체 소화약제의 기본성분이 아닌 것은?

① 헬륨   ② 질소
③ 불소   ④ 아르곤

> "불활성 기체 소화약제"라 함은 헬륨, 네온, 아르곤 또는 질소가스 중 하나 이상의 원소를 기본성분으로 하는 소화약제를 말한다.

17 위험물안전관리법령상 제4류 위험물에 적응성이 있는 소화가 아닌 것은?

① 이산화탄소 소화기
② 봉상강화액 소화기
③ 포 소화기
④ 인산염류 분말 소화기

> 제4류 위험물의 소화
> • 질식소화(포 소화, 인산염류 분말 소화, 이산화탄소 소화)
> • 억제소화

18 다음 중 강화액 소화약제의 주된 소화원리에 해당하는 것은?

① 냉각소화   ② 절연소화
③ 제거소화   ④ 발포소화

> 강화액 소화약제는 물에 중탄산칼륨염, 방청제 및 안정제 등을 첨가하여 -20℃에서도 응고하지 않도록 하며 물의 침투능력을 배가시킨 소화약제이다.

19 물과 친화력이 있는 수용성 용매의 화재에 보통의 포 소화약제를 사용하면 포가 파괴되기 때문에 소화효과를 잃게 된다. 이와 같은 단점을 보완한 소화약제로 가연성인 수용성 용매의 화재에 유효한 효과를 가지고 있는 것은?

① 알코올형포 소화약제
② 단백포 소화약제
③ 합성계면활성제포 소화약제
④ 수성막포 소화약제

> 수용성 액체 화재에 일반 포 약제를 적용하면 거품이 순식간에 파괴되는 소포성 때문에 소화효과가 없다. 이러한 소포현상이 발생되지 않도록 특별히 제조된 것이 알코올형포 소화약제이다.

20 다음 중 탄산칼륨을 물에 용해시킨 강화액 소화약제의 pH에 가장 가까운 것은?

① 1   ② 4
③ 7   ④ 12

> 강화액 소화약제의 pH는 12에 가깝다.

14 ④   15 ③   16 ③   17 ②   18 ①   19 ①   20 ④

PART 03

21 지방족 탄화수소가 아닌 것은?

① 톨루엔
② 아세트알데하이드
③ 아세톤
④ 다이에틸에터

톨루엔은 방향족 탄화수소이다.

22 위험물안전관리법령상 위험물의 지정수량으로 옳지 않은 것은?

① 나이트로셀룰로오스 : 10kg
② 하이드록실아민 : 100kg
③ 아조벤젠 : 50kg
④ 트라이나이트로페놀 : 100kg

아조벤젠의 지정수량은 100kg이다.

23 포름산에 대한 설명으로 옳지 않은 것은?

① 물, 알코올, 에테르에 잘 녹는다.
② 개미산이라고도 한다.
③ 강한 산화제이다.
④ 녹는점이 상온보다 낮다.

포름산은 제2석유류로 인화성 물질이다.

24 제3류 위험물에 해당하는 것은?

① NaH
② Al
③ Mg
④ P_4S_3

• Mg(마그네슘), Al(알루미늄), P_4S_3(삼황화인) : 제2류 위험물
• NaH(수소화나트륨) : 제3류 위험물

25 셀룰로이드에 대한 설명으로 옳은 것은?

① 질소가 함유된 무기물이다
② 질소가 함유된 유기물이다.
③ 유기의 염화물이다.
④ 무기의 염화물이다.

셀룰로이드는 질소가 함유된 유기물이다.

26 다음 물질 중 과염소산칼륨과 혼합하였을 때 발화폭발의 위험이 가장 높은 것은?

① 석면
② 금
③ 유리
④ 목탄

과염소산칼륨(1류, 산화성 고체)과 혼합 시 폭발 물질 가연물(목탄)을 혼합하면 발화폭발의 위험성이 높다.

27 메틸리튬과 물의 반응 생성물로 옳은 것은?

① 메탄, 수소화리튬
② 메탄, 수산화리튬
③ 에탄, 수소화리튬
④ 에탄, 수산화리튬

메틸리튬은 물과 반응하여 수산화리튬과 메탄을 발생한다.

28 제4류 위험물의 일반적인 성질에 대한 설명 중 틀린 것은?

① 대부분 유기화합물이다.
② 액체 상태이다.
③ 대부분 물보다 가볍다.
④ 대부분 물에 녹기 쉽다.

제4류 위험물은 인화성 액체로 대부분 물에 잘 녹지 않는다.

정답 21① 22③ 23③ 24① 25② 26④ 27② 28④

29 나이트로글리세린에 대한 설명으로 옳은 것은?

① 물에 매우 잘 녹는다.
② 공기 중에서 점화하면 연소하나 폭발의 위험은 없다.
③ 충격에 대하여 민감하여 폭발을 일으키기 쉽다.
④ 제5류 위험물의 나이트로화합물에 속한다.

나이트로글리세린은 충격이나 발화, 정전기 등에 매우 민감하다.

30 다음 위험물 중 물보다 가벼운 것은?

① 메틸에틸케톤
② 나이트로벤젠
③ 에틸렌글리콜
④ 글리세린

메틸에틸케톤의 비중은 0.8로 물보다 가볍다.

31 다음 중 제4류 위험물에 해당하는 것은?

① $Pb(N_3)_2$
② CH_3ONO_2
③ N_2H_4
④ NH_2OH

하이드라진(N_2H_4) : 제4류 위험물 중 제2석유류이다.

32 다음의 분말은 모두 150마이크로미터의 체를 통과하는 것이 50중량퍼센트 이상이 된다. 이들 분말 중 위험물안전관리법령상 품명이 "금속분"으로 분류되는 것은?

① 철분
② 구리분
③ 알루미늄분
④ 니켈분

금속분
알루미늄분(Al), 아연분(Zn), 안티몬분(Sb), 크로뮴분(Cr), 몰리브덴(Mo), 텅스텐(W) 등

33 다음 중 제6류 위험물에 해당하는 것은?

① IF_5
② $HClO_3$
③ NO_3
④ H_2O

IF_5는 제6류 위험물 종류 중 할로젠간화합물에 해당한다.

34 주수소화를 할 수 없는 위험물은? ✈빈출

① 금속분
② 적린
③ 황
④ 과망가니즈산칼륨

금속분은 연소 시 주수소화하면 수소를 발생시켜 위험하기 때문에 마른모래에 의한 질식소화를 해야 한다.

35 제1류 위험물 중 흑색화약의 원료로 사용되는 것은?

① KNO_3
② $NaNO_3$
③ BaO_2
④ NH_4NO_3

흑색화약의 원료 : 질산칼륨(KNO_3), 숯, 황

36 다음 위험물 중 지정수량이 나머지 셋과 다른 하나는?

① 마그네슘
② 금속분
③ 철분
④ 황

• 황의 지정수량 : 100kg
• 마그네슘, 금속분, 철분의 지정수량 : 500kg

37 다음 중 인화점이 가장 높은 것은?

① 등유
② 벤젠
③ 아세톤
④ 아세트알데하이드

• 등유 : 30 ~ 60℃
• 벤젠 : -11℃
• 아세톤 : -18℃
• 아세트알데하이드 : -38℃

정답 29③ 30① 31③ 32③ 33① 34① 35① 36④ 37①

38 다음 중 제6류 위험물이 아닌 것은?

① 할로젠간화합물　　② 과염소산
③ 아염소산염류　　　④ 과산화수소

아염소산염류는 제1류 위험물이다.

39 다음 중 제1류 위험물에 해당되지 않는 것은?

① 염소산칼륨　　　　② 과염소산암모늄
③ 과산화바륨　　　　④ 질산구아니딘

질산구아니딘은 제5류 위험물이다.

40 제4류 위험물인 클로로벤젠의 지정수량으로 옳은 것은?

① 200L　　　　　　② 400L
③ 1,000L　　　　　④ 2,000L

클로로벤젠의 지정수량 : 1,000L

41 나이트로화합물, 나이트로소화합물, 질산에스터류, 하이드록실아민을 각각 50킬로그램씩 저장하고 있을 때 지정수량의 배수가 가장 큰 것은? ★빈출

① 나이트로화합물　　② 나이트로소화합물
③ 질산에스터류　　　④ 하이드록실아민

- 나이트로화합물의 지정수량 = $\frac{50}{100}$ = 0.5

- 나이트로소화합물의 지정수량 = $\frac{50}{100}$ = 0.5

- 질산에스터류의 지정수량 = $\frac{50}{10}$ = 5

- 하이드록실아민의 지정수량 = $\frac{50}{100}$ = 0.5

42 위험물안전관리법령상 이동탱크저장소에 의한 위험물운송 시 위험물운송자는 장거리에 걸치는 운송을 하는 때에는 2명 이상의 운전자로 하여야 한다. 다음 중 그러하지 않아도 되는 경우가 아닌 것은?

① 적린을 운송하는 경우
② 알루미늄의 탄화물을 운송하는 경우
③ 이황화탄소를 운송하는 경우
④ 운송도중에 2시간 이내마다 20분 이상씩 휴식하는 경우

위험물운송자는 장거리(고속국도 340km 이상, 그 밖의 도로 200km 이상)의 운송을 하는 때에는 2명 이상의 운전자로 한다. 다만, 다음의 3가지 경우에는 그러하지 아니하다.
• 운전책임자의 동승 : 운송책임자가 별도의 사무실이 아닌 이동탱크저장소에 함께 동승한 경우, 이때는 운송책임자가 운전자의 역할을 하지 않는 경우이다.
• 운송위험물의 위험성이 낮은 경우 : 운송하는 위험물이 제2류 위험물, 제3류 위험물(칼슘 또는 알루미늄의 탄화물과 이것만을 함유한 것), 제4류 위험물(특수인화물 제외)인 경우
• 적당한 휴식을 취하는 경우 : 운송 도중에 2시간 이내마다 20분 이상씩 휴식하는 경우

43 위험물안전관리법령상 옥외탱크저장소의 기준에 따라 다음의 인화성 액체위험물을 저장하는 옥외저장탱크 1 ~ 4호를 동일의 방유제 내에 설치하는 경우 방유제에 필요한 최소 용량으로서 옳은 것은? (단, 암반탱크 또는 특수액체위험물 탱크의 경우는 제외한다.)

- 1호 탱크 : 등유 1,500kL
- 2호 탱크 : 가솔린 1,000kL
- 3호 탱크 : 경유 500kL
- 4호 탱크 : 중유 250kL

① 1,650kL　　　　　② 1,500kL
③ 500kL　　　　　　④ 250kL

옥외저장탱크 설치 시 방유제 용량
최대 탱크용량 × 1.1
= 1,500 × 1.1 = 1,650kL

정답　　38 ③　39 ④　40 ③　41 ③　42 ③　43 ①

44 각각 지정수량의 10배인 위험물을 운반할 경우 제5류 위험물과 혼재 가능한 위험물에 해당하는 것은? ✈빈출

① 제1류 위험물 ② 제2류 위험물
③ 제3류 위험물 ④ 제6류 위험물

유별을 달리하는 위험물 혼재기준			
1	6		혼재 가능
2	5	4	혼재 가능
3	4		혼재 가능

45 다음은 위험물안전관리법령에서 정한 피난설비에 관한 내용이다. ( )에 들어갈 용어로 알맞은 것은? ✈빈출

주유취급소 중 건축물의 2층 이상의 부분을 점포, 휴게음식점 또는 전시장의 용도로 사용하는 것에 있어서는 해당 건축물의 2층 이상으로부터 주유취급소의 부지 밖으로 통하는 출입구와 해당 출입구로 통하는 통로 · 계단 및 출입구에 ( )을(를) 설치하여야 한다.

① 피난사다리 ② 유도등
③ 공기호흡기 ④ 시각경보기

주유취급소 중 건축물의 2층 이상의 부분을 점포, 휴게음식점 또는 전시장의 용도로 사용하는 것에 있어 해당 건축물의 2층 이상으로부터 직접 주유취급소의 부지 밖으로 통하는 출입구와 해당 출입구로 통하는 통로 · 계단에 설치하여야 하는 것은 유도등이다.

46 위험물의 운반에 관한 기준에서 다음 ( ) 안에 알맞은 온도는 몇 ℃인가?

적재하는 제5류 위험물 중 ( )℃ 이하의 온도에서 분해될 우려가 있는 것은 보냉 컨테이너에 수납하는 등 적당한 온도관리를 하여야 한다.

① 40 ② 50
③ 55 ④ 60

제5류 위험물 중 55℃ 이하의 온도에서 분해될 우려가 있는 것은 보냉 컨테이너에 수납하는 등 적정한 온도관리를 하여야 한다.

47 산화프로필렌에 대한 설명 중 틀린 것은?

① 연소범위는 가솔린보다 넓다.
② 물에는 잘 녹지만 알코올, 벤젠에는 녹지 않는다.
③ 비중은 1보다 작고, 증기비중은 1보다 크다.
④ 증기압이 높으므로 상온에서 위험한 농도까지 도달할 수 있다.

산화프로필렌은 제4류 위험물로 물, 알코올, 에테르에 잘 녹는다.

48 위험물안전관리법령상 소화전용물통 8L의 능력단위는? ✈빈출

① 0.3 ② 0.5
③ 1.0 ④ 1.5

소화설비의 능력단위		
소화설비	용량(L)	능력단위
소화전용물통	8	0.3
수조(물통 3개 포함)	80	1.5
수조(물통 6개 포함)	190	2.5
마른모래(삽 1개 포함)	50	0.5
팽창질석 · 팽창진주암(삽 1개 포함)	160	1.0

정답 44 ② 45 ② 46 ③ 47 ② 48 ①

49 위험물안전관리법령상 옥내소화전설비의 기준에 따르면 펌프를 이용한 가압송수장치에서 펌프의 토출량은 옥내소화전의 설치개수가 가장 많은 층에 대해 해당 설치개수(2개 이상인 경우에는 2개)에 얼마를 곱한 양 이상이 되도록 하여야 하는가?

① 130L/min
② 360L/min
③ 460L/min
④ 560L/min

> 가압송수장치에서 펌프의 토출량은 옥내소화전이 가장 많이 설치된 층의 설치개수(옥내소화전이 2개 이상 설치된 경우에는 2개)에 130L/min을 곱한 양 이상이 되도록 할 것

50 위험물안전관리법령상 위험물제조소에 설치하는 배출설비에 대한 내용으로 틀린 것은?

① 배출설비는 예외적인 경우를 제외하고는 국소방식으로 하여야 한다.
② 배출설비는 강제배출 방식으로 한다.
③ 급기구는 낮은 장소에 설치하고 인화방지망을 설치한다.
④ 배출구는 지상 2m 이상 높이에 연소의 우려가 없는 곳에 설치한다.

> 급기구는 높은 곳에 설치하고, 가는 눈의 구리망 등으로 인화방지망을 설치할 것

51 위험물안전관리법령상 제조소등의 위치 · 구조 또는 설비 가운데 행정안전부령이 정하는 사항을 변경허가를 받지 아니하고 제조소등의 위치 · 구조 또는 설비를 변경한 때 행정처분 기준으로 옳은 것은?

① 사용정지 15일
② 허가취소하거나 6개월간 사용정지
③ 사용정지 30일
④ 허가취소하거나 3개월간 사용정지

> 위험물안전관리법령상 제조소등의 위치 · 구조 또는 설비 가운데 행정안전부령이 정하는 사항을 변경허가를 받지 아니하고 제조소등의 위치 · 구조 또는 설비를 변경한 때에는 허가를 취소하거나 6월 이내의 기간을 정하여 제조소등의 전부 또는 일부의 사용정지를 명할 수 있다.

52 다음 위험물 중에서 옥외저장소에서 저장할 수 없는 것은? (단, 특별시 · 광역시 · 특별자치시 · 도 또는 특별자치도의 조례에서 정하는 위험물과 IMDG Code에 적합한 용기에 수납된 위험물의 경우는 제외한다.)

① 아세트산
② 에틸렌글리콜
③ 크레오소트유
④ 아세톤

> • 옥외저장소에 저장할 수 있는 위험물 유별
>   – 제2류 위험물 중 황, 인화성 고체(인화점이 0도 이상인 것에 한함)
>   – 제4류 위험물 중 제1석유류(인화점이 0도 이상인 것에 한함), 알코올류, 제2석유류, 제3석유류, 제4석유류, 동식물유류
>   – 제6류 위험물
> • 제4류 위험물 중 제1석유류인 아세톤은 인화점이 0도 아래인 −18℃이므로 옥외저장소에 저장할 수 없다.

53 다이에틸에터에 대한 설명으로 틀린 것은?

① 일반식은 'R−CO−R'이다.
② 연소범위는 약 1.9 ~ 48%이다.
③ 증기비중 값이 비중 값보다 크다.
④ 휘발성이 높고 마취성을 가진다.

> 디메틸에터의 일반식 : 'R−O−R'

54 다음 ( ) 안에 들어갈 수치를 순서대로 바르게 나열한 것은? (단, 제4류 위험물에 적응성을 갖기 위한 살수밀도기준을 적용하는 경우를 제외한다.)

> 위험물제조소등에 설치하는 폐쇄형헤드의 스프링클러설비는 30개의 헤드를 동시에 사용할 경우 각 끝부분의 방사압력이 ( )kPa 이상이고 방수량이 1분당 ( )L 이상이어야 한다.

① 100, 80
② 120, 80
③ 100, 100
④ 120, 100

> 위험물제조소등에 설치하는 폐쇄형헤드의 스프링클러설비는 30개의 헤드를 동시에 사용할 경우 각 끝부분의 방사압력이 100kPa 이상이고, 방수량이 1분당 80L 이상이어야 한다.

정답   49 ① 50 ③ 51 ② 52 ④ 53 ① 54 ①

55 위험물안전관리법상 지하탱크저장소 탱크전용실의 안쪽과 지하저장탱크와의 사이는 몇 m 이상의 간격을 유지하여야 하는가?

① 0.1 ② 0.2
③ 0.3 ④ 0.5

> 지하저장탱크와 탱크전용실의 안쪽과의 사이는 0.1m 이상의 간격을 유지하여야 한다.

56 위험물옥외저장소에서 지정수량 200배 초과의 위험물을 저장할 경우 경계표시 주위의 보유공지 너비는 몇 m 이상으로 하여야 하는가? (단, 제4류 위험물과 제6류 위험물이 아닌 경우이다.)

① 0.5 ② 2.5
③ 10 ④ 15

> **옥외저장소의 보유공지**
>
> | 저장 또는 취급하는 위험물의 최대수량 | 공지의 너비 |
> | --- | --- |
> | 지정수량의 10배 이하 | 3m 이상 |
> | 지정수량의 10배 초과 20배 이하 | 5m 이상 |
> | 지정수량의 20배 초과 50배 이하 | 9m 이상 |
> | 지정수량의 50배 초과 200배 이하 | 12m 이상 |
> | 지정수량의 200배 초과 | 15m 이상 |

57 위험물안전관리법령상 배출설비를 설치하여야 하는 옥내저장소의 기준에 해당하는 것은?

① 가연성 증기가 액화할 우려가 있는 장소
② 모든 장소의 옥내저장소
③ 가연성 미분이 체류할 우려가 있는 장소
④ 인화점이 70℃ 미만인 위험물의 옥내저장소

> • 옥내저장소에서 인화점이 70℃ 미만인 위험물을 저장하는 경우 배출설비가 필요하다.
> • 배출설비는 국소방식으로 설치하여야 한다.

58 이동저장탱크에 알킬알루미늄을 저장하는 경우에 불활성 기체를 봉입하는데 이때의 압력은 몇 kPa 이하이어야 하는가?

① 10 ② 20
③ 30 ④ 40

> 이동저장탱크에 알킬알루미늄을 저장하는 경우에 불활성 기체를 봉입하는데 이때의 압력은 20kPa 이하이어야 한다.

59 그림과 같은 위험물저장탱크의 내용적은 약 몇 m³인가? (단, 공간용적은 내용적의 10/100이다.) 〔빈출〕

① 4,681 ② 5,482
③ 5,652 ④ 7,080

> **위험물저장탱크의 내용적**
>
> $$V = \pi r^2 \times \left(1 + \frac{l_1 + l_2}{3}\right)(1 - \text{공간용적})$$
>
> = 원의 면적 × (가운데 체적길이 + $\dfrac{\text{양끝 체적길이의 합}}{3}$)(1 - 공간용적)
>
> = $3.14 \times 10^2 \times (18 + 2)(1 - 0.1) = 5,652 \text{m}^3$

60 다음 중 위험물안전관리법령상 지정수량의 1/10을 초과하는 위험물을 운반할 때 혼재할 수 없는 경우는? 〔빈출〕

① 제1류 위험물과 제6류 위험물
② 제2류 위험물과 제4류 위험물
③ 제4류 위험물과 제5류 위험물
④ 제5류 위험물과 제3류 위험물

> **유별을 달리하는 위험물 혼재기준**
>
> | 1 | 6 | | 혼재 가능 |
> | --- | --- | --- | --- |
> | 2 | 5 | 4 | 혼재 가능 |
> | 3 | 4 | | 혼재 가능 |

> **정답** 55 ① 56 ④ 57 ④ 58 ② 59 ③ 60 ④

01 제5류 위험물의 화재예방상 주의사항으로 가장 거리가 먼 것은?

① 점화원의 접근을 피한다.
② 통풍이 양호한 찬 곳에 저장한다.
③ 소화설비는 질식효과가 있는 것을 위주로 준비한다.
④ 가급적 소분하여 저장한다.

> 제5류 위험물은 물에 의한 냉각소화가 가장 효과적이다.

02 공정 및 장치에서 분진폭발을 예방하기 위한 조치로서 가장 거리가 먼 것은?

① 플랜트는 공정별로 분류하고 폭발의 파급을 피할 수 있도록 분진취급 공정을 습식으로 한다.
② 분진이 물과 반응하는 경우는 물 대신 휘발성이 적은 유류를 사용하는 것이 좋다.
③ 배관의 연결부위나 기계가동에 의해 분진이 누출될 염려가 있는 곳은 흡인이나 밀폐를 철저히 한다.
④ 가연성 분진을 취급하는 장치류는 밀폐하지 말고 분진이 외부로 누출되도록 한다.

> 분진이 외부로 누출 시 분진폭발의 위험성이 커지므로 물을 뿌려 분진이 가라앉도록 해야 한다.

03 액화 이산화탄소 1kg이 25℃, 2atm의 공기 중으로 방출되었을 때 방출된 기체상의 이산화탄소의 부피는 약 몇 L가 되는가?

① 278
② 556
③ 1,111
④ 1,985

> $\cdot PV = \dfrac{wRT}{M}$
>
> $\cdot V = \dfrac{wRT}{PM}$
>
> $= \dfrac{1,000 \times 0.082 \times 298}{2 \times 44} = 277.681L$
>
> P = 압력, V = 부피, w = 질량, M = 분자량, R = 기체상수(0.082를 곱한다), T = 절대온도(℃를 환산하기 위해 273을 더한다)

04 위험물제조소에서 국소방식의 배출설비 배출능력은 1시간당 배출장소 용적의 몇 배 이상인 것으로 하여야 하는가?

① 5
② 10
③ 15
④ 20

> 국소방식의 배출능력은 1시간당 배출장소 용적의 20배 이상인 것으로 해야 한다.

05 이산화탄소 소화약제의 주된 소화효과 2가지에 가장 가까운 것은?

① 부촉매효과, 제거효과
② 질식효과, 냉각효과
③ 억제효과, 부촉매효과
④ 제거효과, 억제효과

> 이산화탄소 소화약제의 가장 큰 소화효과는 질식효과이고 약간의 냉각효과도 있다.

06 주유취급소 중 건축물의 2층에 휴게음식점의 용도로 사용하는 것에 있어 해당 건축물의 2층으로부터 직접 주유취급소의 부지 밖으로 통하는 출입구와 해당 출입구로 통하는 통로·계단에 설치하여야 하는 것은?

① 비상경보설비
② 유도등
③ 비상조명등
④ 확성장치

> 주유취급소 중 건축물의 2층에 휴게음식점의 용도로 사용하는 것에 있어 해당 건축물의 2층으로부터 직접 주유취급소의 부지 밖으로 통하는 출입구와 해당 출입구로 통하는 통로·계단에 설치하여야 하는 것은 유도등이다.

정답   01 ③ 02 ④ 03 ① 04 ④ 05 ② 06 ②

07 다음 중 위험물안전관리법에 따른 소화설비의 구분에서 "물분무등소화설비"에 속하지 않는 것은?

① 불활성 가스 소화설비
② 포 소화설비
③ 스프링클러설비
④ 분말 소화설비

> 물분무등소화설비 종류
> • 물분무 소화설비
> • 포 소화설비
> • 불활성 가스 소화설비
> • 할로겐화합물 소화설비
> • 분말 소화설비

08 다음은 위험물안전관리법령에 따른 판매취급소에 대한 정의이다. ( )에 알맞은 말은?

> 판매취급소라 함은 점포에서 위험물을 용기에 담아 판매하기 위하여 지정수량의 (가)배 이하의 위험물을 (나)하는 장소이다.

① 가 : 20, 나 : 취급
② 가 : 40, 나 : 취급
③ 가 : 20, 나 : 저장
④ 가 : 40, 나 : 저장

> 판매취급소라 함은 점포에서 위험물을 용기에 담아 판매하기 위하여 지정수량의 40배 이하의 위험물을 취급하는 장소이다.

09 다음과 같은 반응식에서 $5m^3$의 탄산가스를 만들기 위해 필요한 탄산수소나트륨의 양은 약 몇 kg인가? (단, 표준상태이고 나트륨의 원자량은 23이다.)

> $$2NaHCO_3 \rightarrow Na_2CO_3 + CO_2 + H_2O$$

① 18.75
② 37.5
③ 56.25
④ 75

> • CO_2 1mol = 22.4L
> • CO_2 1Kmol = 44kg
> • $5m^3 \times \dfrac{1}{22.4} = 0.2232Kmol$
> • $NaCO_3$ 1mol = 84kg
> ∴ 탄산수소나트륨 양 = 0.4464Kmol × 84 = 37.49kg

10 다음 중 연소에 필요한 산소의 공급원을 단절하는 것은?

① 제거작용
② 질식작용
③ 희석작용
④ 억제작용

> 질식소화는 산소의 공급을 차단하여 공기 중의 산소 농도를 한계산소지수 이하로 유지시키는 소화방법이다.

11 위험물제조소를 설치하고자 하는 경우 제조소와 초등학교 사이에는 몇 미터 이상의 안전거리를 두어야 하는가?

① 50
② 40
③ 30
④ 20

> 제조소와 초등학교까지의 안전거리는 사람이 많은 곳이기에 30m 이상으로 한다.

12 소화작용에 대한 설명으로 옳지 않은 것은?

① 냉각소화 : 물을 뿌려서 온도를 저하시키는 방법
② 질식소화 : 불연성 포말로 연소물을 덮어씌우는 방법
③ 제거소화 : 가연물을 제거하여 소화시키는 방법
④ 희석소화 : 산 · 알칼리를 중화시켜 연쇄반응을 억제시키는 방법

> 연쇄반응을 억제시키는 소화는 억제소화이다.

정답   07 ③   08 ②   09 ②   10 ②   11 ③   12 ④

13 위험물안전관리법령상 압력수조를 이용한 옥내소화전설비의 가압송수장치에서 압력수조의 최소압력(MPa)은? (단, 소방용 호스의 마찰손실 수두압은 3MPa, 배관의 마찰손실 수두압은 1MPa, 낙차의 환산수두압은 1.35MPa이다.)

① 5.35

② 5.70

③ 6.00

④ 6.35

> 가압송수장치에서 압력수조의 최소압력 구하는 방법(단위 : MPa)
> 최소압력 = 소방용 호스의 마찰손실 수두압 + 배관의 마찰손실 수두압 + 낙차의 환산 수두압 + 0.35
> = 3 + 1 + 1.35 + 0.35 = 5.70

14 위험물을 취급함에 있어서 정전기를 유효하게 제거하기 위한 설비를 설치하고자 한다. 공기 중의 상대습도를 몇 % 이상 되게 하여야 하는가? ★빈출

① 50

② 60

③ 70

④ 80

> 정전기 방지대책
> • 접지에 의한 방법
> • 공기를 이온화함
> • 공기 중의 상대습도를 70% 이상으로 함
> • 위험물이 느린 유속으로 흐를 때

15 다음 중 주된 연소형태가 표면연소인 것은?

① 숯

② 목재

③ 플라스틱

④ 나프탈렌

> 아연분, 코크스, 목탄, 숯 등은 표면연소이다.

16 다음 중 물과 반응하여 조연성 가스를 발생하는 것은?

① 과염소산나트륨

② 질산나트륨

③ 다이크로뮴산나트륨

④ 과산화나트륨

> 과산화나트륨과 물의 반응식
> • $2Na_2O_2 + 2H_2O \rightarrow 4NaOH + O_2$
> • 과산화나트륨은 물과 반응하여 수산화나트륨과 산소를 발생한다.

17 위험물안전관리법령상 제4류 위험물에 적응성이 없는 소화설비는?

① 옥내소화전설비

② 포 소화설비

③ 불활성 가스 소화설비

④ 할로겐화합물 소화설비

> 제4류 위험물은 포 소화설비, 불활성 가스 소화설비, 할로겐화합물 소화설비 등에 적응성이 있다.

18 위험물별로 설치하는 소화설비 중 적응성이 없는 것과 연결된 것은?

① 제3류 위험물 중 금수성 물질 이외의 것 – 할로겐화합물 소화설비, 이산화탄소 소화설비

② 제4류 위험물 – 물분무 소화설비, 이산화탄소 소화설비

③ 제5류 위험물 – 포 소화설비, 스프링클러설비

④ 제6류 위험물 – 옥내소화전설비, 물분무 소화설비

> 제3류 위험물 중 금수성 물질 이외의 것은 물과 적응성이 없으므로 주수소화한다.

★빈출

19 다음 중 B급 화재에 해당하는 것은?

① 유류화재

② 목재화재

③ 금속분화재

④ 전기화재

화재의 종류		
급수	화재	색상
A	일반	백색
B	유류	황색
C	전기	청색
D	금속	무색

정답 13 ② 14 ③ 15 ① 16 ④ 17 ① 18 ① 19 ①

20 옥외탱크저장소의 제4류 위험물의 저장탱크에 설치하는 통기관에 관한 설명으로 틀린 것은?

① 제4류 위험물을 저장하는 압력탱크 외의 탱크에는 밸브 없는 통기관 또는 대기밸브부착 통기관을 설치하여야 한다.

② 밸브 없는 통기관은 지름을 30mm 미만으로 하고, 끝부분은 수평면보다 45도 이상 구부려 빗물 등의 침투를 막는 구조로 한다.

③ 인화점 70℃ 이상의 위험물만을 해당 위험물의 인화점 미만의 온도로 저장 또는 취급하는 탱크에 설치하는 통기관에는 인화방지장치를 설치하지 않아도 된다.

④ 옥외저장탱크 중 압력탱크란 탱크의 최대상용압력이 부압 또는 정압 5kPa을 초과하는 탱크를 말한다.

제4류 위험물의 옥외저장탱크에 설치하는 통기관의 특징
- 밸브 없는 통기관
- 지름은 30mm 이상일 것
- 끝부분은 수평면보다 45도 이상 구부려 빗물 등의 침투를 막는 구조로 할 것
- 인화점이 38℃ 미만인 위험물만을 저장 또는 취급하는 탱크에 설치하는 통기관에는 화염방지장치를 설치하고, 그 외의 탱크에 설치하는 통기관에는 구리망 또는 동등 이상의 성능을 가진 인화방지장치를 설치할 것
- 다만, 인화점이 70℃ 이상인 위험물만을 해당 위험물의 인화점 미만의 온도로 저장 또는 취급하는 탱크에 설치하는 통기관에는 인화방지장치를 설치하지 않을 수 있다.

21 염소산칼륨의 성질에 대한 설명으로 옳은 것은?

① 가연성 액체이다.
② 강력한 산화제이다.
③ 물보다 가볍다.
④ 열분해하면 수소를 발생한다.

염소산칼륨의 성질
- 강력한 산화제이다.
- 온수, 글리세린에 잘 녹으나 냉수, 알코올에 잘 녹지 않는다.
- 환기가 잘 되는 냉암소에 저장해야 한다.

22 다음 위험물 중 물에 대한 용해도가 가장 낮은 것은?

① 아크릴산
② 아세트알데하이드
③ 벤젠
④ 글리세린

- 아크릴산(4류), 아세트알데하이드(4류), 글리세린(4류) : 수용성
- 벤젠(4류) : 비수용성
- → 비수용성은 용해도가 낮다.

23 과산화수소의 운반용기 외부에 표시하여야 하는 주의사항은?

⭐빈출

① 화기주의
② 충격주의
③ 물기엄금
④ 가연물접촉주의

유별	종류	운반용기 외부 주의사항
제1류	알칼리금속의 과산화물	가연물접촉주의, 화기·충격주의, 물기엄금
	그 외	가연물접촉주의, 화기·충격주의
제2류	철분, 금속분, 마그네슘	화기주의, 물기엄금
	인화성 고체	화기엄금
	그 외	화기주의
제3류	자연발화성 물질	화기엄금, 공기접촉엄금
	금수성 물질	물기엄금
제4류	–	화기엄금
제5류	–	화기엄금, 충격주의
제6류	–	가연물접촉주의

과산화수소는 제6류 위험물로 가연물접촉주의를 표시한다.

Note: PART 03 sidebar

24 탄화칼슘 취급 시 주의해야 할 사항으로 옳은 것은? ✈빈출

① 산화성 물질과 혼합하여 저장할 것
② 물의 접촉을 피할 것
③ 은, 구리 등의 금속용기에 저장할 것
④ 화재발생 시 이산화탄소 소화약제를 사용할 것

> 탄화칼슘과 물의 반응식
> • $CaC_2 + 2H_2O \rightarrow Ca(OH)_2 + C_2H_2$
> • 탄화칼슘과 물이 반응하면 아세틸렌이 발생하므로 물과의 접촉은 피해야 한다.

25 다음 중 위험물의 분류가 옳은 것은?

① 유기과산화물 – 제1류 위험물
② 황화인 – 제2류 위험물
③ 금속분 – 제3류 위험물
④ 무기과산화물 – 제5류 위험물

> • 유기과산화물 : 제5류 위험물
> • 금속분 : 제2류 위험물
> • 무기과산화물 : 제1류 위험물

26 다음 중 수소화나트륨의 소화약제로 적당하지 않은 것은?

① 물   ② 건조사
③ 팽창질석   ④ 탄산수소염류

> 수소화나트륨과 물이 반응하면 수산화나트륨과 수소가 발생하므로 주수소화를 금지하고 질식소화한다.

27 알루미늄분의 위험성에 대한 설명 중 틀린 것은?

① 산화제와 혼합 시 가열, 충격, 마찰에 의하여 발화할 수 있다.
② 할로겐원소와 접촉하면 발화하는 경우도 있다.
③ 분진폭발의 위험성이 있으므로 분진에 기름을 묻혀 보관한다.
④ 습기를 흡수하여 자연발화의 위험이 있다.

> 알루미늄분은 물과 닿지 않게 건조한 냉소에 보관한다.

28 위험물안전관리법령상 설치 허가 및 완공검사 절차에 관한 설명으로 틀린 것은?

① 지정수량의 1천배 이상의 위험물을 취급하는 제조소는 한국소방산업기술원으로부터 당해 제조소의 구조·설비에 관한 기술검토를 받아야 한다.
② 저장용량이 50만리터 이상인 옥외탱크저장소는 한국소방산업기술원으로부터 당해 탱크의 기초·지반, 탱크본체 및 소화설비에 관한 기술검토를 받아야 한다.
③ 지정수량의 1천배 이상의 제4류 위험물을 취급하는 일반취급소의 설치 또는 변경에 따른 완공검사는 한국소방산업기술원이 실시한다.
④ 저장용량이 50만리터 이상인 옥외탱크저장소의 완공검사는 한국소방산업기술원에 위탁한다.

> 위험물안전관리법 시행령 제22조(업무의 위탁)에 의해 지정수량의 1천배 이상의 위험물을 취급하는 제조소 또는 일반취급소의 설치 또는 변경에 따른 완공검사는 기술원에 위탁한다.

29 공기 중에서 산소와 반응하여 과산화물을 생성하는 물질은?

① 다이에틸에터   ② 이황화탄소
③ 에틸알코올   ④ 과산화나트륨

> 다이에틸에터(4류)는 산소와 반응하여 과산화물을 생성한다.

30 제조소의 게시판 사항 중 위험물의 종류에 따른 주의사항이 옳게 연결된 것은? ✈빈출

① 제2류 위험물(인화성 고체 제외) – 화기엄금
② 제3류 위험물 중 금수성 물질 – 물기엄금
③ 제4류 위험물 – 화기주의
④ 제5류 위험물 – 물기엄금

> 제3류 위험물 중 금수성 물질은 물기엄금이고 청색바탕에 백색문자로 표시한다.

정답 24 ② 25 ② 26 ① 27 ③ 28 ③ 29 ① 30 ②

31 다음 중 제6류 위험물에 해당하는 것은?

① 과산화수소
② 과산화나트륨
③ 과산화칼륨
④ 과산화벤조일

> • 과산화수소 : 제6류 위험물
> • 과산화나트륨, 과산화칼륨 : 제1류 위험물
> • 과산화벤조일 : 제5류 위험물

32 과산화수소에 대한 설명으로 옳은 것은?

① 강산화제이지만 환원제로도 사용한다.
② 알코올, 에테르에는 용해되지 않는다.
③ 20 ~ 30% 용액을 옥시돌(oxydol)이라고도 한다.
④ 알칼리성 용액에서는 분해가 안 된다.

> 과산화수소의 특징
> • 강산화제이지만 환원제로도 사용한다.
> • 표백제 또는 살균제로 이용한다.
> • 60wt% 이상에서 단독으로 분해폭발한다.
> • 뚜껑에 작은 구멍을 뚫은 갈색 용기에 보관한다.

33 질산에 대한 설명 중 틀린 것은?

① 환원성 물질과 혼합하면 발화할 수 있다.
② 분자량은 약 63이다.
③ 위험물안전관리법령상 비중이 1.82 이상이 되어야 위험물로 취급된다.
④ 분해하면 인체에 해로운 가스가 발생한다.

> 위험물안전관리법령상 질산은 비중이 1.49 이상이 되어야 위험물로 취급한다.

34 트라이메틸알루미늄이 물과 반응 시 생성되는 물질은?

① 산화알루미늄
② 메탄
③ 메틸알코올
④ 에탄

> 트라이메틸알루미늄과 물의 반응식
> • $(CH_3)_3Al + 3H_2O \rightarrow Al(OH)_3 + 3CH_4$
> • 트라이메틸알루미늄과 물이 반응하면 수산화알루미늄과 메탄이 발생한다.

35 금속나트륨의 저장방법으로 옳은 것은?

① 에탄올 속에 넣어 저장한다.
② 물 속에 넣어 저장한다.
③ 젖은 모래 속에 넣어 저장한다.
④ 경유 속에 넣어 저장한다.

> 금속나트륨과 금속칼륨은 공기와의 접촉을 막기 위해 석유, 등유 등의 산소가 함유되지 않은 보호액(석유류)에 저장한다.

36 위험물제조소의 연면적이 몇 m² 이상이 되면 경보설비 중 자동화재탐지설비를 설치하여야 하는가?

① 400
② 500
③ 600
④ 800

> 제조소등의 자동화재탐지설비 설치기준
> • 연면적이 500m² 이상인 것
> • 옥내에서 지정수량의 100배 이상을 취급하는 것
> • 일반취급소로 사용되는 부분 외의 부분이 있는 건축물에 설치된 일반취급소

37 다음 중 6류 위험물인 과염소산의 분자식은?

① $HClO_4$
② $KClO_4$
③ $KClO_3$
④ $HClO_2$

> • 과염소산 : $HClO_4$
> • 과염소산칼륨 : $KClO_4$
> • 염소산칼륨 : $KClO_3$
> • 아염소산 : $HClO_2$

38 트라이나이트로페놀의 성상에 대한 설명 중 틀린 것은?

① 융점은 약 61℃이고 비점은 약 120℃이다.
② 쓴맛이 있으며 독성이 있다.
③ 단독으로는 마찰, 충격에 비교적 안정하다.
④ 알코올, 에테르, 벤젠에 녹는다.

> • 융점 : 122.5℃   • 비점 : 255℃

정답 31 ① 32 ① 33 ③ 34 ② 35 ④ 36 ② 37 ① 38 ①

39 같은 위험등급의 위험물로만 이루어지지 않은 것은?

① Fe, Sb, Mg
② Zn, Al, S
③ 황화인, 적린, 칼슘
④ 메탄올, 에탄올, 벤젠

• Zn, Al : 3등급
• S : 2등급

40 에틸알코올의 증기비중은 약 얼마인가?

① 0.72
② 0.91
③ 1.13
④ 1.59

• 증기비중 = $\dfrac{분자량}{29(공기의\ 평균분자량)}$
• 에틸알코올(C_2H_5OH) 분자량 = $(12 \times 2) + (1 \times 6) + 16$
　　　　　　　　　　　　　 = 46g/mol
• 에틸알코올 증기비중 = $\dfrac{분자량}{29(공기의\ 평균분자량)} = \dfrac{46}{29} = 1.59$

41 아세톤에 관한 설명 중 틀린 것은?

① 무색 휘발성이 강한 액체이다.
② 조해성이 있으며 물과 반응 시 발열한다.
③ 겨울철에도 인화의 위험성이 있다.
④ 증기는 공기보다 무거우며 액체는 물보다 가볍다.

아세톤은 제4류 위험물로 물, 알코올, 에테르에 녹는다.

42 탄화알루미늄이 물과 반응하여 생기는 현상이 아닌 것은?

① 산소가 발생한다.
② 수산화알루미늄이 생성된다.
③ 열이 발생한다.
④ 메탄가스가 발생한다.

탄화알루미늄과 물의 반응식
• $Al_4C_3 + 12H_2O \rightarrow 4Al(OH)_3 + 3CH_4$
• 탄화알루미늄과 물이 반응하면 수산화알루미늄과 메탄이 발생한다.

43 무색의 액체로 융점이 −112℃이고 물과 접촉하면 심하게 발열하는 제6류 위험물은?

① 과산화수소
② 과염소산
③ 질산
④ 오플루오린화아이오딘

과염소산의 특징
• 산화성 액체이다.
• 무기화합물이며 물보다 무겁다.
• 물과 접촉하면 심하게 발열한다.
• 융점 : −112℃, 비중 : 1.76, 비점 : 39℃이다.

44 염소산나트륨을 가열하여 분해시킬 때 발생하는 기체는?

① 산소
② 질소
③ 나트륨
④ 수소

염소산나트륨은 제1류 위험물로 가열하면 분해되어 산소가 발생한다.

45 과산화칼륨에 대한 설명 중 틀린 것은?

① 융점은 약 490℃이다.
② 무색 또는 오렌지색의 분말이다.
③ 물과 반응하여 주로 수소를 발생한다.
④ 물보다 무겁다.

과산화칼륨은 물과 반응하여 산소가 발생하며 발열하므로 주수소화 금지이다.

46 과산화나트륨 78g과 충분한 양의 물이 반응하여 생성되는 기체의 종류와 생성량을 옳게 나타낸 것은?

① 수소, 1g
② 산소, 16g
③ 수소, 2g
④ 산소, 32g

• $2Na_2O_2 + 2H_2O \rightarrow 4NaOH + O_2$
• 과산화나트륨은 물과 만나 수산화나트륨과 산소를 생성한다.
• Na_2O_2 분자량 = $(23 \times 2) + (16 \times 2) = 78g/mol$
• 과산화나트륨 78g = 1mol
• 2mol의 과산화나트륨(156g)이 반응할 때 산소(1mol, 16g)가 생성되므로 과산화나트륨 1mol당 산소는 0.5mol이 생성된다.
• $0.5mol \times 32g = 16g$

정답 39 ② 40 ④ 41 ② 42 ① 43 ② 44 ① 45 ③ 46 ②

47 인화점이 100℃보다 낮은 물질은?

① 아닐린
② 에틸렌글리콜
③ 글리세린
④ 실린더유

• 아닐린 : 75℃
• 에틸렌글리콜 : 111℃
• 글리세린 : 160℃
• 실린더유 : 200℃

48 다음 물질 중 과산화나트륨과 혼합되었을 때 수산화나트륨과 산소를 발생하는 것은?

① 온수
② 일산화탄소
③ 이산화탄소
④ 초산

과산화나트륨은 물과 반응하여 수산화나트륨과 산소를 발생한다.

49 벤젠에 관한 설명 중 틀린 것은?

① 인화점은 약 −11℃ 정도이다.
② 이황화탄소보다 착화온도가 높다.
③ 벤젠 증기는 마취성은 있으나 독성은 없다.
④ 취급할 때 정전기 발생을 조심해야 한다.

벤젠 증기는 마취성이 있고 독성도 있다.

50 각각 지정수량의 10배인 위험물을 운반할 경우 제5류 위험물과 혼재 가능한 위험물에 해당하는 것은? ✈빈출

① 제1류 위험물
② 제2류 위험물
③ 제3류 위험물
④ 제6류 위험물

유별을 달리하는 위험물 혼재기준

1	6		혼재 가능
2	5	4	혼재 가능
3	4		혼재 가능

51 다음 위험물에 대한 설명 중 옳은 것은?

① 벤조일퍼옥사이드는 건조할수록 안전도가 높다.
② 테트릴은 충격과 마찰에 민감하다.
③ 트라이나이트로페놀은 공기 중 분해하므로 장기간 저장이 불가능하다.
④ 나이트로톨루엔은 액체상의 물질이다.

테트릴은 제5류 위험물 중 나이트로화합물로 충격과 마찰에 민감하다.

52 질산암모늄에 대한 설명으로 틀린 것은?

① 열분해하여 산화이질소가 발생한다.
② 폭약 제조 시 산소공급제로 사용된다.
③ 물에 녹을 때 많은 열을 발생한다.
④ 무취의 결정이다.

질산암모늄은 물에 용해 시 열을 흡수하는 흡열반응을 한다.

53 위험물안전관리법령상 운송책임자의 감독·지원을 받아 운송하여야 하는 위험물은? ✈빈출

① 알킬리튬
② 과산화수소
③ 가솔린
④ 경유

운송하는 위험물이 알킬알루미늄, 알킬리튬이거나 이 둘을 함유하는 위험물일 때에는 운송책임자의 감독 또는 지원을 받아 이를 운송하여야 한다.

54 질산칼륨에 대한 설명으로 옳은 것은?

① 조해성과 흡습성이 강하다.
② 칠레초석이라고도 한다.
③ 물에 녹지 않는다.
④ 흑색화약의 원료이다.

흑색화약의 원료 : 질산칼륨, 숯, 황

정답 47① 48① 49③ 50② 51② 52③ 53① 54④

55 과산화나트륨에 의해 화재가 발생하였다. 진화 작업 과정이 잘못된 것은?

① 공기호흡기를 착용한다.
② 가능한 한 주수소화를 한다.
③ 건조사나 암분으로 피복소화한다.
④ 가능한 한 과산화나트륨과의 접촉을 피한다.

> 과산화나트륨이 물과 반응하면 수산화나트륨과 산소가 발생하기 때문에 주수소화를 금지하고 주로 건조사한다.

56 위험물안전관리법령에 따른 위험물의 적재방법에 대한 설명으로 옳지 않은 것은?

① 원칙적으로는 운반용기를 밀봉하여 수납할 것
② 고체위험물은 용기 내용적의 95% 이하의 수납율로 수납할 것
③ 액체위험물은 용기 내용적의 99% 이상의 수납율로 수납할 것
④ 하나의 외장용기에는 다른 종류의 위험물을 수납하지 아니할 것

> 액체위험물은 용기 내용적의 98% 이하의 수납율로 수납한다.

57 인화칼슘이 물과 반응할 경우에 대한 설명 중 틀린 것은? ★빈출

① PH_3가 발생한다.
② 발생 가스는 불연성이다.
③ $Ca(OH)_2$가 생성된다.
④ 발생 가스는 독성이 강하다.

> 인화칼슘과 물의 반응식
> • $Ca_3P_2 + 6H_2O \rightarrow 3Ca(OH)_2 + 2PH_3$
> • 인화칼슘은 물과 반응하여 수산화칼슘과 포스핀가스를 발생한다.
> • 포스핀가스는 가연성이며 독성이 강하다.

58 위험물안전관리법령상 옥내소화전설비의 설치기준에서 옥내소화전은 제조소등의 건축물의 층마다 당해 층의 각 부분에서 하나의 호스접속구까지의 수평거리가 몇 m 이하가 되도록 설치하여야 하는가?

① 5   ② 10
③ 15   ④ 25

> 옥내소화전은 제조소등의 건축물의 층마다 당해 층의 각 부분에서 하나의 호스접속구까지의 수평거리가 25m 이하가 되도록 설치할 것

59 과산화수소에 대한 설명으로 틀린 것은?

① 불연성 물질이다.
② 농도가 약 3wt%이면 단독으로 분해폭발한다.
③ 산화성 물질이다.
④ 점성이 있는 액체로 물에 용해된다.

> • 과산화수소란 그 농도가 36wt% 이상인 것을 말한다.
> • 농도가 60wt%이면 단독으로 분해폭발한다.

60 위험물을 유별로 정리하여 서로 1m 이상의 간격을 유지하는 경우에도 동일한 옥내저장소에 저장할 수 없는 것은? ★빈출

① 제1류 위험물(알칼리금속의 과산화물 또는 이를 함유한 것을 제외한다)과 제5류 위험물
② 제1류 위험물과 제6류 위험물
③ 제1류 위험물과 제3류 위험물 중 황린
④ 인화성 고체를 제외한 제2류 위험물과 제4류 위험물

> 유별을 달리하더라도 1m 이상 간격을 둘 때 저장 가능한 경우
> • 제1류 위험물(알칼리금속의 과산화물 또는 이를 함유한 것을 제외한다)과 제5류 위험물을 저장하는 경우
> • 제1류 위험물과 제6류 위험물을 저장하는 경우
> • 제1류 위험물과 제3류 위험물 중 자연발화성 물질(황린 또는 이를 함유한 것에 한한다)을 저장하는 경우
> • 제2류 위험물 중 인화성 고체와 제4류 위험물을 저장하는 경우
> • 제3류 위험물 중 알킬알루미늄등과 제4류 위험물(알킬알루미늄 또는 알킬리튬을 함유한 것에 한한다)을 저장하는 경우
> • 제4류 위험물 중 유기과산화물 또는 이를 함유하는 것과 제5류 위험물 중 유기과산화물 또는 이를 함유한 것을 저장하는 경우

정답   55 ②   56 ③   57 ②   58 ④   59 ②   60 ④

01 다음 위험물의 화재 시 소화방법으로 물을 사용하는 것이 적합하지 않은 것은? ✦빈출

① $NaClO_3$ ② P_4
③ Ca_3P_2 ④ S

> 인화칼슘은 금수성 물질로 물과 반응하여 수산화칼슘과 포스핀을 발생하므로 주수소화를 금지하고 질식소화해야 한다.

02 금속분, 나트륨, 코크스 같은 물질이 공기 중에서 점화원을 제공받아 연소할 때의 주된 연소형태는?

① 표면연소   ② 확산연소
③ 분해연소   ④ 증발연소

> 표면연소의 종류에는 목탄, 코크스, 숯, 금속분 등이 있다.

03 인화성 액체위험물에 대한 소화방법에 대한 설명으로 틀린 것은?

① 탄산수소염류 소화기는 적응성이 있다.
② 포 소화기는 적응성이 있다.
③ 이산화탄소 소화기에 의한 질식소화가 효과적이다.
④ 물통 또는 수조를 이용한 냉각소화가 효과적이다.

> 인화성 액체는 제4류 위험물로 질식소화와 억제소화한다.

04 그림과 같이 횡으로 설치한 원통형 위험물탱크에 대하여 탱크 용적을 구하면 약 몇 m³인가? (단, 공간용적은 탱크 내용적의 100분의 5로 한다.) ✦빈출

① 196.25   ② 261.60
③ 785.00   ④ 994.84

> 위험물저장탱크의 내용적
>
> $$V = \pi r^2 \times (1 + \frac{l_1 + l_2}{3})(1 - 공간용적)$$
>
> $$= 원의\ 면적 \times (가운데\ 체적길이 + \frac{양끝\ 체적길이의\ 합}{3})(1 - 공간용적)$$
>
> $$= 3.14 \times 5^2 \times (10 + \frac{10}{3})(1 - 0.05) = 994.8m^3$$

05 이동저장탱크에 알킬알루미늄을 저장하는 경우에 불활성 기체를 봉입하는데 이때의 압력은 몇 kPa 이하이어야 하는가?

① 10   ② 20
③ 30   ④ 40

> 이동저장탱크에 알킬알루미늄등을 저장할 때에는 20kPa 이하의 압력으로 불활성의 기체를 봉입한다.

06 마그네슘을 저장 및 취급하는 장소에 설치해야 할 소화기는?

① 포 소화기
② 이산화탄소 소화기
③ 할로겐화합물 소화기
④ 탄산수소염류 분말 소화기

> 마그네슘은 주수소화 시 수소를 발생하며 폭발하기 때문에 탄산수소염류 분말 소화설비, 팽창질석, 팽창진주암 등을 이용하여 건조사한다.

07 산·알칼리 소화기에 있어서 탄산수소나트륨과 황산의 반응 시 생성되는 물질을 모두 옳게 나타낸 것은?

① 황산나트륨, 탄산가스, 질소
② 염화나트륨, 탄산가스, 질소
③ 황산나트륨, 탄산가스, 물
④ 염화나트륨, 탄산가스, 물

• $2NaHCO_3 + H_2SO_4 \rightarrow Na_2SO_4 + 2H_2O + 2CO_2$
• 탄산수소나트륨은 황산과 반응하여 황산나트륨, 물, 탄산가스를 발생한다.

08 CH_3ONO_2의 소화방법에 대한 설명으로 옳은 것은?

① 물을 주수하여 냉각소화한다.
② 이산화탄소 소화기로 질식소화를 한다.
③ 할로겐화합물 소화기로 질식소화를 한다.
④ 건조사로 냉각소화한다.

질산메틸은 제5류 위험물로 물을 주수하여 냉각소화한다.

09 착화온도가 낮아지는 경우가 아닌 것은?

① 압력이 높을 때
② 습도가 높을 때
③ 발열량이 클 때
④ 산소와 친화력이 좋을 때

착화온도가 낮아지는 원인
• 발열량이 높을 때
• 압력이 높을 때
• 습도가 낮을 때
• 산소와의 결합력이 좋을 때

10 이송취급소에 설치하는 경보설비의 기준에 따라 이송기지에 설치하여야 하는 경보설비로만 이루어진 것은?

① 확성장치, 비상벨장치
② 비상방송설비, 비상경보설비
③ 확성장치, 비상방송설비
④ 비상방송설비, 자동화재탐지설비

이송취급소 경보설비의 설치기준
• 이송기지에는 비상벨장치 및 확성장치를 설치할 것
• 가연성 증기를 발생하는 위험물을 취급하는 펌프실등에는 가연성 증기 경보설비를 설치할 것

11 포 소화약제에 의한 소화방법으로 다음 중 가장 주된 소화효과는?

① 희석소화
② 질식소화
③ 제거소화
④ 자기소화

포 소화약제는 거품이 공기를 차단하여 질식소화효과를 나타내며, 포의 수분이 증발하면서 냉각하여 냉각소화효과를 나타낸다.

12 다음 물질 중 분진폭발의 위험성이 가장 낮은 것은?

① 밀가루
② 알루미늄분말
③ 모래
④ 석탄

분진폭발의 원인물질로 작용할 위험성이 가장 낮은 물질은 시멘트, 모래, 석회분말 등이다.

13 위험물관리법령상 옥외저장소 중 덩어리 상태의 황을 지반면에 설치한 경계표시의 안쪽에서 저장 또는 취급할 때 경계표시의 높이는 몇 m 이하로 하여야 하는가?

① 1
② 1.5
③ 2
④ 2.5

옥외저장소 중 덩어리 상태의 황을 지반면에 설치한 경계표시의 안쪽에서 저장 또는 취급할 때 경계표시의 높이는 1.5m 이하로 한다.

정답 07③ 08① 09② 10① 11② 12③ 13②

14 위험물제조소등에 설치하여야 하는 자동화재탐지설비의 설치 기준에 대한 설명 중 틀린 것은?

① 자동화재탐지설비의 경계구역은 건축물 그 밖의 공작물의 2 이상의 층에 걸치도록 할 것
② 하나의 경계구역에서 그 한 변의 길이는 50m(광전식 분리형 감지기를 설치할 경우에는 100m) 이하로 할 것
③ 자동화재탐지설비의 감지기는 지붕 또는 벽의 옥내에 면한 부분에 유효하게 화재의 발생을 감지할 수 있도록 설치할 것
④ 자동화재탐지설비에는 비상전원을 설치할 것

> 하나의 경계구역이 2개 이상의 층에 걸치지 아니하도록 할 것. 다만, 면적이 500m² 이하의 범위 안에서는 2개의 층을 하나의 경계구역으로 할 수 있다.

15 위험물안전관리자를 해임한 후 며칠 이내에 후임자를 선임하여야 하는가?

① 14일
② 15일
③ 20일
④ 30일

> 제조소등의 관계인은 그 안전관리자를 해임하거나 안전관리자가 퇴직한 때에는 해임하거나 퇴직한 날부터 30일 이내에 다시 안전관리자를 선임하여야 한다.

16 위험물안전관리법령상 피난설비에 해당하는 것은?

① 자동화재탐지설비
② 비상방송설비
③ 자동식사이렌설비
④ 유도등

> 위험물안전관리법령상 피난설비에 해당하는 것은 유도등이다.

17 전기불꽃에 의한 에너지식을 옳게 나타낸 것은? (단, E는 전기불꽃에너지, C는 전기용량, Q는 전기량, V는 방전전압이다.)

① $E = 1/2QV$
② $E = 1/2QV^2$
③ $E = 1/2CV$
④ $E = 1/2VQ^2$

> 전기불꽃에 의한 에너지식
> $E = \dfrac{1}{2}QV$

18 인화성 액체위험물을 저장 또는 취급하는 옥외탱크저장소의 방유제 내에 용량 10만L와 5만L인 옥외저장탱크 2기를 설치하는 경우에 확보하여야 하는 방유제의 용량은?

① 50,000L 이상
② 80,000L 이상
③ 110,000L 이상
④ 150,000L 이상

> 옥외저장탱크 설치 시 방유제 용량
> 최대 탱크용량 × 1.1
> = 100,000L × 1.1 = 110,000L

19 다음 중 소화약제가 아닌 것은?

① CF_3Br
② $NaHCO_3$
③ $Al_2(SO_4)_3$
④ $KClO_4$

> 과염소산칼륨($kClO_4$)은 제1류 위험물이다.

20 다음 중 위험물 화재 시 주수소화가 오히려 위험한 것은?

① 과염소산칼륨
② 적린
③ 황
④ 마그네슘분

> 마그네슘은 주수소화 시 수소를 발생하며 폭발하기 때문에 건조사한다.

21 아조화합물 800kg, 하이드록실아민 300kg, 유기과산화물 40kg의 총 양은 지정수량의 몇 배에 해당하는가? 빈출

① 7배
② 9배
③ 10배
④ 15배

- 아조화합물의 지정수량 : 100kg
- 하이드록실아민의 지정수량 : 100kg
- 유기과산화물의 지정수량 : 10kg
∴ 지정수량 = $\frac{800}{100} + \frac{300}{100} + \frac{40}{10} = 15$

22 다음 중 에틸렌글리콜과 혼재할 수 없는 위험물은? (단, 지정수량의 10배일 경우이다.) 빈출

① 황
② 과망가니즈산나트륨
③ 알루미늄분
④ 트라이나이트로톨루엔

유별을 달리하는 위험물 혼재기준			
1	6		혼재 가능
2	5	4	혼재 가능
3	4		혼재 가능

에틸렌글리콜은 제4류 위험물로 제1류 위험물인 과망가니즈산나트륨과는 혼재 불가이다.

23 과산화수소가 이산화망가니즈 촉매하에서 분해가 촉진될 때 발생하는 가스는?

① 수소
② 산소
③ 아세틸렌
④ 질소

과산화수소는 이산화망가니즈 촉매하에서 분해 촉진되어 산소를 발생한다.

24 다음 중 위험물의 지정수량을 틀리게 나타낸 것은?

① S : 100kg
② Mg : 100kg
③ K : 10kg
④ Al : 500kg

마그네슘의 지정수량 : 500kg

25 산화성 고체위험물의 화재예방과 소화방법에 대한 설명 중 틀린 것은?

① 무기과산화물의 화재 시 물에 의한 냉각소화 원리를 이용하여 소화한다.
② 통풍이 잘 되는 차가운 곳에 저장한다.
③ 분해촉매, 이물질과의 접촉을 피한다.
④ 조해성 물질은 방습하고 용기는 밀전한다.

무기과산화물(과산화나트륨, 과산화칼륨)은 화재 시 물과 반응하면 산소를 방출하며 폭발하기 때문에 질식소화한다.

26 과산화바륨에 대한 설명 중 틀린 것은?

① 약 840℃의 고온에서 분해하여 산소를 발생한다.
② 알칼리금속의 과산화물에 해당된다.
③ 비중은 1보다 크다.
④ 유기물과의 접촉을 피한다.

- 알칼리금속 : Li, Na, K 등
- 알칼리금속의 과산화물 : 알칼리금속에 산을 더한 물질

27 다음 중 일반적으로 알려진 황화인의 3종류에 속하지 않는 것은?

① P_4S_3
② P_2S_5
③ P_4S_7
④ P_2S_9

황화인의 종류
- 삼황화인(P_4S_3)
- 오황화인(P_2S_5)
- 칠황화인(P_4S_7)

정답 21 ④ 22 ② 23 ② 24 ② 25 ① 26 ② 27 ④

28 알칼리금속과산화물에 관한 일반적인 설명으로 옳은 것은?

① 안정한 물질이다.
② 물을 가하면 발열한다.
③ 주로 환원제로 사용된다.
④ 더 이상 분해되지 않는다.

알칼리금속과산화물은 물과 반응 시 산소를 방출하며 발열한다.

29 다음 중 발화점이 가장 낮은 것은?

① 이황화탄소
② 산화프로필렌
③ 휘발유
④ 메탄올

- 이황화탄소 : 90℃
- 산화프로필렌 : 449℃
- 휘발유 : 280~456℃
- 메탄올 : 약 470℃

30 나이트로셀룰로오스에 관한 설명으로 옳은 것은?

① 용제에는 전혀 녹지 않는다.
② 질화도가 클수록 위험성이 증가한다.
③ 물과 작용하여 수소를 발생한다.
④ 화재 발생 시 질식소화가 가장 적합하다.

나이트로셀룰로오스의 특징
- 물에 녹지 않고 알코올, 벤젠 등에 녹는다.
- 질화도가 클수록 위험성이 증가한다.
- 물과 반응하지 않는다.
- 화재 발생 시 주수소화를 한다.

31 과산화나트륨의 저장 및 취급 시의 주의사항에 관한 설명 중 틀린 것은?

① 가열·충격을 피한다.
② 유기물질의 혼입을 막는다.
③ 가연물과의 접촉을 피한다.
④ 화재예방을 위해 물분무 소화설비 또는 스프링클러설비가 설치된 곳에 보관한다.

과산화나트륨은 물과 반응하여 수산화나트륨과 산소를 발생하기 때문에 습기 차단을 위해 건조하고 서늘한 곳에 보관해야 한다.

32 다음 물질이 혼합되어 있을 때 위험성이 가장 낮은 것은?

① 삼산화크롬 – 아닐린
② 염소산칼륨 – 목탄분
③ 나이트로셀룰로오스 – 물
④ 과망가니즈산칼륨 – 글리세린

나이트로셀룰로오스는 건조 상태에 이르면 위험하므로 습한 상태를 유지한다.

33 질산이 분해하여 발생하는 갈색의 유독한 기체는?

① N_2O
② NO
③ NO_2
④ N_2O_3

질산은 햇빛에 의해 분해되어 이산화질소를 발생하기 때문에 갈색 병에 넣어 보관한다.

34 제5류 위험물의 운반용기의 외부에 표시하여야 하는 주의사항은? ★빈출

① 물기주의 및 화기주의
② 물기엄금 및 화기엄금
③ 화기주의 및 충격엄금
④ 화기엄금 및 충격주의

유별	종류	운반용기 외부 주의사항
제1류	알칼리금속의 과산화물	가연물접촉주의, 화기·충격주의, 물기엄금
	그 외	가연물접촉주의, 화기·충격주의
제2류	철분, 금속분, 마그네슘	화기주의, 물기엄금
	인화성 고체	화기엄금
	그 외	화기주의
제3류	자연발화성 물질	화기엄금, 공기접촉엄금
	금수성 물질	물기엄금
제4류	–	화기엄금
제5류		화기엄금, 충격주의
제6류		가연물접촉주의

정답 28② 29① 30② 31④ 32③ 33③ 34④

35 과산화칼륨의 위험성에 대한 설명 중 틀린 것은?

① 가연물과 혼합 시 충격이 가해지면 발화할 위험이 있다.
② 접촉 시 피부를 부식시킬 위험이 있다.
③ 물과 반응하여 산소를 방출한다.
④ 가연성 물질이므로 화기접촉에 주의하여야 한다.

> 과산화칼륨은 제1류 위험물로 산화성 고체이다.

36 다음 물질 중 과염소산칼륨과 혼합했을 때 발화폭발의 위험이 가장 높은 것은?

① 석면　　　　　　② 금
③ 유리　　　　　　④ 목탄

> 과염소산칼륨(산화성 고체)과 목탄(가연물)은 혼합했을 때 가열, 충격, 마찰, 타격 등에 의해서 급속히 연소하며 경우에 따라서는 폭발을 일으킨다.

37 벤젠의 성질에 대한 설명 중 틀린 것은?

① 무색의 액체로서 휘발성이 있다.
② 불을 붙이면 그을음을 내며 탄다.
③ 증기는 공기보다 무겁다.
④ 물에 잘 녹는다.

> 물에 녹지 않고 알코올, 에테르, 벤젠에 녹는다.

38 위험물시설에 설치하는 소화설비와 관련한 소요단위의 산출방법에 관한 설명 중 옳은 것은?

① 제조소등의 옥외에 설치된 공작물은 외벽이 내화구조인 것으로 간주한다.
② 위험물은 지정수량의 20배를 1소요단위로 한다.
③ 취급소의 건축물은 외벽이 내화구조인 것은 연면적 75m²를 1소요단위로 한다.
④ 제조소의 건축물은 외벽이 내화구조인 것은 연면적 150m²를 1소요단위로 한다.

> • 위험물은 지정수량의 10배를 1소요단위로 한다.
> • 취급소의 건축물은 외벽이 내화구조인 것은 연면적 100m²을 1소요단위로 한다.
> • 제조소의 건축물은 외벽이 내화구조인 것은 연면적 100m²을 1소요단위로 한다.

39 트라이에틸알루미늄이 물과 반응하였을 때 발생하는 가스는?

① 메탄　　　　　　② 에탄
③ 프로판　　　　　④ 부탄

> 트라이에틸알루미늄과 물의 반응식
> • $(C_2H_5)_3Al + 3H_2O \rightarrow Al(OH)_3 + 3C_2H_6$
> • 트라이에틸알루미늄이 물과 반응하면 수산화알루미늄과 에탄을 생성한다.

40 염소산칼륨과 염소산나트륨의 공통성질에 대한 설명으로 적합한 것은?

① 물과 작용하여 발열 또는 발화한다.
② 가연물과 혼합 시 가열, 충격에 의해 연소위험이 있다.
③ 독성이 없으나 연소생성물은 유독하다.
④ 상온에서 발화하기 쉽다.

> 가열, 충격, 마찰을 피하고 점화원의 접근을 금한다.

41 다음 중 제2류 위험물이 아닌 것은?

① 황화인　　　　　② 황
③ 마그네슘　　　　④ 칼륨

> 칼륨은 제3류 위험물이다.

42 제6류 위험물의 화재예방 및 진압대책으로 적합하지 않은 것은?

① 가연물과의 접촉을 피한다.
② 과산화수소를 장기보존할 때는 유리용기를 사용하여 밀전한다.
③ 옥내소화전설비를 사용하여 소화할 수 있다.
④ 물분무 소화설비를 사용하여 소화할 수 있다.

> 과산화수소는 햇빛에 의해 분해되므로 뚜껑에 작은 구멍을 뚫은 갈색용기에 보관한다.

43 다음 중 화재 시 내알코올포 소화약제를 사용하는 것이 가장 적합한 위험물은?

① 아세톤
② 휘발유
③ 경유
④ 등유

> 소포성 있는 위험물 화재(알코올 화재 등)에서는 내알코올포를 사용해야 한다.

44 상온에서 액상인 것으로만 나열된 것은?

① 나이트로셀룰로오스, 나이트로글리세린
② 질산에틸, 나이트로글리세린
③ 질산에틸, 피크린산
④ 나이트로셀룰로오스, 셀룰로이드

품명	위험물	상태
질산에스터류	질산메틸 질산에틸 나이트로글리콜 나이트로글리세린	액체
	나이트로셀룰로오스 셀룰로이드	고체
나이트로화합물	트라이나이트로톨루엔 트라이나이트로페놀 다이나이트로벤젠 테트릴	고체

45 염소산염류 250kg, 아이오딘산염류 600kg, 질산염류 900kg을 저장하고 있는 경우 지정수량의 몇 배가 보관되어 있는가?

① 5배
② 7배
③ 10배
④ 12배

> • 염소산염류의 지정수량 : 50kg
> • 아이오딘산염류의 지정수량 : 300kg
> • 질산염류의 지정수량 : 300kg
> ∴ 지정수량 $= \dfrac{250}{50} + \dfrac{600}{300} + \dfrac{900}{300} = 10$

46 등유에 대한 설명으로 틀린 것은?

① 휘발유보다 착화온도가 높다.
② 증기는 공기보다 무겁다.
③ 인화점은 상온(25℃)보다 높다.
④ 물보다 가볍고 비수용성이다.

> • 등유의 착화온도 : 220℃
> • 휘발유의 착화온도 : 300℃

47 다이너마이트의 원료로 사용되며 건조한 상태에서는 타격, 마찰에 의하여 폭발의 위험이 있으므로 운반 시 물 또는 알코올을 첨가하여 습윤시키는 위험물은?

① 벤조일퍼옥사이드
② 트라이나이트로톨루엔
③ 나이트로셀룰로오스
④ 다이나이트로나프탈렌

> 나이트로셀룰로오스는 제5류 위험물로 다이너마이트의 원료로 사용되며 건조한 상태에서는 타격, 마찰에 의하여 폭발의 위험이 있으므로 운반 시 물 또는 알코올을 첨가하여 습윤시킨다.

정답   42 ②   43 ①   44 ②   45 ③   46 ①   47 ③

48 황의 성상에 관한 설명으로 틀린 것은?

① 연소할 때 발생하는 가스는 냄새를 갖고 있으나 인체에 무해하다.
② 미분이 공기 중에 떠 있을 때 분진폭발의 우려가 있다.
③ 용융된 황을 물에서 급냉하면 고무상황을 얻을 수 있다.
④ 연소할 때 아황산가스를 발생한다.

> 황은 연소할 때 아황산가스를 배출하며 이는 인체에 해롭다.

49 황린의 취급에 관한 설명으로 옳은 것은?

① 보호액의 pH를 측정한다.
② 1기압, 25℃의 공기 중에 보관한다.
③ 주수에 의한 소화는 절대 금한다.
④ 취급 시 보호구는 착용하지 않는다.

> 황린은 pH9인 물 속에 저장한다.

50 다음 물질 중 인화점이 가장 낮은 것은?

① CH_3COCH_3 ② $C_2H_5OC_2H_5$
③ $CH_3(CH_2)_3OH$ ④ CH_3OH

> • CH_3COCH_3 : -18℃
> • $C_2H_5OC_2H_5$: -45℃
> • $CH_3(CH_2)_3OH$: 35℃
> • CH_3OH : 약 11℃

51 이동탱크저장소에 의한 위험물의 운송 시 준수하여야 하는 기준에서 다음 중 어떤 위험물을 운송할 때 위험물운송자는 위험물안전카드를 휴대하여야 하는가? 🐰빈출

① 특수인화물 및 제1석유류
② 알코올류 및 제2석유류
③ 제3석유류 및 동식물유류
④ 제4석유류

> 위험물(제4류 위험물에 있어서는 특수인화물 및 제1석유류만 해당) 운송자는 위험물안전카드를 휴대하여야 한다.

52 제조소등 또는 허가를 받지 않고 지정수량 이상의 위험물을 저장 또는 취급하는 장소에서 위험물을 유출시켜 사람의 신체 또는 재산에 대하여 위험을 발생시킨 자에 대한 벌칙기준으로 옳은 것은?

① 1년 이상 3년 이하의 징역
② 1년 이상 5년 이하의 징역
③ 1년 이상 7년 이하의 징역
④ 1년 이상 10년 이하의 징역

> 제조소등 또는 허가를 받지 않고 지정수량 이상의 위험물을 저장 또는 취급하는 장소에서 위험물을 유출·방출 또는 확산시켜 사람의 생명·신체 또는 재산에 대하여 위험을 발생시킨 자는 1년 이상 10년 이하의 징역에 처한다.

53 다음 위험물 중 지정수량이 나머지 셋과 다른 하나는?

① 마그네슘 ② 금속분
③ 철분 ④ 황

> • 마그네슘, 금속분, 철분의 지정수량 : 500kg
> • 황의 지정수량 : 100kg

54 위험물안전관리법에서 사용하는 용어의 정의 중 틀린 것은?

① "지정수량"이라 함은 위험물의 종류별로 위험성을 고려하여 대통령령이 정하는 수량을 말한다.
② "제조소"라 함은 위험물을 제조할 목적으로 지정수량 이상의 위험물을 취급하기 위하여 규정에 따라 허가를 받은 장소를 말한다.
③ "저장소"라 함은 지정수량 이상의 위험물을 저장하기 위한 대통령령이 정하는 장소로서 규정에 따라 허가를 받은 장소를 말한다.
④ "제조소등"이라 함은 제조소, 저장소 및 이동탱크를 말한다.

> "제조소등"이라 함은 제조소, 저장소 및 취급소를 말한다.

정답 48 ① 49 ① 50 ② 51 ① 52 ④ 53 ④ 54 ④

55 위험물저장탱크의 공간용적은 탱크 내용적의 얼마 이상, 얼마 이하로 하는가?

① 2/100 이상, 3/100 이하
② 2/100 이상, 5/100 이하
③ 5/100 이상, 10/100 이하
④ 10/100 이상, 20/100 이하

일반적으로 탱크의 공간용적은 탱크 내용적의 5/100 이상 10/100 이하로 한다.

56 다음 중 물과 반응하여 산소를 발생하는 것은?

① $KClO_3$
② $NaNO_3$
③ Na_2O_2
④ $KMnO_4$

과산화나트륨(Na_2O_2)은 물과 반응하여 수산화나트륨과 산소를 발생한다.

57 위험물안전관리법령상의 위험물운반에 관한 기준에서 액체 위험물은 운반용기 내용적의 몇 % 이하의 수납율로 수납하여야 하는가?

① 80
② 85
③ 90
④ 98

액체위험물은 용기 내용적의 98% 이하의 수납율로 수납해야 한다.

58 인화칼슘이 물과 반응하였을 때 발생하는 가스는? ✈빈출

① PH_3
② H_2
③ CO_2
④ N_2

인화칼슘은 물과 반응하여 수산화칼슘과 포스핀가스를 발생한다.

59 다음 중 분자량이 약 74, 비중이 약 0.71인 물질로서 과산화물 생성 방지를 위해 갈색병에 보관해야 하는 물질은?

① $C_2H_5OC_2H_5$
② C_2H_5OH
③ C_6H_5Cl
④ CS_2

다이에틸에터($C_2H_5OC_2H_5$)는 공기와 장시간 접촉 시 폭발성의 과산화물을 생성하므로 과산화물 생성 방지를 위해 갈색병에 보관해야 한다.

60 다음 중 제5류 위험물이 아닌 것은?

① 나이트로글리세린
② 나이트로톨루엔
③ 나이트로글리콜
④ 트라이나이트로톨루엔

나이트로톨루엔은 제4류 위험물 중 제3석유류이다.

PART 03

정답   55 ③   56 ③   57 ④   58 ①   59 ①   60 ②

01 위험등급이 나머지 셋과 다른 것은?

① 알칼리토금속
② 아염소산염류
③ 질산에스터류
④ 제6류 위험물

- 알칼리토금속의 위험등급 : Ⅱ등급
- 아염소산염류(제1류 위험물), 질산에스터류(제5류 위험물), 제6류 위험물의 위험등급 : Ⅰ등급

02 점화원으로 작용할 수 있는 정전기를 방지하기 위한 예방대책이 아닌 것은? ✈빈출

① 정전기 발생이 우려되는 장소에 접지시설을 한다.
② 실내의 공기를 이온화하여 정전기 발생을 억제한다.
③ 정전기는 습도가 낮을 때 많이 발생하므로 상대습도를 70% 이상으로 한다.
④ 전기의 저항이 큰 물질은 대전이 용이하므로 비전도체 물질을 사용한다.

정전기 방지대책
- 접지에 의한 방법
- 공기를 이온화함
- 공기 중의 상대습도를 70% 이상으로 함
- 위험물이 느린 유속으로 흐를 때

03 연료의 일반적인 연소형태에 관한 설명 중 틀린 것은?

① 목재와 같은 고체연료는 연소 초기에는 불꽃을 내면서 연소하나 후기에는 점점 불꽃이 없어져 무염(無炎) 연소 형태로 연소한다.
② 알코올과 같은 액체연료는 증발에 의해 생긴 증기가 공기 중에서 연소하는 증발연소의 형태로 연소한다.
③ 기체연료는 액체연료, 고체연료와 다르게 비정상적 연소인 폭발현상이 나타나지 않는다.
④ 석탄과 같은 고체연료는 열분해하여 발생한 가연성 기체가 공기 중에서 연소하는 분해연소 형태로 연소한다.

기체연료는 확산연소, 예혼합연소, 폭발연소를 한다.

04 위험물안전관리자의 책무에 해당되지 않는 것은?

① 화재 등의 재난이 발생한 경우 소방관서 등에 대한 연락업무
② 화재 등의 재난이 발생한 경우 응급조치
③ 위험물 취급에 관한 일지의 작성·기록
④ 위험물안전관리자의 선임·신고

위험물안전관리자의 책무
- 위험물의 취급작업에 참여하여 당해 작업이 저장 또는 취급에 관한 기술기준과 예방규정에 적합하도록 해당 작업자(당해 작업에 참여하는 위험물취급자격자를 포함한다)에 대하여 지시 및 감독하는 업무
- 화재 등의 재난이 발생한 경우 응급조치 및 소방관서 등에 대한 연락업무
- 위험물시설의 안전을 담당하는 자를 따로 두는 제조소등의 경우에는 그 담당자에게 규정에 의한 업무의 지시, 그 밖의 제조소등의 경우에는 다음의 규정에 의한 업무
- 화재 등의 재해의 방지와 응급조치에 관하여 인접하는 제조소등과 그 밖의 관련되는 시설의 관계자와 협조체제의 유지
- 위험물의 취급에 관한 일지의 작성·기록
- 그 밖에 위험물을 수납한 용기를 차량에 적재하는 작업, 위험물설비를 보수하는 작업 등 위험물의 취급과 관련된 작업의 안전에 관하여 필요한 감독의 수행

정답   01 ①   02 ④   03 ③   04 ④

05 옥내저장소에 관한 위험물안전관리법령의 내용으로 옳지 않은 것은?

① 지정과산화물을 저장하는 옥내저장소의 경우 바닥면적 150m² 이내마다 격벽으로 구획을 하여야 한다.
② 옥내저장소에는 원칙상 안전거리를 두어야 하나, 제6류 위험물을 저장하는 경우에는 안전거리를 두지 않을 수 있다.
③ 아세톤을 처마높이 6m 미만인 단층건물에 저장하는 경우 저장창고의 바닥면적은 1,000m² 이하로 하여야 한다.
④ 복합용도의 건축물에 설치하는 옥내저장소는 해당 용도로 사용하는 부분의 바닥면적을 100m² 이하로 하여야 한다.

복합용도 건축물에 설치하는 옥내저장소의 용도에 사용되는 부분의 바닥면적은 75m² 이하로 하여야 한다.

06 다음 중 폭발범위가 가장 넓은 물질은?

① 메탄　　　　　　② 톨루엔
③ 에틸알코올　　　④ 에틸에터

- 메탄 : 5 ~ 15%(10)
- 톨루엔 : 1.3 ~ 6.7%(5.4)
- 에틸알코올 : 3.5 ~ 20%(16.5)
- 에틸에터 : 1.7 ~ 48%(46.3)

07 이산화탄소가 소화약제로 사용되는 이유에 대한 설명으로 가장 옳은 것은?

① 산소와 반응이 느리기 때문이다.
② 산소와 반응하지 않기 때문이다.
③ 착화되어도 곧 불이 꺼지기 때문이다.
④ 산화반응이 되어도 열 발생이 없기 때문이다.

이산화탄소는 불연성 가스이므로 산소공급원이 될 수 없고 산소와 반응하지 않는다.

08 분말 소화약제 중 제1종과 제2종 분말이 각각 열분해될 때 공통적으로 생성되는 물질은? ✈빈출

① N_2, CO_2　　　　② N_2, O_2
③ H_2O, CO_2　　　④ H_2O, N_2

분말 소화약제의 종류

약제명	주성분	분해식
제1종	탄산수소나트륨	$2NaHCO_3 \rightarrow Na_2CO_3 + CO_2 + H_2O$
제2종	탄산수소칼륨	$2KHCO_3 \rightarrow K_2CO_3 + CO_2 + H_2O$
제3종	인산암모늄	$NH_4H_2PO_4 \rightarrow NH_3 + HPO_3 + H_2O$
제4종	탄산수소칼륨 + 요소	–

09 다음 중 발화점이 달라지는 요인으로 가장 거리가 먼 것은?

① 가연성 가스와 공기의 조성비
② 발화를 일으키는 공간의 형태와 크기
③ 가열속도와 가열시간
④ 가열도구의 내구연한

가열도구로 발화점이 달라지지 않는다.

10 이산화탄소 소화기의 장점으로 옳은 것은?

① 전기설비 화재에 유용하다.
② 마그네슘과 같은 금속분 화재 시 유용하다.
③ 자기반응성 물질의 화재 시 유용하다.
④ 알칼리금속과산화물 화재 시 유용하다.

이산화탄소 소화기는 전기전도성이 없어 전기 화재에 안전하게 사용할 수 있다.

정답　　05 ④　06 ④　07 ②　08 ③　09 ④　10 ①

11 2022년 2회 CBT 기출복원문제　215

11 금수성 물질 저장시설에 설치하는 주의사항 게시판의 바탕색과 문자색을 옳게 나타낸 것은? ✱빈출

① 적색바탕에 백색문자 ② 백색바탕에 적색문자
③ 청색바탕에 백색문자 ④ 백색바탕에 청색문자

> 제3류 위험물 중 금수성 물질 저장시설에 설치하는 게시판에 표시하는 주의사항은 물기엄금이고, 청색바탕에 백색문자로 표시한다.

12 과산화수소에 대한 설명으로 틀린 것은?

① 불연성이다.
② 물보다 무겁다.
③ 산화성 액체이다.
④ 지정수량은 300L이다.

> 과산화수소는 제6류 위험물로 지정수량은 300kg이다.

13 위험물안전관리법령에 의한 안전교육에 대한 설명으로 옳은 것은?

① 제조소등의 관계인은 교육대상자에 대하여 안전교육을 받게 할 의무가 있다.
② 안전관리자, 탱크시험자의 기술인력 및 위험물운송자는 안전교육을 받을 의무가 없다.
③ 탱크시험자의 업무에 대한 강습교육을 받으면 탱크시험자의 기술인력이 될 수 있다.
④ 소방서장은 교육대상자가 교육을 받지 아니한 때에는 그 자격을 정지하거나 취소할 수 있다.

> • 제조소등의 관계인은 교육대상자에 대하여 필요한 안전교육을 받게 하여야 한다.
> • 안전관리자 · 탱크시험자 · 위험물운반자 · 위험물운송자 등 위험물의 안전관리와 관련된 업무를 수행하는 자로서 대통령령이 정하는 자는 해당 업무에 관한 능력의 습득 또는 향상을 위하여 소방청장이 실시하는 교육을 받아야 한다.

14 위험물안전관리법령상 제조소의 위치 · 구조 및 설비의 기준에 따르면 가연성 증기가 체류할 우려가 있는 건축물은 배출장소의 용적이 500m³일 때 시간당 배출능력(국소방식)을 얼마 이상인 것으로 하여야 하는가?

① 5,000m³ ② 10,000m³
③ 20,000m³ ④ 40,000m³

> • 배출능력(국소방식) : 1시간당 배출장소 용적의 20배 이상
> • 배출 능력 = 500 × 20 = 10,000m³

15 물의 소화능력을 향상시키고 동절기 또는 한랭지에서도 사용할 수 있도록 탄산칼륨 등의 알칼리금속염을 첨가한 소화약제는?

① 강화액 ② 할로젠간화합물
③ 이산화탄소 ④ 포(Foam)

> 강화액 소화약제는 물에 중탄산칼륨염, 방청제 및 안정제 등을 첨가하여 −20℃에서도 응고하지 않도록 하며 물의 침투능력을 배가시킨 소화약제이다.

16 다음 중 주수소화를 하면 위험성이 증가하는 것은?

① 과산화칼륨 ② 과망가니즈산칼륨
③ 과염소산칼륨 ④ 브로민산칼륨

> 과산화칼륨은 물과 반응하여 산소를 발생하며 폭발의 위험이 있기 때문에 모래, 팽창질석 등을 이용하여 질식소화한다.

17 메탄 1g이 완전연소하면 발생되는 이산화탄소는 몇 g인가?

① 1.25 ② 2.75
③ 14 ④ 44

> • $CH_4 + 2O_2 \rightarrow CO_2 + 2H_2O$
> • 메탄은 완전연소하여 이산화탄소와 물을 발생한다.
> • CH_4 분자량 = 12 + (1 × 4) = 16g/mol
> • CO_2 분자량 = 12 + (16 × 2) = 44g/mol
> • 메탄 1g 연소 시 발생하는 이산화탄소 g = x
> • 16g/mol : 1g = 44g/mol : xg
> • ∴ x = 2.75g

정답 11 ③ 12 ④ 13 ① 14 ② 15 ① 16 ① 17 ②

18 금속칼륨의 보호액으로서 적당하지 않은 것은?

① 등유
② 유동파라핀
③ 경유
④ 에탄올

> 금속칼륨은 공기와의 접촉을 막기 위해 석유, 등유 등의 산소가 함유되지 않은 보호액(석유류)에 저장한다.

19 위험물제조소에서 지정수량 이상의 위험물을 취급하는 건축물(시설)에는 원칙상 최소 몇 미터 이상의 보유공지를 확보하여야 하는가? (단, 최대수량은 지정수량의 10배이다.)

① 1m 이상
② 3m 이상
③ 5m 이상
④ 7m 이상

> 제조소의 보유공지
>
> | 취급하는 위험물의 최대수량 | 공지의 너비 |
> |---|---|
> | 지정수량의 10배 이하 | 3m 이상 |
> | 지정수량의 10배 초과 | 5m 이상 |

20 이송취급소의 배관이 하천을 횡단하는 경우 하천 밑에 매설하는 배관의 외면과 계획하상(계획하상이 최심하상보다 높은 경우에는 최심하상)과의 거리는?

① 1.2m 이상
② 2.5m 이상
③ 3.0m 이상
④ 4.0m 이상

> 이송취급소의 배관이 하천을 횡단하는 경우 하천 밑에 매설하는 배관의 외면과 계획하상(계획하상이 최심하상보다 높은 경우에는 최심하상)과의 거리는 4m 이상이다.

21 지정수량이 300kg인 위험물에 해당하는 것은?

① $NaBrO_3$
② CaO_2
③ $KClO_4$
④ $NaClO_2$

> 브로민산나트륨은 제1류 위험물이고 지정수량은 300kg이다.

22 알칼리금속과산화물에 적응성이 있는 소화설비는?

① 할로겐화합물 소화설비
② 탄산수소염류 분말 소화설비
③ 물분무 소화설비
④ 스프링클러설비

> 알칼리금속과산화물은 주수소화를 금지하고, 마른모래, 탄산수소염류 분말, 팽창질석, 팽창진주암 등으로 질식소화한다.

23 위험물의 저장 및 취급방법에 대한 설명으로 틀린 것은?

① 적린은 화기와 멀리하고 가열, 충격이 가해지지 않도록 한다.
② 황린은 자연발화성이 있으므로 물 속에 저장한다.
③ 마그네슘은 산화제와 혼합되지 않도록 취급한다.
④ 알루미늄분은 분진폭발의 위험이 있으므로 분무주수하여 저장한다.

> 알루미늄은 물과 만나면 수소를 방출하며 폭발의 위험이 크기 때문에 물과 닿지 않아야 한다(주수금지).

24 서로 반응할 때 수소가 발생하지 않는 것은?

① 리튬 + 염산
② 탄화칼슘 + 물
③ 수소화칼슘 + 물
④ 루비듐 + 물

> 탄화칼슘과 물의 반응식
> • $CaC_2 + 2H_2O \rightarrow Ca(OH)_2 + C_2H_2$
> • 탄화칼슘은 물과 반응하여 수산화칼슘과 아세틸렌이 발생한다.

정답 18④ 19② 20④ 21① 22② 23④ 24②

25 위험물의 운반에 관한 기준에서 적재방법 기준으로 틀린 것은?

① 고체위험물은 운반용기의 내용적 95% 이하의 수납율로 수납할 것
② 액체위험물은 운반용기의 내용적 98% 이하의 수납율로 수납할 것
③ 알킬알루미늄은 운반용기의 내용적의 95% 이하의 수납율로 수납하되, 50℃의 온도에서 5% 이상의 공간용적을 유지할 것
④ 제3류 위험물 중 자연발화성 물질에 있어서는 불활성 기체를 봉입하여 밀봉하는 등 공기와 접하지 아니하도록 할 것

> 알킬알루미늄등은 운반용기의 내용적의 90% 이하의 수납율로 수납하되, 50℃의 온도에서 5% 이상의 공간용적을 유지하도록 할 것

26 지정수량이 50킬로그램이 아닌 위험물은?

① 염소산나트륨   ② 리튬
③ 과산화나트륨   ④ 나트륨

> 나트륨의 지정수량 : 10kg

27 과산화수소와 산화프로필렌의 공통점으로 옳은 것은?

① 특수인화물이다.
② 분해 시 질소를 발생한다.
③ 끓는점이 200℃ 이하이다.
④ 용액 상태에서도 자연발화 위험이 있다.

> • 과산화수소의 끓는점 : 150.2℃ 이하
> • 산화프로필렌의 끓는점 : 34℃

28 지하탱크저장소에서 인접한 2개의 지하저장탱크 용량의 합계가 지정수량이 100배일 경우 탱크 상호 간의 최소거리는?

① 0.1m   ② 0.3m
③ 0.5m   ④ 1m

> 인접한 2개의 지하저장탱크 용량의 합계가 지정수량의 100배 이하인 경우 상호 간의 최소거리는 0.5m 이상이어야 한다.

29 제2류 위험물인 마그네슘의 위험성에 관한 설명 중 틀린 것은?

① 더운 물과 작용시키면 산소가스를 발생한다.
② 이산화탄소 중에서도 연소한다.
③ 습기와 반응하여 열이 축적되면 자연발화의 위험이 있다.
④ 공기 중에 부유하면 분진폭발의 위험이 있다.

> 마그네슘은 물과 반응하여 수소가스를 발생한다.

30 과산화벤조일의 지정수량은 얼마인가?

① 10kg   ② 50L
③ 100kg   ④ 1,000L

> 과산화벤조일은 제5류 위험물 중 유기과산화물로 지정수량은 10kg이다.

31 메탄올과 비교한 에탄올의 성질에 대한 설명 중 틀린 것은?

① 인화점이 낮다.
② 발화점이 낮다.
③ 증기비중이 크다.
④ 비점이 높다.

> • 메탄올의 인화점 : 11℃
> • 에탄올의 인화점 : 13℃

정답 25 ③ 26 ④ 27 ③ 28 ③ 29 ① 30 ① 31 ①

32 제5류 위험물 중 유기과산화물을 함유한 것으로서 위험물에서 제외되는 것의 기준이 아닌 것은?

① 과산화벤조일의 함유량이 35.5중량퍼센트 미만인 것으로서 전분가루, 황산칼슘2수화물 또는 인산수소칼슘2수화물과의 혼합물
② 비스(4클로로벤조일)퍼옥사이드의 함유량이 30중량퍼센트 미만인 것으로서 불활성 고체와의 혼합물
③ 1·4비스(2-터셔리뷰틸퍼옥시아이소프로필)벤젠의 함유량이 40중량퍼센트 미만인 것으로서 불활성 고체와의 혼합물
④ 사이클로헥산온퍼옥사이드의 함유량이 40중량퍼센트 미만인 것으로서 불활성 고체와의 혼합물

> 사이클로헥산온퍼옥사이드 함유량은 30wt% 미만인 것이다.

33 저장 또는 취급하는 위험물의 최대수량이 지정수량의 500배 이하일 때 옥외저장탱크의 측면으로부터 몇 m 이상의 보유공지를 유지하여야 하는가? (단, 제6류 위험물은 제외한다.)

① 1
② 2
③ 3
④ 4

옥외저장탱크의 보유공지	
저장 또는 취급하는 위험물의 최대수량	공지의 너비
지정수량의 500배 이하	3m 이상
지정수량의 500배 초과 1,000배 이하	5m 이상
지정수량의 1,000배 초과 2,000배 이하	9m 이상
지정수량의 2,000배 초과 3,000배 이하	12m 이상
지정수량의 3,000배 초과 4,000배 이하	15m 이상

34 위험물안전관리법령상 제3류 위험물에 해당하지 않는 것은?

① 황화인
② 나트륨
③ 칼륨
④ 황린

> 황화인은 제2류 위험물이다.

35 다음 중 발화점이 가장 낮은 것은?

① 이황화탄소
② 산화프로필렌
③ 휘발유
④ 메탄올

> • 이황화탄소 : 90℃
> • 산화프로필렌 : 449℃
> • 휘발유 : 280 ~ 456℃
> • 메탄올 : 약 470℃

36 아염소산나트륨의 저장 및 취급 시 주의사항으로 가장 거리가 먼 것은?

① 물 속에 넣어 냉암소에 저장한다.
② 강산류와의 접촉을 피한다.
③ 취급 시 충격, 마찰을 피한다.
④ 가연성 물질과 접촉을 피한다.

> 아염소산나트륨은 물에 잘 녹으므로 물 속에 보관이 불가능하다.

37 정기점검대상 제조소등에 해당하지 않는 것은?

① 이동탱크저장소
② 지정수량 100배 이상의 위험물 옥외저장소
③ 지정수량 100배 이상의 위험물 옥내저장소
④ 이송취급소

> 정기점검대상 제조소등
> • 지정수량 10배 이상의 위험물을 취급하는 제조소
> • 지정수량 100배 이상의 위험물을 저장하는 옥외저장소
> • 지정수량 150배 이상의 위험물을 저장하는 옥내저장소
> • 지정수량 200배 이상의 위험물을 저장하는 옥외탱크저장소
> • 암반탱크저장소
> • 이송취급소
> • 지정수량 10배 이상의 위험물을 취급하는 일반취급소
> • 지하탱크저장소
> • 이동탱크저장소
> • 위험물을 취급하는 탱크로서 지하에 매설된 탱크가 있는 제조소 · 주유취급소 또는 일반취급소

정답 32 ④ 33 ③ 34 ① 35 ① 36 ① 37 ③

38 오황화인이 물과 작용했을 때 주로 발생되는 기체는?

① 포스핀
② 포스겐
③ 황산가스
④ 황화수소

> 오황화인과 칠황화인은 물과 반응 시 황화수소를 생성한다.

39 다음 물질 중 물보다 비중이 작은 것으로만 이루어진 것은?

① 에테르, 이황화탄소
② 벤젠, 글리세린
③ 가솔린, 메탄올
④ 글리세린, 아닐린

> • 가솔린 : 0.65
> • 메탄올 : 0.79

40 위험물안전관리법령에 따른 소화설비의 적응성에 관한 다음 내용 중 ( ) 안에 적합한 내용은?

> 제6류 위험물을 저장 또는 취급하는 장소로서 폭발의 위험이 없는 장소에 한하여 ( )가(이) 제6류 위험물에 대하여 적응성이 있다.

① 할로겐화합물 소화기
② 분말 소화기 – 탄산수소염류 소화기
③ 분말 소화기 – 그 밖의 것
④ 이산화탄소 소화기

> 제6류 위험물을 저장 또는 취급하는 장소로서 폭발의 위험이 없는 장소에 한하여 이산화탄소 소화기가 제6류 위험물에 대하여 적응성이 있다.

41 위험물판매취급소에 관한 설명 중 틀린 것은?

① 위험물을 배합하는 실의 바닥면적은 6m² 이상 15m² 이하이어야 한다.
② 제1종 판매취급소는 건축물의 1층에 설치하여야 한다.
③ 일반적으로 페인트점, 화공약품점이 이에 해당된다.
④ 취급하는 위험물의 종류에 따라 제1종과 제2종으로 구분된다.

> 취급하는 위험물의 수량에 따라 제1종(지정수량 20배 이하)과 제2종(지정수량 40배 이하)으로 구분한다.

42 지하저장탱크에 경보음을 울리는 방법으로 과충전방지장치를 설치하고자 한다. 탱크용량의 최소 몇 %가 찰 때 경보음이 울리도록 하여야 하는가?

① 80
② 85
③ 90
④ 95

> 탱크용량의 90%가 찰 때 경보음이 울리도록 한다.

43 위험물의 성질에 대한 설명으로 틀린 것은?

① 인화칼슘은 물과 반응하여 유독한 가스를 발생한다.
② 금속나트륨은 물과 반응하여 산소를 발생시키고 발열한다.
③ 아세트알데하이드는 연소하여 이산화탄소와 물을 발생한다.
④ 질산에틸은 물에 녹지 않고 인화되기 쉽다.

> 금속나트륨은 물과 반응하여 수소를 발생시키고 발열한다.

44 물과 반응하여 가연성 가스를 발생하지 않는 것은?

① 나트륨
② 과산화나트륨
③ 탄화알루미늄
④ 트라이에틸알루미늄

> • 과산화나트륨은 물과 반응하여 산소를 발생하는데, 산소는 조연성 가스이다.
> • 나트륨은 물과 반응하여 수소를, 탄화알루미늄은 메탄을, 트라이에틸알루미늄은 에탄을 발생한다.

정답 38④ 39③ 40④ 41④ 42③ 43② 44②

45 분자량이 약 169인 백색의 정방정계 분말로서 알칼리토금속의 과산화물 중 매우 안정한 물질이며 테르밋의 점화제 용도로 사용되는 제1류 위험물은?

① 과산화칼슘
② 과산화바륨
③ 과산화마그네슘
④ 과산화칼륨

과산화바륨은 물과 만나 수산화바륨과 산소를 발생한다. 또한 테르밋 반응에서 산소공급을 강화하고 반응 온도를 높여 테르밋의 성능을 향상시키는 역할을 한다.

46 알킬알루미늄을 저장하는 용기에 봉입하는 가스로 다음 중 가장 적합한 것은?

① 포스겐
② 인화수소
③ 질소가스
④ 아황산가스

알킬알루미늄을 용기에 저장할 때 용기 상부는 불연성 가스(질소, 아르곤, 이산화탄소 등)로 봉입한다.

47 가연물에 따른 화재의 종류 및 표시색의 연결이 옳은 것은?

★빈출

① 폴리에틸렌 – 유류화재 – 백색
② 석탄 – 일반화재 – 청색
③ 시너 – 유류화재 – 청색
④ 나무 – 일반화재 – 백색

화재의 종류

급수	화재	색상
A	일반	백색
B	유류	황색
C	전기	청색
D	금속	무색

48 다음은 위험물안전관리법령에서 따른 이동저장탱크의 구조에 관한 기준이다. ( ) 안에 알맞은 수치는?

이동저장탱크는 그 내부에 (가)1L 이하마다 (나)mm 이상의 강철판 또는 이와 동등 이상의 강도, 내열성 및 내식성이 있는 금속성의 것으로 칸막이를 설치하여야 한다. 다만, 고체인 위험물을 저장하거나 고체인 위험물을 가열하여 액체 상태로 저장하는 경우에는 그러하지 아니하다.

① 가 : 2,000, 나 : 1.6
② 가 : 2,000, 나 : 3.2
③ 가 : 4,000, 나 : 1.6
④ 가 : 4,000, 나 : 3.2

이동저장탱크는 그 내부에 4,000L 이하마다 3.2mm 이상의 강철판 또는 이와 동등 이상의 강도, 내열성 및 내식성이 있는 금속성의 것으로 칸막이를 설치하여야 한다.

49 질산나트륨의 성상으로 옳은 것은?

① 황색 결정이다.
② 물에 잘 녹는다.
③ 흑색화약의 원료이다.
④ 상온에서 자연분해한다.

질산나트륨은 물에 잘 녹는다.

50 위험물안전관리법령상 위험물옥외저장소에 저장할 수 있는 품명은? (단, 국제해상위험물규칙에 적합한 용기에 수납된 경우를 제외한다.)

① 특수인화물
② 무기과산화물
③ 알코올류
④ 칼륨

옥외저장소에 저장할 수 있는 위험물 유별
• 제2류 위험물 중 황, 인화성 고체(인화점이 0도 이상인 것에 한함)
• 제4류 위험물 중 제1석유류(인화점이 0도 이상인 것에 한함), 알코올류, 제2석유류, 제3석유류, 제4석유류, 동식물유류
• 제6류 위험물

정답　　45 ②　46 ③　47 ④　48 ④　49 ②　50 ③

51 피크린산 제조에 사용되는 물질과 가장 관계가 있는 것은?

① C_6H_6
② $C_6H_5CH_3$
③ $C_3H_5(OH)_3$
④ C_6H_5OH

> 피크린산은 질산 · 페놀(C_6H_5OH)을 반응시켜 제조한다.

52 위험물안전관리법에서 규정하고 있는 내용으로 틀린 것은?

① 민사집행법에 의한 경매, 「채무자 회생 및 파산에 관한 법률」에 의한 환가, 국세징수법 · 관세법 또는 「지방세징수법」에 따른 압류재산의 매각과 그 밖에 이에 준하는 절차에 따라 제조소등의 시설의 전부를 인수한 자는 그 설치자의 지위를 승계한다.
② 피성년후견인, 탱크시험자의 등록이 취소된 날로부터 2년이 지나지 아니한 자는 탱크시험자로 등록하거나 탱크시험자의 업무에 종사할 수 없다.
③ 농예용 · 축산용으로 필요한 난방시설 또는 건조시설을 위한 지정수량 20배 이하의 취급소는 신고를 하지 아니하고 위험물의 품명 · 수량을 변경할 수 있다.
④ 법정의 완공검사를 받지 아니하고 제조소등을 사용한 때 시 · 도지사는 허가를 취소하거나 6월 이내의 기간을 정하여 사용정지를 명할 수 있다.

> 위험물안전관리법 제6조 제3항(위험물시설의 설치 및 변경 등)
> 다음의 어느 하나에 해당하는 제조소등의 경우에는 허가를 받지 아니하고 당해 제조소등을 설치하거나 그 위치 · 구조 또는 설비를 변경할 수 있으며, 신고를 하지 아니하고 위험물의 품명 · 수량 또는 지정수량의 배수를 변경할 수 있다.
> • 주택의 난방시설(공동주택의 중앙난방시설을 제외한다)을 위한 저장소 또는 취급소
> • 농예용 · 축산용 또는 수산용으로 필요한 난방시설 또는 건조시설을 위한 지정수량 20배 이하의 저장소

53 위험물제조소의 기준에 있어서 위험물을 취급하는 건축물의 구조로 적당하지 않은 것은?

① 지하층이 없도록 하여야 한다.
② 연소의 우려가 있는 외벽은 내화구조의 벽으로 하여야 한다.
③ 출입구는 연소의 우려가 있는 외벽에 설치하는 경우 을종방화문(30분 방화문)을 설치하여야 한다.
④ 지붕은 폭발력이 위로 방출될 정도의 가벼운 불연재료로 덮어야 한다.

> 연소의 우려가 있는 외벽에 설치하는 출입구에는 수시로 열 수 있는 자동폐쇄식의 갑종방화문(60분 + 방화문, 60분 방화문)을 설치하여야 한다.

54 위험물 관련 신고 및 선임에 관한 사항으로 옳지 않은 것은?

① 제조소의 위치 · 구조 변경 없이 위험물의 품명 변경 시는 변경하고자 하는 날의 14일 이전까지 신고하여야 한다.
② 제조소 설치자의 지위를 승계한 자는 승계한 날로부터 30일 이내에 신고하여야 한다.
③ 위험물안전관리자를 선임한 경우에는 선임한 날부터 14일 이내에 신고하여야 한다.
④ 위험물안전관리자가 퇴직한 때에는 퇴직한 날로부터 30일 이내에 다시 선임하여야 한다.

> 위험물안전관리법 제6조 제2항(위험물시설의 설치 및 변경 등)
> 제조소등의 위치 · 구조 또는 설비의 변경 없이 당해 제조소등에서 저장하거나 취급하는 위험물의 품명 · 수량 또는 지정수량의 배수를 변경하고자 하는 자는 변경하고자 하는 날의 1일 전까지 행정안전부령이 정하는 바에 따라 시 · 도지사에게 신고하여야 한다.

정답   51 ④ 52 ③ 53 ③ 54 ①

55 다음 중 지정수량이 가장 큰 것은?

① 과염소산칼륨
② 트라이나이트로톨루엔
③ 황린
④ 알킬리튬

> • 과염소산칼륨(1류) : 50kg
> • 트라이나이트로톨루엔(5류) : 100kg
> • 황린(3류) : 20kg
> • 알킬리튬(3류) : 10kg

56 염소산염류에 대한 설명으로 옳은 것은?

① 염소산칼륨은 환원제이다.
② 염소산나트륨은 조해성이 있다.
③ 염소산암모늄은 위험물이 아니다.
④ 염소산칼륨은 냉수와 알코올에 잘 녹는다.

> 염소산나트륨은 열분해 시 산소를 발생하고 조해성이 있다.

57 다음 중 옥내저장소의 동일한 실에 서로 1m 이상의 간격을 두고 저장할 수 없는 것은? ⭐빈출

① 제1류 위험물과 제3류 위험물 중 자연발화성 물질(황린 또는 이를 함유한 것에 한한다)
② 제4류 위험물과 제2류 위험물 중 인화성 고체
③ 제1류 위험물과 제4류 위험물
④ 제1류 위험물과 제6류 위험물

> 유별을 달리하더라도 1m 이상 간격을 둘 때 저장 가능한 경우
> • 제1류 위험물(알칼리금속의 과산화물 또는 이를 함유한 것을 제외한다)과 제5류 위험물을 저장하는 경우
> • 제1류 위험물과 제6류 위험물을 저장하는 경우
> • 제1류 위험물과 제3류 위험물 중 자연발화성 물질(황린 또는 이를 함유한 것에 한한다)을 저장하는 경우
> • 제2류 위험물 중 인화성 고체와 제4류 위험물을 저장하는 경우
> • 제3류 위험물 중 알킬알루미늄등과 제4류 위험물(알킬알루미늄 또는 알킬리튬을 함유한 것에 한한다)을 저장하는 경우
> • 제4류 위험물 중 유기과산화물 또는 이를 함유하는 것과 제5류 위험물 중 유기과산화물 또는 이를 함유한 것을 저장하는 경우

58 다음 위험물 중 특수인화물이 아닌 것은?

① 메틸에틸케톤
② 산화프로필렌
③ 아세트알데하이드
④ 이황화탄소

> 메틸에틸케톤은 제1석유류이다.

59 다음 중 분자량이 약 74, 비중이 약 0.7인 물질로서 에탄올 두 분자에서 물이 빠지면서 축합반응이 일어나 생성되는 물질은?

① $C_2H_5OC_2H_5$
② C_2H_5OH
③ C_6H_5Cl
④ CS_2

> 다이에틸에터($C_2H_5OC_2H_5$)는 에탄올과 진한 황산의 혼합물을 가열하여 제조할 수 있는데 이를 축합반응이라 한다.

60 메탄올에 관한 설명으로 옳지 않은 것은?

① 인화점은 약 11℃이다
② 술의 원료로 사용된다.
③ 휘발성이 강하다.
④ 최종산화물은 의산(포름산)이다.

> 술의 원료로 사용되는 것은 에틸알코올이다.

정답 55 ② 56 ② 57 ③ 58 ① 59 ① 60 ②

12 2022년 1회 CBT 기출복원문제

01 가연물이 연소할 때 공기 중의 산소농도를 떨어뜨려 연소를 중단시키는 소화방법은?

① 제거소화　　　　② 질식소화
③ 냉각소화　　　　④ 억제소화

공기 중의 산소농도를 한계산소량 이하로 낮추어 연소를 중지시키는 소화방법은 질식소화로, 이산화탄소 등 불활성 가스의 방출로 화재를 제어하는 것, 모래 등을 이용하여 불을 끄는 것은 질식소화의 예이다.

02 다음 중 오존층 파괴지수가 가장 큰 것은?

① Halon 104　　　② Halon 1211
③ Halon 1301　　　④ Halon 2402

• Halon 1211 : 파괴지수 3
• Halon 1301 : 파괴지수 10
• Halon 2402 : 파괴지수 6

03 주된 연소형태가 표면연소인 것을 옳게 나타낸 것은?

① 중유, 알코올　　② 코크스, 숯
③ 목재, 종이　　　④ 석탄, 플라스틱

아연분, 코크스, 목탄, 숯은 표면연소이다.

04 다음 중 화학적 소화에 해당하는 것은?

① 냉각소화　　　　② 질식소화
③ 제거소화　　　　④ 억제소화

화학적 소화에 해당하는 억제소화는 부촉매효과에 의하여 화재 시 나타나는 연쇄반응을 차단한다.

05 제3류 위험물 중 금수성 물질에 적응할 수 있는 소화설비는?

① 포 소화설비
② 이산화탄소 소화설비
③ 탄산수소염류 분말 소화설비
④ 할로겐화합물 소화설비

금수성 물질의 소화에는 탄산수소염류 등을 이용한 분말 소화약제 등 금수성 위험물에 적응성이 있는 분말 소화약제를 이용하여 질식소화한다.

06 제3류 위험물을 취급하는 제조소는 300명 이상을 수용할 수 있는 극장으로부터 몇 m 이상의 안전거리를 유지하여야 하는가?

① 5　　　　　　　② 10
③ 30　　　　　　　④ 70

사람이 많이 모이는 곳은 30m 이상이다.

07 다음 중 할로겐화합물 소화약제의 가장 주된 소화효과에 해당하는 것은?

① 제거효과　　　　② 억제효과
③ 냉각효과　　　　④ 질식효과

할로겐화합물 소화약제는 가연물과 산소의 화학반응을 억제하는 작용을 한다.

08 위험물안전관리법령에서 정한 경보설비가 아닌 것은?

① 자동화재탐지설비
② 비상조명설비
③ 비상경보설비
④ 비상방송설비

> **경보설비의 기준**
> 지정수량 10배 이상의 위험물을 저장 또는 취급하는 제조소등(이동탱크저장소를 제외한다)에는 화재발생 시 이를 알릴 수 있는 다음의 경보설비를 설치하여야 한다.
> • 자동화재탐지설비
> • 자동화재속보설비
> • 비상경보설비(비상벨장치 또는 경종 포함)
> • 확성장치(휴대용확성기 포함)
> • 비상방송설비

09 위험물안전관리법령상 전기설비에 대하여 적응성이 없는 소화설비는?

① 물분무 소화설비
② 이산화탄소 소화설비
③ 포 소화설비
④ 할로겐화합물 소화설비

> 포 소화설비는 전기설비에 스며들어 누전이 발생된다.

10 철분 · 마그네슘 · 금속분에 적응성이 있는 소화설비는?

① 스프링클러설비
② 할로겐화합물 소화설비
③ 대형수동식 포 소화기
④ 건조사

> 금속분, 철분, 마그네슘은 주수소화 시 수소를 발생하며 폭발하기 때문에 건조사한다.

11 위험물안전관리법령상 소화난이도등급 I에 해당하는 제조소의 연면적 기준은?

① 1,000m² 이상
② 800m² 이상
③ 700m² 이상
④ 500m² 이상

> 소화난이도등급 I에 해당하는 제조소 : 연면적 1,000m² 이상

12 위험물취급소의 건축물은 외벽이 내화구조인 경우 연면적 몇 m²를 1소요단위로 하는가?

① 50
② 100
③ 150
④ 200

> 제조소 또는 취급소의 건축물은 외벽이 내화구조인 것은 연면적 100m²를 1소요단위로 한다.

13 나이트로셀룰로오스 화재 시 가장 적합한 소화방법은?

① 할로겐화합물 소화기를 사용한다.
② 분말 소화기를 사용한다.
③ 이산화탄소 소화기를 사용한다.
④ 다량의 물을 사용한다.

> **나이트로셀룰로오스의 저장 및 소화방법**
> • 저장 시 열원, 충격, 마찰 등을 피하고 냉암소에 저장하여야 하고 이때 안전한 저장을 위해 에탄올에 보관한다.
> • 화재 시 다량의 물을 사용한다.

14 자연발화를 방지하기 위한 방법으로 옳지 않은 것은?

① 습도를 가능한 한 높게 유지한다.
② 열 축적을 방지한다.
③ 저장실의 온도를 낮춘다.
④ 정촉매 작용을 하는 물질을 피한다.

> 습도가 높으면 미생물로 인한 자연발화의 위험성이 높아지기 때문에 습도를 낮게 유지해야 한다.

정답 08 ② 09 ③ 10 ④ 11 ① 12 ② 13 ④ 14 ①

15 건축물의 1층 및 2층 부분만을 방사능력범위로 하고 지하층 및 3층 이상의 층에 대하여 다른 소화설비를 설치해야 하는 소화설비는?

① 스프링클러설비　　　② 포 소화설비
③ 옥외소화전설비　　　④ 물분무 소화설비

> **옥외소화전설비**
> 건축물의 1층 및 2층 부분만을 방사능력범위로 하고 건축물의 지하층 및 3층 이상의 층에 대하여 다른 소화설비를 설치할 것. 또한 옥외소화전설비를 옥외 공작물에 대한 소화설비로 하는 경우에도 유효방수거리 등을 고려한 방사능력범위에 따라 설치할 것

16 금속화재에 대한 설명으로 틀린 것은?

① 마그네슘과 같은 가연성 금속의 화재를 말한다.
② 주수소화 시 물과 반응하여 가연성 가스를 발생하는 경우가 있다.
③ 화재 시 금속화재용 분말 소화약제를 사용할 수 있다.
④ D급 화재라고 하며 표시하는 색상은 청색이다.

화재의 종류		
급수	화재	색상
A	일반	백색
B	유류	황색
C	전기	청색
D	금속	무색

17 다음 중 산화성 액체위험물의 화재예방상 가장 주의해야 할 점은?

① 0℃ 이하로 냉각시킨다.
② 공기와의 접촉을 피한다.
③ 가연물과의 접촉을 피한다.
④ 금속용기에 저장한다.

> 산화성 액체위험물은 가연물과 접촉 시 발화 위험이 크므로 접촉을 피한다.

18 다음 중 연소반응이 일어날 수 있는 가능성이 가장 큰 물질은?

① 산소와 친화력이 작고, 활성화에너지가 작은 물질
② 산소와 친화력이 크고, 활성화에너지가 큰 물질
③ 산소와 친화력이 작고, 활성화에너지가 큰 물질
④ 산소와 친화력이 크고, 활성화에너지가 작은 물질

> 산소와 친화력이 크고, 활성화에너지가 작은 물질은 연소반응이 일어날 가능성이 크다.

19 비전도성 인화성 액체가 관이나 탱크 내에서 움직일 때 정전기가 발생하기 쉬운 조건으로 가장 거리가 먼 것은? 빈출

① 흐름의 낙차가 클 때
② 느린 유속으로 흐를 때
③ 심한 와류가 생성될 때
④ 필터를 통과할 때

> 유속이 빨라야 마찰이 증가해 정전기가 발생하기 쉽다.

20 위험물안전관리법령에 따라 다음 ( ) 안에 들어갈 알맞은 용어는? 빈출

> 주유취급소 중 건축물의 2층 이상의 부분을 점포, 휴게음식점 또는 전시장의 용도로 사용하는 것에 있어서는 당해 건축물의 2층 이상으로부터 직접 주유취급소의 부지 밖으로 통하는 출입구와 해당 출입구로 통하는 통로·계단 및 출입구에 ( )을(를) 설치하여야 한다.

① 피난사다리　　　② 경보기
③ 유도등　　　　　④ CCTV

> 주유취급소 중 건축물의 2층 이상의 부분을 점포, 휴게음식점 또는 전시장의 용도로 사용하는 것에 있어 해당 건축물의 2층 이상으로부터 직접 주유취급소의 부지 밖으로 통하는 출입구와 해당 출입구로 통하는 통로·계단에 설치하여야 하는 것은 유도등이다.

정답　　15 ③　16 ④　17 ③　18 ④　19 ②　20 ③

21 제6류 위험물의 화재예방 및 진압대책으로 적합하지 않은 것은?

① 가연물과의 접촉을 피한다.
② 과산화수소를 장기보존할 때는 유리용기를 사용하여 밀전한다.
③ 옥내소화전설비를 사용하여 소화할 수 있다.
④ 물분무 소화설비를 사용하여 소화할 수 있다.

> 과산화수소는 열, 햇빛에 의해 분해가 촉진되므로 뚜껑에 작은 구멍을 뚫은 갈색 병에 보관해야 한다.

22 가연성 고체위험물의 일반적 성질로서 틀린 것은?

① 비교적 저온에서 착화한다.
② 산화제와의 접촉·가열은 위험하다.
③ 연소속도가 빠르다.
④ 산소를 포함하고 있다.

> 가연성 고체는 산소를 포함하고 있지 않은 강력한 환원성 물질이다.

23 벤젠에 관한 설명 중 틀린 것은?

① 인화점은 약 −11℃ 정도이다.
② 이황화탄소보다 착화온도가 높다.
③ 벤젠 증기는 마취성은 있으나 독성은 없다.
④ 취급할 때 정전기 발생을 조심해야 한다.

> 벤젠 증기는 마취성이 있고 독성도 있다.

24 다음 중 질산에스터류에 속하는 것은?

① 피크린산
② 나이트로벤젠
③ 나이트로글리세린
④ 트라이나이트로톨루엔

품명	위험물	상태
질산에스터류	질산메틸 질산에틸 나이트로글리콜 나이트로글리세린	액체
	나이트로셀룰로오스 셀룰로이드	고체
나이트로화합물	트라이나이트로톨루엔 트라이나이트로페놀 다이나이트로벤젠 테트릴	고체

25 1기압 20℃에서 액상이며 인화점이 200℃ 이상인 물질은?

① 벤젠
② 톨루엔
③ 글리세린
④ 실린더유

> • 실린더유는 제4석유류이다.
> • 제4류 위험물 중 1기압에서 인화점 200℃ 이상 250℃ 미만인 것을 제4석유류로 정의한다.

26 제2류 위험물이 아닌 것은?

① 황화인
② 적린
③ 황린
④ 철분

> 황린은 제3류 위험물이다.

27 특수인화물 200L와 제4석유류 12,000L를 저장할 때 각각의 지정수량 배수의 합은 얼마인가?

① 3
② 4
③ 5
④ 6

> • 특수인화물의 지정수량 : 50L
> • 제4석유류의 지정수량 : 6,000L
>
> ∴ 지정수량 $= \dfrac{200}{50} + \dfrac{12,000}{6,000} = 6$배

정답 21 ② 22 ④ 23 ③ 24 ③ 25 ④ 26 ③ 27 ④

28 지정과산화물을 저장 또는 취급하는 옥내저장소 저장창고의 출입구 및 창의 설치기준으로 틀린 것은?

① 창은 바닥면으로부터 2m 이상의 높이에 설치한다.
② 하나의 창의 면적을 0.4m² 이내로 한다.
③ 하나의 벽면에 두는 창의 면적의 합계를 당해 벽면의 면적의 80분의 1이 초과되도록 한다.
④ 출입구에는 갑종방화문(60분 + 방화문, 60분 방화문)을 설치한다.

저장창고의 창은 바닥면으로부터 2m 이상의 높이에 두되, 하나의 벽면에 두는 창의 면적의 합계를 당해 벽면의 면적의 80분의 1 이내로 하고, 하나의 창의 면적을 0.4m² 이내로 한다.

29 위험물안전관리법령에 따른 위험물의 운송에 관한 설명 중 틀린 것은?

① 알킬리튬과 알킬알루미늄 또는 이 중 어느 하나 이상을 함유한 것은 운송책임자의 감독·지원을 받아야 한다.
② 이동탱크저장소에 의하여 위험물을 운송할 때의 운송책임자에는 법정의 안전교육을 이수하고 관련 업무에 2년 이상 종사한 경력이 있는 자도 포함된다.
③ 서울에서 부산까지 금속의 인화물 300kg을 1명의 운전자가 휴식 없이 운송해도 규정위반이 아니다.
④ 운송책임자의 감독 또는 지원의 방법에는 동승하는 방법과 별도의 사무실에서 대기하면서 규정된 사항을 이행하는 방법이 있다.

위험물운송자는 장거리(고속국도 340km 이상, 그 밖의 도로 200km 이상)의 운송을 하는 때에는 2명 이상의 운전자로 한다. 다만, 다음의 경우에는 그러하지 아니하다.
• 운전책임자의 동승 : 운송책임자가 별도의 사무실이 아닌 이동탱크저장소에 함께 동승한 경우, 이때는 운송책임자가 운전자의 역할을 하지 않는 경우이다.
• 운송위험물의 위험성이 낮은 경우 : 운송하는 위험물이 제2류 위험물, 제3류 위험물(칼슘 또는 알루미늄의 탄화물과 이것만을 함유한 것), 제4류 위험물(특수인화물 제외)인 경우
• 적당한 휴식을 취하는 경우 : 운송 도중에 2시간 이내마다 20분 이상씩 휴식하는 경우

30 공기 중에서 갈색 연기를 내는 물질은?

① 다이크로뮴산암모늄   ② 톨루엔
③ 벤젠   ④ 발연질산

발연질산은 빛과 열의 작용으로 붉은 갈색 연기를 낸다.

31 셀룰로이드에 관한 설명 중 틀린 것은?

① 물에 잘 녹으며, 자연발화의 위험이 있다.
② 지정수량은 10kg이다.
③ 탄력성이 있는 고체의 형태이다.
④ 장시간 방치된 것은 햇빛, 고온 등에 의해 분해가 촉진된다.

셀룰로이드는 물에 잘 녹지 않고 아세톤과 알코올에 녹는다.

32 위험물안전관리법령에서 정하는 위험등급 I에 해당하지 않는 것은?

① 제3류 위험물 중 지정수량이 20kg인 위험물
② 제4류 위험물 중 특수인화물
③ 제1류 위험물 중 무기과산화물
④ 제5류 위험물 중 지정수량이 100kg인 위험물

제5류 위험물 중 지정수량이 100kg인 위험물은 위험등급 II등급이다.

33 위험물안전관리법령에 명시된 아세트알데하이드의 옥외저장탱크에 필요한 설비가 아닌 것은?

① 보냉장치
② 냉각장치
③ 동 합금 배관
④ 불활성 기체를 봉입하는 장치

아세트알데하이드등을 저장 또는 취급하는 옥외저장탱크
• 냉각장치 또는 저온을 유지하기 위한 장치(보냉장치), 그리고 연소성 혼합기체의 생성에 의한 폭발을 방지하기 위한 불활성 기체를 봉입하는 장치를 갖출 것
• 옥외저장탱크의 설비는 동·마그네슘·은·수은 또는 이들을 성분으로 하는 합금으로 만들지 아니할 것

정답   28 ③   29 ③   30 ④   31 ①   32 ④   33 ③

34 탄화칼슘에 대한 설명으로 옳은 것은?

① 분자식은 CaC이다.
② 물과의 반응 생성물에는 수산화칼슘이 포함된다.
③ 순수한 것은 흑회색의 불규칙한 덩어리이다.
④ 고온에서도 질소와는 반응하지 않는다.

> 탄화칼슘과 물의 반응식
> • $CaC_2 + 2H_2O \rightarrow Ca(OH)_2 + C_2H_2$
> • 탄화칼슘은 물과 반응하여 수산화칼슘과 아세틸렌을 발생한다.

35 정기점검대상 제조소등에 해당하지 않는 것은?

① 이동탱크저장소
② 지정수량 120배의 위험물을 저장하는 옥외저장소
③ 지정수량 120배의 위험물을 저장하는 옥내저장소
④ 이송취급소

> 정기점검대상 제조소등
> • 지정수량 10배 이상의 위험물을 취급하는 제조소
> • 지정수량 100배 이상의 위험물을 저장하는 옥외저장소
> • 지정수량 150배 이상의 위험물을 저장하는 옥내저장소
> • 지정수량 200배 이상의 위험물을 저장하는 옥외탱크저장소
> • 암반탱크저장소
> • 이송취급소
> • 지정수량 10배 이상의 위험물을 취급하는 일반취급소
> • 지하탱크저장소
> • 이동탱크저장소
> • 위험물을 취급하는 탱크로서 지하에 매설된 탱크가 있는 제조소
>   · 주유취급소 또는 일반취급소

36 위험물의 운반 및 적재 시 혼재가 불가능한 것으로 연결된 것은? (단, 지정수량의 1/5 이상이다.)

① 제1류와 제6류
② 제4류와 제3류
③ 제2류와 제3류
④ 제5류와 제4류

> 유별을 달리하는 위험물 혼재기준

1	6		혼재 가능
2	5	4	혼재 가능
3	4		혼재 가능

37 아염소산염류 500kg과 질산염류 3,000kg을 함께 저장하는 경우 위험물의 소요단위는 얼마인가?

① 2
② 4
③ 6
④ 8

> • 1소요단위 = 지정수량 × 10
> • 아염소산염류 소요단위 = 50g × 10 = 500kg
> • 질산염류 소요단위 = 300g × 10 = 3,000kg
> ∴ 최종 소요단위 = $\frac{500}{500} + \frac{3,000}{3,000} = 2$

38 과염소산에 대한 설명 중 틀린 것은?

① 산화제로 이용된다.
② 휘발성이 강한 가연성 물질이다.
③ 철, 아연, 구리와 격렬하게 반응한다.
④ 증기비중이 약 3.5이다.

> 과염소산은 산화성 액체이다.

39 위험물안전관리법상 위험물에 해당하는 것은?

① 아황산
② 비중이 1.41인 질산
③ 53마이크로미터의 표준체를 통과하는 것이 50중량퍼센트 이상인 철의 분말
④ 농도가 15중량퍼센트인 과산화수소

> '철분'이라 함은 철의 분말로서 53마이크로미터의 표준체를 통과하는 것이 50중량퍼센트 미만인 것은 제외한다.

40 상온에서 CaC_2를 장기간 보관할 때 사용하는 물질로 다음 중 가장 적합한 것은?

① 물
② 알코올수용액
③ 질소가스
④ 아세틸렌가스

> 탄화칼슘(CaC_2)은 질소가스와 반응성이 없어 보관할 때 질소가스를 사용한다.

정답 34② 35③ 36③ 37① 38② 39③ 40③

41 제1류 위험물의 일반적인 성질에 해당하지 않는 것은?

① 고체 상태이다.
② 분해하여 산소를 발생한다.
③ 가연성 물질이다.
④ 산화제이다.

> 제1류 위험물은 산화성 고체이다.

42 위험물을 운반용기에 수납하여 적재할 때 차광성이 있는 피복으로 가려야 하는 위험물이 아닌 것은?

① 제1류 위험물　　　② 제2류 위험물
③ 제5류 위험물　　　④ 제6류 위험물

> 차광성 있는 피복으로 가려야 하는 위험물
> • 제1류 위험물(알칼리금속과산화물 제외)
> • 제3류 위험물 중 자연발화성 물질
> • 제4류 위험물 중 특수인화물
> • 제5류 위험물
> • 제6류 위험물

43 염소산칼륨 20킬로그램과 아염소산나트륨 10킬로그램을 과염소산과 함께 저장하는 경우 지정수량 1배로 저장하려면 과염소산은 얼마나 저장할 수 있는가? ✈빈출

① 20킬로그램　　　② 40킬로그램
③ 80킬로그램　　　④ 120킬로그램

> • 각 위험물의 지정수량
> – 염소산칼륨(1류) : 50kg
> – 아염소산나트륨(1류) : 50kg
> – 과염소산(6류) : 300kg
> • 저장하는 과염소산의 용량 = x
> • 지정수량 합 = $\left(\frac{20}{50}\right) + \left(\frac{10}{50}\right) + \left(\frac{x}{300}\right) = 1$
> ∴ x = 120kg

44 위험물과 그 위험물이 물과 반응하여 발생하는 가스를 잘못 연결한 것은? ✈빈출

① 탄화알루미늄 – 메탄
② 탄화칼슘 – 아세틸렌
③ 인화칼슘 – 에탄
④ 수소화칼슘 – 수소

> 인화칼슘과 물의 반응식
> • $Ca_3P_2 + 6H_2O \rightarrow 3Ca(OH)_2 + 2PH_3$
> • 인화칼슘은 물과 반응하여 수산화칼슘과 포스핀가스를 발생한다.

45 위험물안전관리법상 주유취급소의 소화설비 기준과 관련한 설명 중 틀린 것은?

① 모든 주유취급소는 소화난이도등급 Ⅰ, Ⅱ, Ⅲ에 속한다.
② 소화난이도등급 Ⅱ에 해당하는 주유취급소에는 대형수동식소화기 및 소형수동식소화기 등을 설치하여야 한다.
③ 소화난이도등급 Ⅲ에 해당하는 주유취급소에는 소형수동식소화기 등을 설치하여야 하며, 위험물의 소요단위 산정은 지하탱크저장소의 기준을 준용한다.
④ 모든 주유취급소의 소화설비 설치를 위해서는 위험물의 소요단위를 산출하여야 한다.

> 소화난이도등급 Ⅲ에 해당하는 주유취급소에는 당해 위험물의 소요단위의 1/5 이상에 해당되는 능력단위의 소형수동식소화기 등을 설치할 것

46 위험물의 운반에 관한 기준에 따르면 아세톤의 위험등급은 얼마인가?

① 위험등급 Ⅰ　　　② 위험등급 Ⅱ
③ 위험등급 Ⅲ　　　④ 위험등급 Ⅳ

> 아세톤은 제4류 위험물로 위험등급은 Ⅱ이다.

정답　　41 ③　42 ②　43 ④　44 ③　45 ③　46 ②

47 휘발유에 대한 설명으로 옳지 않은 것은?

① 전기양도체이므로 정전기 발생에 주의해야 한다.
② 빈 드럼통이라도 가연성 가스가 남아 있을 수 있으므로 취급에 주의해야 한다.
③ 취급·저장 시 환기를 잘 시켜야 한다.
④ 직사광선을 피해 통풍이 잘 되는 곳에 저장한다.

> 휘발유는 전기부도체이다.

48 벤조일퍼옥사이드의 위험성에 대한 설명으로 틀린 것은?

① 상온에서 분해되며 수분이 흡수되면 폭발성을 가지므로 건조된 상태로 보관·운반한다.
② 강산에 의해 분해폭발의 위험이 있다.
③ 충격, 마찰 등에 의해 분해되어 폭발할 위험이 있다.
④ 가연성 물질과 접촉하면 발화의 위험이 높다.

> 벤조일퍼옥사이드는 물이나 안정제에 습윤하여 보관한다.

49 위험물안전관리법령상 위험물제조소등에 자체소방대를 두어야 할 대상으로 옳은 것은?

① 지정수량 300배 이상의 제4류 위험물을 취급하는 저장소
② 지정수량 300배 이상의 제4류 위험물을 취급하는 제조소
③ 지정수량 3,000배 이상의 제4류 위험물을 취급하는 저장소
④ 지정수량 3,000배 이상의 제4류 위험물을 취급하는 제조소

> 위험물안전관리법령상 자체소방대를 설치해야 하는 사업소
> • 제조소 또는 일반취급소에서 취급하는 제4류 위험물의 최대수량의 합이 지정수량의 3천배 이상인 경우(다만, 보일러로 위험물을 소비하는 일반취급소등 행정안전부령으로 정하는 일반취급소는 제외한다)
> • 옥외탱크저장소에 저장하는 제4류 위험물의 최대수량이 지정수량의 50만배 이상인 경우

50 제2류 위험물에 대한 설명 중 틀린 것은?

① 황은 물에 녹지 않는다.
② 오황화인은 CS_2에 녹는다.
③ 삼황화인은 가연성 물질이다.
④ 칠황화인은 더운물에 분해되어 이산화황을 발생한다.

> 칠황화인은 물과 반응하여 황화수소를 발생한다.

51 아세트알데하이드와 아세톤의 공통 성질에 대한 설명 중 틀린 것은?

① 증기는 공기보다 무겁다.
② 무색 액체로서 위험점이 낮다.
③ 물에 잘 녹는다.
④ 특수인화물로 반응성이 크다.

> 아세트알데하이드는 특수인화물이나 아세톤은 제1석유류이다.

52 다음 중 위험물안전관리법령에 따른 지정수량이 나머지 셋과 다른 하나는?

① 황린   ② 칼륨
③ 나트륨   ④ 알킬리튬

> • 황린의 지정수량 : 20kg
> • 나트륨, 칼륨, 알킬리튬의 지정수량 : 10kg

53 다음은 위험물안전관리법령에서 정한 정의이다. 무엇의 정의인가?

> 인화성 또는 발화성 등의 성질을 가지는 것으로서 대통령령이 정하는 물품을 말한다.

① 위험물   ② 가연물
③ 특수인화물   ④ 제4류 위험물

> 위험물은 인화성 또는 발화성 등의 성질을 가지는 것으로서 대통령령이 정하는 물품을 말한다.

정답 47 ① 48 ① 49 ④ 50 ④ 51 ④ 52 ① 53 ①

54 황린과 적린의 성질에 대한 설명으로 가장 거리가 먼 것은?

① 황린과 적린은 이황화탄소에 녹는다.
② 황린과 적린은 물에 불용이다.
③ 적린은 황린에 비하여 화학적으로 활성이 작다.
④ 황린과 적린을 각각 연소시키면 P_2O_5을 발생한다.

> • 황린은 백색 또는 담황색의 자연발화성 고체로, 벤젠, 알코올에는
>   일부 용해하고, 이황화탄소(CS_2), 삼염화인, 염화황에는 잘 녹는다.
> • 적린은 이황화탄소, 에테르, 암모니아 등에 녹지 않는다.

55 과염소산나트륨의 성질이 아닌 것은?

① 황색의 분말로 물과 반응하여 산소를 발생한다.
② 가열하면 분해되고 산소를 방출한다.
③ 융점은 약 482℃이고 물에 잘 녹는다.
④ 비중은 약 2.5로 물보다 무겁다.

> 과염소산나트륨은 백색 분말이고 물과 반응하지 않는다.

56 산화프로필렌의 성상에 대한 설명 중 틀린 것은?

① 청색의 휘발성이 강한 액체이다.
② 인화점이 낮은 인화성 액체이다.
③ 물에 잘 녹는다.
④ 에테르향의 냄새를 가진다.

> 산화프로필렌은 무색의 휘발성이 강한 액체이다.

57 위험물안전관리법령상 품명이 나머지 셋과 다른 하나는?

① 트라이나이트로톨루엔
② 나이트로글리세린
③ 나이트로글리콜
④ 셀룰로이드

품명	위험물	상태
질산에스터류	질산메틸 질산에틸 나이트로글리콜 나이트로글리세린	액체
	나이트로셀룰로오스 셀룰로이드	고체
나이트로화합물	트라이나이트로톨루엔 트라이나이트로페놀 다이나이트로벤젠 테트릴	고체

58 다음 중 위험등급 II의 위험물이 아닌 것은?

① 질산칼륨   ② 적린
③ 나트륨   ④ 황

> 나트륨은 위험등급 I 등급이다.

59 메틸알코올의 연소범위를 더 좁게 하기 위하여 첨가하는 물질이 아닌 것은?

① 질소   ② 산소
③ 이산화탄소   ④ 아르곤

> 연소범위를 줄이는 첨가 물질
> • 연소되지 않는 불연성 물질을 첨가
> • 불연성 물질 : 질소, 아르곤, 이산화탄소

60 칼륨의 저장 시 사용하는 보호물질로 다음 중 가장 적합한 것은?

① 에탄올   ② 사염화탄소
③ 등유   ④ 이산화탄소

> 칼륨은 공기와의 접촉을 막기 위해 석유, 등유 등의 산소가 함유되지 않은 보호액(석유류)에 저장한다.

정답 54 ① 55 ① 56 ① 57 ① 58 ③ 59 ② 60 ③

01 다음 중 제4류 위험물의 화재에 적응성이 없는 소화기는?

① 포 소화기
② 봉상수 소화기
③ 인산염류 소화기
④ 이산화탄소 소화기

> 제4류 위험물은 가연성 증기가 발생하며 연소하는 특징이 있으므로 질식소화를 주로 한다.

02 제조소등의 소요단위 산정 시 위험물은 지정수량의 몇 배를 1소요단위로 하는가?

① 5배
② 10배
③ 20배
④ 50배

> 지정수량의 10배를 1소요단위로 한다.

03 다음 중 알킬알루미늄의 소화방법으로 가장 적합한 것은?

① 팽창질석에 의한 소화
② 알코올포에 의한 소화
③ 주수에 의한 소화
④ 산·알칼리 소화약제에 의한 소화

> 알킬알루미늄은 마른모래, 팽창질석 등을 이용한 건조사나 탄산수소염류 분말 소화약제를 이용한다.

04 위험물안전관리법령상 제5류 위험물의 화재 발생 시 적응성이 있는 소화설비는?

① 분말 소화설비
② 물분무 소화설비
③ 이산화탄소 소화설비
④ 할로겐화합물 소화설비

> 제5류 위험물은 물에 의한 냉각소화가 가장 효과적이다.

05 다음 물질 중 분진폭발의 위험이 가장 낮은 것은?

① 마그네슘가루
② 아연가루
③ 밀가루
④ 시멘트가루

> 분진폭발의 원인물질로 작용할 위험성이 가장 낮은 물질은 시멘트, 모래, 석회분말 등이다.

06 제6류 위험물을 저장하는 장소에 적응성이 있는 소화설비가 아닌 것은?

① 물분무 소화설비
② 포 소화설비
③ 이산화탄소 소화설비
④ 옥내소화전설비

> • 제6류 위험물은 옥내소화전설비, 옥외소화전설비, 스프링클러설비, 물분무 소화설비, 포 소화설비에 적응성이 있으며 마른모래를 이용한 질식소화도 효과적이다.
> • 이산화탄소 소화설비는 폭발 위험이 없는 경우에 한하여 설치할 수 있다.

정답   01 ②   02 ②   03 ①   04 ②   05 ④   06 ③

07 제5류 위험물을 저장 또는 취급하는 장소에 적응성이 있는 소화설비는?

① 물분무 소화설비   ② 분말 소화설비
③ 이산화탄소 소화설비   ④ 할로겐화합물 소화설비

> 제5류 위험물은 물에 의한 냉각소화가 가장 효과적이다.

08 화재의 종류와 가연물이 옳게 연결된 것은?

① A급 - 플라스틱   ② B급 - 섬유
③ A급 - 페인트   ④ B급 - 나무

화재의 종류		
급수	화재	색상
A	일반	백색
B	유류	황색
C	전기	청색
D	금속	무색

09 위험물안전관리법령상 위험물을 유별로 정리하여 저장하면서 서로 1m 이상의 간격을 두면 동일한 옥내저장소에 저장할 수 있는 경우는?

① 제1류 위험물과 제3류 위험물 중 금수성 물질을 저장하는 경우
② 제1류 위험물과 제4류 위험물을 저장하는 경우
③ 제1류 위험물과 제6류 위험물을 저장하는 경우
④ 제2류 위험물 중 금속분과 제4류 위험물 중 동식물유류를 저장하는 경우

> 유별을 달리하더라도 1m 이상 간격을 둘 때 저장 가능한 경우
> • 제1류 위험물(알칼리금속의 과산화물 또는 이를 함유한 것을 제외한다)과 제5류 위험물을 저장하는 경우
> • 제1류 위험물과 제6류 위험물을 저장하는 경우
> • 제1류 위험물과 제3류 위험물 중 자연발화성 물질(황린 또는 이를 함유한 것에 한한다)을 저장하는 경우
> • 제2류 위험물 중 인화성 고체와 제4류 위험물을 저장하는 경우
> • 제3류 위험물 중 알킬알루미늄등과 제4류 위험물(알킬알루미늄 또는 알킬리튬을 함유한 것에 한한다)을 저장하는 경우
> • 제4류 위험물 중 유기과산화물 또는 이를 함유하는 것과 제5류 위험물 중 유기과산화물 또는 이를 함유한 것을 저장하는 경우

10 팽창진주암(삽 1개 포함)의 능력단위 1은 용량이 몇 L인가?

① 70   ② 100
③ 130   ④ 160

소화설비	용량(L)	능력단위
소화전용물통	8	0.3
수조(물통 3개 포함)	80	1.5
수조(물통 6개 포함)	190	2.5
마른모래(삽 1개 포함)	50	0.5
팽창질석·팽창진주암(삽 1개 포함)	160	1.0

11 소화기 속에 압축되어 있는 이산화탄소 1.1kg을 표준상태에서 분사하였다. 이산화탄소의 부피는 몇 m³가 되는가?

① 0.56   ② 5.6
③ 11.2   ④ 24.6

> • $PV = \dfrac{wRT}{M}$
>
> • $V = \dfrac{wRT}{PM}$
>
> $= \dfrac{1.1 \times 0.082 \times 273}{1 \times 44} = 0.559 m^3$
>
> P = 압력, V = 부피, w = 질량, M = 분자량, R = 기체상수(0.082를 곱한다), T= 절대온도(℃를 환산하기 위해 273을 더한다)

정답   07 ① 08 ① 09 ③ 10 ④ 11 ①

12 위험물안전관리법령상 자동화재탐지설비를 설치하지 않고 비상경보설비로 대신할 수 있는 것은?

① 일반취급소로서 연면적 $600m^2$인 것
② 지정수량 20배를 저장하는 옥내저장소로서 처마높이가 8m인 단층건물
③ 단층건물 외에 건축물에 설치된 지정수량 15배의 옥내탱크저장소로서 소화난이도등급 II에 속하는 것
④ 지정수량 20배를 저장 취급하는 옥내주유취급소

소화난이도등급 II에 속하는 것은 소화난이도등급 I 보다 덜 위험하므로 비상경보설비로 대체 가능하다. 참고로 소화난이도등급 I의 옥내탱크저장소에 설치하는 소화설비기준은 탱크전용실이 단층건물 외의 건축물에 있는 것으로서 인화점이 38도 이상 70도 미만의 위험물을 지정수량의 5배 이상 저장하는 것이다.

13 다음 중 분말 소화약제를 방출시키기 위해 주로 사용되는 가압용 가스는?

① 산소
② 질소
③ 헬륨
④ 아르곤

분말 소화약제를 방출시키기 위해 주로 질소가스를 이용한다.

14 연소의 연쇄반응을 차단 및 억제하여 소화하는 방법은?

① 냉각소화
② 부촉매소화
③ 질식소화
④ 제거소화

억제소화는 연소의 연쇄반응을 차단하여 억제함으로써 소화하는 방법으로 화학적 소화, 부촉매소화라고도 한다.

15 위험물안전관리법령상 위험등급 I의 위험물로 옳은 것은?

① 무기과산화물
② 황화인, 적린, 황
③ 제1석유류
④ 알코올류

• 무기과산화물 : 위험등급 I
• 황화인, 적린, 황, 제1석유류, 알코올류 : 위험등급 II

16 다음은 위험물안전관리법령에 따른 판매취급소에 대한 정의이다. ( )에 알맞은 말은?

> 판매취급소라 함은 점포에서 위험물을 용기에 담아 판매하기 위하여 지정수량의 ( )배 이하의 위험물을 ( )하는 장소이다.

① 20, 취급
② 40, 취급
③ 20, 저장
④ 40, 저장

판매취급소라 함은 점포에서 위험물을 용기에 담아 판매하기 위하여 지정수량의 40배 이하의 위험물을 취급하는 장소이다.

17 취급하는 제4류 위험물의 수량이 지정수량의 30만배인 일반취급소가 있는 사업장에 자체소방대를 설치함에 있어서 전체 화학소방차 중 포 수용액을 방사하는 화학소방자동차는 몇 대 이상 두어야 하는가?

① 필수적인 것은 아니다.
② 1
③ 2
④ 3

자체소방대에 두는 화학소방자동차 및 인원		
제4류 위험물의 최대수량의 합	소방차	소방대원
지정수량의 3천배 이상 12만배 미만	1대	5인
지정수량의 12만배 이상 24만배 미만	2대	10인
지정수량의 24만배 이상 48만배 미만	3대	15인
지정수량의 48만배 이상	4대	20인

18 양초, 고급알코올 등과 같은 연료의 가장 일반적인 연소형태는?

① 분무연소
② 증발연소
③ 표면연소
④ 분해연소

양초, 고급알코올 등은 증발연소를 한다.

정답 12 ③ 13 ② 14 ② 15 ① 16 ② 17 ④ 18 ②

19 BCF(Bromochlorodifluoromethane) 소화약제의 화학식으로 옳은 것은?

① CCl_4

② CH_2ClBr

③ CF_3Br

④ CF_2ClBr

> **BCF 소화약제**
> 브로모클로로디플루오로메탄(Bromochlorodifluoromethane)으로 화학식은 $CBrClF_2$으로 나타낸다.
> - C : 탄소(C)
> - Br : 브롬(Br)
> - Cl : 염소(Cl)
> - F_2 : 플루오린(F) 두 개
> 이 화합물은 브롬, 염소, 그리고 두 개의 플루오린 원자를 포함하고 있으며, 할론 1211로도 알려져 있다.

20 제2류 위험물인 마그네슘에 대한 설명으로 옳지 않은 것은?

① 2mm의 체를 통과한 것만 위험물에 해당된다.

② 화재 시 이산화탄소 소화약제로 소화가 가능하다.

③ 가연성 고체로 산소와 반응하여 산화반응을 한다.

④ 주수소화를 하면 가연성의 수소가스가 발생한다.

> - $Mg + CO_2 \rightarrow MgO + CO$
> - 마그네슘은 이산화탄소와 반응하여 일산화탄소를 방출하며 화재가 확대되므로 이산화탄소 소화약제로 소화가 불가능하다.

21 무색의 액체로 융점이 −112℃이고 물과 접촉하면 심하게 발열하는 제6류 위험물은?

① 과산화수소

② 과염소산

③ 질산

④ 오플루오린화아이오딘

> 과염소산은 물과 접촉하면 심하게 발열반응한다.

22 위험물안전관리법령에서 정한 특수인화물의 발화점 기준으로 옳은 것은?

① 1기압에서 100℃ 이하

② 0기압에서 100℃ 이하

③ 1기압에서 25℃ 이하

④ 0기압에서 25℃ 이하

> 특수인화물이란 이황화탄소, 다이에틸에터 그 밖에 1기압에서 발화점이 섭씨 100도 이하인 것 또는 인화점이 섭씨 영하 20도이고 비점이 섭씨 40도 이하인 것을 말한다.

23 위험물안전관리법령상 위험물의 운송에 있어서 운송책임자의 감독 또는 지원을 받아 운송하여야 하는 위험물에 속하지 않는 것은?

① $Al(CH_3)_3$

② CH_3Li

③ $Cd(CH_3)_2$

④ $Al(C_4H_9)_3$

> 운송하는 위험물이 알킬알루미늄, 알킬리튬이거나 이 둘을 함유하는 위험물일 때에는 운송책임자의 감독 또는 지원을 받아 이를 운송하여야 한다.

24 황의 성상에 관한 설명으로 틀린 것은?

① 연소할 때 발생하는 가스는 냄새를 가지고 있으나 인체에 무해하다.

② 미분이 공기 중에 떠 있을 때 분진폭발의 우려가 있다.

③ 용융된 황을 물에서 급냉하면 고무상황을 얻을 수 있다.

④ 연소할 때 아황산가스를 발생한다.

> 황은 연소할 때 아황산가스를 배출하며 이는 인체에 유해하다.

25 과산화수소의 성질에 대한 설명 중 틀린 것은?

① 알칼리성 용액에 의해 분해될 수 있다.

② 산화제로 사용할 수 있다.

③ 농도가 높을수록 안정하다.

④ 열, 햇빛에 의해 분해될 수 있다.

> 36wt% 이상은 위험물로 간주되므로 농도가 높을수록 위험하다.

정답 19④ 20② 21② 22① 23③ 24① 25③

26 0.99atm, 55℃에서 이산화탄소의 밀도는 약 몇 g/L인가?

빈출

① 0.62 ② 1.62
③ 9.65 ④ 12.65

- $PV = \dfrac{wRT}{M}$

- $\dfrac{w}{V} = \dfrac{PM}{RT}$

  $= \dfrac{0.99 \times 44}{0.082 \times 328} = 1.619\text{g/L}$

P = 압력, V = 부피, w = 질량, M = 분자량, R = 기체상수(0.082를 곱한다), T = 절대온도(℃를 환산하기 위해 273을 더한다)

27 위험물안전관리법령에서 정한 제5류 위험물 이동저장탱크의 외부도장 색상은?

① 황색 ② 회색
③ 적색 ④ 청색

이동저장탱크의 외부도장 색상

유별	1	2	3	5	6
색상	회색	적색	청색	황색	청색

28 위험물안전관리법령상 제5류 위험물의 공통된 취급 방법으로 옳지 않은 것은?

① 용기의 파손 및 균열에 주의한다.
② 저장 시 과열, 충격, 마찰을 피한다.
③ 운반용기 외부에 주의사항으로 '화기주의' 및 '물기엄금'을 표기한다.
④ 불티, 불꽃, 고온체와의 접근을 피한다.

제5류 위험물은 운반용기 외부에 주의사항으로 '화기엄금' 및 '충격주의'를 표시한다.

29 제조소등의 관계인이 예방규정을 정하여야 하는 제조소등이 아닌 것은?

① 지정수량 100배의 위험물을 저장하는 옥외탱크저장소
② 지정수량 150배의 위험물을 저장하는 옥내저장소
③ 지정수량 10배의 위험물을 취급하는 제조소
④ 지정수량 5배의 위험물을 취급하는 이송취급소

예방규정을 정해야 하는 제조소등
- 지정수량의 10배 이상의 위험물을 취급하는 제조소
- 지정수량의 10배 이상의 위험물을 취급하는 일반취급소
- 지정수량의 100배 이상의 위험물을 저장하는 옥외저장소
- 지정수량의 150배 이상의 위험물을 저장하는 옥내저장소
- 지정수량의 200배 이상의 위험물을 저장하는 옥외탱크저장소
- 암반탱크저장소
- 이송취급소

30 과염소산칼륨의 성질에 대한 설명 중 틀린 것은?

① 무색, 무취의 결정으로 물에 잘 녹는다.
② 화학식은 $KClO_4$이다.
③ 에탄올, 에테르에는 녹지 않는다.
④ 화약, 폭약, 섬광제 등에 쓰인다.

과염소산칼륨은 물, 에탄올, 에테르에 잘 녹지 않는다.

31 시약(고체)의 명칭이 불분명한 시약병의 내용물을 확인하려고 뚜껑을 열어 시계접시에 소량을 담아놓고 공기 중에서 햇빛을 받는 곳에 방치하던 중 시계접시에서 갑자기 연소현상이 일어났다. 다음 물질 중 이 시약의 명칭으로 예상할 수 있는 것은?

① 황 ② 황린
③ 적린 ④ 질산암모늄

황린은 제3류 위험물 중 자연발화성 물질이므로 자연발화한다.

정답

26 ② 27 ① 28 ③ 29 ① 30 ① 31 ②

32 염소산염류 250kg, 아이오딘산염류 600kg, 질산염류 900kg을 저장하고 있는 경우 지정수량의 몇 배가 보관되어 있는가?

🌟빈출

① 5배　　　　　　　　② 7배
③ 10배　　　　　　　　④ 12배

- 염소산염류의 지정수량 : 50kg
- 아이오딘산염류의 지정수량 : 300kg
- 질산염류의 지정수량 : 300kg
∴ 지정수량 $= \dfrac{250}{50} + \dfrac{600}{300} + \dfrac{900}{300} = 10$

33 옥외저장소에서 저장 또는 취급할 수 있는 위험물이 아닌 것은? (단, 국제해상위험물규칙에 적합한 용기에 수납된 위험물의 경우는 제외한다.)

① 제2류 위험물 중 황
② 제1류 위험물 중 과염소산염류
③ 제6류 위험물
④ 제2류 위험물 중 인화점이 10℃인 인화성 고체

옥외저장소에 저장할 수 있는 위험물 유별
- 제2류 위험물 중 황, 인화성 고체(인화점이 0도 이상인 것에 한함)
- 제4류 위험물 중 제1석유류(인화점이 0도 이상인 것에 한함), 알코올류, 제2석유류, 제3석유류, 제4석유류, 동식물유류
- 제6류 위험물

34 다음 중 제2석유류만으로 짝지어진 것은?

① 시클로헥산 – 피리딘
② 염화아세틸 – 휘발유
③ 시클로헥산 – 중유
④ 아크릴산 – 포름산

제2석유류란 등유, 경유 그 밖에 1기압에서 인화점이 섭씨 21도 이상 70도 미만인 것으로, 아크릴산, 포름산이 이에 해당한다.

35 하이드라진에 대한 설명으로 틀린 것은?

① 외관은 물과 같이 무색 투명하다.
② 가열하면 분해하여 가스를 발생한다.
③ 위험물안전관리법령상 제4류 위험물에 해당한다.
④ 알코올, 물 등의 비극성 용매에 잘 녹는다.

하이드라진은 알코올, 물 등의 극성 용매에 잘 녹는다.

36 제3석유류에 해당하는 물질로만 짝지어진 것은?

① 등유, 경유　　　　　② 아세트산, 하이드라진
③ 아닐린, 중유　　　　④ 동유, 아마인유

제3석유류 종류에는 중유, 아닐린, 나이트로벤젠, 글리세린 등이 있다.

37 과망가니즈산칼륨의 위험성에 대한 설명으로 틀린 것은?

① 황산과 격렬하게 반응한다.
② 유기물과 혼합 시 위험성이 증가한다.
③ 고온으로 가열하면 분해하여 산소와 수소를 방출한다.
④ 목탄, 황 등 환원성 물질과 격리하여 저장해야 한다.

과망가니즈산칼륨을 고온으로 가열하면 분해하여 산소를 방출한다.

38 자기반응성 물질인 제5류 위험물에 해당하는 것은?

① $CH_3(C_6H_4)NO_2$　　② CH_3COCH_3
③ $C_6H_2(NO_2)_3OH$　　④ $C_6H_5NO_2$

$C_6H_2(NO_2)_3OH$: 트라이나이트로페놀

39 다음 중 지정수량이 나머지 셋과 다른 물질은?

① 황화인　　　　　　　② 적린
③ 칼슘　　　　　　　　④ 황

- 황화인, 적린, 황의 지정수량 : 100kg
- 칼슘의 지정수량 : 50kg

정답　32 ③　33 ②　34 ④　35 ④　36 ③　37 ③　38 ③　39 ③

40 경유 2,000L, 글리세린 2,000L를 같은 장소에 저장하려 한다. 지정수량의 배수의 합은 얼마인가? *빈출*

① 2.5
② 3.0
③ 3.5
④ 4.0

- 경유의 지정수량 : 1,000L
- 글리세린의 지정수량 : 4,000L
- ∴ 지정수량의 합 = $\dfrac{2,000}{1,000} + \dfrac{2,000}{4,000} = 2.5$

41 위험물안전관리법령에 의한 위험물 운송에 관한 규정으로 틀린 것은?

① 이동탱크저장소에 의하여 위험물을 운송하는 자는 당해 위험물을 취급할 수 있는 국가기술자격자 또는 안전교육을 받은 자여야 한다.
② 안전관리자·탱크시험자·위험물운송자 등 위험물의 안전관리와 관련된 업무를 수행하는 자는 시·도지사가 실시하는 안전교육을 받아야 한다.
③ 운송책임자의 범위, 감독 또는 지원의 방법 등에 관한 구체적인 기준은 행정안전부령으로 정한다.
④ 위험물운송자는 이동탱크저장소에 의하여 위험물을 운송하는 때에는 행정안전부령으로 정하는 기준을 준수하는 등 당해 위험물의 안전 확보를 위하여 세심한 주의를 기울여야 한다.

안전관리자·탱크시험자·위험물운송자등 위험물의 안전관리와 관련된 업무를 수행하는 자로서 대통령령이 정하는 자는 해당 업무에 관한 능력의 습득 또는 향상을 위하여 소방청장이 실시하는 교육을 받아야 한다.

42 황린에 관한 설명 중 틀린 것은?

① 물에 잘 녹는다.
② 화재 시 물로 냉각소화할 수 있다.
③ 적린에 비해 불안정하다.
④ 적린과 동소체이다.

황린은 자연발화의 위험성이 크므로 물 속에 저장한다.

43 위험물옥내저장소에 과염소산 300kg, 과산화수소 300kg을 저장하고 있다. 저장창고에는 지정수량 몇 배의 위험물을 저장하고 있는가? *빈출*

① 4
② 3
③ 2
④ 1

- 과염소산의 지정수량 : 300kg
- 과산화수소의 지정수량 : 300kg
- ∴ 지정수량 = $\dfrac{300}{300} + \dfrac{300}{300} = 2$

44 위험물안전관리법령에서 정한 품명이 서로 다른 물질을 나열한 것은?

① 이황화탄소, 다이에틸에터
② 에틸알코올, 고형알코올
③ 등유, 경유
④ 중유, 크레오소트유

- 에틸알코올 : 제4류 위험물
- 고형알코올 : 제2류 위험물

45 금속나트륨, 금속칼륨 등을 보호액 속에 저장하는 이유를 가장 옳게 설명한 것은? *빈출*

① 온도를 낮추기 위하여
② 승화하는 것을 막기 위하여
③ 공기와의 접촉을 막기 위하여
④ 운반 시 충격을 적게 하기 위하여

금속나트륨과 금속칼륨은 공기와의 접촉을 막기 위해 석유, 등유 등의 산소가 함유되지 않은 보호액(석유류)에 저장한다.

46 위험물안전관리법령상 옥내소화전설비의 설치기준에서 옥내소화전은 제조소등의 건축물의 층마다 당해 층의 각 부분에서 하나의 호스접속구까지의 수평거리가 몇 m 이하가 되도록 설치하여야 하는가?

① 5　　　　　　　　② 10
③ 15　　　　　　　④ 25

옥내소화전은 제조소등의 건축물의 층마다 당해 층의 각 부분에서 하나의 호스접속구까지의 수평거리가 25m 이하가 되도록 설치해야 한다.

47 유기과산화물의 저장 또는 운반 시 주의사항으로 옳은 것은?

☆빈출

① 일광이 드는 건조한 곳에 저장한다.
② 가능한 한 대용량으로 저장한다.
③ 알코올류 등 제4류 위험물과 혼재하여 운반할 수 있다.
④ 산화제이므로 다른 강산화제와 같이 저장해야 좋다.

유별을 달리하는 위험물 혼재기준

1	6		혼재 가능
2	5	4	혼재 가능
3	4		혼재 가능

유기과산화물은 제5류 위험물로 알코올류 등 제4류 위험물과 혼재하여 운반할 수 있다.

48 다음 중 인화점이 0℃보다 작은 것은 모두 몇 개인가?

$C_2H_5OC_2H_5$, CS_2, CH_3CHO

① 0개　　　　　　② 1개
③ 2개　　　　　　④ 3개

• 다이에틸에터($C_2H_5OC_2H_5$)의 인화점 : -45℃
• 이황화탄소(CS_2)의 인화점 : -30℃
• 아세트알데하이드(CH_3CHO)의 인화점 : -38℃

49 나이트로셀룰로오스의 저장방법으로 올바른 것은?

① 물이나 알코올로 습윤시킨다.
② 에탄올과 에테르 혼액에 침윤시킨다.
③ 수은염을 만들어 저장한다.
④ 산에 용해시켜 저장한다.

나이트로셀룰로오스는 저장 시 열원, 충격, 마찰 등을 피하고 냉암소에 저장하여야 하고 이때 안전한 저장을 위해 물이나 알코올로 습윤한다.

50 지하탱크저장소에 대한 설명으로 옳지 않은 것은?

① 탱크전용실 벽의 두께는 0.3m 이상이어야 한다.
② 지하저장탱크의 윗부분은 지면으로부터 0.6m 이상 아래에 있어야 한다.
③ 지하저장탱크와 탱크전용실 안쪽과의 사이는 0.1m 이상의 간격을 유지하도록 한다.
④ 지하저장탱크에는 두께 0.1m 이상의 철근콘크리트조로된 뚜껑을 설치한다.

지하저장탱크에는 두께 0.3m 이상의 철근콘크리트조로 된 뚜껑을 설치한다.

51 이황화탄소를 화재예방상 물 속에 저장하는 이유는?

① 불순물을 물에 용해시키기 위해
② 가연성 증기의 발생을 억제하기 위해
③ 상온에서 수소가스를 발생시키기 때문에
④ 공기와 접촉하면 즉시 폭발하기 때문에

이황화탄소는 가연성 증기의 발생을 억제하기 위해 물 속에 저장한다.

52 탄소 80%, 수소 14%, 황 6%인 물질 1kg이 완전연소하기 위해 필요한 이론 공기량은 약 몇 kg인가? (단, 공기 중 산소는 23wt%이다.)

① 3.31
② 7.05
③ 11.62
④ 14.41

> **이론 공기량**
> 이론 공기량을 구하는 공식은 연료의 각 성분이 완전연소할 때 필요한 산소량을 기반으로, 이를 공기 중 산소의 비율로 나눈 값을 계산하는 과정이다.
>
> • 이론공기량(kg) = $\dfrac{(11.6 \times C) + (34.8 \times H_2) + (4.35 \times S)}{100}$
>
> – 탄소(C) : 탄소 1kg을 완전연소하려면 약 11.6kg의 공기가 필요하다.
> – 수소(H_2) : 수소 1kg을 완전연소하려면 약 34.8kg의 공기가 필요하다.
> – 황(S) : 황 1kg은 산소 1kg과 반응하며, 약 4.35kg의 공기가 필요하다.
>
> • 이론 공기량(kg) = $\dfrac{(11.6 \times 80) + (34.8 \times 14) + (4.35 \times 6)}{100}$
>
>   = 14.41kg

53 다음 중 아이오딘값이 가장 낮은 것은?

① 해바라기유
② 오동유
③ 아마인유
④ 낙화생유

> • 해바라기유(건성유) : 130 이상
> • 오동유(건성유) : 130 이상
> • 아마인유(건성유) : 130 이상
> • 낙화생유(불건성유) : 100 이하

54 제6류 위험물을 저장하는 옥내탱크저장소로서 단층건물에 설치된 것의 소화난이도등급은?

① Ⅰ 등급
② Ⅱ 등급
③ Ⅲ 등급
④ 해당 없음

> 제6류 위험물은 소화난이도등급에 속하지 않는다.

55 시클로헥산에 관한 설명으로 가장 거리가 먼 것은?

① 고리형 분자구조를 가진 방향족 탄화수소화합물이다.
② 화학식은 C_6H_{12}이다.
③ 비수용성 위험물이다.
④ 제4류 중 제1석유류에 속한다.

> 시클로헥산은 고리형 분자구조를 가진 지방족 탄화수소이다.

56 위험물안전관리법령에 따른 위험물의 운송에 관한 설명 중 틀린 것은?

① 알킬리튬과 알킬알루미늄 또는 이 중 어느 하나 이상을 함유한 것은 운송책임자의 감독·지원을 받아야 한다.
② 이동탱크저장소에 의하여 위험물을 운송할 때 운송책임자에는 법정의 안전교육을 이수하고 관련 업무에 2년 이상 종사한 경력이 있는 자도 포함된다.
③ 서울에서 부산까지 금속의 인화물 300kg을 1명의 운전자가 휴식 없이 운송해도 규정위반이 아니다.
④ 운송책임자의 감독 또는 지원 방법에는 동승하는 방법과 별도의 사무실에서 대기하면서 규정된 사항을 이행하는 방법이 있다.

> 위험물운송자는 장거리(고속국도 340km 이상, 그 밖의 도로 200km 이상)의 운송을 하는 때에는 2명 이상의 운전자로 한다. 다만, 다음의 3가지 경우에는 그러하지 아니하다.
> • 운전책임자의 동승 : 운송책임자가 별도의 사무실이 아닌 이동탱크저장소에 함께 동승한 경우, 이때는 운송책임자가 운전자의 역할을 하지 않는 경우이다.
> • 운송위험물의 위험성이 낮은 경우 : 운송하는 위험물이 제2류 위험물, 제3류 위험물(칼슘 또는 알루미늄의 탄화물과 이것만을 함유한 것), 제4류 위험물(특수인화물 제외)인 경우
> • 적당한 휴식을 취하는 경우 : 운송 도중에 2시간 이내마다 20분 이상씩 휴식하는 경우

정답 52 ④ 53 ④ 54 ④ 55 ① 56 ③

57 아염소산염류 500kg과 질산염류 3,000kg을 함께 저장하는 경우 위험물의 소요단위는 얼마인가? ✦빈출

① 2　　　　　　　② 4
③ 6　　　　　　　④ 8

> • 아염소산염류 지정수량은 50kg이다.
> • 질산염류 지정수량은 300kg이다.
> • 지정수량 = $(\frac{500}{50}) + (\frac{3,000}{300})$ = 20
> • 소요단위 = 2(지정수량의 10배 = 소요단위)

58 황에 대한 설명으로 옳지 않은 것은?

① 연소 시 황색불꽃을 보이며 유독한 이황화탄소를 발생한다.
② 미세한 분말상태에서 부유하면 분진폭발의 위험이 있다.
③ 마찰에 의해 정전기가 발생할 우려가 있다.
④ 고온에서 용융된 황은 수소와 반응한다.

> • C + 2S → CS_2
> • 황은 탄소와 반응하여 이황화탄소를 발생한다.
> • 황은 연소 시 유독한 아황산가스를 발생한다.

59 과산화벤조일(벤조일퍼옥사이드)에 대한 설명 중 틀린 것은?

① 환원성 물질과 격리하여 저장한다.
② 물에 녹지 않으나 유기용매에 녹는다.
③ 희석제로 묽은 질산을 사용한다.
④ 결정성의 분말 형태이다.

> 과산화벤조일은 희석제로 물, 유기용제 등을 사용한다.

60 위험물의 저장 및 취급방법에 대한 설명으로 틀린 것은? ✦빈출

① 적린은 화기와 멀리하고 가열, 충격이 가해지지 않도록 한다.
② 이황화탄소는 발화점이 낮으므로 물 속에 저장한다.
③ 마그네슘은 산화제와 혼합되지 않도록 취급한다.
④ 알루미늄분은 분진폭발의 위험이 있으므로 분무주수하여 저장한다.

> 알루미늄은 물과 만나 수소를 방출하며 폭발의 위험이 크기 때문에 물과 닿지 않아야 하며 밀폐용기에 넣어 건조한 곳에 보관한다.

정답　　　　　　57 ①　58 ①　59 ③　60 ④

14 2021년 1회 CBT 기출복원문제

01 제3류 위험물 중 금수성 물질에 적응성이 있는 소화설비는?

① 할로겐화합물 소화설비
② 포 소화설비
③ 이산화탄소 소화설비
④ 탄산수소염류등 분말 소화설비

> 금수성 물질의 소화에는 탄산수소염류 등을 이용한 분말 소화약제 등 금수성 위험물에 적응성이 있는 분말 소화약제를 이용하여 질식 소화한다.

02 과산화나트륨의 화재 시 물을 사용한 소화가 위험한 이유는?

① 수소와 열을 발생하므로
② 산소와 열을 발생하므로
③ 수소를 발생하고 이 가스가 폭발적으로 연소하므로
④ 산소를 발생하고 이 가스가 폭발적으로 연소하므로

> 과산화나트륨은 물과 반응하여 수산화나트륨과 산소, 열을 발생하므로 물을 사용한 소화가 위험하다.

03 위험물안전관리법령상 경보설비로 자동화재탐지설비를 설치해야 할 위험물제조소의 규모의 기준에 대한 설명으로 옳은 것은?

① 연면적 500m² 이상인 것
② 연면적 1,000m² 이상인 것
③ 연면적 1,500m² 이상인 것
④ 연면적 2,000m² 이상인 것

> 제조소의 자동화재탐지설비 설치기준
> • 연면적이 500m² 이상인 것
> • 옥내에서 지정수량의 100배 이상을 취급하는 것
> • 일반취급소로 사용되는 부분 외의 부분이 있는 건축물에 설치된 일반취급소

04 위험물안전관리법령에서 정한 탱크안전성능검사의 구분에 해당하지 않는 것은?

① 기초·지반검사
② 충수·수압검사
③ 용접부검사
④ 배관검사

> 탱크안전성능검사의 구분
> • 기초·지반검사 • 충수·수압검사
> • 용접부검사 • 암반탱크검사

05 $NH_4H_2PO_4$이 열분해하여 생성되는 물질 중 암모니아와 수증기의 부피 비율은? ★빈출

① 1 : 1
② 1 : 2
③ 2 : 1
④ 3 : 2

> • $NH_4H_2PO_4 \rightarrow HPO_3 + NH_3 + H_2O$
> • 인산암모늄은 열분해하여 메타인산, 암모니아, 물을 생성한다.
> • 암모니아(NH_3)와 수증기(H_2O)의 몰수비가 1 : 1이므로, 부피 비율은 1 : 1이다.

06 위험물안전관리법령상 제4류 위험물을 지정수량의 3천배 초과 4천배 이하로 저장하는 옥외탱크저장소의 보유공지는 얼마인가?

① 6m 이상
② 9m 이상
③ 12m 이상
④ 15m 이상

> 옥외저장탱크의 보유공지

저장 또는 취급하는 위험물의 최대수량	공지의 너비
지정수량의 500배 이하	3m 이상
지정수량의 500배 초과 1,000배 이하	5m 이상
지정수량의 1,000배 초과 2,000배 이하	9m 이상
지정수량의 2,000배 초과 3,000배 이하	12m 이상
지정수량의 3,000배 초과 4,000배 이하	15m 이상

정답 01 ④ 02 ② 03 ① 04 ④ 05 ① 06 ④

07 위험물안전관리법령상 자동화재탐지설비를 설치하지 않고 비상경보설비로 대신할 수 있는 것은?

① 일반취급소로서 연면적 600m²인 것
② 지정수량 20배를 저장하는 옥내저장소로서 처마높이가 8m인 단층건물
③ 단층건물 외에 건축물에 설치된 지정수량 15배의 옥내탱크저장소로서 소화난이도등급 Ⅱ에 속하는 것
④ 지정수량 20배를 저장 취급하는 옥내주유취급소

자동화재탐지설비 설치기준
• 일반취급소는 연면적이 500m² 이상이어야 한다.
• 처마높이는 6m 이상인 단층건물이어야 한다.
• 주유취급소는 옥내주유취급소이다.
• 소화난이도등급 Ⅱ는 소화난이도등급 Ⅰ보다 덜 위험하므로 비상경보설비로 대체 가능하다.

08 플래시오버(Flash Over)에 대한 설명으로 옳은 것은?

① 대부분 화재 초기(발화기)에 발생한다.
② 대부분 화재 종기(쇠퇴기)에 발생한다.
③ 내장재의 종류와 개구부의 크기에 영향을 받는다.
④ 산소의 공급이 주요 요인이 되어 발생한다.

플래시오버는 건축물 화재 시 가연성 기체가 모여 있는 상태에서 산소가 유입됨에 따라 성장기에서 최성기로 급격하게 진행되며, 건물 전체로 화재가 확산되는 현상으로 내장재의 종류와 개구부의 크기에 영향을 받는다.

09 다음은 어떤 화합물의 구조식인가?

$$H - \overset{\overset{\displaystyle Cl}{|}}{\underset{\underset{\displaystyle Br}{|}}{C}} - H$$

① 할론 1301
② 할론 1201
③ 할론 1011
④ 할론 2402

• 할론넘버는 C, F, Cl, Br 순서대로 화합물 내에 존재하는 각 원자의 개수를 표시하며, 수소(H)의 개수는 할론넘버에 포함시키지 않는다.
• 할론 1011 = CH_2ClBr

10 충격이나 마찰에 민감하고 가수분해 반응을 일으키는 단점을 가지고 있어 이를 개선하여 다이너마이트를 발명하는 데 주원료로 사용한 위험물은?

① 셀룰로이드
② 나이트로글리세린
③ 트라이나이트로톨루엔
④ 트라이나이트로페놀

나이트로글리세린은 다이너마이트의 원료이다.

11 액화 이산화탄소 1kg이 25℃, 2atm에서 방출되어 모두 기체가 되었다. 방출된 기체상의 이산화탄소 부피는 약 몇 L인가?

🛬빈출

① 238
② 278
③ 308
④ 340

• $PV = \dfrac{wRT}{M}$

• $V = \dfrac{wRT}{PM}$

$\quad = \dfrac{1,000 \times 0.082 \times 298}{2 \times 44} = 277.681L$

P = 압력, V = 부피, w = 질량, M = 분자량, R = 기체상수(0.082를 곱한다), T = 절대온도(℃를 환산하기 위해 273을 더한다)

12 소화약제에 따른 주된 소화효과로 틀린 것은?

① 수성막포 소화약제 : 질식효과
② 제2종 분말 소화약제 : 탈수탄화효과
③ 이산화탄소 소화약제 : 질식효과
④ 할로겐화합물 소화약제 : 화학억제효과

제2종 분말 소화약제는 질식효과가 있다.

13 피난설비를 설치하여야 하는 위험물제조소등에 해당하는 것은?

① 건축물의 2층 부분을 자동차 정비소로 사용하는 주유취급소
② 건축물의 2층 부분을 전시장으로 사용하는 주유취급소
③ 건축물의 1층 부분을 주유사무소로 사용하는 주유취급소
④ 건축물의 1층 부분을 관계자의 주거시설로 사용하는 주유취급소

피난설비 설치 기준
• 주유취급소 중 건축물의 2층 이상의 부분을 점포 · 휴게음식점 또는 전시장의 용도로 사용하는 것에 있어서는 당해 건축물의 2층 이상으로부터 주유취급소의 부지 밖으로 통하는 출입구와 당해 출입구로 통하는 통로 · 계단 및 출입구에 유도등을 설치하여야 한다.
• 옥내주유취급소에 있어서는 당해 사무소 등의 출입구 및 피난구와 당해 피난구로 통하는 통로 · 계단 및 출입구에 유도등을 설치하여야 한다.
• 유도등에는 비상전원을 설치하여야 한다.

14 제1종 분말 소화약제의 적응 화재 종류는? 빈출

① A급
② BC급
③ AB급
④ ABC급

분말 소화약제의 종류

약제명	주성분	적응화재	색상
1종	탄산수소나트륨	BC	백색
2종	탄산수소칼륨	BC	보라색
3종	인산암모늄	ABC	담홍색
4종	탄산수소칼륨 + 요소	BC	회색

15 연소의 3요소를 모두 포함하는 것은?

① 과염소산, 산소, 불꽃
② 마그네슘분말, 연소열, 수소
③ 아세톤, 수소, 산소
④ 불꽃, 아세톤, 질산암모늄

• 연소의 3요소 : 가연물, 산소공급원, 점화원
• 불꽃 : 점화원, 아세톤 : 가연물, 질산암모늄 : 산소공급원

16 다음 위험물의 저장창고에 화재가 발생하였을 때 주수(注水)에 의한 소화가 오히려 더 위험한 것은? 빈출

① 염소산칼륨
② 과염소산나트륨
③ 질산암모늄
④ 탄화칼슘

탄화칼슘과 물의 반응식
• $CaC_2 + 2H_2O \rightarrow Ca(OH)_2 + C_2H_2$
• 탄화칼슘은 물과 반응하여 아세틸렌이 발생하므로 주수소화가 위험하다.

17 옥외저장소에 덩어리 상태의 황을 지반면에 설치한 경계표시의 안쪽에서 저장 또는 취급할 경우 하나의 경계표시의 내부 면적은 몇 m² 이하이어야 하는가?

① 75
② 100
③ 150
④ 300

옥외저장소에 덩어리 상태의 황을 지반면에 설치한 경계표시의 안쪽에서 저장 또는 취급할 경우 하나의 경계표시의 내부면적은 100m² 이하이어야 한다.

18 위험물안전관리법령에서 정한 "물분무등소화설비"의 종류에 속하지 않는 것은?

① 스프링클러설비
② 포 소화설비
③ 분말 소화설비
④ 불활성 가스 소화설비

물분무등소화설비의 종류
• 물분무 소화설비
• 포 소화설비
• 불활성 가스 소화설비
• 할로겐화합물 소화설비
• 분말 소화설비

정답   13 ② 14 ② 15 ④ 16 ④ 17 ② 18 ①

19 혼합물인 위험물이 복수의 성상을 가지는 경우에 적용하는 품명에 관한 설명으로 틀린 것은?

① 산화성 고체의 성상 및 가연성 고체의 성상을 가지는 경우 : 산화성 고체의 품명
② 산화성 고체의 성상 및 자기반응성 물질의 성상을 가지는 경우 : 자기반응성 물질의 품명
③ 가연성 고체의 성상과 자연발화성 물질의 성상 및 금수성 물질의 성상을 가지는 경우 : 자연발화성 물질 및 금수성 물질의 품명
④ 인화성 액체의 성상 및 자기반응성 물질의 성상을 가지는 경우 : 자기반응성 물질의 품명

> 복수성상의 위험물 기준
> • 위험물 위험 순서 : 1 < 2 < 4 < 3 < 5 < 6
> • 산화성 고체(1류) < 가연성 고체(2류) → 위험성 큰 쪽이 남음

20 위험물시설에 설비하는 자동화재탐지설비의 하나의 경계구역 면적과 그 한 변의 길이의 기준으로 옳은 것은? (단, 광전식 분리형 감지기를 설치하지 않은 경우이다.)

① 300m² 이하, 50m 이하
② 300m² 이하, 100m 이하
③ 600m² 이하, 50m 이하
④ 600m² 이하, 100m 이하

> 하나의 경계구역의 면적은 600m² 이하로 하고 그 한 변의 길이는 50m 이하로 한다.

21 제3류 위험물에 해당하는 것은?

① 황
② 적린
③ 황린
④ 삼황화인

> 황, 적린, 삼황화인은 제2류 위험물이다.

22 제5류 위험물 중 나이트로화합물의 지정수량을 옳게 나타낸 것은?

① 10kg
② 100kg
③ 150kg
④ 200kg

> 나이트로화합물(5류)의 지정수량 : 100kg

23 삼황화인의 연소생성물을 옳게 나열한 것은?

① P_2O_5, SO_2
② P_2O_5, H_2S
③ H_3PO_4, SO_2
④ H_3PO_4, H_2S

> 삼황화인은 연소 시 오산화인과 이산화황을 생성한다.

24 다음 ( ) 안에 적합한 숫자를 차례대로 나열한 것은?

> 자연발화성 물질 중 알킬알루미늄등은 운반용기의 내용적의 ( )% 이하의 수납율로 수납하되, 50℃의 온도에서 ( )% 이상의 공간용적을 유지하도록 할 것

① 90, 5
② 90, 10
③ 95, 5
④ 95, 10

> 자연발화성 물질 중 알킬알루미늄등은 운반용기의 내용적의 90% 이하의 수납율로 수납하되, 50℃의 온도에서 5% 이상의 공간용적을 유지하도록 할 것

25 정전기로 인한 재해 방지대책 중 틀린 것은? 빈출

① 접지를 한다.
② 실내를 건조하게 유지한다.
③ 공기 중의 상대습도를 70% 이상으로 유지한다.
④ 공기를 이온화한다.

> 정전기 방지대책
> • 접지에 의한 방법
> • 공기를 이온화함
> • 공기 중의 상대습도를 70% 이상으로 함
> • 위험물이 느린 유속으로 흐를 때

정답 19 ① 20 ③ 21 ③ 22 ② 23 ① 24 ① 25 ②

26 그림의 시험장치는 제 몇 류 위험물의 위험성 판정을 위한 것인가? (단, 고체물질의 위험성 판정이다.)

① 제1류
② 제2류
③ 제3류
④ 제4류

> 그림은 고체류 인화성 시험장치로, 인화성 시험장치를 이용하는 것은 제2류 위험물이다.

27 다이에틸에터의 보관 · 취급에 관한 설명으로 틀린 것은?

① 용기는 밀봉하여 보관한다.
② 환기가 잘 되는 곳에 보관한다.
③ 정전기가 발생하지 않도록 취급한다.
④ 저장용기에 빈 공간이 없게 가득 채워 보관한다.

> 위험물 간 마찰로 인한 폭발을 막기 위해 공간용적을 2% 정도 둔다.

28 위험물안전관리법령상 품명이 "유기과산화물"인 것으로만 나열된 것은?

① 과산화벤조일, 과산화메틸에틸케톤
② 과산화벤조일, 과산화마그네슘
③ 과산화마그네슘, 과산화메틸에틸케톤
④ 과산화초산, 과산화수소

> 유기과산화물 종류
> 과산화초산, 과산화메틸에틸케톤, 과산화벤조일 등

29 알칼알루미늄등 또는 아세트알데하이드등을 취급하는 제조소의 특례기준으로서 옳은 것은?

① 알킬알루미늄등을 취급하는 설비에는 불활성 기체 또는 수증기를 봉입하는 장치를 설치한다.
② 알킬알루미늄등을 취급하는 설비는 은·수은·동·마그네슘을 성분으로 하는 것으로 만들지 않는다.
③ 아세트알데하이드등을 취급하는 탱크에는 냉각장치 또는 보냉장치 및 불활성 기체 봉입장치를 설치한다.
④ 아세트알데하이드등을 취급하는 설비의 주위에는 누설범위를 국한하기 위한 설비와 누설되었을 때 안정한 장소에 설치된 저장실에 유입시킬 수 있는 설비를 갖춘다.

> 아세트알데하이드등을 취급하는 제조소의 특례
> • 아세트알데하이드등을 취급하는 설비는 은, 수은, 동, 마그네슘 또는 이들을 성분으로 하는 합금으로 만들지 아니할 것
> • 아세트알데하이드등을 취급하는 설비에는 연소성 혼합기체의 생성에 의한 폭발을 방지하기 위한 불활성 기체 또는 수증기를 봉입하는 장치를 갖출 것
> • 아세트알데하이드등을 취급하는 탱크에는 냉각장치 또는 저온을 유지하기 위한 장치 및 연소성 혼합기체의 생성에 의한 폭발을 방지하기 위한 불활성 기체를 봉입하는 장치를 갖출 것. 다만, 지하에 있는 탱크가 아세트알데하이드등의 온도를 저온으로 유지할 수 있는 구조인 경우에는 냉각장치 및 보냉장치를 갖추지 아니할 수 있다.

정답 26 ② 27 ④ 28 ① 29 ③

30 과산화나트륨에 대한 설명 중 틀린 것은?

① 순수한 것은 백색이다.
② 상온에서 물과 반응하여 수소가스를 발생한다.
③ 화재 발생 시 주수소화는 위험할 수 있다.
④ CO 및 CO_2 제거제를 제조할 때 사용된다.

> 과산화나트륨은 물과 반응하여 수산화나트륨과 산소를 발생한다.

31 제4류 위험물에 속하지 않는 것은?

① 아세톤
② 실린더유
③ 트라이나이트로톨루엔
④ 나이트로벤젠

> 트라이나이트로톨루엔은 제5류 위험물이다.

32 다음 중 황 분말과 혼합했을 때 가열 또는 충격에 의해서 폭발 위험이 가장 높은 것은?

① 질산암모늄
② 물
③ 이산화탄소
④ 마른모래

> 질산암모늄은 강력한 산화제로서, 가연성 물질(예: 황)과 혼합될 경우 가열 또는 충격에 의해 폭발할 위험이 매우 크다. 특히 황과 같은 물질은 질산암모늄과 반응하여 큰 폭발을 일으킬 수 있다.

33 다음은 위험물안전관리법령에서 정한 내용이다. ( ) 안에 알맞은 용어는?

> ( )라 함은 고형알코올 그 밖에 1기압에서 인화점이 섭씨 40도 미만인 고체를 의미한다.

① 가연성 고체
② 산화성 고체
③ 인화성 고체
④ 자기반응성 고체

> 인화성 고체라 함은 고형알코올 그 밖에 1기압에서 인화점이 섭씨 40도 미만인 고체를 말한다.

34 그림의 원통형 종으로 설치된 탱크에서 공간용적을 내용적의 10%라고 하면 탱크용량(허가용량)은 약 얼마인가? ★빈출

① 113.04
② 124.34
③ 129.06
④ 138.16

> 위험물저장탱크의 내용적
> • $V = \pi r^2 l(1 - 공간용적)$
> $= 3.14 \times 2^2 \times 10 \times (1 - 0.1) = 113.04 m^3$

35 유별을 달리하는 위험물을 운반할 때 혼재할 수 있는 것은? (단, 지정수량의 1/10을 넘는 양을 운반하는 경우이다.) ★빈출

① 제1류와 제3류
② 제2류와 제4류
③ 제3류와 제5류
④ 제4류와 제6류

> 유별을 달리하는 위험물 혼재기준

1	6		혼재 가능
2	5	4	혼재 가능
3	4		혼재 가능

36 다음 중 물과의 반응성이 가장 낮은 것은?

① 인화알루미늄
② 트라이에틸알루미늄
③ 오황화인
④ 황린

> • 인화알루미늄, 트라이에틸알루미늄, 오황화인은 물과 반응 시 가연성 가스가 발생한다.
> • 황린은 물과 반응성이 낮다.

정답 30 ② 31 ③ 32 ① 33 ③ 34 ① 35 ② 36 ④

37 다음 위험물 중 비중이 물보다 큰 것은?

① 다이에틸에터
② 아세트알데하이드
③ 산화프로필렌
④ 이황화탄소

이황화탄소의 비중 : 1.26

38 위험물제조소 및 일반취급소에 설치하는 자동화재탐지설비의 설치기준으로 틀린 것은?

① 하나의 경계구역은 600m² 이하로 하고, 한 변의 길이는 50m 이하로 한다.
② 주요한 출입구에서 내부 전체를 볼 수 있는 경우 경계구역은 1,000m² 이하로 할 수 있다.
③ 광전식분리형 감지기를 설치한 경우에는 하나의 경계구역을 1,000m² 이하로 할 수 있다.
④ 비상전원을 설치하여야 한다.

하나의 경계구역의 면적은 600m² 이하로 하고 그 한 변의 길이는 50m(광전식분리형 감지기를 설치할 경우에는 100m) 이하로 할 것. 다만, 당해 건축물 그 밖의 공작물의 주요한 출입구에서 그 내부의 전체를 볼 수 있는 경우에 있어서는 그 면적을 1,000m² 이하로 할 수 있다.

39 위험물안전관리자를 해임한 때에는 해임한 날부터 며칠 이내에 위험물안전관리자를 다시 선임하여야 하는가?

① 7
② 14
③ 30
④ 60

위험물안전관리자를 해임하거나 위험물안전관리자가 퇴직한 때에는 해임하거나 퇴직한 날부터 30일 이내에 다시 위험물안전관리자를 선임하여야 한다.

40 무기과산화물의 일반적인 성질에 대한 설명으로 틀린 것은?

① 과산화수소의 수소가 금속으로 치환된 화합물이다.
② 산화력이 강해 스스로 쉽게 산화한다.
③ 가열하면 분해되어 산소를 발생한다.
④ 물과의 반응성이 크다.

무기과산화물은 산화성 고체이므로 남을 산화시키고 자신은 환원되는 성질이 있다.

41 다음은 위험물안전관리법령상 이동탱크저장소에 설치하는 게시판의 설치기준에 관한 내용이다. 다음 ( ) 안에 해당하지 않는 것은?

이동탱크의 뒷면 중 보기 쉬운 곳에는 해당 탱크에 저장 또는 취급하는 위험물의 ( ), ( ), ( ) 및 적재중량을 게시한 게시판을 설치하여야 한다.

① 최대수량
② 품명
③ 유별
④ 관리자명

이동탱크의 뒷면 중 보기 쉬운 곳에는 해당 탱크에 저장 또는 취급하는 위험물의 위험성을 알리는 표지(유별, 품명, 최대수량 및 적재중량)을 게시한 게시판을 설치하여야 한다.

42 금속나트륨, 금속칼륨 등을 보호액 속에 저장하는 이유를 가장 옳게 설명한 것은? ⭐빈출

① 온도를 낮추기 위하여
② 승화하는 것을 막기 위하여
③ 공기와의 접촉을 막기 위하여
④ 운반 시 충격을 적게 하기 위하여

금속나트륨과 금속칼륨은 공기와의 접촉을 막기 위해 석유, 등유 등의 산소가 함유되지 않은 보호액(석유류)에 저장한다.

정답 37 ④ 38 ③ 39 ③ 40 ② 41 ④ 42 ③

43 경유에 대한 설명으로 틀린 것은?

① 물에 녹지 않는다.
② 비중은 1 이하이다.
③ 발화점이 인화점보다 높다.
④ 인화점은 상온 이하이다.

경유의 인화점은 50 ~70도이다.

44 위험물안전관리법령상 염소화아이소사이아누르산은 제 몇 류 위험물인가?

① 제1류   ② 제2류
③ 제5류   ④ 제6류

염소화아이소사이아누르산은 제1류 위험물이다.

45 위험물의 지정수량이 잘못된 것은?

① $(C_2H_5)_3Al$: 10kg   ② Ca : 50kg
③ LiH : 300kg   ④ Al_4C_3 : 500kg

탄화알루미늄(Al_4C_3)의 지정수량 : 300kg

46 위험물안전관리법령상 에틸렌글리콜과 혼재하여 운반할 수 없는 위험물은? (단, 지정수량의 10배일 경우이다.) ✈빈출

① 황
② 과망가니즈산나트륨
③ 알루미늄분
④ 트라이나이트로톨루엔

유별을 달리하는 위험물 혼재기준			
1	6		혼재 가능
2	5	4	혼재 가능
3	4		혼재 가능

에틸렌글리콜(4류)과 과망가니즈산나트륨(1류)은 혼재 불가하다.

47 다음 아세톤의 완전연소 반응식에서 ( )에 알맞은 계수를 차례대로 옳게 나타낸 것은?

$$CH_3COCH_3 + (\ )O_2 \rightarrow (\ )CO_2 + 3H_2O$$

① 3, 4   ② 4, 3
③ 6, 3   ④ 3, 6

아세톤의 완전연소 반응식
• $CH_3COCH_3 + 4O_2 \rightarrow 3CO_2 + 3H_2O$
• 아세톤은 산소와 반응하여 이산화탄소와 물을 생성한다.

48 위험물탱크의 용량은 탱크의 내용적에서 공간용적을 뺀 용적으로 한다. 이 경우 소화약제 방출구를 탱크 안의 윗부분에 설치하는 탱크의 공간용적은 당해 소화설비의 소화약제 방출구 아래의 어느 범위의 면으로부터 윗부분의 용적으로 하는가?

① 0.1미터 이상 0.5미터 미만 사이의 면
② 0.3미터 이상 1미터 미만 사이의 면
③ 0.5미터 이상 1미터 미만 사이의 면
④ 0.5미터 이상 1.5미터 미만 사이의 면

소화약제 방출구를 탱크 안의 윗부분에 설치하는 탱크의 공간용적은 당해 소화설비의 소화약제 방출구 아래 0.3미터 이상 1미터 미만 사이의 면으로부터 윗부분의 용적으로 한다.

49 다음 중 위험등급 I의 위험물이 아닌 것은?

① 무기과산화물   ② 적린
③ 나트륨   ④ 과산화수소

적린의 위험등급은 II등급이다.

50 질산암모늄의 일반적 성질에 대한 설명 중 옳은 것은?

① 불안정한 물질이고 물에 녹을 때는 흡열반응을 나타낸다.
② 물에 대한 용해도 값이 매우 작아 물에 거의 불용이다.
③ 가열 시 분해하여 수소를 발생한다.
④ 과일향의 냄새가 나는 적갈색 비결정체이다.

質산암모늄(1류)의 특징
• 불안정한 물질이고 물에 녹을 때는 흡열반응을 나타낸다.
• 물에 잘 녹는다.
• 가열 시 분해하여 산소를 발생한다.
• 무색무취의 결정이다.

51 황린의 위험성에 대한 설명으로 틀린 것은?

① 공기 중에서 자연발화의 위험성이 있다.
② 연소 시 발생되는 증기는 유독하다.
③ 화학적 활성이 커서 CO_2, H_2O와 격렬히 반응한다.
④ 강알칼리 용액과 반응하여 독성 가스를 발생한다.

황린은 자연발화의 위험성이 크므로 물 속에 저장한다(물과 반응하지 않는다).

52 나이트로셀룰로오스 5kg과 트라이나이트로페놀을 함께 저장하려고 한다. 이때 지정수량 1배로 저장하려면 트라이나이트로페놀을 몇 kg 저장하여야 하는가?

① 5
② 10
③ 50
④ 100

• 각 위험물의 지정수량
 – 나이트로셀룰로오스(5류) : 10kg
 – 트라이나이트로페놀(5류) : 100kg
• 저장하는 트라이나이트로페놀의 용량 = a
• 지정수량 합 = $(\frac{5}{10}) + (\frac{a}{100}) = 1$
∴ a = 50kg

53 다음 중 제2석유류에 해당하는 것은? (단, 1기압 상태이다.)

① 착화점이 21℃ 미만인 것
② 착화점이 30℃ 이상 50℃ 미만인 것
③ 인화점이 21℃ 이상 70℃ 미만인 것
④ 인화점이 21℃ 이상 90℃ 미만인 것

제2석유류란 등유, 경유 그 밖에 1기압에서 인화점이 섭씨 21도 이상 70도 미만인 것을 말한다.

54 제2류 위험물의 화재 발생 시 소화방법 또는 주의할 점으로 적합하지 않은 것은?

① 마그네슘의 경우 이산화탄소를 이용한 질식소화는 위험하다.
② 황은 비산에 주의하여 분무주수로 냉각소화한다.
③ 적린의 경우 물을 이용한 냉각소화는 위험하다.
④ 인화성 고체는 이산화탄소로 질식소화할 수 있다.

적린은 주로 주수소화한다.

55 과염소산의 성질로 옳지 않은 것은?

① 산화성 액체이다.
② 무기화합물이며 물보다 무겁다.
③ 불연성 물질이다.
④ 증기는 공기보다 가볍다.

과염소산의 증기비중은 3.5로 공기보다 무겁다.

정답   50 ①   51 ③   52 ③   53 ③   54 ③   55 ④

56 위험물안전관리법령상 판매취급소에 관한 설명으로 옳지 않은 것은?

① 건축물의 1층에 설치하여야 한다.
② 위험물을 저장하는 탱크시설을 갖추어야 한다.
③ 건축물의 다른 부분과는 내화구조의 격벽으로 구획하여야 한다.
④ 제조소와 달리 안전거리 또는 보유공지에 관한 규제를 받지 않는다.

> 탱크시설은 갖추지 않아도 된다.

57 $C_6H_2CH_3(NO_2)_3$을 녹이는 용제가 아닌 것은?

① 물   ② 벤젠
③ 에테르   ④ 아세톤

> 트라이나이트로톨루엔은 물에 녹지 않는다.

58 다음 중 위험물 운반용기의 외부에 "제4류"와 "위험등급 II"의 표시만 보이고 품명이 잘 보이지 않을 때 예상할 수 있는 수납 위험물의 품명은?

① 제1석유류   ② 제2석유류
③ 제3석유류   ④ 제4석유류

> "제1석유류"라 함은 아세톤, 휘발유 그 밖에 1기압에서 인화점이 섭씨 21도 미만인 것을 말하며 위험등급 II등급이다.

59 질산의 저장 및 취급법이 아닌 것은?

① 직사광선을 차단한다.
② 분해방지를 위해 요산, 인산 등을 가한다.
③ 유기물과 접촉을 피한다.
④ 갈색병에 넣어 보관한다.

> 질산은 햇빛에 의해 분해되어 이산화질소를 발생하기 때문에 갈색병에 넣어 보관한다.

60 위험물 관련 신고 및 선임에 관한 사항으로 옳지 않은 것은?

① 제조소의 위치·구조 변경 없이 위험물의 품명 변경시는 변경한 날로부터 7일 이내에 신고하여야 한다.
② 제조소 설치자의 지위를 승계한자는 승계한 날로부터 30일 이내에 신고하여야 한다.
③ 위험물안전관리자를 선임한 경우에는 선임한 날부터 14일 이내에 신고하여야 한다.
④ 위험물안전관리자가 퇴직한 경우는 퇴직일부터 30일 이내에 새로운 안전관리자를 선임하여야 한다.

> 제조소등의 위치, 구조 또는 설비의 변경 없이 당해 제조소등에서 저장하거나 취급하는 위험물의 품명, 수량 또는 지정수량의 배수를 변경하고자 하는 자는 변경하고자 하는 날의 1일 전까지 시·도지사에게 신고하여야 한다.

정답   56 ②   57 ①   58 ①   59 ②   60 ①

01 다음 중 알칼리금속의 과산화물 저장창고에 화재가 발생하였을 때 가장 적합한 소화약제는?

① 마른모래
② 물
③ 이산화탄소
④ 할론 1211

> 알칼리금속과산화물은 주수소화를 금지하고 마른모래·탄산수소염류 분말·팽창질석·팽창진주암 등으로 질식소화한다.

02 위험물제조소등에 옥외소화전을 6개 설치할 경우 수원의 수량은 몇 m^3 이상이어야 하는가?

① 48m^3 이상
② 54m^3 이상
③ 60m^3 이상
④ 81m^3 이상

> 소화설비 설치기준
> • 옥내소화전 = 설치개수(최대 5개) × 7.8m^3
> • 옥외소화전 = 설치개수(최대 4개) × 13.5m^3
> ∴ 수원의 수량 = 4 × 13.5 = 54m^3

03 위험물안전관리법령에 따른 대형수동식소화기의 설치기준에서 방호대상물의 각 부분으로부터 하나의 대형수동식소화기까지의 보행거리는 몇 m 이하가 되도록 설치하여야 하는가? (단, 옥내소화전설비, 옥외소화전설비, 스프링클러설비 또는 물분무등소화설비와 함께 설치하는 경우는 제외한다.)

① 10
② 15
③ 20
④ 30

> 대형수동식소화기에 있어서는 30m 이내가 되도록 배치한다.

04 어떤 소화기에 "ABC"라고 표시되어 있다. 다음 중 사용할 수 없는 화재는? ✈빈출

① 금속화재
② 유류화재
③ 전기화재
④ 일반화재

화재의 종류		
급수	화재	색상
A	일반	백색
B	유류	황색
C	전기	청색
D	금속	무색

05 화재 시 이산화탄소를 방출하여 산소의 농도를 13vol%로 낮추어 소화를 하려면 공기 중의 이산화탄소는 몇 vol%가 되어야 하는가? ✈빈출

① 28.1
② 38.1
③ 42.86
④ 48.36

> 이산화탄소 소화농도
> $$\frac{21 - O_2}{21} \times 100$$
> $$= \frac{21 - 13}{21} \times 100 = 38.1vol\%$$

06 소화설비의 주된 소화효과를 옳게 설명한 것은?

① 옥내·옥외소화전설비 : 질식소화
② 스프링클러설비, 물분무 소화설비 : 억제소화
③ 포, 분말 소화설비 : 억제소화
④ 할로겐화합물 소화설비 : 억제소화

> 할로겐화합물 소화설비는 억제소화의 효과를 가진다.

정답   01 ①   02 ②   03 ④   04 ①   05 ②   06 ④

07 다음 위험물의 화재 시 물에 의한 소화방법이 가장 부적합한 것은? ✈빈출

① 황린   ② 적린
③ 마그네슘분   ④ 황분

> 마그네슘은 물과 반응하면 수소기체와 수산화마그네슘을 생성하므로 물에 의한 소화가 금지된다.

08 화재 시 이산화탄소를 배출하여 산소의 농도를 12.5%로 낮추어 소화하려면 공기 중의 이산화탄소의 농도는 약 몇 vol%로 해야 하는가? ✈빈출

① 30.7   ② 32.8
③ 40.5   ④ 68.0

> 이산화탄소 소화농도
>
> $$\frac{21 - O_2}{21} \times 100$$
>
> $$= \frac{21 - 12.5}{21} \times 100 = 40.5\text{vol\%}$$

09 위험물안전관리법령상 고정주유설비는 주유설비의 중심선을 기점으로 하여 도로경계선까지 몇 m 이상의 거리를 유지해야 하는가?

① 1   ② 3
③ 4   ④ 6

> 4m 이상의 거리를 유지해야 한다.

10 위험물 옥외탱크저장소에서 지정수량 3,000배 초과의 위험물을 저장할 경우 보유공지의 너비는 몇 m 이상으로 하여야 하는가? (단, 제4류 위험물과 제6류 위험물이 아닌 경우)

① 0.5   ② 2.5
③ 10   ④ 15

옥외저장탱크의 보유공지	
저장 또는 취급하는 위험물의 최대수량	공지의 너비
지정수량의 500배 이하	3m 이상
지정수량의 500배 초과 1,000배 이하	5m 이상
지정수량의 1,000배 초과 2,000배 이하	9m 이상
지정수량의 2,000배 초과 3,000배 이하	12m 이상
지정수량의 3,000배 초과 4,000배 이하	15m 이상

11 다음 중 화재 발생 시 물을 이용한 소화가 효과적인 물질은?

① 트라이메틸알루미늄   ② 황린
③ 나트륨   ④ 인화칼슘

> 황린은 물 또는 강화액 포 소화제가 효과적이다.

12 금속은 덩어리 상태보다 분말 상태일 때 연소위험성이 증가하기 때문에 금속분을 제2류 위험물로 분류하고 있다. 연소위험성이 증가하는 이유로 잘못된 것은?

① 비표면적이 증가하여 반응면적이 증대되기 때문에
② 비열이 증가하여 열의 축적이 용이하기 때문에
③ 복사열의 흡수율이 증가하여 열의 축적이 용이하기 때문에
④ 대전성이 증가하여 정전기가 발생되기 쉽기 때문에

> 열전도율이 낮아 열의 축적이 용이하기 때문이다.

13 위험물안전관리법령상 스프링클러설비가 제4류 위험물에 대하여 적응성을 갖는 경우는?

① 연기가 충만할 우려가 없는 경우
② 방사밀도(살수밀도)가 일정 수치 이상인 경우
③ 지하층의 경우
④ 수용성 위험물인 경우

> 스프링클러설비는 방사밀도(살수밀도)가 일정 수치 이상인 경우 제4류 위험물에 대하여 적응성을 갖는다.

정답   07 ③   08 ③   09 ③   10 ④   11 ②   12 ②   13 ②

14 영하 20℃ 이하의 겨울철이나 한랭지에서 사용하기에 적합한 소화기는?

① 분무주수 소화기
② 봉상주수 소화기
③ 물주수 소화기
④ 강화액 소화기

> 강화액 소화기는 물에 중탄산칼륨염, 방청제 및 안정제 등을 첨가하여 −20℃에서도 응고되지 않도록 하며 물의 침투능력을 배가시킨 소화약제이다.

15 위험물안전관리법령상 압력수조를 이용한 옥내소화전설비의 가압송수장치에서 압력수조의 최소압력(MPa)은? (단, 소방용 호스의 마찰손실 수두압은 3MPa, 배관의 마찰 손실 수두압은 1MPa, 낙차의 환산수두압은 1.35MPa이다.)

① 5.35
② 5.70
③ 6.00
④ 6.35

> 가압송수장치에서 압력수조의 최소압력 구하는 방법(단위 : MPa)
> 최소압력 = 소방용 호스의 마찰손실 수두압 + 배관의 마찰손실 수두압 + 낙차의 환산 수두압 + 0.35
> = 3 + 1 + 1.35 + 0.35 = 5.70

16 위험물제조소등의 화재예방 등 위험물안전관리에 관한 직무를 수행하는 위험물안전관리자의 선임 시기는?

① 위험물제조소등의 완공검사를 받은 후 즉시
② 위험물제조소등의 허가 신청 전
③ 위험물제조소등의 설치를 마치고 완공검사를 신청하기 전
④ 위험물제조소등에서 위험물을 저장 또는 취급하기 전

> 위험물제조소등의 화재예방 등 위험물안전관리에 관한 직무를 수행하는 위험물안전관리자의 선임 시기는 위험물제조소등에서 위험물을 저장 또는 취급하기 전이다.

17 소화효과 중 부촉매효과를 기대할 수 있는 소화약제는?

① 물 소화약제
② 포 소화약제
③ 분말 소화약제
④ 이산화탄소 소화약제

> 분말 소화약제가 화재를 소화할 수 있는 작용에는 부촉매효과에 의한 것이다.

18 다음 중 연소속도와 의미가 가장 가까운 것은?

① 기화열의 발생속도
② 환원속도
③ 착화속도
④ 산화속도

> 연소속도는 연소 시 화염이 미연소 혼합가스에 대해 수직으로 이동하는 속도를 의미하는데 이는 산화속도와 의미가 비슷함을 알 수 있다.

19 고온체의 색깔이 휘적색일 경우의 온도는 약 몇 ℃ 정도인가?

① 500
② 950
③ 1,300
④ 1,500

> 고온체 색깔의 온도순 나열
> • 담암적색 < 암적색 < 적색 < 황색 < 휘적색 < 황적색 < 백적색 < 휘백색
> • 휘적색일 경우의 온도는 약 950℃이다.

정답

14 ④ 15 ② 16 ④ 17 ③ 18 ④ 19 ②

20 위험물제조소 내의 위험물을 취급하는 배관에 대한 설명으로 옳지 않은 것은?

① 배관을 지하에 매설하는 경우 접합부분에는 점검구를 설치하여야 한다.

② 배관을 지하에 매설하는 경우 금속성 배관의 외면에는 부식 방지 조치를 하여야 한다.

③ 최대상용압력의 1.5배 이상의 압력으로 수압시험을 실시하여 이상이 없어야 한다.

④ 지상에 설치하는 경우에는 안전한 구조의 지지물로 지면에 밀착하여 설치하여야 한다.

> 지상에 설치하는 경우 안전한 구조의 지지물로 지면에 닿지 않게 설치하여야 한다.

21 다음 ( ) 안에 알맞은 수치를 차례대로 옳게 나열한 것은?

> 위험물암반탱크의 공간용적은 당해 탱크 내에 용출하는 ( )일간의 지하수 양에 상당하는 용적과 당해 탱크 내용적의 100분의 ( )의 용적 중에서 보다 큰 용적을 공간용적으로 한다.

① 1, 1   ② 7, 1
③ 1, 5   ④ 7, 5

> 위험물암반탱크의 공간용적은 당해 탱크 내에 용출하는 7일간의 지하수 양에 상당하는 용적과 당해 탱크 내용적의 100분의 1의 용적 중에서 보다 큰 용적을 공간용적으로 한다.

22 위험물안전관리법령상 다음 ( ) 안에 알맞은 수치는?

> 옥내저장소에서 위험물을 저장하는 경우 기계에 의하여 하역하는 구조로 된 용기만을 겹쳐 쌓는 경우에 있어서는 ( )m 높이를 초과하여 용기를 겹쳐 쌓지 아니하여야 한다.

① 2   ② 4
③ 6   ④ 8

> 옥내저장소에서 위험물을 저장하는 경우 기계에 의하여 하역하는 구조로 된 용기만을 겹쳐 쌓는 경우에 있어서는 6m 높이를 초과하여 용기를 겹쳐 쌓지 아니하여야 한다.

23 위험물안전관리법령상 옥내저장소 저장창고의 바닥은 물이 스며 나오거나 스며들지 아니하는 구조로 하여야 한다. 다음 중 반드시 이 구조로 하지 않아도 되는 위험물은?

① 제1류 위험물 중 알칼리금속의 과산화물

② 제4류 위험물

③ 제5류 위험물

④ 제2류 위험물 중 철분

> 제1류 위험물 중 알칼리금속의 과산화물 또는 이를 함유하는 것, 제2류 위험물 중 철분·금속분·마그네슘 또는 이 중 어느 하나 이상을 함유하는 것, 제3류 위험물 중 금수성 물질 또는 제4류 위험물의 저장창고의 바닥은 물이 스며 나오거나 스며들지 아니하는 구조로 하여야 한다.

24 다음 중 제1류 위험물에 속하지 않는 것은?

① 질산구아니딘

② 과아이오딘산

③ 납 또는 아이오딘의 산화물

④ 염소화아이소사이아누르산

> 질산구아니딘은 제5류 위험물이다.

25 지정수량 20배 이상의 제1류 위험물을 저장하는 옥내저장소에서 내화구조로 하지 않아도 되는 것은? (단, 원칙적인 경우에 한한다.)

① 바닥   ② 보
③ 기둥   ④ 벽

> • 벽, 기둥 및 바닥 : 내화구조
> • 보, 서까래 : 불연재료

정답   20 ④   21 ②   22 ③   23 ③   24 ①   25 ②

26 주유취급소에서 자동차 등에 위험물을 주유할 때에 자동차 등의 원동기를 정지시켜야 하는 위험물의 인화점 기준은? (단, 연료탱크에 위험물을 주유하는 동안 방출되는 가연성 증기를 회수하는 설비가 부착되지 않은 고정주유설비에 의하여 주유하는 경우이다.)

① 20℃ 미만 　　　　② 30℃ 미만
③ 40℃ 미만 　　　　④ 50℃ 미만

> 주유취급소에서 자동차 등에 위험물을 주유할 때 자동차 등의 원동기를 정지시켜야 하는 위험물의 인화점 기준은 40℃ 미만이다.

27 저장하는 위험물의 최대수량이 지정수량의 15배일 경우, 건축물의 벽·기둥 및 바닥이 내화구조로 된 위험물옥내저장소의 보유공지는 몇 m 이상이어야 하는가?

① 0.5 　　　　　　② 1
③ 2 　　　　　　　④ 3

옥내저장소 보유공지

위험물의 최대수량	공지의 너비	
	벽, 기둥 및 바닥 : 내화구조	그 밖의 건축물
지정수량의 5배 이하	−	0.5m 이상
지정수량의 5배 초과 10배 이하	1m 이상	1.5m 이상
지정수량의 10배 초과 20배 이하	2m 이상	3m 이상
지정수량의 20배 초과 50배 이하	3m 이상	5m 이상
지정수량의 50배 초과 200배 이하	5m 이상	10m 이상
지정수량의 200배 초과	10m 이상	15m 이상

28 위험물안전관리법령에 따른 이동저장탱크의 구조의 기준에 대한 설명으로 틀린 것은?

① 압력탱크는 최대상용압력의 1.5배의 압력으로 10분간 수압시험을 하여 새지 말 것
② 상용압력이 20kPa를 초과하는 탱크의 안전장치는 상용압력의 1.5배 이하의 압력에서 작동할 것
③ 방파판은 두께 1.6mm 이상의 강철판 또는 이와 동등 이상의 강도, 내식성 및 내열성을 갖는 재질로 할 것
④ 탱크는 두께 3.2mm 이상의 강철판 또는 이와 동등 이상의 강도, 내식성 및 내열성을 갖는 재질로 할 것

> 상용압력이 20kPa를 초과하는 탱크의 안전장치는 상용압력의 1.1배 이하의 압력에서 작동해야 한다.

29 인화칼슘이 물과 반응하였을 때 발생하는 가스에 대한 설명으로 옳은 것은? 🛫빈출

① 폭발성인 수소를 발생한다.
② 유독한 인화수소를 발생한다.
③ 조연성인 산소를 발생한다.
④ 가연성인 아세틸렌을 발생한다.

> • $Ca_3P_2 + 6H_2O \rightarrow 3Ca(OH)_2 + 2PH_3$
> • 인화칼슘은 물과 반응하여 수산화칼슘과 포스핀가스(인화수소)를 발생한다.

30 위험물안전관리법령에 따른 위험물의 적재 방법에 대한 설명으로 옳지 않은 것은?

① 원칙적으로는 운반용기를 밀봉하여 수납할 것
② 고체위험물은 용기 내용적의 95% 이하의 수납율로 수납할 것
③ 액체위험물은 용기 내용적의 99% 이상의 수납율로 수납할 것
④ 하나의 외장용기에는 다른 종류의 위험물을 수납하지 않을 것

> 액체위험물은 용기 내용적의 98% 이하의 수납율로 수납한다.

정답 　　　　26 ③ 　27 ③ 　28 ② 　29 ② 　30 ③

31 다음 위험물 중 발화점이 가장 낮은 것은?

① 피크린산
② 트라이나이트로톨루엔
③ 과산화벤조일
④ 나이트로셀룰로오스

- 피크린산 : 약 300℃
- 트라이나이트로톨루엔 : 약 470℃
- 과산화벤조일 : 약 80℃
- 나이트로셀룰로오스 : 약 160~170℃

32 이황화탄소기체는 수소기체보다 20℃, 1기압에서 몇 배 더 무거운가?

① 11
② 22
③ 32
④ 38

- 증기비중 : 특정 기체나 증기의 밀도를 기준이 되는 공기의 밀도와 비교한 값
- 증기비중 식 = $\dfrac{\text{분자량}}{29(\text{공기평균분자량})}$
- CS_2 분자량 = $12 + (32 \times 2) = 76\text{g/mol}$
- CS_2 증기비중 = $\dfrac{\text{분자량}}{29(\text{공기평균분자량})} = \dfrac{76}{29}$
- H_2 분자량 = 2g/mol
- H_2 증기비중 = $\dfrac{\text{분자량}}{29(\text{공기평균분자량})} = \dfrac{2}{29}$
- $\dfrac{76}{29} \div \dfrac{2}{29} = 38$

따라서, 이황화탄소기체는 수소기체보다 38배 무겁다.

33 등유의 성질에 대한 설명 중 틀린 것은?

① 증기는 공기보다 가볍다.
② 인화점이 상온보다 높다.
③ 전기에 대해 불량도체이다.
④ 물보다 가볍다.

등유의 증기비중은 약 4.5로 공기(공기의 증기비중은 1)보다 무겁다. 휘발성 물질에서 발생하는 증기는 가연성이며 대부분 공기보다 무거워 낮은 곳에 체류하는 특징이 있다.

34 건축물 외벽이 내화구조이며, 연면적 300m²인 위험물옥내저장소의 건축물에 대하여 소화설비의 소요단위는 최소한 몇 단위 이상이 되어야 하는가?

① 1단위
② 2단위
③ 3단위
④ 4단위

위험물의 소요단위(연면적)

구분	외벽 내화구조	외벽 비내화구조
제조소 취급소	100m²	50m²
저장소	150m²	75m²

- 외벽이 내화구조인 저장소의 1소요단위 : 150m²
- $\dfrac{300}{150} = 2$
- 소요단위는 2단위 이상이 되어야 한다.

35 칼륨의 화재 시 사용 가능한 소화제는?

① 물
② 마른모래
③ 이산화탄소
④ 사염화탄소

칼륨의 소화방법은 마른모래, 건조된 소금, 탄산수소염류 분말에 의한 질식소화를 한다.

36 유기과산화물의 화재예방상 주의사항으로 틀린 것은?

① 직사광선을 피하고 냉암소에 저장한다.
② 불꽃, 불티 등의 화기 및 열원으로부터 멀리 한다.
③ 산화제와 접촉하지 않도록 주의한다.
④ 대형화재 시 분말 소화기를 이용한 질식소화가 유효하다.

유기과산화물은 주로 주수소화한다.

정답

31 ③   32 ④   33 ①   34 ②   35 ②   36 ④

37 종류(유별)가 다른 위험물을 동일한 옥내저장소의 동일한 실에 같이 저장하는 경우에 대한 설명으로 틀린 것은? (단, 유별로 정리하여 1m 이상의 간격을 두는 경우에 한한다.) ⭐빈출

① 제1류 위험물과 황린은 동일한 옥내저장소에 저장할 수 있다.
② 제1류 위험물과 제6류 위험물은 동일한 옥내저장소에 저장할 수 있다.
③ 제1류 위험물 중 알칼리금속의 과산화물과 제5류 위험물은 동일한 옥내저장소에 저장할 수 있다.
④ 제2류 위험물 중 인화성 고체와 제4류 위험물은 동일한 옥내저장소에 저장할 수 있다.

> 유별을 달리하더라도 1m 이상 간격을 둘 때 저장 가능한 경우
> • 제1류 위험물(알칼리금속의 과산화물 또는 이를 함유한 것을 제외한다)과 제5류 위험물을 저장하는 경우
> • 제1류 위험물과 제6류 위험물을 저장하는 경우
> • 제1류 위험물과 제3류 위험물 중 자연발화성 물질(황린 또는 이를 함유한 것에 한한다)을 저장하는 경우
> • 제2류 위험물 중 인화성 고체와 제4류 위험물을 저장하는 경우
> • 제3류 위험물 중 알킬알루미늄등과 제4류 위험물(알킬알루미늄 또는 알킬리튬을 함유한 것에 한한다)을 저장하는 경우
> • 제4류 위험물 중 유기과산화물 또는 이를 함유하는 것과 제5류 위험물 중 유기과산화물 또는 이를 함유한 것을 저장하는 경우

38 $C_6H_2(NO_2)_3OH$과 $C_2H_5NO_3$의 공통성질에 해당하는 것은?

① 나이트로화합물이다.
② 인화성과 폭발성이 있는 액체이다.
③ 무색의 방향성 액체이다.
④ 에탄올에 녹는다.

> 트라이나이트로페놀($C_6H_2(NO_2)_3OH$, 제5류 위험물)과 질산에틸($C_2H_5NO_3$, 제5류 위험물)의 공통성질은 에탄올에 녹는다는 것이다.

39 위험물안전관리법령상 예방규정을 정하여야 하는 제조소등에 해당하지 않는 것은?

① 지정수량 10배 이상의 위험물을 취급하는 제조소
② 이송취급소
③ 암반탱크저장소
④ 지정수량의 200배 이상의 위험물을 저장하는 옥내탱크저장소

> 예방규정을 정해야 하는 제조소등
> • 지정수량의 10배 이상의 위험물을 취급하는 제조소
> • 지정수량의 10배 이상의 위험물을 취급하는 일반취급소
> • 지정수량의 100배 이상의 위험물을 저장하는 옥외저장소
> • 지정수량의 150배 이상의 위험물을 저장하는 옥내저장소
> • 지정수량의 200배 이상의 위험물을 저장하는 옥외탱크저장소
> • 암반탱크저장소
> • 이송취급소

40 위험물을 저장하는 간이탱크저장소의 구조 및 설비의 기준으로 옳은 것은?

① 탱크의 두께 2.5mm 이상, 용량 600L 이하
② 탱크의 두께 2.5mm 이상, 용량 800L 이하
③ 탱크의 두께 3.2mm 이상, 용량 600L 이하
④ 탱크의 두께 3.2mm 이상, 용량 800L 이하

> • 간이저장탱크의 용량은 600L 이하이어야 한다.
> • 간이저장탱크는 두께 3.2mm 이상의 강판으로 흠이 없도록 제작하여야 하며, 70kPa의 압력으로 10분간의 수압시험을 실시하여 새거나 변형되지 아니하여야 한다.

41 위험물안전관리법령에 따른 제3류 위험물에 대한 화재예방 또는 소화의 대책으로 틀린 것은?

① 이산화탄소, 할로겐화합물, 분말 소화약제를 사용하여 소화한다.
② 칼륨은 석유, 등유 등의 보호액 속에 저장한다.
③ 알킬알루미늄은 헥산, 톨루엔 등 탄화수소용제를 희석제로 사용한다.
④ 알킬알루미늄, 알킬리튬을 저장하는 탱크에는 불활성 가스의 봉입장치를 설치한다.

> • 금수성 물질의 소화에는 탄산수소염류 등을 이용한 분말 소화약제 등 금수성 위험물에 적응성이 있는 분말 소화약제를 이용한다.
> • 자연발화성만 가진 위험물의 소화에는 물 또는 강화액포와 같은 주수소화를 사용하는 것이 가능하며, 마른모래, 팽창질석 등 질식소화는 제3류 위험물 전체의 소화에 사용 가능하다.

42 삼황화인의 연소 시 발생하는 가스에 해당하는 것은?

① 이산화황   ② 황화수소
③ 산소   ④ 인산

> 삼황화인 연소 시 오산화인과 이산화황을 생성한다.

43 비스코스레이온 원료로서, 비중이 약 1.26, 인화점이 약 −30 ℃이고, 연소 시 유독한 아황산가스를 발생시키는 위험물은?

① 황린   ② 이황화탄소
③ 테레핀유   ④ 장뇌유

> 이황화탄소는 비중이 1.26인 인화성 액체로, 비스코스레이온 제조 과정에서 필수적인 화학반응을 일으키는 원료이며, 연소 시 유독한 아황산가스가 발생한다.

44 질산의 비중이 1.5일 때, 1소요단위는 몇 L인가?

① 150   ② 200
③ 1,500   ④ 2,000

> • 질산의 지정수량 : 300kg
> • 1소요단위 = 지정수량 × 10 = 300 × 10 = 3,000kg
> • 질산 밀도 = 1.5kg/L
> • 부피 = $\dfrac{질량}{밀도}$
>
>   = $\dfrac{3,000}{1.5}$ = 2,000L

45 위험물저장소에서 다음과 같이 제3류 위험물을 저장하고 있는 경우 지정수량의 몇 배가 보관되어 있는가?

> • 칼륨 : 20kg
> • 황린 : 40kg
> • 칼슘의 탄화물 : 300kg

① 4   ② 5
③ 6   ④ 7

> • 칼륨의 지정수량 : 10kg
> • 황린의 지정수량 : 20kg
> • 칼슘의 탄화물 지정수량 : 300kg
>
> ∴ 지정수량 = $\dfrac{20}{10} + \dfrac{40}{20} + \dfrac{300}{300}$ = 5배

46 제2류 위험물인 황의 대표적인 연소형태는?

① 표면연소   ② 분해연소
③ 증발연소   ④ 자기연소

> 황은 증발연소를 한다.

47 소화난이도등급 I의 옥내탱크저장소에 설치하는 소화설비가 아닌 것은? (단, 인화점이 70℃ 이상의 제4류 위험물만을 저장, 취급하는 장소이다.)

① 물분무 소화설비, 고정식 포 소화설비
② 이동식 이외의 불활성 가스 소화설비, 고정식 포 소화설비
③ 이동식의 분말 소화설비, 스프링클러설비
④ 이동식 이외의 할로겐화합물 소화설비, 물분무 소화설비

> 옥내탱크저장소에서 인화점 섭씨 70도 이상의 제4류 위험물만을 저장 소화난이도등급 I의 취급하는 곳에 설치하는 소화설비
> • 물분무 소화설비
> • 고정식 포 소화설비
> • 이동식 이외의 불활성 가스 소화설비
> • 이동식 이외의 할로겐화합물 소화설비
> • 이동식 이외의 분말 소화설비

48 다음 위험물 품명 중 지정수량이 나머지 셋과 다른 것은?

① 염소산염류   ② 질산염류
③ 무기과산화물   ④ 과염소산염류

> • 질산염류의 지정수량 : 300kg
> • 염소산염류, 무기과산화물, 과염소산염류의 지정수량 : 50kg

정답   42 ①   43 ②   44 ④   45 ②   46 ③   47 ③   48 ②

49 삼황화인과 오황화인의 공통점이 아닌 것은?

① 물과 접촉하여 인화수소가 발생한다.
② 가연성 고체이다.
③ 분자식이 P와 S로 이루어져 있다.
④ 연소 시 오산화인과 이산화황이 생성된다.

- 삼황화인은 물과 반응하지 않는다.
- 오황화인은 물과 반응 시 황화수소, 인산을 생성한다.

50 다음 위험물 중 인화점이 가장 낮은 것은?

① 아세톤
② 이황화탄소
③ 클로로벤젠
④ 다이에틸에터

- 아세톤 : -18℃
- 이황화탄소 : -30℃
- 클로로벤젠 : 32℃
- 다이에틸에터 : -45℃

51 다음 중 물과 반응하여 가연성 가스를 발생하지 않는 것은?

① 리튬
② 나트륨
③ 황
④ 칼슘

황은 물에 녹지 않는다.

52 제2류 위험물의 종류에 해당되지 않는 것은?

① 마그네슘
② 고형알코올
③ 칼슘
④ 안티몬분

칼슘은 제3류 위험물이다.

53 위험물안전관리법령상 위험물의 운반에 관한 기준에 따르면 알코올류의 위험등급은 얼마인가?

① 위험등급 Ⅰ
② 위험등급 Ⅱ
③ 위험등급 Ⅲ
④ 위험등급 Ⅳ

알코올류는 위험등급 II에 해당한다.

54 제1류 위험물 중 과산화칼륨을 다음과 같이 반응시켰을 때 공통적으로 발생되는 기체는?

- 물과 반응을 시켰다.
- 가열하였다.
- 탄산가스와 반응을 시켰다.

① 수소
② 이산화탄소
③ 산소
④ 이산화황

과산화칼륨은 물 또는 탄산가스와 반응을 시키거나 가열하면 산소를 발생한다.

55 위험물을 저장할 때 필요한 보호물질을 옳게 연결한 것은?

① 황린 – 석유
② 금속칼륨 – 에탄올
③ 이황화탄소 – 물
④ 금속나트륨 – 산소

이황화탄소는 가연성 증기의 발생을 억제하기 위해 물 속에 저장한다.

정답 49① 50④ 51③ 52③ 53② 54③ 55③

56 위험물안전관리법령에 대한 설명 중 옳지 않은 것은?

① 군부대가 지정수량 이상의 위험물을 군사목적으로 임시로 저장 또는 취급하는 경우는 제조소등이 아닌 장소에서 지정수량 이상의 위험물을 취급할 수 있다.

② 철도 및 궤도에 의한 위험물의 저장·취급 및 운반에 있어서는 위험물안전관리법령을 적용하지 아니한다.

③ 지정수량 미만인 위험물의 저장 또는 취급에 관한 기술상의 기준은 국가화재안전기준으로 정한다.

④ 업무상 과실로 제조소등에서 위험물을 유출, 방출 또는 확산시켜 사람의 생명, 신체 또는 재산에 대하여 위험을 발생시킨 자는 7년 이하의 금고 또는 7천만원 이하의 벌금에 처한다.

> 지정수량 미만인 위험물의 저장 또는 취급에 관한 기술상의 기준은 시·도의 조례로 정한다.

57 다음 중 인화점이 가장 높은 것은?

① 나이트로벤젠　　　　② 클로로벤젠
③ 톨루엔　　　　　　　④ 에틸벤젠

> • 나이트로벤젠 : 88℃
> • 클로로벤젠 : 32℃
> • 톨루엔 : 4℃
> • 에틸벤젠 : 15℃

58 위험물안전관리법령에 따른 제6류 위험물의 특성에 대한 설명 중 틀린 것은?

① 과염소산은 유기물과 접촉 시 발화의 위험이 있다.
② 과염소산은 불안정하며 강력한 산화성 물질이다.
③ 과산화수소는 알코올, 에테르에 녹지 않는다.
④ 질산은 부식성이 강하고 햇빛에 의해 분해된다.

> 과산화수소는 물, 에탄올, 에테르에 잘 녹는다.

59 위험물안전관리법령상 지하탱크저장소의 위치·구조 및 설비의 기준에 따라 다음 ( )에 들어갈 수치로 옳은 것은?

> 탱크전용실은 지하의 가장 가까운 벽, 피트, 가스관 등의 시설물 및 대지경계선으로부터 ( )m 이상 떨어진 곳에 설치하고, 지하저장탱크와 탱크전용실의 안쪽과의 사이는 ( )m 이상의 간격을 유지하도록 하며, 당해 탱크의 주위에 마른모래 또는 습기 등에 의하여 응고되지 아니하는 입자지름 ( )mm 이하의 마른자갈분으로 채워야 한다.

① 0.1, 0.1, 5　　　　② 0.1, 0.3, 5
③ 0.1, 0.1, 10　　　④ 0.1, 0.3, 10

> 탱크전용실은 지하의 가장 가까운 벽, 피트, 가스관 등의 시설물 및 대지경계선으로부터 0.1m 이상 떨어진 곳에 설치하고 지하저장탱크와 탱크전용실의 안쪽과의 사이는 0.1m 이상의 간격을 유지하도록 하며, 당해 탱크의 주위에 마른모래 또는 습기 등에 의하여 응고되지 아니하는 입자지름 5mm 이하의 마른자갈분으로 채워야 한다.

60 탄화알루미늄 1몰을 물과 반응시킬 때 발생하는 가연성 가스의 종류와 양은?

① 에탄, 4몰　　　　② 에탄, 3몰
③ 메탄, 4몰　　　　④ 메탄, 3몰

> Al_4C_3 + $12H_2O$ → $4Al(OH)_3$ + $3CH_4$
> (탄화알루미늄)　　　(수산화알루미늄)
> 　　　(물)　　　　　　　(메탄)

정답　　　56 ③　57 ①　58 ③　59 ①　60 ④

01 이동탱크저장소에 의한 위험물의 운송에 있어서 운송책임자의 감독 또는 지원을 받아야 하는 위험물은? 🛫빈출

① 금속분
② 알킬알루미늄
③ 아세트알데하이드
④ 하이드록실아민

> 운송하는 위험물이 알킬알루미늄, 알킬리튬이거나 이 둘을 함유하는 위험물일 때에는 운송책임자의 감독 또는 지원을 받아 이를 운송하여야 한다.

02 위험물안전관리법령에 근거하여 자체소방대에 두어야 하는 제독차의 경우 가성소다 및 규조토를 각각 몇 kg 이상 비치하여야 하는가?

① 30
② 50
③ 60
④ 100

> 가성소다 및 규조토를 각각 50kg 이상 비치한다.

03 이산화탄소의 특성에 대한 설명으로 옳지 않은 것은?

① 전기전도성이 우수하다.
② 냉각, 압축에 의하여 액화된다.
③ 과량 존재 시 질식할 수 있다.
④ 상온, 상압에서 무색, 무취의 불연성 기체이다.

> 이산화탄소는 전기부도체이다.

04 인화점이 낮은 것부터 높은 순서로 나열된 것은?

① 톨루엔 – 아세톤 – 벤젠
② 아세톤 – 톨루엔 – 벤젠
③ 톨루엔 – 벤젠 – 아세톤
④ 아세톤 – 벤젠 – 톨루엔

> • 아세톤 : −18℃
> • 벤젠 : −11℃
> • 톨루엔 : 4℃

05 지정수량의 몇 배 이상의 위험물을 취급하는 제조소에는 화재발생 시 이를 알릴 수 있는 경보설비를 설치하여야 하는가?

① 5
② 10
③ 20
④ 100

> 지정수량의 10배 이상의 위험물을 저장 또는 취급하는 제조소등(이동탱크저장소를 제외한다)에는 화재발생 시 이를 알릴 수 있는 경보설비를 설치하여야 한다.

06 위험물안전관리법령상 제5류 위험물에 적응성이 있는 소화설비는?

① 포 소화설비
② 이산화탄소 소화설비
③ 할로겐화합물 소화설비
④ 탄산수소염류 분말 소화설비

> 제5류 위험물에 적응성이 있는 소화설비는 포 소화설비이다.

정답   01② 02② 03① 04④ 05② 06①

07 주된 연소의 형태가 나머지 셋과 다른 하나는?

① 아연분　　　　　② 양초
③ 코크스　　　　　④ 목탄

> 양초는 증발연소이고 아연분, 코크스, 목탄은 표면연소이다.

08 위험물안전관리법령상 위험물의 품명이 다른 하나는?

① CH_3COOH　　　② C_6H_5Cl
③ $C_6H_5CH_3$　　　④ C_6H_5Br

> • 아세트산(CH_3COOH) : 제2석유류
> • 클로로벤젠(C_6H_5Cl) : 제2석유류
> • 톨루엔($C_6H_5CH_3$) : 제1석유류
> • 브로뮴벤젠(C_6H_5Br) : 제2석유류

09 소화전용물통 3개를 포함한 수조 80L의 능력단위는? ★빈출

① 0.3　　　　　② 0.5
③ 1.0　　　　　④ 1.5

소화설비의 능력단위		
소화설비	용량(L)	능력단위
소화전용물통	8	0.3
수조(물통 3개 포함)	80	1.5
수조(물통 6개 포함)	190	2.5
마른모래(삽 1개 포함)	50	0.5
팽창질석·팽창진주암(삽 1개 포함)	160	1.0

10 위험물안전관리법령에서 정한 위험물의 유별 성질을 잘못 나타낸 것은?

① 제1류 : 산화성
② 제4류 : 인화성
③ 제5류 : 자기반응성
④ 제6류 : 가연성

> 제6류 위험물은 산화성 액체이다.

11 소화난이도등급 Ⅰ인 옥외탱크저장소에 있어서 제4류 위험물 중 인화점이 섭씨 70도 이상인 것을 저장, 취급하는 경우 어느 소화설비를 설치해야 하는가? (단, 지중탱크 또는 해상탱크 외의 것이다.)

① 스프링클러 소화설비
② 물분무 소화설비
③ 이산화탄소 소화설비
④ 분말 소화설비

> 옥외탱크저장소에서 인화점이 섭씨 70도 이상의 제4류 위험물만을 저장, 취급하는 것은 물분무 소화설비 또는 고정식 포 소화설비를 설치한다.

12 분말 소화약제의 식별 색을 옳게 나타낸 것은? ★빈출

① $KHCO_3$: 백색
② $NH_4H_2PO_4$: 담홍색
③ $NaHCO_3$: 보라색
④ $KHCO_3 + (NH_2)_2CO$: 초록색

분말 소화약제의 종류			
약제명	주성분	적응화재	색상
제1종	탄산수소나트륨($NaHCO_3$)	BC	백색
제2종	탄산수소칼륨($KHCO_3$)	BC	보라색
제3종	인산암모늄($NH_4H_2PO_4$)	ABC	담홍색
제4종	탄산수소칼륨 + 요소($KHCO_3 + (NH_2)_2CO$)	BC	회색

정답　　07 ②　08 ③　09 ④　10 ④　11 ②　12 ②

13 유류화재 소화 시 분말 소화약제를 사용할 경우 소화 후에 재발화 현상이 가끔씩 발생할 수 있다. 다음 중 이러한 현상을 예방하기 위하여 병용하여 사용하면 가장 효과적인 포 소화약제는?

① 단백포 소화약제
② 수성막포 소화약제
③ 알코올형포 소화약제
④ 합성계면활성제포 소화약제

수성막포 소화약제는 유류화재에 우수한 소화효과를 나타낸다.

14 위험물제조소등의 소화설비의 기준에 관한 설명으로 옳은 것은?

① 제조소등 중에서 소화난이도등급 Ⅰ, Ⅱ 또는 Ⅲ의 어느 것에도 해당하지 않는 것도 있다.
② 옥외탱크저장소의 소화난이도등급을 판단하는 기준 중 탱크의 높이는 기초를 제외한 탱크 측판의 높이를 말한다.
③ 제조소의 소화난이도등급을 판단하는 기준 중 면적에 관한 기준은 건축물 외에 설치된 것에 대해서는 수평투영면적을 기준으로 한다.
④ 제4류 위험물을 저장·취급하는 제조소등에도 스프링클러 소화설비가 적응성이 인정되는 경우가 있으며 이는 수원의 수량을 기준으로 판단한다.

• 이송취급소는 위험물을 저장하거나 직접 취급하는 장소가 아니기 때문에 소화난이도등급 분류에 포함되지 않으며, 이송과 관련된 별도의 안전기준과 규정을 따른다.
• 지반면으로부터 탱크 상단의 높이가 6m 이상
• 제조소의 소화난이도등급은 연면적을 기준으로 정한다.
• 제4류 위험물을 저장 또는 취급하는 제조소등에는 기준 면적에 따라 스프링클러설비의 살수밀도가 기준 이상인 경우 적응성이 있다.

15 수소화나트륨 240g과 충분한 물이 완전 반응하였을 때 발생하는 수소의 부피는? (단, 표준상태를 가정하며 나트륨의 원자량은 23이다.)

① 22.4L
② 224L
③ 22.4m³
④ 224m³

• $NaH + H_2O \rightarrow NaOH + H_2$
• $NaH = 23 + 1 = 24g/mol$
• $24 \times 10 = 240g/mol$
∴ 수소의 부피 $= 10 \times 22.4L = 224L$

16 탄화칼슘과 물이 반응하였을 때 발생하는 가연성 가스의 연소범위에 가장 가까운 것은? ★빈출

① 2.1 ~ 9.5vol%
② 2.5 ~ 81vol%
③ 4.1 ~ 74.2vol%
④ 15.0 ~ 28vol%

• $CaC_2 + 2H_2O \rightarrow Ca(OH)_2 + C_2H_2$
• 탄화칼슘과 물이 반응하면 수산화칼슘과 아세틸렌이 발생한다.
• 아세틸렌의 연소범위는 2.5~81vol%이다.

17 다음 중 기체연료가 완전 연소하기에 유리한 이유로 가장 거리가 먼 것은?

① 활성화에너지가 크다.
② 공기 중에서 확산되기 쉽다.
③ 산소를 충분히 공급받을 수 있다.
④ 분자의 운동이 활발하다.

활성화에너지가 작아야 한다.

정답   13② 14① 15② 16② 17①

18 위험물안전법령에서 정한 소화설비의 소요단위 산정방법에 대한 설명 중 옳은 것은?

① 위험물은 지정수량의 100배를 1소요단위로 함
② 저장소용 건축물로 외벽이 내화구조인 것은 연면적 100m²를 1소요단위로 함
③ 제조소용 건축물로 외벽이 내화구조가 아닌 것은 연면적 50m²를 1소요단위로 함
④ 저장소용 건축물로 외벽이 내화구조가 아닌 것은 연면적 25m²를 1소요단위로 함

> 제조소 또는 취급소의 건축물은 외벽이 내화구조인 것은 연면적 100m²를 1소요단위로 하며, 외벽이 내화구조가 아닌 것은 연면적 50m²를 1소요단위로 할 것

19 위험물의 소화방법으로 적합하지 않은 것은?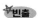

① 적린은 다량의 물로 소화한다.
② 황화인의 소규모 화재 시에는 모래로 질식소화한다.
③ 알루미늄분은 다량의 물로 소화한다.
④ 황의 소규모 화재 시에는 모래로 질식소화한다.

> 알루미늄은 물과 만나 수소를 방출하며 폭발의 위험이 크기 때문에 물과 닿지 않아야 한다.

20 위험물안전관리법령상 제조소등의 관계인은 제조소등의 화재예방과 재해발생 시의 비상조치에 필요한 사항을 서면으로 작성하여 시·도지사에게 제출하여야 한다. 이는 무엇에 관한 설명인가?

① 예방규정
② 소방계획서
③ 비상계획서
④ 화재영향평가서

> 제조소등의 관계인은 해당 제조소등의 화재예방과 화재 등 재해발생 시의 비상조치를 위해 예방규정을 정하여 해당 제조소등의 사용을 시작하기 전에 시·도지사에게 제출하여야 한다.

21 다음 중 제6류 위험물로서 분자량이 약 63인 것은?

① 과염소산
② 질산
③ 과산화수소
④ 삼불화브로민

> • 질산의 화학식 : HNO_3
> • H(수소) 원자량 : 1, N(질소) 원자량 : 14, O(산소) 원자량 : 16
> ∴ 분자량 = 1 + 14 + (16 × 3) = 63

22 위험물 옥외탱크저장소와 병원과는 안전거리를 얼마 이상 두어야 하는가?

① 10m
② 20m
③ 30m
④ 50m

> 위험물 옥외탱크저장소와 병원까지의 안전거리는 사람이 많은 곳이기에 30m 이상으로 한다.

23 질산의 수소원자를 알킬기로 치환한 제5류 위험물의 지정수량은?

① 10kg
② 100kg
③ 200kg
④ 300kg

> 질산의 수소원자를 알킬기로 치환한 것은 질산에스터류이고 지정수량은 10kg이다.

정답 18 ③ 19 ③ 20 ① 21 ② 22 ③ 23 ①

24 다음은 위험물을 저장하는 탱크의 공간용적 산정기준이다. ( )에 알맞은 수치로 옳은 것은?

> 가. 위험물을 저장 또는 취급하는 탱크의 공간용적은 탱크의 내용적의 ( ) 이상 ( ) 이하의 용적으로 한다. 다만, 소화설비(소화약제 방출구를 탱크 안의 윗부분에 설치하는 것에 한한다)를 설치하는 탱크의 공간용적은 당해 소화설비의 소화약제 방출구 아래의 0.3m 이상 1m 미만 사이의 면으로부터 윗부분의 용적으로 한다.
>
> 나. 암반탱크에 있어서는 당해 탱크 내에 용출하는 ( )일간의 지하수의 양에 상당하는 용적과 당해 탱크의 내용적의 ( )의 용적 중에서 보다 큰 용적을 공간용적으로 한다.

① 3/100, 10/100, 10, 1/100
② 5/100, 5/100, 10, 1/100
③ 5/100, 10/100, 7, 1/100
④ 5/100, 10/100, 10, 3/100

> • 일반적으로 탱크의 공간용적은 탱크의 내용적의 5/100 이상 10/100 이하로 한다.
> • 암반탱크에 있어서는 당해 탱크 내에 용출하는 7일간의 지하수의 양에 상당하는 용적과 당해 탱크의 내용적의 1/100의 용적 중에서 보다 큰 용적을 공간용적으로 한다.

25 위험물제조소에 옥외소화전이 5개가 설치되어 있다. 이 경우 확보하여야 하는 수원의 법정 최소량은 몇 m³인가?

① 28
② 35
③ 54
④ 67.5

> 옥외소화전의 수원의 수량 = 최대 4개 × 13.5 = 54m³

26 위험물 이동저장탱크의 외부도장 색상으로 적합하지 않은 것은?

① 제2류 – 적색
② 제3류 – 청색
③ 제5류 – 황색
④ 제6류 – 회색

이동저장탱크의 외부도장 색상					
유별	1	2	3	5	6
색상	회색	적색	청색	황색	청색

27 다음 중 제5류 위험물이 아닌 것은?

① 나이트로글리세린
② 나이트로톨루엔
③ 나이트로글리콜
④ 트라이나이트로톨루엔

> 나이트로톨루엔은 제4류 위험물이다.

28 벤젠에 대한 설명으로 옳은 것은?

① 휘발성이 강한 액체이다.
② 물에 매우 잘 녹는다.
③ 증기의 비중은 1.5이다.
④ 순수한 것의 융점은 30℃이다.

> 벤젠은 제4류 위험물 중 제1석유류로 휘발성이 강한 액체이다.

29 주유취급소의 고정주유설비에서 펌프기기의 주유관 끝부분에서 최대토출량으로 틀린 것은?

① 휘발유는 분당 50리터 이하
② 경유는 분당 180리터 이하
③ 등유는 분당 80리터 이하
④ 제1석유류(휘발유 제외)는 분당 100리터 이하

> 제1석유류(휘발유 제외)는 분당 50리터 이하이다.

정답 24 ③ 25 ③ 26 ④ 27 ② 28 ① 29 ④

30 공기 중에서 산소와 반응하여 과산화물을 생성하는 물질은?

① 다이에틸에터   ② 이황화탄소
③ 에틸알코올   ④ 과산화나트륨

- $C_2H_5OC_2H_5 + 6O_2 \rightarrow 4CO_2 + 5H_2O$
- 다이에틸에터는 산소와 반응하여 이산화탄소와 물을 생성한다.

31 다이에틸에터에 관한 설명 중 틀린 것은?

① 비전도성이므로 정전기를 발생하지 않는다.
② 무색 투명한 유동성의 액체이다.
③ 휘발성이 매우 높고, 마취성을 가진다.
④ 공기와 장시간 접촉하면 폭발성의 과산화물이 생성된다.

다이에틸에터는 비전도성이므로 정전기가 발생한다.

32 위험물안전관리법령상에 따른 다음에 해당하는 동식물유류의 규제에 관한 설명으로 틀린 것은?

> 안전행정부령이 정하는 용기기준과 수납, 저장기준에 따라 수납되어 저장, 보관되고 용기의 외부에 물품의 통칭명, 수량 및 화기엄금(화기엄금과 동일한 의미를 갖는 표시를 포함한다)의 표시가 있는 경우

① 위험물에 해당하지 않는다.
② 제조소등이 아닌 장소에 지정수량 이상 저장할 수 있다.
③ 지정수량 이상을 저장하는 장소도 제조소등 설치허가를 받을 필요가 없다.
④ 화물자동차에 적재하여 운반하는 경우 위험물안전관리법상 운반기준이 적용되지 않는다.

화물자동차에 적재하여 운반하는 경우 위험물안전관리법상 운반기준이 적용된다.

33 에틸알코올에 관한 설명 중 옳은 것은?

① 인화점은 $0°C$ 이하이다.
② 밀도는 물보다 낮다.
③ 증기밀도는 메틸알코올보다 작다.
④ 수용성이므로 이산화탄소 소화기에는 효과가 없다.

- 에틸알코올의 밀도는 0.79이다.
- 물의 밀도는 1이다.

34 질산암모늄의 일반적인 성질에 대한 설명으로 옳은 것은?

① 조해성이 없다.
② 무색, 무취의 액체이다.
③ 물에 녹을 때에는 발열한다.
④ 급격한 가열에 의한 폭발의 위험이 있다.

- 고체를 가열하면 약 $210°C$에서 분해한다.
- $NH_4NO_3 \rightarrow N_2O + 2H_2O$
- 질산암모늄은 공기 중에서는 안정하나 고온, 또는 밀폐용기·가연성물질과 공존 등에 의하여 폭발하므로 주의해야 한다.

35 내용적이 20,000L인 옥내저장탱크에 대하여 저장 또는 취급의 허가를 받을 수 있는 최대용량은? (단, 원칙적인 경우에 한한다.)

① 18,000L   ② 19,000L
③ 19,400L   ④ 20,000L

- 일반적으로 탱크의 공간용적은 탱크 내용적의 5/100 이상 10/100 이하로 한다.
- $20,000 \times \dfrac{5}{100} = 1,000L$
- 탱크용량 = 20,000 - 1,000 = 19,000L

36 질산메틸에 대한 설명 중 틀린 것은?

① 액체 형태이다.
② 물보다 무겁다.
③ 알코올에 녹는다.
④ 증기는 공기보다 가볍다.

질산메틸의 증기비중은 약 2.6 정도로 공기보다 무겁다.

37 다음 위험물 중 지정수량이 가장 작은 것은?

① 나이트로글리세린
② 과산화수소
③ 트라이나이트로톨루엔
④ 피크르산

• 나이트로글리세린 : 10kg
• 과산화수소 : 300kg
• 트라이나이트로톨루엔 : 100kg
• 피크르산 : 100kg

38 위험물 운반에 관한 사항 중 위험물안전관리법령에서 정한 내용과 틀린 것은?

① 운반용기에 수납하는 위험물이 다이에틸에터라면 운반용기 중 최대용적이 1L 이하라 하더라도 규정에 품명, 주의사항 등 표시사항을 부착하여야 한다.
② 운반용기에 담아 적재하는 물품이 황린이라면 파라핀, 경유 등 보호액으로 채워 밀봉한다.
③ 운반용기에 담아 적재하는 물품이 알킬알루미늄이라면 운반용기의 내용적의 90% 이하의 수납율을 유지하여야 한다.
④ 기계에 의하여 하역하는 구조로 된 경질플라스틱제 운반용기는 제조된 때로부터 5년 이내의 것이어야 한다.

황린은 pH9인 물 속에 저장한다.

39 다음 물질 중에서 위험물안전관리법상 위험물의 범위에 포함되는 것은?

① 농도가 40wt%인 과산화수소 350kg
② 비중이 1.40인 질산 350kg
③ 지름 2.5mm의 막대 모양인 마그네슘 500kg
④ 순도가 55wt%인 황 50kg

과산화수소란 그 농도가 36wt% 이상인 것을 말한다.

40 과망가니즈산칼륨의 위험성에 대한 설명 중 틀린 것은?

① 진한 황산과 접촉하면 폭발적으로 반응한다.
② 알코올, 에터, 글리세린 등 유기물과 접촉을 금한다.
③ 가열하면 약 60℃에서 분해하여 수소를 방출한다.
④ 목탄, 황과 접촉 시 충격에 의해 폭발할 위험성이 있다.

• $2KMnO_4 \rightarrow K_2MnO_4 + MnO_2 + O_2$
• 과망가니즈산칼륨은 가열하면 분해하여 산소를 발생한다.

41 제5류 위험물을 취급하는 위험물제조소에 설치하는 주의사항 게시판에서 표시하는 내용과 바탕색, 문자색으로 옳은 것은?

빈출

① 화기주의, 백색바탕에 적색문자
② 화기주의, 적색바탕에 백색문자
③ 화기엄금, 백색바탕에 적색문자
④ 화기엄금, 적색바탕에 백색문자

제5류 위험물은 화기엄금을 표시하고, 적색바탕에 백색문자로 나타낸다.

정답   36 ④   37 ①   38 ②   39 ①   40 ③   41 ④

⑯ 2020년 1회 CBT 기출복원문제   269

42 황의 성질로 옳은 것은?

① 전기양도체이다.
② 물에는 매우 잘 녹는다.
③ 이산화탄소와 반응한다.
④ 미분은 분진폭발의 위험성이 있다.

> 황은 상온에서는 황색 비금속 고체이며 푸른색 불꽃을 내면서 타고, 매우 강하고 지독한 냄새가 나는 이산화황(SO_2)을 방출한다. 또한 미분은 분진폭발의 위험성이 있다.

43 위험물안전관리법령에 따라 기계에 의하여 하역하는 구조로 된 운반용기의 외부에 행하는 표시내용에 해당하지 않는 것은? (단, RTDG에서 정한 기준 또는 소방청장이 정하여 고시하는 기준에 적합한 표시를 한 경우는 제외한다.)

① 운반용기의 제조년월   ② 제조자의 명칭
③ 겹쳐쌓기 시험하중   ④ 용기의 유효기간

> 운반용기 외부 표시 내용
> • 운반용기의 제조년월
> • 제조자의 명칭
> • 겹쳐쌓기 시험하중
> • 운반용기의 종류에 따라 규정한 중량
> • 규정에 의한 주의사항
> • 위험물의 품명 및 위험등급
> • 위험물 수량
> • 위험물의 화학명 및 수용성(제4류 위험물로서 수용성인 것에 한함)

44 산화성 고체의 저장 및 취급방법으로 옳지 않은 것은?

① 가연물과 접촉 및 혼합을 피한다.
② 분해를 촉진하는 물품의 접근을 피한다.
③ 조해성 물질의 경우 물 속에 보관하고, 과열·충격·마찰 등을 피하여야 한다.
④ 알칼리금속의 과산화물은 물과의 접촉을 피하여야 한다.

> 조해성 물질은 수분에 의해 스스로 녹는 성질이 있어 물 속에 보관하지 않는다.

45 경유를 저장하는 옥외저장탱크의 반지름이 2m이고 높이가 12m일 때 탱크 옆판으로부터 방유제까지의 거리는 몇 m 이상이어야 하는가?

① 4   ② 5
③ 6   ④ 7

> 방유제까지의 거리를 구하는 방법
> • 지름 15m 미만일 경우 = $\dfrac{탱크높이}{3}$
> • $12 \times \dfrac{1}{3} = 4m$

46 적린의 일반적인 성질에 대한 설명으로 틀린 것은?

① 비금속 원소이다.
② 암적색의 분말이다.
③ 승화온도가 약 260℃이다.
④ 이황화탄소에 녹지 않는다.

> 적린의 승화온도는 약 400℃이다.

47 위험물안전관리법령에서 정의하는 다음 용어는 무엇인가?

> 인화성 또는 발화성 등의 성질을 가지는 것으로서 대통령령이 정하는 물품을 말한다.

① 위험물   ② 인화성 물질
③ 자연발화성 물질   ④ 가연물

> 위험물이란 인화성 또는 발화성 등의 성질을 가지는 것으로서 대통령령이 정하는 물품을 말한다.

정답   42 ④   43 ④   44 ③   45 ①   46 ③   47 ①

48 위험물을 유별로 정리하여 상호 1m 이상의 간격을 유지하는 경우에도 동일한 옥내저장소에 저장할 수 없는 것은? ★빈출

① 제1류 위험물(알칼리금속의 과산화물 또는 이를 함유한 것을 제외한다.)과 제5류 위험물
② 제1류 위험물과 제6류 위험물
③ 제1류 위험물과 제3류 위험물 중 황린
④ 인화성 고체를 제외한 제2류 위험물과 제4류 위험물

> 유별을 달리하더라도 1m 이상 간격을 둘 때 저장 가능한 경우
> • 제1류 위험물(알칼리금속의 과산화물 또는 이를 함유한 것을 제외한다)과 제5류 위험물을 저장하는 경우
> • 제1류 위험물과 제6류 위험물을 저장하는 경우
> • 제1류 위험물과 제3류 위험물 중 자연발화성 물질(황린 또는 이를 함유한 것에 한한다)을 저장하는 경우
> • 제2류 위험물 중 인화성 고체와 제4류 위험물을 저장하는 경우
> • 제3류 위험물 중 알킬알루미늄등과 제4류 위험물(알킬알루미늄 또는 알킬리튬을 함유한 것에 한한다)을 저장하는 경우
> • 제4류 위험물 중 유기과산화물 또는 이를 함유하는 것과 제5류 위험물 중 유기과산화물 또는 이를 함유한 것을 저장하는 경우

49 HNO_3에 대한 설명으로 틀린 것은?

① Al, Fe은 진한 질산에서 부동태를 생성해 녹지 않는다.
② 질산과 염산을 3 : 1 비율로 제조한 것을 왕수라고 한다.
③ 부식성이 강하고 흡습성이 있다.
④ 직사광선에서 분해하여 NO_2를 발생한다.

> 염산과 질산을 3 : 1 비율로 제조한 것을 왕수라고 한다.

50 위험물안전관리법령에 따라 위험물 운반을 위해 적재하는 경우 제4류 위험물과 혼재가 가능한 액화석유가스 또는 압축천연가스의 용기 내용적은 몇 L 미만인가?

① 120
② 150
③ 180
④ 200

> 위험물과 혼재가 가능한 고압가스
> • 내용적이 120L 미만의 용기에 충전한 불활성 가스
> • 내용적이 120L 미만의 용기에 충전한 액화석유가스 또는 압축천연가스(제4류 위험물과 혼재하는 경우에 한한다)

51 질산이 공기 중에서 분해되어 발생하는 유독한 갈색증기의 분자량은?

① 16
② 40
③ 46
④ 71

> • 질산의 분해 반응식 : $4HNO_3 \rightarrow 2H_2O + 4NO_2 + O_2$
> • NO_2 분자량 = 14 + (16 × 2) = 46
> • 질산은 공기 중에서 분해되어 물, 이산화질소, 산소를 발생한다. 이때 발생하는 유독한 갈색증기는 질소산화물 중 하나인 이산화질소(NO_2)로, 이산화질소의 분자량은 46이다.

52 에틸알코올의 증기비중은 약 얼마인가?

① 0.72
② 0.91
③ 1.13
④ 1.59

> • 증기비중 = $\dfrac{분자량}{29(공기의\ 평균분자량)}$
> • 에틸알코올(C_2H_5OH) 분자량 = (12 × 2) + (1 × 6) + 16 = 46g/mol
> • 에틸알코올 증기비중 = $\dfrac{분자량}{29(공기의\ 평균분자량)} = \dfrac{46}{29} = 1.59$

53 염소산나트륨의 성상에 대한 설명으로 옳지 않은 것은?

① 자신은 불연성 물질이지만 강한 산화제이다.
② 유리를 녹이므로 철제용기에 저장한다.
③ 열분해하여 산소를 발생한다.
④ 산과 반응하면 유독성의 이산화염소를 발생한다.

> 염소산나트륨은 철제를 부식시키므로 철제용기의 사용을 피한다.

정답 48 ④ 49 ② 50 ① 51 ③ 52 ④ 53 ②

54 분말 소화기의 소화약제로 사용되지 않는 것은? 빈출

① 탄산수소나트륨   ② 탄산수소칼륨
③ 과산화나트륨   ④ 인산암모늄

분말 소화약제의 종류		
약제명	주성분	분해식
제1종	탄산수소나트륨	$2NaHCO_3 \rightarrow Na_2CO_3 + CO_2 + H_2O$
제2종	탄산수소칼륨	$2KHCO_3 \rightarrow K_2CO_3 + CO_2 + H_2O$
제3종	인산암모늄	$NH_4H_2PO_4 \rightarrow NH_3 + HPO_3 + H_2O$
제4종	탄산수소칼륨 + 요소	–

55 위험물안전관리법령상 예방규정을 정하여야 하는 제조소등의 관계인은 위험물제조소등에 대하여 기술기준에 적합한지의 여부를 정기적으로 점검을 하여야 한다. 법적 최소 점검주기에 해당하는 것은? (단, 100만리터 이상의 옥외탱크저장소는 제외한다.)

① 주 1회 이상   ② 월 1회 이상
③ 6개월 1회 이상   ④ 연 1회 이상

위험물안전관리법령상 예방규정을 정하여야 하는 제조소등의 관계인은 위험물제조소등에 대하여 기술기준에 적합한지의 여부를 연 1회 이상 정기적으로 점검한다.

56 위험물안전관리법령상 위험물 운송 시 제1류 위험물과 혼재 가능한 위험물은? (단, 지정수량의 10배를 초과하는 경우이다.) 빈출

① 제2류 위험물   ② 제3류 위험물
③ 제5류 위험물   ④ 제6류 위험물

유별을 달리하는 위험물 혼재기준			
1	6		혼재 가능
2	5	4	혼재 가능
3	4		혼재 가능

57 에틸렌글리콜의 성질로 옳지 않은 것은?

① 갈색의 액체로 방향성이 있고, 쓴맛이 난다.
② 물, 알코올 등에 잘 녹는다.
③ 분자량은 약 62이고, 비중은 약 1.1이다.
④ 부동액의 원료로 사용된다.

에틸렌글리콜은 단맛이 나는 무색의 액체이다.

58 다음 중 "인화점 50℃"의 의미를 가장 옳게 설명한 것은?

① 주변의 온도가 50℃ 이상이 되면 자발적으로 점화원 없이 발화한다.
② 액체의 온도가 50℃ 이상이 되면 가연성 증기를 발생하여 점화원에 의해 인화한다.
③ 액체를 50℃ 이상으로 가열하면 발화한다.
④ 주변의 온도가 50℃일 경우 액체가 발화한다.

인화점 50℃란 액체의 온도가 50℃ 이상이 되면 가연성 증기를 발생하여 점화원에 의해 인화한다는 의미이다.

59 위험물 옥외저장탱크 중 압력탱크에 저장하는 다이에틸에터 등의 저장온도는 몇 ℃ 이하이어야 하는가?

① 60   ② 40
③ 30   ④ 15

옥외저장탱크 또는 옥내저장탱크 중 압력탱크에 저장하는 아세트알데하이드등 또는 다이에틸에터의 온도는 섭씨 40℃ 이하로 유지하여야 한다.

60 위험물의 지정수량이 틀린 것은?

① 과산화칼륨 : 50kg
② 질산나트륨 : 50kg
③ 과망가니즈산나트륨 : 1,000kg
④ 다이크로뮴산암모늄 : 1,000kg

질산나트륨의 지정수량은 300kg이다.

 정답   54 ③   55 ④   56 ④   57 ①   58 ②   59 ②   60 ②

01 석유류가 연소할 때 발생하는 가스로 강한 자극적인 냄새가 나며 취급하는 장치를 부식시키는 것은?

① H_2 ② CH_4
③ NH_3 ④ SO_2

> 이산화황(SO_2)은 색깔이 없으며 자극적인 냄새가 나는 유독성 기체이다.

02 위험물안전관리법령에 따른 건축물 그 밖의 공작물 또는 위험물의 소요단위의 계산방법의 기준으로 옳은 것은?

① 위험물은 지정수량의 100배를 1소요단위로 할 것
② 저장소의 건축물은 외벽에 내화구조인 것은 연면적 100m²를 1소요단위로 할 것
③ 저장소의 건축물은 외벽이 내화구조가 아닌 것은 연면적 50m²를 1소요단위로 할 것
④ 제조소 또는 취급소용으로서 옥외에 있는 공작물인 경우 최대수평투영면적 100m²를 1소요단위로 할 것

> 옥외에 위치한 제조소 또는 취급소의 경우, 최대수평투영면적 100m²를 1소요단위로 계산한다.

03 소화기에 "A-2"로 표시되어 있었다면 숫자 "2"가 의미하는 것은 무엇인가?

① 소화기의 제조번호
② 소화기의 소요단위
③ 소화기의 능력단위
④ 소화기의 사용순위

> • A : 적응화재
> • 2 : 능력단위

04 화재 시 물을 이용한 냉각소화를 할 경우 오히려 위험성이 증가하는 물질은?

① 질산에틸   ② 마그네슘
③ 적린   ④ 황

> 마그네슘이 물과 반응하면 수소가 발생하므로 주로 질식소화한다.

05 위험물안전관리법령상 특수인화물의 정의에 대해 다음 ( ) 안에 알맞은 수치를 차례대로 옳게 나열한 것은?

> 특수인화물이라 함은 이황화탄소, 다이에틸에터 그 밖에 1기압에서 발화점이 섭씨 ( )도 이하인 것 또는 인화점이 섭씨 영하 ( )도 이하이고 비점이 섭씨 40도 이하인 것을 말한다.

① 100, 20   ② 25, 0
③ 100, 0   ④ 25, 20

> 특수인화물이란 이황화탄소, 다이에틸에터 그 밖에 1기압에서 발화점이 섭씨 100도 이하인 것 또는 인화점이 섭씨 영하 20도 이하이고 비점이 섭씨 40도 이하인 것을 말한다.

정답   01 ④   02 ④   03 ③   04 ②   05 ①

06 공장 창고에 보관되었던 톨루엔이 유출되어 미상의 점화원에 의해 착화되어 화재가 발생하였다면 이 화재의 분류로 옳은 것은? ★빈출

① A급 화재   ② B급 화재
③ C급 화재   ④ D급 화재

화재의 종류

급수	화재	색상
A	일반	백색
B	유류	황색
C	전기	청색
D	금속	무색

07 A급, B급, C급 화재에 모두 적용이 가능한 소화약제는? ★빈출

① 제1종 분말 소화약제
② 제2종 분말 소화약제
③ 제3종 분말 소화약제
④ 제4종 분말 소화약제

분말 소화약제의 종류

약제명	주성분	적응화재	색상
제1종	탄산수소나트륨	BC	백색
제2종	탄산수소칼륨	BC	보라색
제3종	인산암모늄	ABC	담홍색
제4종	탄산수소칼륨 + 요소	BC	회색

08 위험물안전관리법령상 자동화재탐지설비를 설치하지 않고 비상경보설비로 대신할 수 있는 것은?

① 일반취급소로서 연면적 600m²인 것
② 지정수량 20배를 저장하는 옥내저장소로서 처마높이가 8m인 단층건물
③ 단층건물 외에 건축물에 설치된 지정수량 15배의 옥내탱크저장소로서 소화난이도등급 II에 속하는 것
④ 지정수량 20배를 저장·취급하는 옥내주유취급소

자동화재탐지설비 설치기준
• 일반취급소는 연면적이 500m² 이상이어야 한다.
• 처마높이는 6m 이상인 단층건물이어야 한다.
• 주유취급소는 옥내주유취급소이다.
• 소화난이도등급 II는 소화난이도등급 I보다 덜 위험하므로 비상경보설비로 대체 가능하다.

09 CH_3ONO_2의 소화방법에 대한 설명으로 옳은 것은?

① 물을 주수하여 냉각소화한다.
② 이산화탄소 소화기로 질식소화를 한다.
③ 할로겐화합물 소화기로 질식소화를 한다.
④ 건조사로 냉각소화한다.

질산메틸(CH_3ONO_2)은 제5류 위험물로 물을 주수하여 냉각소화한다.

10 BCF 소화기의 약제를 화학식으로 옳게 나타낸 것은?

① CCl_4 ② CH_2ClBr
③ CF_3Br ④ CF_2ClBr

BCF 소화약제
브로모클로로디플루오로메탄(Bromochlorodifluoromethane)으로 화학식은 $CBrClF2$로 나타낸다.
• C : 탄소(C)
• Br : 브롬(Br)
• Cl : 염소(Cl)
• F_2 : 플루오린(F) 두 개
이 화합물은 브롬, 염소, 그리고 두 개의 플루오린 원자를 포함하고 있으며, 할론 1211로도 알려져 있다.

11 공정 및 장치에서 분진폭발을 예방하기 위한 조치로서 가장 거리가 먼 것은?

① 플랜트는 공정별로 분류하고 폭발의 파급을 피할 수 있도록 분진취급 공정을 습식으로 한다.
② 분진이 물과 반응하는 경우는 물 대신 휘발성이 적은 유류를 사용하는 것이 좋다.
③ 배관의 연결부위나 기계가동에 의해 분진이 누출될 염려가 있는 곳은 흡인이나 밀폐를 철저히 한다.
④ 가연성 분진을 취급하는 장치류는 밀폐하지 말고 분진이 외부로 누출되도록 한다.

> 분진이 외부로 누출 시 분진폭발의 위험성이 커지므로 물을 뿌려 분진이 가라앉도록 해야 한다.

12 위험물안전관리법상 제조소등에 대한 긴급 사용정지명령에 관한 설명으로 옳은 것은?

① 시·도지사는 명령을 할 수 없다.
② 제조소등의 관계인뿐 아니라 해당 시설을 사용하는 자에게도 명령할 수 있다.
③ 제조소등의 관계자에게 위법사유가 없는 경우에도 명령할 수 있다.
④ 제조소등의 위험물취급설비의 중대한 결함이 발견되거나 사고우려가 인정되는 경우에만 명령할 수 있다.

> 시·도지사, 소방본부장 또는 소방서장은 공공의 안전을 유지하거나 재해의 발생을 방지하기 위하여 긴급한 필요가 있다고 인정하는 때에는 제조소등의 관계인에 대하여 당해 제조소등의 사용을 일시정지하거나 그 사용을 제한할 것을 명할 수 있다.

13 금속분의 연소 시 주수소화하면 위험한 이유로 옳은 것은?

① 물에 녹아 산이 된다.
② 물과 작용하여 유독가스를 발생한다.
③ 물과 작용하여 수소가스를 발생한다.
④ 물과 작용하여 산소가스를 발생한다.

> 금속분 연소 시에 주수소화하면 수소를 발생하여 위험하기 때문에 마른모래에 의한 질식소화를 해야 한다.

14 트라이에틸알루미늄의 화재 시 사용할 수 있는 소화약제(설비)가 아닌 것은?

① 마른모래
② 팽창질석
③ 팽창진주암
④ 이산화탄소

> 트라이에틸알루미늄 화재 시 마른모래, 팽창질석, 팽창진주암 등을 이용하여 질식소화한다.

15 주유취급소에 다음과 같이 전용탱크를 설치하였다. 최대로 저장·취급할 수 있는 용량은 얼마인가? (단, 고속도로 외의 도로변에 설치하는 자동차용 주유취급소인 경우이다.)

> • 간이탱크 : 2기
> • 폐유탱크등 : 1기
> • 고정주유설비 및 급유설비 접속하는 전용탱크 : 2기

① 103,200리터
② 104,600리터
③ 123,200리터
④ 124,200리터

> 탱크용량 주유 취급
> • 간이탱크저장소 : 600L
> • 폐유탱크 : 2,000L
> • 고정주유설비 : 50,000L
> ∴ 탱크용량 = (600 × 2) + 2,000 + (50,000 × 2) = 103,200L

16 위험물안전관리법령에서 정한 자동화재탐지설비에 대한 기준으로 틀린 것은? (단, 원칙적인 경우에 한한다.)

① 경계구역은 건축물 그 밖의 공작물의 2 이상의 층에 걸치지 아니하도록 할 것
② 하나의 경계구역의 면적은 600m² 이하로 할 것
③ 하나의 경계구역의 한 변 길이는 30m 이하로 할 것
④ 자동화재탐지설비에는 비상전원을 설치할 것

> 하나의 경계구역의 면적은 600m² 이하로 하고 그 한 변의 길이는 50m 이하로 할 것

정답 11 ④ 12 ③ 13 ③ 14 ④ 15 ① 16 ③

⑰ 2019년 2회 CBT 기출복원문제 275

17 휘발유, 등유, 경유 등의 제4류 위험물에 화재가 발생하였을 때 소화방법으로 가장 옳은 것은?

① 포 소화설비로 질식소화시킨다.
② 다량의 물을 위험물에 직접 주수하여 소화한다.
③ 강산화성 소화제를 사용하여 중화시켜 소화한다.
④ 염소산칼륨 또는 염화나트륨이 주성분인 소화약제로 표면을 덮어 소화한다.

> 제4류 위험물은 가연성 증기가 발생하여 연소하는 특징이 있으므로 질식소화에 의한 소화가 효과적이다.

18 물의 소화능력을 강화시키기 위해 개발된 것으로 한랭지 또는 겨울철에도 사용할 수 있는 소화기에 해당하는 것은?

① 산 · 알칼리 소화기   ② 강화액 소화기
③ 포 소화기   ④ 할로겐화합물 소화기

> 강화액 소화기는 탄산염류와 같은 알칼리금속염류 등을 주성분으로 한 액체를 압축공기 또는 질소가스를 축압하여 만든 소화기로 한랭지 또는 겨울철에도 사용가능하다.

19 소화전용물통 8리터의 능력단위는 얼마인가?

① 0.1   ② 0.3
③ 0.5   ④ 1.0

소화설비의 능력단위		
소화설비	용량(L)	능력단위
소화전용물통	8	0.3
수조(물통 3개 포함)	80	1.5
수조(물통 6개 포함)	190	2.5
마른모래(삽 1개 포함)	50	0.5
팽창질석 · 팽창진주암(삽 1개 포함)	160	1.0

20 소화약제에 따른 주된 소화효과로 틀린 것은?

① 수성막포 소화약제 : 질식효과
② 제2종 분말 소화약제 : 탈수탄화효과
③ 이산화탄소 소화약제 : 질식효과
④ 할로겐화합물 소화약제 : 화학억제효과

> 제2종 분말 소화약제는 질식효과가 있다.

21 위험물의 저장방법에 대한 설명으로 옳은 것은?

① 황화인은 알코올 또는 과산화물 속에 저장하여 보관한다.
② 마그네슘은 건조하면 분진폭발의 위험성이 있으므로 물에 습윤하여 저장한다.
③ 적린은 화재예방을 위해 할로겐원소와 혼합하여 저장한다.
④ 수소화리튬은 저장용기에 아르곤과 같은 불활성 기체를 봉입한다.

> 수소화리튬(3류) 대용량 저장 시 아르곤, 질소, 이산화탄소와 같은 불활성 기체를 봉입한다.

22 질산에틸과 아세톤의 공통적인 성질 및 취급 방법으로 옳은 것은?

① 휘발성이 낮기 때문에 마개 없는 병에 보관하여도 무방하다.
② 점성이 커서 다른 용기에 옮길 때 가열하여 더운 상태에서 옮긴다.
③ 통풍이 잘 되는 곳에 보관하고 불꽃 등의 화기를 피하여야 한다.
④ 인화점이 높으나 증기압이 낮으므로 햇빛에 노출된 곳에 저장이 가능하다.

> • 질산에틸은 직사광선을 피하고 통풍이 잘 되는 냉암소 등에 보관한다.
> • 아세톤은 환기가 잘 되는 곳에 밀폐하여 저장한다.

정답   17 ① 18 ② 19 ② 20 ② 21 ④ 22 ③

23 다음 위험물 중 물에 대한 용해도가 가장 낮은 것은?

① 아크릴산
② 아세트알데하이드
③ 벤젠
④ 글리세린

> • 아크릴산(4류), 아세트알데하이드(4류), 글리세린(4류) : 수용성
> • 벤젠(4류) : 비수용성
> → 비수용성은 용해도가 낮다.

24 제2류 위험물을 수납하는 운반용기의 외부에 표시하여야 하는 주의사항으로 옳은 것은?

① 제2류 위험물 중 철분·금속분·마그네슘 또는 이들 중 어느 하나 이상을 함유한 것에 있어서는 "화기주의" 및 "물기주의", 인화성 고체에 있어서는 "화기엄금", 그 밖의 것에 있어서는 "화기주의"
② 제2류 위험물 중 철분·금속분·마그네슘 또는 이들 중 어느 하나 이상을 함유한 것에 있어서는 "화기주의" 및 "물기엄금", 인화성 고체에 있어서는 "화기주의", 그 밖의 것에 있어서는 "화기엄금"
③ 제2류 위험물 중 철분·금속분·마그네슘 또는 이들 중 어느 하나 이상을 함유한 것에 있어서는 "화기주의" 및 "물기엄금", 인화성 고체에 있어서는 "화기엄금", 그 밖의 것에 있어서는 "화기주의"
④ 제2류 위험물 중 철분·금속분·마그네슘 또는 이들 중 어느 하나 이상을 함유한 것에 있어서는 "화기엄금" 및 "물기엄금", 인화성 고체에 있어서는 "화기엄금", 그 밖의 것에 있어서는 "화기주의"

> • 제2류 위험물(인화성 고체 제외) : 화기주의
> • 제2류 위험물 중 인화성 고체 : 화기엄금

25 위험물안전관리법령에 의해 위험물을 취급함에 있어서 발생하는 정전기를 유효하게 제거하는 방법으로 옳지 않은 것은? ★빈출

① 인화방지망 설치
② 접지 실시
③ 공기 이온화
④ 상대습도를 70% 이상 유지

> 인화방지망은 외부에서 발생한 화염의 전파를 억제하기 위해 설치하는 통기관이다.

26 위험물의 운반 시 혼재가 가능한 것은? (단, 지정수량 10배의 위험물인 경우이다.) ★빈출

① 제1류 위험물과 제2류 위험물
② 제2류 위험물과 제3류 위험물
③ 제4류 위험물과 제5류 위험물
④ 제5류 위험물과 제6류 위험물

유별을 달리하는 위험물 혼재기준			
1	6		혼재 가능
2	5	4	혼재 가능
3	4		혼재 가능

27 과산화바륨의 취급에 대한 설명 중 틀린 것은?

① 직사광선을 피하고, 냉암소에 둔다.
② 유기물, 산 등의 접촉을 피한다.
③ 피부와 직접적인 접촉을 피한다.
④ 화재 시 주수소화가 가장 효과적이다.

> • $2BaO_2 + 2H_2O \rightarrow 2Ba(OH)_2 + O_2$
> • 과산화바륨은 물과 반응하여 산소가 발생하며 폭발의 위험이 있기 때문에 주수소화를 금지한다.

28 다음 위험물 중 착화온도가 가장 낮은 것은?

① 이황화탄소
② 다이에틸에터
③ 아세톤
④ 아세트알데하이드

> • 이황화탄소 : 약 90℃
> • 다이에틸에터 : 약 160℃
> • 아세톤 : 약 465℃
> • 아세트알데하이드 : 약 175℃

정답   23 ③   24 ③   25 ①   26 ③   27 ④   28 ①

29 위험물을 보관하는 방법에 대한 설명 중 틀린 것은?

① 염소산나트륨 : 철제용기의 사용을 피한다.
② 산화프로필렌 : 저장 시 구리용기에 질소 등 불활성 기체를 충전한다.
③ 트라이에틸알루미늄 : 용기는 밀봉하고 질소 등 불활성 기체를 충전한다.
④ 황화인 : 냉암소에 저장한다.

산화프로필렌은 공기와의 접촉 시 과산화물이 생성되므로 밀전, 밀봉하여 냉암소에 저장한다.

30 휘발유를 저장하던 이동저장탱크에 등유나 경유를 탱크 상부로부터 주입할 때 액표면이 일정 높이가 될 때까지 위험물의 주입관 내 유속을 몇 m/s 이하로 하여야 하는가?

① 1   ② 2
③ 3   ④ 5

이동저장탱크의 상부로부터 위험물을 주입할 때에는 위험물의 액표면이 주입관의 선단을 넘는 높이가 될 때까지 그 주입관 내의 유속을 초당 1m 이하로 할 것

31 제6류 위험물에 해당하지 않는 것은?

① 농도가 50wt%인 과산화수소
② 비중이 1.5인 질산
③ 과아이오딘산
④ 삼플루오린화브로민

과아이오딘산은 제1류 위험물이다.

32 이황화탄소의 성질에 대한 설명 중 틀린 것은?

① 연소할 때 주로 황화수소를 발생한다.
② 증기비중은 약 2.6이다.
③ 보호액으로 물을 사용한다.
④ 인화점이 약 −30℃이다.

이황화탄소는 비중이 1.26인 인화성 액체이며, 연소 시 유독한 아황산가스가 발생한다.

33 $KMnO_4$의 지정수량은 몇 kg인가?

① 50   ② 100
③ 300   ④ 1,000

과망가니즈산칼륨은 제1류 위험물로 지정수량 1,000kg이다.

34 알코올에 관한 설명으로 옳지 않은 것은?

① 1차 알코올은 OH기의 수가 1개인 알코올을 말한다.
② 2차 알코올은 1차 알코올이 산화된 것이다.
③ 2차 알코올이 수소를 잃으면 케톤이 된다.
④ 알데하이드가 환원되면 1차 알코올이 된다.

1차 알코올은 두 번 산화할 수 있는데 한 번 산화되면 알데하이드, 다시 한 번 산화되면 카복실산이 생성된다.

35 위험물제조소 및 일반취급소에 설치하는 자동화재탐지설비의 설치기준으로 틀린 것은?

① 하나의 경계구역은 600m² 이하로 하고, 한 변의 길이는 50m 이하로 한다.
② 주요한 출입구에서 내부 전체를 볼 수 있는 경우 경계구역은 1,000m² 이하로 할 수 있다.
③ 하나의 경계구역이 300m² 이하이면 2개 층을 하나의 경계구역으로 할 수 있다.
④ 비상전원을 설치하여야 한다.

하나의 경계구역이 2개 이상의 층에 걸치지 않도록 해야 한다. 다만, 면적이 500m² 이하의 범위 안에서는 2개 층을 하나의 경계구역으로 할 수 있다.

정답 29 ② 30 ① 31 ③ 32 ① 33 ④ 34 ② 35 ③

36 나이트로셀룰로오스에 관한 설명으로 옳은 것은?

① 용제에는 전혀 녹지 않는다.
② 질화도가 클수록 위험성이 증가한다.
③ 물과 작용하여 수소를 발생한다.
④ 화재발생 시 질식소화가 가장 적합하다.

> 나이트로셀룰로오스의 특징
> • 물에 녹지 않고 알코올, 벤젠 등에 녹는다.
> • 물과 반응하지 않는다.
> • 화재발생 시 주수소화를 한다.

37 위험물의 품명과 지정수량이 잘못 짝지어진 것은?

① 황화인 – 100kg
② 마그네슘 – 500kg
③ 알킬알루미늄 – 10kg
④ 황린 – 10kg

> 황린의 지정수량 : 20kg

38 위험물의 지정수량이 나머지 셋과 다른 하나는?

① $NaClO_4$
② MgO_2
③ KNO_3
④ NH_4ClO_3

> • KNO_3(질산칼륨)의 지정수량 : 300kg
> • 나머지 위험물에 대한 지정수량 : 50kg

39 트라이나이트로톨루엔에 대한 설명으로 가장 거리가 먼 것은?

① 물에 녹지 않으나 알코올에는 녹는다.
② 직사광선에 노출되면 다갈색으로 변한다.
③ 공기 중에 노출되면 쉽게 가수분해한다.
④ 이성질체가 존재한다.

> 공기에 노출 시 가수분해 위험이 적다.

40 위험물의 성질에 관한 설명 중 옳은 것은?

① 벤젠과 톨루엔 중 인화온도가 낮은 것은 톨루엔이다.
② 다이에틸에터는 휘발성이 높으며 마취성이 있다.
③ 에틸알코올은 물이 조금이라도 섞이면 불연성 액체가 된다.
④ 휘발유는 전기부도체이다.

> 다이에틸에터는 무색의 유동하지 않은 액체이며 단맛, 자극적인 냄새를 가진다. 또한 휘발성이 높고 마취성이 있다.

41 다음 중 산을 가하면 이산화염소를 발생시키는 물질은?

① 아염소산나트륨
② 브로민산나트륨
③ 옥소산칼륨(아이오딘산칼륨)
④ 다이크로뮴산나트륨

> • $3NaClO_2 + 2HCl \rightarrow 3NaCl + 2ClO_2 + H_2O_2$
> • 아염소산나트륨이 염산과 만나면 염화나트륨, 이산화염소, 과산화수소가 발생한다.

42 용량 50만L 이상의 옥외탱크저장소에 대하여 변경허가를 받고자 할 때 한국소방산업기술원으로부터 탱크의 기초·지반 및 탱크본체에 대한 기술검토를 받아야 한다. 다만, 소방청장이 고시하는 부분적인 사항의 변경하는 경우에는 기술검토가 면제되는데 다음 중 기술검토가 면제되는 경우가 아닌 것은?

① 노즐, 맨홀을 포함한 동일한 형태의 지붕판의 교체
② 탱크 밑판에 있어서 밑판 표면적의 50% 미만의 육성 보수공사
③ 탱크의 옆판 중 최하단 옆판에 있어서 옆판 표면적의 30% 이내의 교체
④ 옆판 중심선의 600mm 이내의 밑판에 있어서 밑판의 원주길이 10% 미만에 해당하는 밑판의 교체

> 최하단 옆판을 교체하는 경우 옆판 표면적의 10% 이내로 교체한다.

정답   36 ②   37 ④   38 ③   39 ③   40 ②   41 ①   42 ③

43 크레오소트유에 대한 설명으로 틀린 것은?

① 제3석유류에 속한다.
② 무취이고 증기는 독성이 없다.
③ 상온에서 액체이다.
④ 물보다 무겁고 물에 녹지 않는다.

> 증기는 독성이 있다.

44 이동탱크저장소의 위험물 운송에 있어서 운송책임자의 감독, 지원을 받아 운송하여야 하는 위험물은? ★빈출

① 알킬알루미늄
② 금속나트륨
③ 메틸에틸케톤
④ 트라이나이트로톨루엔

> 운송하는 위험물이 알킬알루미늄, 알킬리튬이거나 이 둘을 함유하는 위험물일 때에는 운송책임자의 감독 또는 지원을 받아 이를 운송하여야 한다.

45 복수의 성상을 가지는 위험물에 대한 품명지정의 기준상 유별의 연결이 틀린 것은?

① 산화성 고체의 성상 및 가연성 고체의 성상을 가지는 경우 : 가연성 고체
② 산화성 고체의 성상 및 자기반응성 물질의 성상을 가지는 경우 : 자기반응성 물질
③ 가연성 고체의 성상과 자연발화성 물질의 성상 및 금수성 물질의 성상을 가지는 경우 : 자연발화성 물질 및 금수성 물질
④ 인화성 액체의 성상 및 자기반응성 물질의 성상을 가지는 경우 : 인화성 액체

> 복수성상의 위험물 기준
> • 위험물 위험 순서 : 1 < 2 < 4 < 3 < 5 < 6
> • 인화성 액체(4류) < 자기반응성 물질(5류)

46 위험물안전관리법상 설치허가 및 완공검사절차에 관한 설명으로 틀린 것은?

① 지정수량의 1천배 이상의 위험물을 취급하는 제조소는 한국소방산업기술원으로부터 당해 제조소의 구조·설비에 관한 기술검토를 받아야 한다.
② 저장용량이 50만 리터 이상인 옥외탱크저장소는 한국소방산업기술원으로부터 당해 탱크의 기초·지반, 탱크본체 및 소화설비에 관한 기술검토를 받아야 한다.
③ 지정수량의 1천배 이상의 제4류 위험물을 취급하는 일반취급소의 설치 또는 변경에 따른 완공검사는 한국소방산업기술원이 실시한다.
④ 저장용량이 50만 리터 이상인 옥외탱크저장소의 완공검사는 한국소방산업기술원에 위탁한다.

> 위험물안전관리법 시행령 제22조(업무의 위탁)에 의해 지정수량의 1천배 이상의 위험물을 취급하는 제조소 또는 일반취급소의 설치 또는 변경에 따른 완공검사는 기술원에 위탁한다.

47 위험물안전관리법령상 할로겐화합물 소화기가 적응성이 있는 위험물은?

① 나트륨
② 질산메틸
③ 이황화탄소
④ 과산화나트륨

> 할로겐화합물 소화기는 특정 유형의 화재에 적응성이 있으며, 특히 제4류 위험물(예: 이황화탄소)에 효과적으로 사용된다. 할로겐화합물 소화기는 소화할 때 산소를 차단하고 화재를 진압하는 동시에 물리적인 냉각작용을 한다. 주요 특징은 물과 반응하지 않고, 화학적 작용 없이 질식소화하는 방식이라는 점인데, 이러한 소화기는 전기 화재나 인화성 액체 소화에 적합하다.

정답   43 ② 44 ① 45 ④ 46 ③ 47 ③

48 다음은 위험물안전관리법령에서 정의한 동식물유류에 관한 내용이다. ( )에 알맞은 수치는?

> 동물의 지육 등 또는 식물의 종자나 과육으로부터 추출한 것으로서 1기압에서 인화점이 섭씨 ( )도 미만인 것을 말한다.

① 21
② 200
③ 250
④ 300

> 동식물유류는 동물의 지육 등 또는 식물의 종자나 과육으로부터 추출한 것으로서 1기압에서 인화점이 섭씨 250도 미만인 것을 말한다.

49 지하탱크저장소 탱크전용실의 안쪽과 지하저장탱크와의 사이는 몇 m 이상의 간격을 유지하여야 하는가?

① 0.1
② 0.2
③ 0.3
④ 0.5

> 지하저장탱크와 탱크전용실의 안쪽과의 사이는 0.1m 이상의 간격을 유지한다.

50 이황화탄소에 대한 설명으로 틀린 것은?

① 순수한 것은 황색을 띠고 냄새가 없다.
② 증기는 유독하며 신경계통에 장애를 준다.
③ 물에 녹지 않는다.
④ 연소 시 유독성의 가스를 발생한다.

> 순수한 이황화탄소는 무색투명하고 냄새가 없다.

51 벤젠을 저장하는 옥외탱크저장소가 액표면적이 45m²인 경우 소화난이도등급은?

① 소화난이도등급 Ⅰ
② 소화난이도등급 Ⅱ
③ 소화난이도등급 Ⅲ
④ 제시된 조건으로 판단할 수 없음

> 액표면적이 40m² 이상이면 소화난이도등급은 Ⅰ이다.

52 위험물옥외저장탱크의 통기관에 관한 사항으로 옳지 않은 것은?

① 밸브 없는 통기관의 지름은 30mm 이상으로 한다.
② 대기밸브부착 통기관은 항시 열려 있어야 한다.
③ 밸브 없는 통기관의 끝부분은 수평면보다 45도 이상 구부려 빗물 등의 침투를 막는 구조로 한다.
④ 대기밸브부착 통기관은 5kPa 이하의 압력 차이로 작동할 수 있어야 한다.

> 대기밸브는 탱크 내부의 압력조절을 위해 작동하는 장치로, 항시 열려 있는 것이 아니라 탱크 내외부의 압력 차가 일정 수준에 도달했을 때 자동으로 열리고 닫히는 구조를 가진다.

53 제3류 위험물 중 은백색 광택이 있고 노란색 불꽃을 내며 연소하며 비중이 약 0.97, 융점이 97.7℃인 물질의 지정수량은 몇 kg인가?

① 10
② 20
③ 50
④ 300

> 나트륨(3류 위험물)의 지정수량 : 10kg

54 위험물에 대한 설명으로 옳은 것은?

① 이황화탄소는 연소 시 유독성 황화수소가스를 발생한다.
② 다이에틸에터는 물에 잘 녹지 않지만 유지 등을 잘 녹이는 용제이다.
③ 등유는 가솔린보다 인화점이 높으나, 인화점은 0℃ 미만이므로 인화의 위험성은 매우 높다.
④ 경유는 등유와 비슷한 성질을 가지지만 증기비중이 공기보다 가볍다는 차이점이 있다.

> 다이에틸에터는 인화성과 휘발성을 띠는 무색의 액체이다. 물에는 녹지 않으나 지방질을 잘 용해시킨다.

정답 48 ③ 49 ① 50 ① 51 ① 52 ② 53 ① 54 ②

55 위험물안전관리법에서 사용하는 용어의 정의 중 틀린 것은?

① "지정수량"이라 함은 위험물의 종류별로 위험성을 고려하여 대통령령이 정하는 수량을 말한다.
② "제조소"라 함은 위험물을 제조할 목적으로 지정 수량 이상의 위험물을 취급하기 위하여 규정에 따라 허가를 받은 장소를 말한다.
③ "저장소"라 함은 지정수량 이상의 위험물을 저장하기 위한 대통령령이 정하는 장소로서 규정에 따라 허가를 받은 장소를 말한다.
④ "제조소등"이라 함은 제조소, 저장소 및 이동탱크를 말한다.

> "제조소등"이라 함은 제조소, 저장소 및 취급소를 말한다.

56 제1류 위험물에 해당하지 않는 것은?

① 납의 산화물
② 질산구아니딘
③ 퍼옥소이황산염류
④ 염소화아이소사이아누르산

> 질산구아니딘은 제5류 위험물이다.

57 위험물 저장탱크의 공간용적은 탱크 내용적의 얼마 이상, 얼마 이하로 하는가?

① 2/100 이상, 3/100 이하
② 2/100 이상, 5/100 이하
③ 5/100 이상, 10/100 이하
④ 10/100 이상, 20/100 이하

> 일반적으로 탱크의 공간용적은 탱크 내용적의 5/100 이상 10/100 이하로 한다.

58 과망가니즈산칼륨의 일반적인 성질에 관한 설명 중 틀린 것은?

① 강한 살균력과 산화력이 있다.
② 금속성 광택이 있는 무색의 결정이다.
③ 가열분해시키면 산소를 방출한다.
④ 비중은 약 2.7이다.

> 과망가니즈산칼륨은 금속성 광택이 있는 보라색 결정이다.

59 제조소의 게시판 사항 중 위험물의 종류에 따른 주의사항이 옳게 연결된 것은? 🏷빈출

① 제2류 위험물(인화성 고체 제외) – 화기엄금
② 제3류 위험물 중 금수성 물질 – 물기엄금
③ 제4류 위험물 – 화기주의
④ 제5류 위험물 – 물기엄금

> • 제3류 위험물 중 금수성 물질 : 물기엄금
> • 제3류 위험물 중 자연발화성 물질 : 화기엄금

60 제5류 위험물이 아닌 것은?

① 클로로벤젠 ② 과산화벤조일
③ 염산하이드라진 ④ 아조벤젠

> 클로로벤젠은 제4류 위험물이다.

01 위험물을 취급함에 있어서 정전기가 발생할 우려가 있는 설비에 정전기를 유효하게 제거할 수 있는 방법에 해당하지 않는 것은? ★빈출

① 위험물의 유속을 높이는 방법
② 공기를 이온화하는 방법
③ 공기 중의 상대습도를 70% 이상으로 하는 방법
④ 접지에 의한 방법

정전기 방지대책
• 접지에 의한 방법
• 공기를 이온화함
• 공기 중의 상대습도를 70% 이상으로 함
• 위험물이 느린 유속으로 흐를 때

02 이산화탄소 소화기의 특징에 대한 설명으로 틀린 것은?

① 소화약제에 의한 오손이 거의 없다.
② 약제 방출 시 소음이 없다.
③ 전기화재에 유효하다.
④ 장시간 저장해도 물성의 변화가 거의 없다.

이산화탄소 소화기는 분출압력이 높아 소음이 심하다.

03 위험물의 화재위험에 관한 제반조건을 설명한 것으로 옳은 것은?

① 인화점이 높을수록, 연소범위가 넓을수록 위험하다.
② 인화점이 낮을수록, 연소범위가 좁을수록 위험하다.
③ 인화점이 높을수록, 연소범위가 좁을수록 위험하다.
④ 인화점이 낮을수록, 연소범위가 넓을수록 위험하다.

위험물은 인화점이 낮을수록, 연소범위가 넓을수록 위험하다.

04 위험물안전관리자를 해임한 후 며칠 이내에 후임자를 선임하여야 하는가?

① 14일
② 15일
③ 20일
④ 30일

제조소등의 관계인은 그 안전관리자를 해임하거나 안전관리자가 퇴직한 때에는 해임하거나 퇴직한 날부터 30일 이내에 다시 안전관리자를 선임하여야 한다.

05 옥외탱크저장에 연소성 혼합기체의 생성에 의한 폭발을 방지하기 위하여 불활성의 기체를 봉입하는 장치를 설치하여야 하는 위험물질은?

① $CH_3COC_2H_5$
② C_5H_5N
③ CH_3CHO
④ C_6H_5Cl

아세트알데하이드의 저장방법
• 연소되지 않는 불연성 물질을 첨가한다.
• 불연성 물질에는 질소, 아르곤, 이산화탄소 등이 있다.

06 다음 중 화재 시 사용하면 독성의 $COCl_2$ 가스를 발생시킬 위험이 가장 높은 소화약제는?

① 액화 이산화탄소
② 제1종 분말
③ 사염화탄소
④ 공기포

사염화탄소 화재 시 포스겐가스($COCl_2$)를 발생한다.

정답   01 ①   02 ②   03 ④   04 ④   05 ③   06 ③

07 위험물안전관리법령상 탄산수소염류의 분말 소화기가 적응성을 갖는 위험물이 아닌 것은?

① 과염소산   ② 철분
③ 톨루엔   ④ 아세톤

> 과염소산은 제6류 위험물이므로 다량의 물을 이용한 냉각소화를 한다.

08 지정수량 10배의 위험물을 저장 또는 취급하는 제조소에 있어서 연면적이 최소 몇 m²이면 자동화재탐지설비를 설치해야 하는가?

① 100   ② 300
③ 500   ④ 1,000

> 제조소의 자동화재탐지설비 설치기준
> • 연면적이 500m² 이상인 것
> • 옥내에서 지정수량의 100배 이상을 취급하는 것
> • 일반취급소로 사용되는 부분 외의 부분이 있는 건축물에 설치된 일반취급소

09 황린에 대한 설명으로 옳지 않은 것은?

① 연소하면 악취가 있는 물질이 생성되고 이는 검은색 연기를 낸다.
② 공기 중에서 자연발화할 수 있다.
③ 수중에 저장하여야 한다.
④ 자체 증기도 유독하다.

> 황린은 연소 시 오산화인의 흰 연기가 생긴다.

10 위험물의 유별에 따른 성질과 해당 품명의 예가 잘못 연결된 것은?

① 제1류 : 산화성 고체 – 무기과산화물
② 제2류 : 가연성 고체 – 금속분
③ 제3류 : 자연발화성 물질 및 금수성 물질 – 황화인
④ 제5류 : 자기반응성 물질 – 하이드록실아민염류

> 황화인은 제2류 위험물이다.

11 자기반응성 물질의 화재예방법으로 가장 거리가 먼 것은?

① 마찰을 피한다.
② 불꽃의 접근을 피한다.
③ 고온체로 건조시켜 보관한다.
④ 운반용기 외부에 "화기엄금" 및 "충격주의"를 표시한다.

> 자기반응성 물질은 제5류 위험물로 화염, 불꽃 등의 점화원의 엄금 및 가열, 충격, 타격, 마찰 등을 피하고 가급적 소분하여 저장하며 용기의 파손 및 위험물의 누출을 방지한다.

12 가연성 고체의 미세한 입자가 일정 농도 이상 공기 중에 분산되어 있을 때 점화원에 의하여 연소폭발되는 현상은?

① 분진폭발   ② 산화폭발
③ 분해폭발   ④ 중합폭발

> 공기 중에 퍼져 있는 분진이 점화원에 의해 폭발하는 현상을 분진폭발이라 한다.

13 액화 이산화탄소 1kg이 25℃, 2atm에서 방출되어 모두 기체가 되었다. 방출된 기체상의 이산화탄소 부피는 약 몇 L인가?

① 278   ② 556
③ 1,111   ④ 1,985

> • $PV = \dfrac{wRT}{M}$
>
> • $V = \dfrac{wRT}{PM}$
>
> $\quad = \dfrac{1,000 \times 0.082 \times 298}{2 \times 44} = 277.681L$
>
> P = 압력, V = 부피, w = 질량, M = 분자량, R = 기체상수(0.082를 곱한다), T = 절대온도(℃를 환산하기 위해 273을 더한다)

정답　07 ①　08 ③　09 ①　10 ③　11 ③　12 ①　13 ①

14 금속분의 화재 시 주수해서는 안 되는 이유로 가장 옳은 것은?

① 산소가 발생하기 때문에
② 수소가 발생하기 때문에
③ 질소가 발생하기 때문에
④ 유독가스가 발생하기 때문에

> 금속분이 물과 반응하면 수소가 발생하며 폭발 위험이 있으므로 주수소화를 금지한다.

15 제조소의 옥외에 모두 3기의 휘발유 취급탱크를 설치하고 그 주위에 방유제를 설치하고자 한다. 방유제 안에 설치하는 각 취급탱크의 용량이 5만L, 3만L, 2만L일 때 필요한 방유제의 용량은 몇 L 이상인가?

① 66,000   ② 60,000
③ 33,000   ④ 30,000

> 제조소 옥외의 위험물취급탱크의 방유제 용량
> (최대 탱크용량 × 0.5) + (나머지 탱크용량 × 0.1)
> = 50,000 × 0.5 + (30,000 + 20,000) × 0.1
> = 30,000L

16 옥외저장소에 덩어리 상태의 황을 지반면에 설치한 경계표시의 안쪽에서 저장 또는 취급할 경우 하나의 경계표시의 내부면적은 몇 m² 이하이어야 하는가?

① 75   ② 100
③ 300   ④ 500

> 옥외저장소에 덩어리 상태의 황을 지반면에 설치한 경계표시의 안쪽에서 저장 또는 취급할 경우 하나의 경계표시의 내부면적은 100m² 이하이어야 한다.

17 연소의 종류와 가연물을 틀리게 연결한 것은?

① 증발연소 – 가솔린, 알코올
② 표면연소 – 코크스, 목탄
③ 분해연소 – 목재, 종이
④ 자기연소 – 에테르, 나프탈렌

> 에테르, 나프탈렌은 증발연소이다.

18 다음 중 발화점이 낮아지는 경우는?

① 화학적 활성도가 낮을 때
② 발열량이 클 때
③ 산소와 친화력이 나쁠 때
④ CO₂와 친화력이 높을 때

> 발화점이 낮아지는 조건
> • 화학적 활성도가 클수록
> • 발열량이 클수록
> • 산소 농도가 클수록
> • 물질의 산소친화도가 높을수록
> • 이산화탄소와 친화도가 낮을수록
> • 열전도율이 낮을수록

19 다음 중 물과 접촉하면 열과 산소가 발생하는 것은?

① $NaClO_2$ ② $NaClO_3$
③ $KMnO_4$ ④ Na_2O_2

> 과산화나트륨과 물의 반응식
> • $2Na_2O_2 + 2H_2O \rightarrow 4NaOH + O_2 + $ 발열
> • 과산화나트륨은 물과 반응하면 수산화나트륨과 산소, 열을 발생한다.

20 화재종류 중 금속화재에 해당하는 것은?

① A급   ② B급
③ C급   ④ D급

화재의 종류		
급수	화재	색상
A	일반	백색
B	유류	황색
C	전기	청색
D	금속	무색

정답 14 ②   15 ④   16 ②   17 ④   18 ②   19 ④   20 ④

21 금속나트륨의 올바른 취급으로 가장 거리가 먼 것은?

① 보호액 속에서 노출되지 않도록 주의한다.
② 수분 또는 습기와 접촉되지 않도록 주의한다.
③ 용기에서 꺼낼 때는 손을 깨끗이 닦고 만져야 한다.
④ 다량 연소하면 소화가 어려우므로 가급적 소량으로 나누어 저장한다.

금속나트륨은 수분, 습기와 반응하여 폭발할 수 있으므로 손으로 만지지 않는다.

22 인화점이 100℃보다 낮은 물질은?

① 아닐린
② 에틸렌글리콜
③ 글리세린
④ 실린더유

• 아닐린 : 75℃
• 에틸렌글리콜 : 111℃
• 글리세린 : 160℃
• 실린더유 : 200℃

23 아세톤의 성질에 관한 설명으로 옳은 것은?

① 비중은 1.02이다.
② 물에 불용이고, 에테르에 잘 녹는다.
③ 증기 자체는 무해하나, 피부에 닿으면 탈지작용이 있다.
④ 인화점이 0℃보다 낮다.

아세톤은 수용성이고 인화점은 –18℃이다.

24 그림과 같은 위험물 저장탱크의 내용적은 약 몇 m³인가? (단, 공간용적은 내용적의 10/100이다.)

① 4,681
② 5,482
③ 5,652
④ 7,080

위험물저장탱크의 내용적

$V = \pi r^2 \times (1 + \dfrac{l_1 + l_2}{3})(1 - 공간용적)$

= 원의 면적 × (가운데 체적길이 + $\dfrac{양끝\ 체적길이의\ 합}{3}$)

(1 – 공간용적)

= $3.14 \times 10^2 \times (18 + 2)(1 - 0.1) = 5,652 m^3$

25 제3류 위험물인 칼륨의 성질이 아닌 것은?

① 물과 반응하여 수산화물과 수소를 만든다.
② 원자가전자가 2개로 쉽게 2가의 양이온이 되어 반응한다.
③ 원자량은 약 39이다.
④ 은백색 광택을 가지는 연하고 가벼운 고체로 칼로 쉽게 잘라진다.

칼륨은 제1족 원소이므로 원자가전자는 1개이다.

정답   21 ③   22 ①   23 ④   24 ③   25 ②

26 「자동화재탐지설비 일반점검표」의 점검내용이 "변형·손상 유무, 표시의 적부, 경계구역일람도의 적부, 기능의 적부"인 점검항목은?

① 감지기　　　　　　　② 중계기
③ 수신기　　　　　　　④ 발신기

> 자동화재탐지설비 일반점검표 중 수신기 점검내용
> • 변형·손상 유무
> • 표시의 적부
> • 경계구역일람도의 적부
> • 기능의 적부

27 제4류 위험물의 일반적 성질에 대한 설명으로 틀린 것은?

① 발생증기가 가연성이며 공기보다 무거운 물질이 많다.
② 정전기에 의하여도 인화할 수 있다.
③ 상온에서 액체이다.
④ 전기도체이다.

> 제4류 위험물은 전기부도체이다.

28 제5류 위험물의 일반적인 성질에 대한 설명 중 틀린 것은?

① 자기연소를 일으키며 연소속도가 빠르다.
② 무기물이므로 폭발의 위험이 있다.
③ 운반용기 외부에 "화기엄금" 및 "충격주의" 주의사항 표시를 하여야 한다.
④ 강산화제 또는 강산류와 접촉 시 위험성이 증가한다.

> 제5류 위험물은 유기화합물로 자기연소를 일으키며 연소속도가 빠르다.

29 다음 ( ) 안에 들어갈 알맞은 단어는?

> 보냉장치가 있는 이동저장탱크에 저장하는 아세트알
> 데하이드등 또는 다이에틸에터등의 온도는 당해 위
> 험물의 ( ) 이하로 유지하여야 한다.

① 비점　　　　　　　　② 인화점
③ 융해점　　　　　　　④ 발화점

> 보냉장치가 있는 이동저장탱크에 저장하는 아세트알데하이드등 또는 다이에틸에터등의 온도는 당해 위험물의 비점 이하로 유지하여야 한다.

30 트라이나이트로톨루엔에 관한 설명으로 옳지 않은 것은?

① 일광을 쪼이면 갈색으로 변한다.
② 녹는점은 약 81℃이다.
③ 아세톤에 잘 녹는다.
④ 비중은 약 1.8인 액체이다.

> 트라이나이트로톨루엔의 비중은 약 1.66이다.

31 제2류 위험물 중 지정수량이 잘못 연결된 것은?

① 황 - 100kg
② 철분 - 500kg
③ 금속분 - 500kg
④ 인화성 고체 - 500kg

> 인화성 고체의 지정수량 : 1,000kg

32 위험물안전관리법령상 위험물의 운반에 관한 기준에 따르면 지정수량 얼마 이하의 위험물에 대하여는 "유별을 달리하는 위험물의 혼재기준"을 적용하지 아니하여도 되는가?

① 1/2　　　　　　　　② 1/3
③ 1/5　　　　　　　　④ 1/10

> 유별을 달리하는 위험물의 혼재기준은 지정수량의 1/10 이하의 위험물에 대하여는 적용하지 아니한다.

정답　26 ③　27 ④　28 ②　29 ①　30 ④　31 ④　32 ④

33 제2류 위험물과 산화제를 혼합하면 위험한 이유로 가장 적합한 것은?

① 제2류 위험물이 가연성 액체이기 때문에
② 제2류 위험물이 환원제로 작용하기 때문에
③ 제2류 위험물은 자연발화의 위험이 있기 때문에
④ 제2류 위험물은 물 또는 습기를 잘 머금고 있기 때문에

> 제2류 위험물은 환원성 물질이므로 산화제와 혼합 시 충격 등에 의하여 폭발할 위험이 있다.

34 상온에서 액상인 것으로만 나열된 것은?

① 나이트로셀룰로오스, 나이트로글리세린
② 질산에틸, 나이트로글리세린
③ 질산에틸, 피크린산
④ 나이트로셀룰로오스, 셀룰로이드

품명	위험물	상태
질산에스터류	질산메틸 질산에틸 나이트로글리콜 나이트로글리세린	액체
	나이트로셀룰로오스 셀룰로이드	고체
나이트로화합물	트라이나이트로톨루엔 트라이나이트로페놀 다이나이트로벤젠 테트릴	고체

35 위험물안전관리법상 제3석유류의 판단 기준은?

① 1기압에서 인화점이 섭씨 70도 이상 200도 미만인 것
② 1기압에서 인화점이 섭씨 21도 미만인 것
③ 1기압에서 인화점이 섭씨 200도 이상 250도 미만인 것
④ 1기압에서 발화점이 섭씨 100도 이하인 것

> 제3석유류의 위험물 기준
> 중유, 크레오소트유, 그 밖에 1기압에서 인화점이 섭씨 70도 이상 200도 미만인 것

36 적린에 관한 설명 중 틀린 것은?

① 물에 잘 녹는다.
② 화재 시 물로 냉각소화할 수 있다.
③ 황린에 비해 안정하다.
④ 황린과 동소체이다.

> 적린은 브로민화인에 녹고 물, 이황화탄소, 에테르 등에는 녹지 않는다.

37 탄화칼슘에 대한 설명으로 틀린 것은?

① 시판품은 흑회색이며 불규칙한 형태의 고체이다.
② 물과 작용하여 산화칼슘과 아세틸렌을 만든다.
③ 고온에서 질소와 반응하여 칼슘시안아미드(석회질소)가 생성된다.
④ 비중은 약 2.2이다.

> 탄화칼슘과 물의 반응식
> • $CaC_2 + 2H_2O \rightarrow Ca(OH)_2 + C_2H_2$
> • 탄화칼슘은 물과 반응하여 수산화칼슘과 아세틸렌을 발생한다.

38 그림과 같이 횡으로 설치한 원형탱크의 용량은 약 몇 m³인가? (단, 공간용적은 내용적의 10/100이다.)

① 1,690.9
② 1,335.1
③ 1,268.4
④ 1,201.1

> 위험물저장탱크의 내용적
> $$V = \pi r^2 \times \left(1 + \frac{l_1 + l_2}{3}\right)(1 - 공간용적)$$
> $$= 원의 면적 \times \left(가운데 체적길이 + \frac{양끝 체적길이의 합}{3}\right)(1 - 공간용적)$$
> $$= 3.14 \times 5^2 \times (15 + 2)(1 - 0.1) = 1,201.05m^3$$

정답   33 ②   34 ②   35 ①   36 ①   37 ②   38 ④

39 하나의 위험물저장소에 다음과 같이 2가지 위험물을 저장하고 있다. 지정수량 이상에 해당하는 것은?

① 브로민산칼륨 800kg, 염소산칼륨 400kg
② 질산 100kg, 과산화수소 150kg
③ 질산칼륨 120kg, 다이크로뮴산나트륨 500kg
④ 휘발유 20L, 윤활유 2,000L

> • 브로민산칼륨의 지정수량 : 300kg
> • 염소산칼륨의 저정수량 : 50kg

40 알킬알루미늄등 또는 아세트알데하이드등을 취급하는 제조소의 특례기준으로서 옳은 것은?

① 알킬알루미늄등을 취급하는 설비에는 불활성 기체 또는 수증기를 봉입하는 장치를 설치한다.
② 알킬알루미늄등을 취급하는 설비는 은·수은·동·마그네슘을 성분으로 하는 것으로 만들지 않는다.
③ 아세트알데하이드등을 취급하는 탱크에는 냉각장치 또는 보냉장치 및 불활성 기체 봉입장치를 설치한다.
④ 아세트알데하이드등을 취급하는 설비의 주위에는 누설범위를 국한하기 위한 설비와 누설되었을 때 안전한 장소에 설치된 저장실에 유입시킬 수 있는 설비를 갖춘다.

> • 알킬알루미늄등을 취급하는 제조소의 특례
> – 알킬알루미늄등을 취급하는 설비의 주위에는 누설범위를 국한하기 위한 설비와 누설된 알킬알루미늄등을 안전한 장소에 설치된 저장실에 유입시킬 수 있는 설비를 갖출 것
> – 알킬알루미늄등을 취급하는 설비에는 불활성 기체를 봉입하는 장치를 갖출 것
> • 아세트알데하이드등을 취급하는 제조소의 특례
> – 아세트알데하이드등을 취급하는 설비는 은, 수은, 동, 마그네슘 또는 이들을 성분으로 하는 합금으로 만들지 아니할 것
> – 아세트알데하이드등을 취급하는 설비에는 연소성 혼합기체의 생성에 의한 폭발을 방지하기 위한 불활성 기체 또는 수증기를 봉입하는 장치를 갖출 것
> – 아세트알데하이드등을 취급하는 탱크에는 냉각장치 또는 저온을 유지하기 위한 장치(보냉장치) 및 연소성 혼합기체의 생성에 의한 폭발을 방지하기 위한 불활성 기체를 봉입하는 장치를 갖출 것

41 이동탱크저장소에 의한 위험물의 운송 시 준수하여야 하는 기준에서 다음 중 어떤 위험물을 운송할 때 위험물운송자는 위험물안전카드를 휴대하여야 하는가? <mark>빈출</mark>

① 특수인화물 및 제1석유류
② 알코올류 및 제2석유류
③ 제3석유류 및 동식물유류
④ 제4석유류

> 위험물(제4류 위험물에 있어서는 특수인화물 및 제1석유류만 해당) 운송자는 위험물안전카드를 휴대하여야 한다.

42 제6류 위험물의 위험성에 대한 설명으로 틀린 것은?

① 질산을 가열할 때 발생하는 적갈색 증기는 무해하지만 가연성이며 폭발성이 강하다.
② 고농도의 과산화수소는 충격, 마찰에 의해서 단독으로도 분해폭발할 수 있다.
③ 과염소산은 유기물과 접촉 시 발화 또는 폭발할 위험이 있다.
④ 과산화수소는 햇빛에 의해서 분해되며, 촉매(MnO_2) 하에서 분해가 촉진된다.

> 발연질산은 빛과 열의 작용으로 붉은 유해한 갈색연기를 낸다.

43 지정수량의 10배 이상의 위험물을 취급하는 제조소에는 피뢰침을 설치하여야 하지만 제 몇 류 위험물을 취급하는 경우는 이를 제외할 수 있는가?

① 제2류 위험물
② 제4류 위험물
③ 제5류 위험물
④ 제6류 위험물

> 피뢰침 설치 시 확인해야 할 주의점
> • 지정수량의 10배 이상 취급 시 설치한다.
> • 제6류 위험물을 취급하는 경우는 제외한다.

<mark>정답</mark>　　39 ①　40 ③　41 ①　42 ①　43 ④

44 위험물안전관리법령상 품명이 질산에스터류에 속하지 않는 것은?

① 질산에틸
② 나이트로글리세린
③ 트라이나이트로톨루엔
④ 나이트로셀룰로오스

품명	위험물	상태
질산에스터류	질산메틸 질산에틸 나이트로글리콜 나이트로글리세린	액체
	나이트로셀룰로오스 셀룰로이드	고체
나이트로화합물	트라이나이트로톨루엔 트라이나이트로페놀 다이나이트로벤젠 테트릴	고체

45 「제조소 일반점검표」에 기재되어 있는 위험물 취급설비 중 안전장치의 점검내용이 아닌 것은?

① 회전부 등의 급유상태의 적부
② 부식·손상 유무
③ 고정상황의 적부
④ 기능의 적부

제조소 일반점검표 중 안전장치 점검내용
• 부식·손상 유무
• 고정상황의 적부
• 기능의 적부

46 주유취급소에 설치하는 "주유 중 엔진정지"라는 표시를 한 게시판의 바탕과 문자의 색상을 차례대로 옳게 나타낸 것은?

① 황색, 흑색
② 흑색, 황색
③ 백색, 흑색
④ 흑색, 백색

주유취급소에 설치하는 "주유 중 엔진정지"라는 표시는 황색바탕에 흑색문자로 나타낸다.

47 고형알코올 2,000kg과 철분 1,000kg의 각각 지정수량 배수의 총합은 얼마인가?

① 3
② 4
③ 5
④ 6

• 고형알코올(2류)의 지정수량 : 1,000kg
• 철분(2류)의 지정수량 : 500kg

$$\therefore \ \text{지정수량} = \frac{2{,}000}{1{,}000} + \frac{1{,}000}{500} = 4\text{배}$$

48 제3류 위험물에 해당하는 것은?

① NaH
② Al
③ Mg
④ P_4S_3

• 수산화나트륨(NaH)은 제3류 위험물이다.
• 알루미늄(Al), 마그네슘(Mg), 삼황화인(P_4S_3)은 제2류 위험물이다.

49 금속나트륨, 금속칼륨 등을 보호액 속에 저장하는 이유를 가장 옳게 설명한 것은?

① 온도를 낮추기 위하여
② 승화하는 것을 막기 위하여
③ 공기와의 접촉을 막기 위하여
④ 운반 시 충격을 적게 하기 위하여

금속나트륨과 금속칼륨은 공기와의 접촉을 막기 위해 석유, 등유 등의 산소가 함유되지 않은 보호액(석유류)에 저장한다.

정답   44 ③   45 ①   46 ①   47 ②   48 ①   49 ③

50 나이트로셀룰로오스의 저장·취급방법으로 옳은 것은?

① 건조한 상태로 보관하여야 한다.
② 물 또는 알코올 등을 첨가하여 습윤시켜야 한다.
③ 물기에 접촉하면 위험하므로 제습제를 첨가하여야 한다.
④ 알코올에 접촉하면 자연발화의 위험이 있으므로 주의하여야 한다.

> 나이트로셀룰로오스는 저장 시 열원, 충격, 마찰 등을 피하고 물 또는 알코올 등을 첨가하여 냉암소에 저장하여야 한다.

51 제조소의 건축물 구조기준 중 연소의 우려가 있는 외벽은 출입구 외의 개구부가 없는 내화구조의 벽으로 하여야 한다. 이때 연소의 우려가 있는 외벽은 제조소가 설치된 부지의 경계선에서 몇 m 이내에 있는 외벽을 말하는가? (단, 단층건물일 경우이다.)

① 3   ② 4
③ 5   ④ 6

> 연소의 우려가 있는 외벽은 단층건물일 경우 제조소가 설치된 부지의 경계선에서 3m 이내에 있는 외벽을 말한다.

52 위험물의 유별과 성질을 잘못 연결한 것은?

① 제2류 – 가연성 고체
② 제3류 – 자연발화성 및 금수성 물질
③ 제5류 – 자기반응성 물질
④ 제6류 – 산화성 고체

> 제6류 위험물은 산화성 액체이다.

53 하이드록실아민을 취급하는 제조소에 두어야 하는 최소한의 안전거리(D)를 구하는 산식으로 옳은 것은? (단, N은 당해 제조소에서 취급하는 하이드록실아민의 지정수량 배수를 나타낸다.)

① $D = 40\sqrt[3]{N}$
② $D = 51.1\sqrt[3]{N}$
③ $D = 55\sqrt[3]{N}$
④ $D = 62.1\sqrt[3]{N}$

> 하이드록실아민의 안전거리 계산식
> $D = 51.1\sqrt[3]{N}$
> • D : 거리(m)
> • N : 해당 제조소에서 취급하는 하이드록실아민등의 지정수량의 배수

54 제3류 위험물 중 금수성 물질을 제외한 위험물에 적응성이 있는 소화설비가 아닌 것은?

① 분말 소화설비
② 스프링클러설비
③ 팽창질석
④ 포 소화설비

> • 금수성 물질의 소화에는 탄산수소염류 등을 이용한 분말 소화약제 등 금수성 위험물에 적응성이 있는 분말 소화약제를 이용한다.
> • 자연발화성만 가진 위험물의 소화에는 물 또는 강화액포와 같은 주수소화를 사용하는 것이 가능하며, 마른모래, 팽창질석 등 질식소화는 제3류 위험물 전체의 소화에 사용가능하다.

55 적린과 동소체 관계에 있는 위험물은?

① 오황화인   ② 인화알루미늄
③ 인화칼슘   ④ 황린

> 적린과 황린은 동소체 관계이다.

정답   50② 51① 52④ 53② 54① 55④

56 과산화수소에 대한 설명으로 틀린 것은?

① 불연성 물질이다.
② 농도가 약 3wt%이면 단독으로 분해폭발한다.
③ 산화성 물질이다.
④ 점성이 있는 액체로 물에 용해된다.

- 과산화수소란 그 농도가 36wt% 이상인 것을 말한다.
- 농도가 60wt%이면 단독으로 분해폭발한다.

57 제4류 위험물 중 제2석유류의 위험등급은?

① 위험등급 I의 위험물
② 위험등급 II의 위험물
③ 위험등급 III의 위험물
④ 위험등급 IV의 위험물

- 특수인화물의 위험등급 : I등급
- 제1석유류, 알코올류의 위험등급 : II등급
- 제2석유류, 제3석유류, 제4석유류, 동식물유류의 위험등급 : III등급

58 적린과 황의 공통되는 일반적 성질이 아닌 것은?

① 비중이 1보다 크다.
② 연소하기 쉽다.
③ 산화되기 쉽다.
④ 물에 잘 녹는다.

적린과 황은 물에 녹지 않는다.

59 셀룰로이드에 대한 설명으로 옳은 것은?

① 질소가 함유된 유기물이다.
② 질소가 함유된 무기물이다.
③ 유기의 염화물이다.
④ 무기의 염화물이다.

셀룰로이드는 질소가 함유된 유기물이다.

60 다음 중 무색투명한 휘발성 액체로서 물에 녹지 않고 물보다 무거워서 물 속에 보관하는 위험물은?

① 경유
② 황린
③ 황
④ 이황화탄소

이황화탄소는 무색투명한 휘발성 액체로서 가연성 증기의 발생을 억제하기 위해 물 속에 저장한다.

정답   56 ②   57 ③   58 ④   59 ①   60 ④

19 2018년 2회 CBT 기출복원문제

01 화재 시 이산화탄소를 사용하여 공기 중 산소의 농도를 21vol%에서 13vol%로 낮추려면 공기 중 이산화탄소의 농도는 약 몇 vol%가 되어야 하는가? ★빈출

① 34.3 ② 38.1
③ 42.5 ④ 45.8

이산화탄소 소화농도

$$\frac{21 - O_2}{21} \times 100$$

$$= \frac{21 - 13}{21} \times 100 = 38.1 vol\%$$

02 [보기]에서 소화기의 사용방법을 옳게 설명한 것을 모두 나열한 것은?

─────[보기]─────
ㄱ. 적응화재에만 사용할 것
ㄴ. 불과 최대한 멀리 떨어져서 사용할 것
ㄷ. 바람을 마주보고 풍하에서 풍상 방향으로 사용할 것
ㄹ. 양옆으로 비로 쓸 듯이 골고루 사용할 것

① ㄱ, ㄴ ② ㄱ, ㄷ
③ ㄱ, ㄹ ④ ㄱ, ㄷ, ㄹ

소화기 사용 방법
• 적응화재에 따라 사용
• 성능에 따라 방출거리 내에서 사용
• 바람을 등지고 사용
• 양옆으로 비로 쓸 듯이 방사

03 폭발 시 연소파의 전파속도 범위에 가장 가까운 것은?

① 0.1 ~ 10m/s
② 100 ~ 1000m/s
③ 2,000 ~ 3,500m/s
④ 5,000 ~ 10,000m/s

폭연과 폭굉의 전파속도
• 폭연(연소파) : 0.1 ~ 10m/s
• 폭굉(폭굉파) : 1,000 ~ 3,500m/s

04 화재 원인에 대한 설명으로 틀린 것은?

① 연소대상물의 열전도율이 좋을수록 연소가 잘 된다.
② 온도가 높을수록 연소 위험이 높아진다.
③ 화학적 친화력이 클수록 연소가 잘 된다.
④ 산소와 접촉이 잘 될수록 연소가 잘 된다.

열전도율이 작은 것일수록 연소하기 쉽다.

05 다음 고온체의 색깔을 낮은 온도부터 옳게 나열한 것은?

① 암적색 < 황적색 < 백적색 < 휘적색
② 휘적색 < 백적색 < 황적색 < 암적색
③ 휘적색 < 암적색 < 황적색 < 백적색
④ 암적색 < 휘적색 < 황적색 < 백적색

고온체 색깔의 온도순 나열
담암적색 < 암적색 < 적색 < 황색 < 휘적색 < 황적색 < 백적색 < 휘백색

정답 01② 02③ 03① 04① 05④

06 B, C급 화재뿐만 아니라 A급 화재까지도 사용이 가능한 분말 소화약제는? ✈빈출

① 제1종 분말 소화약제
② 제2종 분말 소화약제
③ 제3종 분말 소화약제
④ 제4종 분말 소화약제

분말 소화약제의 종류

약제명	주성분	적응화재	색상
제1종	탄산수소나트륨	BC	백색
제2종	탄산수소칼륨	BC	보라색
제3종	인산암모늄	ABC	담홍색
제4종	탄산수소칼륨 + 요소	BC	회색

07 식용유 화재 시 제1종 분말 소화약제를 이용하여 화재의 제어가 가능하다. 이때의 소화원리에 가장 가까운 것은?

① 촉매효과에 의한 질식소화
② 비누화 반응에 의한 질식소화
③ 아이오딘화에 의한 냉각소화
④ 가수분해 반응에 의한 냉각소화

탄산수소나트륨 소화약제는 염기성을 띄며 식용유와 반응하여 비누화 반응을 일으키는데 이는 질식효과가 있다.

08 가연성 물질과 주된 연소형태의 연결이 틀린 것은?

① 종이, 섬유 – 분해연소
② 셀룰로이드, TNT – 자기연소
③ 목재, 석탄 – 표면연소
④ 황, 알코올 – 증발연소

목재와 석탄은 분해연소를 한다.

09 할론 1301의 증기비중은? (단, 불소의 원자량은 19, 브로민의 원자량은 80, 염소의 원자량은 35.50이고 공기의 분자량은 29이다.)

① 2.14   ② 4.15
③ 5.14   ④ 6.15

- 할론넘버는 C, F, Cl, Br 순으로 매긴다.
- 할론 1301 = CF_3Br
- 증기비중 = $\dfrac{12 + (19 \times 3) + 80}{29}$ = 5.137

10 위험물안전관리법령상 간이탱크저장소에 대한 설명 중 틀린 것은?

① 간이저장탱크의 용량은 600리터 이하여야 한다.
② 하나의 간이탱크저장소에 설치하는 간이저장탱크는 5개 이하여야 한다.
③ 간이저장탱크는 두께 3.2mm 이상의 강판으로 흠이 없도록 제작하여야 한다.
④ 간이저장탱크는 70kPa의 압력으로 10분간의 수압시험을 실시하여 새거나 변형되지 않아야 한다.

하나의 간이탱크저장소에 설치하는 간이저장탱크는 그 수를 3 이하로 하고, 동일한 품질의 위험물의 간이저장탱크를 2 이상 설치하지 아니하여야 한다.

11 다음 중 위험물안전관리법령에 따른 소화설비의 구분에서 "물분무등소화설비"에 속하지 않는 것은? ✈빈출

① 불활성 가스 소화설비   ② 포 소화설비
③ 스프링클러설비   ④ 분말 소화설비

물분무등소화설비의 종류
- 물분무 소화설비
- 포 소화설비
- 불활성 가스 소화설비
- 할로겐화합물 소화설비
- 분말 소화설비

정답   06 ③   07 ②   08 ③   09 ③   10 ②   11 ③

12 산화제와 환원제를 연소의 4요소와 연관지어 연결한 것으로 옳은 것은?

① 산화제 – 산소공급원, 환원제 – 가연물
② 산화제 – 가연물, 환원제 – 산소공급원
③ 산화제 – 연쇄반응, 환원제 – 점화원
④ 산화제 – 점화원, 환원제 – 가연물

• 물질이 발화, 연소하는 데는 가연물, 산소공급원, 점화원, 연쇄반응의 4요소가 필요하다.
• 산화제는 산소공급원이고, 환원제는 가연물의 역할을 한다.

13 포 소화약제에 의한 소화방법으로 다음 중 가장 주된 소화효과는?

① 희석소화
② 질식소화
③ 제거소화
④ 자기소화

포 소화약제는 거품이 공기를 차단하는 질식소화효과와 포의 수분이 증발하면서 냉각하는 것을 이용한 냉각소화효과를 가진다.

14 위험물안전관리법령상 옥내주유취급소의 소화난이도등급은?

① I
② II
③ III
④ IV

옥내주유취급소는 소화난이도등급 II에 해당하는 제조소등이다.

15 다음 중 증발연소를 하는 물질이 아닌 것은?

① 황
② 석탄
③ 파라핀
④ 나프탈렌

석탄은 분해연소한다.

16 다음 중 가연물이 고체 덩어리보다 분말 가루일 때 위험성이 큰 이유로 가장 옳은 것은?

① 공기와 접촉 면적이 크기 때문이다.
② 열전도율이 크기 때문이다.
③ 흡열반응을 하기 때문이다.
④ 활성에너지가 크기 때문이다.

가연물이 고체 덩어리보다 분말 가루일 때 위험성이 큰 이유는 공기와 접촉 면적이 크기 때문이다.

17 소화약제로 사용할 수 없는 물질은?

① 이산화탄소
② 제1인산암모늄
③ 탄산수소나트륨
④ 브로민산암모늄

• 브로민산암모늄은 산화성 물질로서 가연물과 반응하여 폭발의 위험이 있기 때문에 소화약제로 사용될 수 없다.
• 이산화탄소(CO_2) : 주로 전기화재나 액체화재에서 사용되는 소화약제이다.
• 제1인산암모늄 : 제3종 분말 소화약제로, A, B, C급 화재에 사용할 수 있다.
• 탄산수소나트륨($NaHCO_3$) : 제1종 분말 소화약제로, B, C급 화재에 주로 사용할 수 있다.

18 제5류 위험물의 화재 시 적응성이 있는 소화설비는?

① 분말 소화설비
② 할로겐화합물 소화설비
③ 물분무 소화설비
④ 이산화탄소 소화설비

제5류 위험물은 물에 잘 녹으므로 주수소화한다.

19 위험물안전관리법에서 정한 정전기를 유효하게 제거할 수 있는 방법에 해당하지 않는 것은? 빈출

① 위험물 이송 시 배관 내 유속을 빠르게 하는 방법
② 공기를 이온화하는 방법
③ 접지에 의한 방법
④ 공기 중의 상대습도를 70% 이상으로 하는 방법

정전기 방지대책
• 접지에 의한 방법
• 공기를 이온화함
• 공기 중의 상대습도를 70% 이상으로 함
• 위험물이 느린 유속으로 흐를 때

정답 12① 13② 14② 15② 16① 17④ 18③ 19①

20 다음 중 물과 접촉하면 열과 산소가 발생하는 것은?

① NaClO₂ ② NaClO₃
③ KMnO₄ ④ Na₂O₂

과산화나트륨과 물의 반응식
• $2Na_2O_2 + 2H_2O \rightarrow 4NaOH + O_2 +$ 발열
• 과산화나트륨은 물과 반응하면 수산화나트륨과 산소 및 열이 발생한다.

21 위험물안전관리법령상 제조소등의 정기점검대상에 해당하지 않는 것은?

① 지정수량 15배의 제조소
② 지정수량 40배의 옥내탱크저장소
③ 지정수량 50배의 이동탱크저장소
④ 지정수량 20배의 지하탱크저장소

정기점검대상 제조소등
• 지정수량 10배 이상의 위험물을 취급하는 제조소
• 지정수량 100배 이상의 위험물을 저장하는 옥외저장소
• 지정수량 150배 이상의 위험물을 저장하는 옥내저장소
• 지정수량 200배 이상의 위험물을 저장하는 옥외탱크저장소
• 암반탱크저장소
• 이송취급소
• 지정수량 10배 이상의 위험물을 취급하는 일반취급소
• 지하탱크저장소
• 이동탱크저장소
• 위험물을 취급하는 탱크로서 지하에 매설된 탱크가 있는 제조소 · 주유취급소 또는 일반취급소

22 제조소등의 소화설비 설치 시 소요단위 산정에 관한 내용으로 다음 ( ) 안에 알맞은 수치를 차례대로 나열한 것은?

제조소 또는 취급소의 건축물은 외벽이 내화구조인 것은 연면적 ( )m²를 1소요단위로 하며, 외벽이 내화구조가 아닌 것은 연면적 ( )m²를 1소요단위로 한다.

① 200, 100 ② 150, 100
③ 150, 50 ④ 100, 50

제조소 또는 취급소의 건축물은 외벽이 내화구조인 것은 100m²를 1소요단위로 하며, 외벽이 내화구조가 아닌 것은 연면적 50m²를 1소요단위로 한다.

23 탄화칼슘의 취급방법에 대한 설명으로 옳지 않은 것은?

빈출

① 물, 습기와의 접촉을 피한다.
② 건조한 장소에 밀봉 밀전하여 보관한다.
③ 습기와 작용하여 다량의 메탄이 발생하므로 저장 중에 메탄가스의 발생유무를 조사한다.
④ 저장용기에 질소가스 등 불활성 가스를 충전하여 저장한다.

탄화칼슘은 물과 반응하면 수산화칼슘과 아세틸렌을 발생하므로 물, 습기와의 접촉을 피해 건조한 장소에 밀봉·밀전하여 보관한다. 또한 장기간 저장 시에는 저장용기에 질소가스 등 불활성 가스를 충전하여 저장한다.

24 등유의 지정수량에 해당하는 것은?

① 100L ② 200L
③ 1,000L ④ 2,000L

등유의 지정수량 : 1,000L

25 황화인에 대한 설명 중 옳지 않은 것은?

① 삼황화인은 황색 결정으로 공기 중 약 100℃에서 발화할 수 있다.

② 오황화인은 담황색 결정으로 조해성이 있다.

③ 오황화인은 물과 접촉하여 유독성 가스를 발생할 위험이 있다.

④ 삼황화인은 연소하여 황화수소가스를 발생할 위험이 있다.

> 삼황화인은 연소 시 오산화인과 이산화황을 생성한다.

26 「자동화재탐지설비 일반점검표」의 점검내용이 "변형·손상 유무, 표시의 적부, 경계구역일람도의 적부, 기능의 적부"인 점검항목은?

① 감지기   ② 중계기
③ 수신기   ④ 발신기

> 자동화재탐지설비 일반점검표 중 수신기 점검내용
> • 변형·손상 유무
> • 표시의 적부
> • 경계구역일람도의 적부
> • 기능의 적부

27 위험물안전관리법령상 지정수량 10배 이상의 위험물을 저장하는 제조소에 설치하여야 하는 경보설비의 종류가 아닌 것은?

① 자동화재탐지설비   ② 유도등
③ 휴대용확성기   ④ 비상방송설비

> 경보설비
> 지정수량 10배 이상의 위험물을 저장, 취급하는 제조소등(이동탱크저장소 제외)에는 화재발생 시 이를 알릴 수 있는 다음의 경보설비를 설치하여야 한다.
> • 자동화재탐지설비
> • 자동화재속보설비
> • 비상경보설비(비상벨장치 또는 경종 포함)
> • 확성장치(휴대용확성기 포함)
> • 비상방송설비

28 위험물안전관리법령상 운송책임자의 감독·지원을 받아 운송하여야 하는 위험물은? ★빈출

① 알킬리튬   ② 과산화수소
③ 가솔린   ④ 경유

> 운송하는 위험물이 알킬알루미늄, 알킬리튬이거나 이 둘을 함유하는 위험물일 때에는 운송책임자의 감독 또는 지원을 받아 이를 운송하여야 한다.

29 제4류 위험물의 옥외저장탱크에 설치하는 밸브 없는 통기관은 지름이 얼마 이상인 것으로 설치해야 되는가? (단, 압력탱크는 제외한다.)

① 10mm   ② 20mm
③ 30mm   ④ 40mm

> 밸브 없는 통기관
> • 지름은 30mm 이상일 것
> • 끝부분은 수평면보다 45도 이상 구부려 빗물 등의 침투를 막는 구조로 할 것

30 제2류 위험물의 일반적 성질에 대한 설명으로 가장 거리가 먼 것은?

① 가연성 고체 물질이다.

② 연소 시 연소열이 크고 연소속도가 빠르다.

③ 산소를 포함하여 조연성 가스의 공급 없이 연소가 가능하다.

④ 비중이 1보다 크고 물에 녹지 않는다.

> 산소를 포함하여 조연성 가스의 공급 없이 연소가 가능한 위험물은 제5류 위험물이다.

정답   25 ④   26 ③   27 ②   28 ①   29 ③   30 ③

31 다음 중 나이트로글리세린을 다공질의 규조토에 흡수시켜 제조한 물질은?

① 흑색화약
② 나이트로셀룰로오스
③ 다이너마이트
④ 연화약

나이트로글리세린은 다이너마이트의 원료이다.

32 아염소산염류의 운반용기 중 적응성 있는 내장용기의 종류와 최대 용적이나 중량을 옳게 나타낸 것은? (단, 외장용기의 종류는 나무상자 또는 플라스틱상자이고, 외장용기의 최대 중량은 125kg으로 한다.)

① 금속제 용기 : 20L
② 종이 포대 : 55kg
③ 플라스틱 필름 포대 : 60kg
④ 유리 용기 : 10L

외장용기의 종류가 나무상자 또는 플라스틱상자이고, 최대 중량이 125kg일 때 아염소산염류(1류)에 적응성 있는 내장용기는 유리 용기이며 최대 용적은 10L이다.

33 위험물 분류에서 제1석유류에 대한 설명으로 옳은 것은?

① 아세톤, 휘발유 그 밖에 1기압에서 인화점이 섭씨 21도 미만인 것
② 등유, 경유 그 밖에 액체로서 인화점이 섭씨 21도 이상 70도 미만의 것
③ 중유, 도료류로서 인화점이 섭씨 70도 이상 200도 미만의 것
④ 기계유, 실린더유 그 밖의 액체로서 인화점이 섭씨 200도 이상 250도 미만인 것

• 제1석유류라 함은 아세톤, 휘발유 그 밖에 1기압에서 인화점이 섭씨 21도 미만인 것을 말한다.
• 제2석유류라 함은 등유, 경유 그 밖에 1기압에서 인화점이 섭씨 21도 이상 70도 미만인 것을 말한다.
• 제3석유류란 중유, 크레오소트유, 그 밖에 1기압에서 인화점이 섭씨 70도 이상 섭씨 200도 미만인 것을 말한다.
• 제4석유류라 함은 기어유, 실린더유 그 밖에 1기압에서 인화점이 섭씨 200도 이상 섭씨 250도 미만의 것을 말한다.

34 아세트알데하이드의 저장·취급 시 주의사항으로 틀린 것은?

① 강산화제와의 접촉을 피한다.
② 취급설비에는 구리합금의 사용을 피한다.
③ 수용성이기 때문에 화재 시 물로 희석소화가 가능하다.
④ 이동저장탱크에 저장 시 조연성 가스를 주입한다.

이동저장탱크에 아세트알데하이드등을 저장하는 경우 항상 불활성의 기체를 봉입하여 둘 것

35 위험물안전관리법령상 제3류 위험물에 해당하지 않는 것은?

① 적린
② 나트륨
③ 칼륨
④ 황린

적린은 제2류 위험물이다.

36 산화성 액체인 질산의 분자식으로 옳은 것은?

① HNO_2
② HNO_3
③ NO_2
④ NO_3

질산의 분자식 : HNO_3

37 위험물안전관리법령상 제4류 위험물운반용기의 외부에 표시해야 하는 사항이 아닌 것은?

① 규정에 의한 주의사항
② 위험물의 품명 및 위험등급
③ 위험물의 관리자 및 지정수량
④ 위험물의 화학명

운반용기 외부 표시사항
• 위험물의 품명, 위험등급, 화학명 및 수용성(제4류 위험물의 수용성인 것에 한함)
• 위험물의 수량
• 수납하는 위험물에 따른 주의사항

정답 31 ③ 32 ④ 33 ① 34 ④ 35 ① 36 ② 37 ③

38 위험물안전관리법령상 제1류 위험물의 질산염류가 아닌 것은?

① 질산은
② 질산암모늄
③ 질산섬유소
④ 질산나트륨

질산섬유소는 제5류 위험물이다.

39 위험물안전관리법령상 그림과 같이 횡으로 설치한 원형탱크의 용량은 약 몇 m³인가? (단, 공간용적은 내용적의 10/100이다.) ✈빈출

① 1,690.9
② 1,335.1
③ 1,268.4
④ 1,201.1

위험물저장탱크의 내용적

$$V = \pi r^2 \times (1 + \frac{l_1 + l_2}{3})(1 - 공간용적)$$

$$= 원의\ 면적 \times (가운데\ 체적길이 + \frac{양끝\ 체적길이의\ 합}{3})$$
$$(1 - 공간용적)$$

$$= 3.14 \times 5^2 \times (15 + 2)(1 - 0.1) = 1,201.05m^3$$

40 질산메틸의 성질에 대한 설명으로 틀린 것은?

① 비점은 약 66℃이다.
② 증기는 공기보다 가볍다.
③ 무색투명한 액체이다.
④ 자기반응성 물질이다.

질산메틸은 증기비중이 2.65로 공기보다 무겁다.

41 위험물제조소등에 옥내소화전설비를 설치할 때 옥내소화전이 가장 많이 설치된 층의 소화전의 개수가 4개일 경우 확보하여야 할 수원의 수량은?

① 10.4m³
② 20.8m³
③ 31.2m³
④ 41.6m³

소화설비 설치기준
• 옥내소화전 = 설치개수(최대 5개) × 7.8m³
• 옥외소화전 = 설치개수(최대 4개) × 13.5m³
∴ 수원의 수량 = 4 × 7.8 = 31.2m³

42 황린의 저장 방법으로 옳은 것은?

① 물 속에 저장한다.
② 공기 중에 보관한다.
③ 벤젠 속에 저장한다.
④ 이황화탄소 속에 보관한다.

황린은 자연발화의 위험성이 크므로 물 속에 저장한다.

43 위험물안전관리법령상 지정수량이 다른 하나는?

① 인화칼슘
② 루비듐
③ 칼슘
④ 차아염소산칼륨

• 인화칼슘의 지정수량 : 300kg
• 루비듐, 칼슘, 차아염소산칼륨의 지정수량 : 50kg

44 과염소산나트륨에 대한 설명으로 옳지 않은 것은?

① 가열하면 분해하여 산소를 방출한다.
② 환원제이며 수용액은 강한 환원성이 있다.
③ 수용성이며 조해성이 있다.
④ 제1류 위험물이다.

과염소산나트륨은 산화제이다.

정답 38 ③ 39 ④ 40 ② 41 ③ 42 ① 43 ① 44 ②

45 과염소산암모늄에 대한 설명으로 옳은 것은?

① 물에 용해되지 않는다.
② 청녹색의 침상결정이다.
③ 130℃에서 분해하기 시작하여 CO_2 가스를 방출한다.
④ 아세톤, 알코올에 용해된다.

> 물과 알코올에 용해성이 높은 하얀색 결정체이다.

46 휘발유의 일반적인 성질에 관한 설명으로 틀린 것은?

① 인화점이 0℃보다 낮다.
② 위험물안전관리법령상 제1석유류에 해당한다.
③ 전기에 대해 비전도성 물질이다.
④ 순수한 것은 청색이나 안전을 위해 검은색으로 착색해서 사용해야 한다.

> 휘발유의 순수한 것은 노란색이다.

47 위험물안전관리법령상 혼재할 수 없는 위험물은? (단, 위험물은 지정수량의 1/10을 초과하는 경우이다.) ⭐빈출

① 적린과 황린
② 질산염류와 질산
③ 칼륨과 특수인화물
④ 유기과산화물과 황

유별을 달리하는 위험물 혼재기준			
1	6		혼재 가능
2	5	4	혼재 가능
3	4		혼재 가능

> 적린은 제2류 위험물이고 황린은 제3류 위험물이므로 혼재가 불가능하다.

48 톨루엔에 대한 설명으로 틀린 것은?

① 휘발성이 있고 가연성 액체이다.
② 증기는 마취성이 있다.
③ 알코올, 에테르, 벤젠 등과 잘 섞인다.
④ 노란색 액체로 냄새가 없다.

> 톨루엔은 무색투명하다.

49 제4류 위험물을 저장 및 취급하는 위험물제조소에 설치한 "화기엄금" 게시판의 색상으로 올바른 것은? ⭐빈출

① 적색바탕에 흑색문자
② 흑색바탕에 적색문자
③ 백색바탕에 적색문자
④ 적색바탕에 백색문자

> 제4류 위험물은 화기엄금을 표시하고, 이는 적색바탕에 백색문자이다.

50 위험물제조소등의 허가에 관계된 설명으로 옳은 것은?

① 제조소등의 위치·구조 또는 설비를 변경하고자 하는 경우에는 언제나 허가를 받아야 한다.
② 위험물의 품명을 변경하고자 하는 경우에는 언제나 허가를 받아야 한다.
③ 농예용으로 필요한 난방시설을 위한 지정수량 20배 이하의 저장소는 허가대상이 아니다.
④ 저장하는 위험물의 변경으로 지정수량의 배수가 달라지는 경우는 언제나 허가대상이 아니다.

> 위험물안전관리법 제6조 제3항(위험물시설의 설치 및 변경 등)
> 다음의 어느 하나에 해당하는 제조소등의 경우에는 허가를 받지 아니하고 당해 제조소등을 설치하거나 그 위치·구조 또는 설비를 변경할 수 있으며, 신고를 하지 아니하고 위험물의 품명·수량 또는 지정수량의 배수를 변경할 수 있다.
> • 주택의 난방시설(공동주택의 중앙난방시설을 제외한다)을 위한 저장소 또는 취급소
> • 농예용·축산용 또는 수산용으로 필요한 난방시설 또는 건조시설을 위한 지정수량 20배 이하의 저장소

51 황의 성질에 대한 설명 중 틀린 것은?

① 물에 녹지 않으나 이황화탄소에 녹는다.
② 공기 중에서 연소하여 아황산가스를 발생한다.
③ 전도성 물질이므로 정전기 발생에 유의하여야 한다.
④ 분진폭발의 위험성에 주의하여야 한다.

> 황은 전기부도체이므로 정전기 발생에 유의한다.

정답 45 ④ 46 ④ 47 ① 48 ④ 49 ④ 50 ③ 51 ③

52 과산화수소의 위험성으로 옳지 않은 것은?

① 산화제로서 불연성 물질이지만 산소를 함유하고 있다.
② 이산화망가니즈 촉매하에서 분해가 촉진된다.
③ 분해를 막기 위해 하이드라진을 안정제로 사용할 수 있다.
④ 고농도의 것은 피부에 닿으면 화상의 위험이 있다.

> 하이드라진은 강력한 환원제로 과산화수소와 함께 사용하면 폭발적인 반응을 일으킨다.

53 다음 중 증기의 밀도가 가장 큰 것은?

① 다이에틸에터
② 벤젠
③ 가솔린(옥탄 100%)
④ 에틸알코올

> 증기밀도 $= \dfrac{분자량}{29}$
>
> • 다이에틸에터 증기밀도 $= \dfrac{74}{29} = 2.55$
>
> • 벤젠 증기밀도 $= \dfrac{78}{29} = 2.69$
>
> • 가솔린 증기밀도 $= \dfrac{114}{29} = 3.93$
>
> • 에틸알코올 증기밀도 $= \dfrac{46}{29} = 1.59$

54 위험물안전관리법령상 제조소등에 대한 긴급 사용정지명령 등을 할 수 있는 권한이 없는 자는?

① 시 · 도지사
② 소방본부장
③ 소방서장
④ 소방청장

> 위험물안전관리법 제25조(제조소 등에 대한 긴급사용정지명령 등)
> 시 · 도지사, 소방본부장 또는 소방서장은 공공의 안전을 유지하거나 재해의 발생을 방지하기 위하여 긴급한 필요가 있다고 인정하는 때에는 제조소등의 관계인에 대하여 당해 제조소등의 사용을 일시 정지하거나 그 사용을 제한할 것을 명할 수 있다.

55 나이트로셀룰로오스의 안전한 저장을 위해 사용하는 물질은?

① 페놀
② 황산
③ 에탄올
④ 아닐린

> 나이트로셀룰로오스는 저장 시 열원, 충격, 마찰 등을 피하고 냉암소에 저장하여야 하고 이때 안전한 저장을 위해 에탄올에 보관한다.

56 1분자 내에 포함된 탄소의 수가 가장 많은 것은?

① 아세톤
② 톨루엔
③ 아세트산
④ 이황화탄소

> 1분자 내에 포함된 탄소의 수
> • 아세톤(CH_3COCH_3) : 3개
> • 톨루엔($C_6H_5CH_3$) : 7개
> • 아세트산(CH_3COOH) : 2개
> • 이황화탄소(CS_2) : 1개

57 위험물안전관리법령상 해당하는 품명이 나머지 셋과 다른 것은? 👉빈출

① 트라이나이트로페놀
② 트라이나이트로톨루엔
③ 나이트로셀룰로오스
④ 테트릴

품명	위험물	상태
질산에스터류	질산메틸 질산에틸 나이트로글리콜 나이트로글리세린	액체
	나이트로셀룰로오스 셀룰로이드	고체
나이트로화합물	트라이나이트로톨루엔 트라이나이트로페놀 다이나이트로벤젠 테트릴	고체

58 다음 중 위험물안전관리법령에 따라 정한 지정수량이 나머지 셋과 다른 것은?

① 황화인
② 적린
③ 황
④ 철분

- 황화인, 적린, 황의 지정수량 : 100kg
- 철분의 지정수량 : 500kg

59 다음 물질 중 위험물 유별에 따른 구분이 나머지 셋과 다른 하나는?

① 질산은
② 질산메틸
③ 무수크로뮴산
④ 질산암모늄

품명	위험물	상태
질산에스터류	질산메틸 질산에틸 나이트로글리콜 나이트로글리세린	액체
	나이트로셀룰로오스 셀룰로이드	고체
나이트로화합물	트라이나이트로톨루엔 트라이나이트로페놀 다이나이트로벤젠 테트릴	고체

질산메틸은 제5류 위험물에 해당하고, 질산은, 무수크로뮴산, 질산암모늄은 제1류 위험물에 해당한다.

60 위험물안전관리법령상 특수인화물의 정의에 관한 내용이다. ( )에 알맞은 수치를 차례대로 나타낸 것은?

"특수인화물"이라 함은 이황화탄소, 다이에틸에터 그밖에 1기압에서 발화점이 섭씨 ( )도 이하인 것 또는 인화점이 섭씨 ( )도 이하이고 비점이 섭씨 40도 이하인 것을 말한다.

① 40, 20
② 20, 40
③ 100, 20
④ 100, 40

특수인화물이란 이황화탄소, 다이에틸에터 그 밖에 1기압에서 발화점이 섭씨 100도 이하인 것 또는 인화점이 섭씨 영하 20도 이하이고 비점이 섭씨 40도 이하인 것을 말한다.

20 2018년 1회 CBT 기출복원문제

01 위험물안전관리법령상 전기설비에 적응성이 없는 소화설비는?

① 포 소화설비
② 이산화탄소 소화설비
③ 할로겐화합물 소화설비
④ 물분무 소화설비

포 소화설비는 전기설비에 스며들어 누전이 발생되므로 적응성이 없다.

02 나이트로셀룰로오스의 저장·취급방법으로 틀린 것은?

① 직사광선을 피해 저장한다.
② 되도록 장기간 보관하여 안정화된 후에 사용한다.
③ 유기과산화물류, 강산화제와의 접촉을 피한다.
④ 건조 상태에 이르면 위험하므로 습한 상태를 유지한다.

나이트로셀룰로오스는 시간이 지나면서 불안정해질 수 있으며, 장기간 보관 시 분해나 자발적인 발화 위험이 커질 수 있다. 따라서 나이트로셀룰로오스는 저장 시 열원, 충격, 마찰 등을 피하고 냉암소에 저장하여야 한다.

03 위험물안전관리법령상 제3류 위험물의 금수성 물질 화재 시 적응성이 있는 소화약제는?

① 탄산수소염류분말
② 물
③ 이산화탄소
④ 할로젠간화합물

금수성 물질의 소화에는 탄산수소염류 등을 이용한 분말 소화약제 등 금수성 위험물에 적응성이 있는 분말 소화약제를 이용한다.

04 위험물안전관리법령에 따라 다음 ( ) 안에 알맞은 용어는?

주유취급소 중 건축물의 2층 이상의 부분을 점포, 휴게음식점 또는 전시장의 용도로 사용하는 것에 있어서는 당해 건축물의 2층 이상으로부터 주유취급소의 부지 밖으로 통하는 출입구와 당해 출입구로 통하는 통로·계단 및 출입구에 ( )을(를) 설치하여야 한다.

① 피난사다리
② 경보기
③ 유도등
④ CCTV

주유취급소 중 건축물의 2층 이상의 부분을 점포, 휴게음식점 또는 전시장의 용도로 사용하는 것에 있어 해당 건축물의 2층 이상으로부터 직접 주유취급소의 부지 밖으로 통하는 출입구와 해당 출입구로 통하는 통로·계단에 설치하여야 하는 것은 유도등이다.

05 다음 중 물이 소화약제로 쓰이는 이유로 가장 거리가 먼 것은?

① 쉽게 구할 수 있다.
② 제거소화가 잘 된다.
③ 취급이 간편하다.
④ 기화잠열이 크다.

물이 소화약제로 사용되는 이유는 가격이 싸고, 쉽게 구할 수 있으며, 열 흡수가 매우 크고 사용방법이 비교적 간단하기 때문이다.

06 Halon 1301 소화약제에 대한 설명으로 틀린 것은?

① 저장 용기에 액체상으로 충전한다.
② 화학식은 CF_3Br이다.
③ 비점이 낮아서 기화가 용이하다.
④ 공기보다 가볍다.

증기비중은 5.13으로 공기보다 무겁다.

정답 01 ① 02 ② 03 ① 04 ③ 05 ② 06 ④

07 스프링클러설비의 장점이 아닌 것은?

① 화재의 초기 진압에 효율적이다.
② 사용 약제를 쉽게 구할 수 있다.
③ 자동으로 화재를 감지하고 소화할 수 있다.
④ 다른 소화설비보다 구조가 간단하고 시설비가 적다.

> 스프링클러설비는 초기시설비용이 많이 든다.

08 제5류 위험물의 화재 시 소화방법에 대한 설명으로 옳은 것은?

① 가연성 물질로서 연소속도가 빠르므로 질식소화가 효과적이다.
② 할로겐화합물 소화기가 적응성이 있다.
③ CO_2 및 분말 소화기가 적응성이 있다.
④ 다량의 주수에 의한 냉각소화가 효과적이다.

> 제5류 위험물은 물에 잘 녹으므로 주수소화한다.

09 위험물제조소의 안전거리 기준으로 틀린 것은?

① 초·중등교육법 및 고등교육법에 의한 학교 – 20m 이상
② 의료법에 의한 병원급 의료기관 – 30m 이상
③ 문화재보호법 규정에 의한 지정문화재 – 50m 이상
④ 사용전압이 35,000V를 초과하는 특고압가공전선 – 5m 이상

> 학교, 병원, 수용인원 300명 이상 영화상영관 및 이와 유사한 시설과 수용인원 20명 이상 복지시설, 어린이집은 안전거리 30m 이상이다.

10 위험물안전관리법령상 위험물제조소등에서 전기설비가 있는 곳에 적응하는 소화설비는?

① 옥내소화전설비
② 스프링클러설비
③ 포 소화설비
④ 할로겐화합물 소화설비

> 전기설비 적응성이 있는 소화설비
> • 이산화탄소 소화설비
> • 할로겐화합물 소화설비

11 다음 중 산화성 물질이 아닌 것은?

① 무기과산화물   ② 과염소산염류
③ 질산염류   ④ 마그네슘

> 마그네슘은 제2류 위험물로 가연성 물질이다.

12 위험물제조소에서 국소방식의 배출설비 배출능력은 1시간당 배출장소 용적의 몇 배 이상인 것으로 하여야 하는가?

① 5   ② 10
③ 15   ④ 20

> 국소방식 배출능력은 1시간당 배출장소 용적의 20배 이상인 것으로 해야 한다.

13 위험물안전관리법령에서 정한 자동화재탐지설비에 대한 기준으로 틀린 것은? (단, 원칙적인 경우에 한한다.)

① 경계구역은 건축물 그 밖의 공작물의 2 이상의 층에 걸치지 아니하도록 할 것
② 하나의 경계구역의 면적은 600m² 이하로 할 것
③ 하나의 경계구역의 한 변 길이는 30m 이하로 할 것
④ 자동화재탐지설비에는 비상전원을 설치할 것

> 하나의 경계구역의 면적은 600m² 이하로 하고 그 한 변의 길이는 50m 이하로 한다.

14 20℃의 물 100kg이 100℃ 수증기로 증발하면 몇 kcal의 열량을 흡수할 수 있는가? (단, 물의 증발잠열은 540kcal이다.)

① 540   ② 7,800
③ 62,000   ④ 108,000

> 열량계산
> • Q = 현열 + 잠열
> • 열량 = 1(kcal/kg·℃) × 100kg × (100 − 20)℃ + 540(kcal/kg) × 100kg
>   = 62,000kcal

정답 07 ④ 08 ④ 09 ① 10 ④ 11 ④ 12 ④ 13 ③ 14 ③

15 유류화재 시 발생하는 이상현상인 보일오버(Boil over)의 방지대책으로 가장 거리가 먼 것은?

① 탱크 하부에 배수관을 설치하여 탱크 저면의 수층을 방지한다.
② 적당한 시기에 모래나 팽창질석, 비등석을 넣어 불의 과열을 방지한다.
③ 냉각수를 대량 첨가하여 유류와 물의 과열을 방지한다.
④ 탱크 내용물의 기계적 교반을 통하여 에멀전 상태로 하여 수층 형성을 방지한다.

> 보일오버의 방지대책
> • 유류탱크의 저면에 수분의 층을 만들지 않거나 과열되지 않도록 한다.
> • 탱크 저면이나 측면 하단에 배수관을 설치하여 수분을 배출한다.
> • 기계적 교반을 실시하여 수분을 유류와 에멀전 상태로 머무르게 한다.

16 알킬리튬에 대한 설명으로 틀린 것은?

① 제3류 위험물이고 지정수량은 10kg이다.
② 가연성의 액체이다.
③ 이산화탄소와는 격렬하게 반응한다.
④ 소화방법으로는 물로 주수는 불가하며 할로겐화합물 소화약제를 사용하여야 한다.

> 소화방법으로 주수는 불가하며 탄산수소염류 소화약제, 마른모래, 팽창질석, 팽창진주암을 사용한다.

17 국소방출방식의 이산화탄소 소화설비의 분사헤드에서 방출되는 소화약제의 방사 기준은?

① 10초 이내에 균일하게 방사할 수 있을 것
② 15초 이내에 균일하게 방사할 수 있을 것
③ 30초 이내에 균일하게 방사할 수 있을 것
④ 60초 이내에 균일하게 방사할 수 있을 것

> 국소방출방식의 이산화탄소 소화설비의 분사헤드에서 방출되는 소화약제 방사 기준은 30초 이내에 균일하게 방사할 수 있어야 한다.

18 1몰의 이황화탄소와 고온의 물이 반응하여 생성되는 독성 기체물질의 부피는 표준상태에서 얼마인가?

① 22.4L
② 44.8L
③ 67.2L
④ 134.4L

> • 화학반응식 : $CS_2 + 2H_2S \rightarrow CO_2 + 2H_2O$
> • 이황화탄소는 물과 반응하여 1mol의 이산화탄소와 유독한 기체인 2mol의 황화수소 발생
> • 표준상태에서 기체는 1mol당 22.4L
> ∴ 반응 시 생성물 = 2mol × 22.4L = 44.8L

19 위험물안전관리법령의 소화설비 설치기준에 의하면 옥외소화전설비의 수원의 수량은 옥외소화전 설치개수(설치개수가 4 이상인 경우에는 4)에 몇 m³을 곱한 양 이상이 되도록 하여야 하는가?

① 7.5m³
② 13.5m³
③ 20.5m³
④ 25.5m³

> 소화설비 설치기준에 따른 수원의 수량
> • 옥내소화전 = 설치개수(최대 5개) × 7.8m³
> • 옥외소화전 = 설치개수(최대 4개) × 13.5m³

20 다음 위험물의 화재 시 주수소화가 가능한 것은?

① 철분
② 마그네슘
③ 나트륨
④ 황

> 금속분, 철분, 마그네슘을 제외한 제2류 위험물과 황은 주수소화가 가능하다.

15③ 16④ 17③ 18② 19② 20④

21 위험물안전관리법령상 옥내저장탱크와 탱크전용실의 벽과의 사이 및 옥내저장탱크의 상호 간에는 몇 m 이상의 간격을 유지하여야 하는가?

① 0.5　　　　　　② 1
③ 1.5　　　　　　④ 2

> 옥내저장탱크와 탱크전용실의 벽과의 사이 및 옥내저장탱크의 상호 간에는 0.5m 이상의 간격을 유지할 것. 다만, 탱크의 점검 및 보수에 지장이 없는 경우에는 그러하지 아니하다.

22 벤조일퍼옥사이드에 대한 설명으로 틀린 것은?

① 무색, 무취의 투명한 액체이다.
② 가급적 소분하여 저장한다.
③ 제5류 위험물에 해당한다.
④ 품명은 유기과산화물이다.

> 벤조일퍼옥사이드는 제5류 위험물로 무색, 무취의 고체이다.

23 다음 위험물의 지정수량 배수의 총합은 얼마인가?

> 질산 150kg, 과산화수소 420kg, 과염소산 300kg

① 2.5　　　　　　② 2.9
③ 3.4　　　　　　④ 3.9

> • 질산(6류), 과산화수소(6류), 과염소산(6류)의 지정수량 : 300kg
> • 지정수량 = $\dfrac{150}{300} + \dfrac{420}{300} + \dfrac{300}{300}$ = 2.9배

24 위험물에 대한 설명으로 틀린 것은?

① 적린은 연소하면 유독성 물질이 발생한다.
② 마그네슘은 연소하면 가연성 수소가스가 발생한다.
③ 황은 분진폭발의 위험이 있다.
④ 황화인에는 P_4S_3, P_2S_5, P_4S_7 등이 있다.

> • $2Mg + O_2 \rightarrow 2MgO$: 마그네슘은 연소하면 산화마그네슘이 발생한다.
> • $Mg + 2H_2O \rightarrow Mg(OH)_2 + H_2$: 마그네슘은 물과 반응하면 수산화마그네슘과 수소기체를 발생한다.

25 2가지 물질을 섞었을 때 수소가 발생하는 것은?

① 칼륨과 에탄올
② 과산화마그네슘과 염화수소
③ 과산화칼륨과 탄산가스
④ 오황화인과 물

> • $2K + 2C_2H_5OH \rightarrow 2C_2H_5OK + H_2$
> • 칼륨은 에탄올과 반응하여 칼륨에틸레이트와 수소를 발생한다.

26 벤젠 1몰을 충분한 산소가 공급되는 표준상태에서 완전연소시켰을 때 발생하는 이산화탄소의 양은 몇 L인가?

① 22.4　　　　　　② 134.4
③ 168.8　　　　　　④ 224.0

> • $2C_6H_6 + 15O_2 \rightarrow 12CO_2 + 6H_2O$
> • 벤젠은 연소 시 이산화탄소와 물을 발생한다.
> • 이산화탄소의 양 = 6 × 22.4L = 134.4L

27 지정과산화물을 저장 또는 취급하는 위험물 옥내저장소의 저장창고 기준에 대한 설명으로 틀린 것은?

① 서까래의 간격은 30cm 이하로 할 것
② 저장창고의 출입구에는 갑종방화문(60분 + 방화문, 60분 방화문)을 설치할 것
③ 저장창고의 외벽을 철근콘크리트조로 할 경우 두께를 10cm 이상으로 할 것
④ 저장창고의 창은 바닥면으로부터 2m 이상의 높이에 둘 것

> 지정과산화물을 저장 또는 취급하는 옥내저장소에 대해 저장창고의 외벽은 두께 20cm 이상의 철근콘크리트조나 철골철근콘크리트조 또는 두께 30cm 이상의 보강콘크리트블록조로 해야 한다.

정답　21 ①　22 ①　23 ②　24 ②　25 ①　26 ②　27 ③

28 위험물저장소에 해당하지 않는 것은?

① 옥외저장소　　　② 지하탱크저장소
③ 이동탱크저장소　　④ 판매저장소

위험물제조소등		
제조소	저장소	취급소
－	옥외 · 내저장소 옥외 · 내탱크저장소 이동탱크저장소 간이탱크저장소 지하탱크저장소 암반탱크저장소	일반취급소 주유취급소 판매취급소 이송취급소

29 다음 중 벤젠 증기의 비중에 가장 가까운 값은?

① 0.7　　　　② 0.9
③ 2.7　　　　④ 3.9

$$\frac{C_6H_6}{29} = \frac{(12 \times 6) + (1 \times 6)}{29} = \frac{78}{29} = 2.68$$

30 물과 접촉 시 발열하면서 폭발 위험성이 증가하는 것은?

① 과산화칼륨　　　② 과망가니즈산나트륨
③ 아이오딘산칼륨　　④ 과염소산칼륨

과산화칼륨은 물과 반응하면 산소를 발생하며 폭발의 위험이 있기 때문에 마른모래, 팽창질석 등을 이용하여 질식소화한다.

31 [보기]에서 나열한 위험물의 공통성질을 옳게 설명한 것은?

───────[보기]───────
나트륨, 황린, 트라이에틸알루미늄

① 상온, 상압에서 고체의 형태를 나타낸다.
② 상온, 상압에서 액체의 형태를 나타낸다.
③ 금수성 물질이다.
④ 자연발화의 위험이 있다.

[보기]의 위험물은 제3류 위험물이므로 자연발화의 위험이 있다.

32 위험물안전관리법령상 위험등급 Ⅰ의 위험물에 해당하는 것은?

① 무기과산화물　　② 황화인, 적린, 황
③ 제1석유류　　　④ 알코올류

• 무기과산화물은 위험등급 Ⅰ이다.
• 황화인, 적린, 황, 제1석유류, 알코올류는 위험등급 Ⅱ이다.

33 페놀을 황산과 질산의 혼산으로 나이트로화하여 제조하는 제5류 위험물은?

① 아세트산　　　② 피크린산
③ 나이트로글리콜　④ 질산에틸

피크린산은 페놀에 황산을 작용시켜 다시 진한 질산으로 나이트로화하여 만드는 노란색 결정이다.

34 위험물안전관리법령에서 정한 메틸알코올의 지정수량을 kg 단위로 환산하면 얼마인가? (단, 메틸알코올의 비중은 0.80이다.)

① 200　　　　② 320
③ 400　　　　④ 450

• 메틸알코올의 지정수량 : 400L
• 밀도 = $\dfrac{\text{질량}}{\text{부피}}$
• 질량 = 부피 × 밀도
　　　= 0.8(kg/L) × 400L = 320kg.

35 금속염이 불꽃반응 실험을 한 결과 노란색의 불꽃이 나타났다. 이 금속염에 포함된 금속은 무엇인가?

① Cu　　　　② K
③ Na　　　　④ Li

노란색 불꽃은 나트륨이다.

정답　28④　29③　30①　31④　32①　33②　34②　35③

36 과염소산칼륨과 아염소산나트륨의 공통성질이 아닌 것은?

① 지정수량이 50kg이다.
② 열분해 시 산소를 방출한다.
③ 강산화성 물질이며 가연성이다.
④ 상온에서 고체의 형태이다.

> 과염소산칼륨과 아염소산나트륨은 제1류 위험물(산화성 고체)이므로 강산화성이며 불연성 물질이다.

37 제5류 위험물의 일반적 성질에 관한 설명으로 옳지 않은 것은?

① 화재발생 시 소화가 곤란하므로 적은 양으로 나누어 저장한다.
② 운반용기 외부에 충격주의, 화기엄금의 주의사항을 표시한다.
③ 자기연소를 일으키며 연소속도가 대단히 빠르다.
④ 가연성 물질이므로 질식소화하는 것이 가장 좋다.

> 제5류 위험물은 물에 의한 냉각소화가 가장 효과적이다.

38 다음 중 자연발화의 위험성이 가장 큰 물질은?

① 아마인유   ② 야자유
③ 올리브유   ④ 피마자유

> • 건성유인 아마인유는 자연발화의 위험이 크다.
> • 야자유, 올리브유, 피마자유는 불건성유이다.

39 위험물안전관리법령상 동식물유류의 경우 1기압에서 인화점은 섭씨 몇 도 미만으로 규정하고 있는가?

① 150℃   ② 250℃
③ 450℃   ④ 600℃

> 동식물유류의 경우 1기압에서 인화점은 섭씨 250도 미만으로 정의한다.

40 운반을 위하여 위험물을 적재하는 경우에 차광성이 있는 피복으로 가려주어야 하는 것은?

① 특수인화물   ② 제1석유류
③ 알코올류   ④ 동식물유류

> 차광성 있는 피복으로 가려야 하는 위험물
> • 제1류 위험물
> • 제3류 위험물 중 자연발화성 물질
> • 제4류 위험물 중 특수인화물
> • 제5류 위험물
> • 제6류 위험물

41 위험물안전관리법령에 의한 위험물에 속하지 않는 것은?

① CaC_2 ② S
③ P_2O_5 ④ K

> 삼황화인(P_4S_3)은 연소 시 오산화인(P_2O_5)과 이산화황(SO_2)을 생성한다. 오산화인은 반응 후 생성물로 위험물에 속하지 않는다.

42 위험물안전관리법령에서 정한 아세트알데하이드등을 취급하는 제조소의 특례에 관한 내용이다. ( ) 안에 해당하는 물질이 아닌 것은?

> 아세트알데하이드등을 취급하는 설비는 ( ), ( ), ( ), ( ) 또는 이들을 성분으로 하는 합금으로 만들지 아니할 것

① 동   ② 은
③ 금   ④ 마그네슘

> 아세트알데하이드등을 취급하는 설비는 동, 마그네슘, 은, 수은 또는 이들을 성분으로 하는 합금을 사용하면 당해 위험물이 이러한 금속 등과 반응해서 폭발성 화합물을 만들 우려가 있기 때문에 제한한다.

정답 36 ③ 37 ④ 38 ① 39 ② 40 ① 41 ③ 42 ③

43 다음 반응식과 같이 벤젠 1kg이 연소할 때 발생되는 CO_2의 양은 약 몇 m³인가? (단, 27℃, 750mmHg 기준이다.)

빈출

$$2C_6H_6 + 15O_2 \rightarrow 12CO_2 + 6H_2O$$

① 0.72
② 1.22
③ 1.92
④ 2.42

• $PV = \dfrac{wRT}{M}$

• $V = \dfrac{wRT}{PM}$

$= \dfrac{1 \times 0.082 \times 300}{0.9868 \times 78} \times \dfrac{12}{2} = 1.917m^3$

• $0.9868 = \dfrac{750mmHg}{760mmHg}$

P = 압력, V = 부피, w = 질량, M = 분자량, R = 기체상수(0.082를 곱한다), T = 절대온도(℃를 환산하기 위해 273을 더한다)

44 등유에 관한 설명으로 틀린 것은?

① 물보다 가볍다.
② 응고점은 상온보다 높다
③ 발화점은 상온보다 높다
④ 증기는 공기보다 무겁다.

등유의 응고점은 -40 ~ -50℃이므로 상온보다 낮다.

45 벤젠(C_6H_6)의 일반적 성질로서 틀린 것은?

① 휘발성이 강한 액체이다.
② 인화점은 가솔린보다 낮다.
③ 물에 녹지 않는다.
④ 화학적으로 공명구조를 이루고 있다.

• 벤젠의 인화점 : -11℃
• 가솔린의 인화점 : -43~-20℃

46 다음에서 설명하는 위험물에 해당하는 것은?

• 지정수량은 300kg이다.
• 산화성 액체위험물이다.
• 가열하면 분해하여 유독성 가스를 발생한다.
• 증기비중은 약 3.5이다.

① 브로민산칼륨
② 클로로벤젠
③ 질산
④ 과염소산

과염소산은 산화성 액체로 증기비중 약 3.5인 제6류 위험물이며, 가열하면 분해하여 유독성의 염화수소를 발생한다.

47 금속나트륨에 대한 설명으로 옳지 않은 것은?

① 물과 격렬히 반응하여 발열하고 수소가스를 발생한다.
② 에틸알코올과 반응하여 나트륨에틸레이트와 수소가스를 발생한다.
③ 할로겐화합물 소화약제는 사용할 수 없다.
④ 은백색의 광택이 있는 중금속이다.

금속나트륨은 은백색의 광택이 있는 경금속이다.

48 염소산나트륨의 저장 및 취급 방법으로 옳지 않은 것은?

① 철제용기에 저장한다.
② 습기가 없는 찬 장소에 보관한다.
③ 조해성이 크므로 용기는 밀전한다.
④ 가열, 충격, 마찰을 피하고 점화원의 접근을 금한다.

염소산나트륨은 환기가 잘 되는 냉암소에 저장한다.

정답   43③   44②   45②   46④   47④   48①

49 옥내저장소의 저장창고에 150m² 이내마다 일정 규격의 격벽을 설치하여 저장하여야 하는 위험물은?

① 제5류 위험물 중 지정과산화물
② 알킬알루미늄등
③ 아세트알데하이드등
④ 하이드록실아민등

> 위험물의 성질에 따른 옥내저장소의 특례
> 제5류 위험물 중 유기과산화물 또는 이를 함유하는 것으로서 지정수량이 10kg인 것(이하 "지정과산화물")은 옥내저장소의 저장창고에 150m² 이내마다 일정 규격의 격벽을 설치하여 저장하여야 한다.

50 옥외탱크저장소의 소화설비를 검토 및 적용할 때에 소화난이도등급 Ⅰ에 해당되는지를 검토하는 탱크 높이의 측정 기준으로서 적합한 것은?

① (가)   ② (나)
③ (다)   ④ (라)

> 지반면으로부터 탱크 옆판 상단까지의 높이가 6m 이상인 경우의 옥외탱크저장소는 소화난이도등급 Ⅰ에 해당된다.

51 위험물의 품명과 지정수량이 잘못 짝지어진 것은?

① 황화인 : 50kg   ② 마그네슘 : 500kg
③ 알킬알루미늄 : 10kg   ④ 황린 : 20kg

> 황화인의 지정수량 : 100kg

52 다이에틸에터의 성질에 대한 설명으로 옳은 것은?

① 발화온도는 400℃이다.
② 증기는 공기보다 가볍고, 액상은 물보다 무겁다.
③ 알코올에 용해되지 않지만 물에 잘 녹는다.
④ 연소범위는 1.9 ~ 48% 정도이다.

> 다이에틸에터의 연소범위는 1.9 ~ 48% 정도이다.

53 과산화수소의 성질에 대한 설명으로 옳지 않은 것은?

① 산화성이 강한 무색투명한 액체이다.
② 위험물안전관리법령상 일정 비중 이상일 때 위험물로 취급한다.
③ 가열에 의해 분해하면 산소가 발생한다.
④ 소독약으로 사용할 수 있다.

> 과산화수소란 그 농도가 36중량퍼센트 이상인 것을 말한다.

54 다음 물질 중 인화점이 가장 낮은 것은?

① CH_3COCH_3 ② $C_2H_5OC_2H_5$
③ $CH_3(CH_2)_3OH$ ④ CH_3OH

> • CH_3COCH_3(아세톤) : -18℃
> • $C_2H_5OC_2H_5$(다이에틸에터) : -45℃
> • $CH_3(CH_2)_3OH$(1-부탄올) : 35℃
> • CH_3OH(메탄올) : 약 11℃

55 질산과 과염소산의 공통성질에 해당하지 않는 것은?

① 산소 함유
② 불연성 물질
③ 강산성
④ 상온보다 낮은 수용액의 비점

> • 질산 비점 : 122℃
> • 과염소산 비점 : 39℃

정답 49 ① 50 ② 51 ① 52 ④ 53 ② 54 ② 55 ④

56 위험물안전관리법에서 규정하고 있는 사항으로 옳지 않은 것은?

① 위험물저장소를 경매에 의해 시설의 전부를 인수한 경우에는 30일 이내에, 저장소의 용도를 폐지한 경우에는 14일 이내에 시·도지사에게 그 사실을 신고하여야 한다.

② 제조소등의 위치·구조 및 설비기준을 위반하여 사용한 때에는 시·도지사는 허가취소, 전부 또는 일부의 사용 정지를 명할 수 있다.

③ 경유 20,000L를 수산용 건조시설에 사용하는 경우에는 위험물안전관리법의 허가는 받지 아니하고 저장소를 설치할 수 있다.

④ 위치·구조 또는 설비의 변경 없이 저장소에서 저장하는 위험물 지정수량의 배수를 변경하고자 하는 경우에는 변경하고자 하는 날의 1일 전까지 시·도지사에게 신고하여야 한다.

> 시·도지사는 제조소등의 관계인이 아래 내용에 해당하는 때에는 행정안전부령이 정하는 바에 따라 허가를 취소하거나 6개월 이내의 기간을 정하여 제조소등의 전부 또는 일부의 사용정지를 명할 수 있다.
> • 규정에 따른 변경허가를 받지 아니하고 제조소등의 위치·구조 또는 설비를 변경한 때
> • 완공검사를 받지 않고 제조소등을 사용한 때

57 제5류 위험물의 나이트로화합물에 속하지 않는 것은?

① 나이트로벤젠
② 테트릴
③ 트라이나이트로톨루엔
④ 피크린산

품명	위험물	상태
나이트로화합물	트라이나이트로톨루엔 트라이나이트로페놀 다이나이트로벤젠 테트릴	고체

• 나이트로벤젠은 제4류 위험물에 해당한다.
• 피크린산(트라이나이트로페놀)은 제5류 위험물 중 주로 폭발성 물질로 분류된다.

58 옥내탱크저장소 중 탱크전용실을 단층건물 외의 건축물에 설치하는 경우 탱크전용실을 건축물의 1층 또는 지하층에만 설치하여야 하는 위험물이 아닌 것은?

① 제2류 위험물 중 덩어리 황
② 제3류 위험물 중 황린
③ 제4류 위험물 중 인화점이 38℃ 이상인 위험물
④ 제6류 위험물 중 질산

> 탱크전용 건축물 1층, 지하층 설치 위험물
> • 제2류 위험물 중 황화인, 적린 및 덩어리 황
> • 제3류 위험물 중 황린
> • 제6류 위험물 중 질산

59 과산화나트륨 78g과 충분한 양의 물이 반응하여 생성되는 기체의 종류와 생성량을 옳게 나타낸 것은?

① 수소, 1g
② 산소, 16g
③ 수소, 2g
④ 산소, 32g

> • $2Na_2O_2 + 2H_2O \rightarrow 4NaOH + O_2$
> • 과산화나트륨은 물과 만나 수산화나트륨과 산소를 생성한다.
> • Na_2O_2 분자량 = (23 × 2) + (16 × 2) = 78g/mol
> • 과산화나트륨 78g = 1mol
> • 2mol의 과산화나트륨(156g)이 반응할 때 산소(1mol, 16g)가 생성되므로 과산화나트륨 1mol당 산소는 0.5mol이 생성된다.
> • 0.5mol × 32g = 16g

60 위험물제조소등에서 위험물안전관리법상 안전거리 규제 대상이 아닌 것은?

① 제6류 위험물을 취급하는 제조소를 제외한 모든 제조소
② 주유취급소
③ 옥외저장소
④ 옥외탱크저장소

> 안전거리 규제 대상은 제6류 위험물을 제조하는 시설을 제외한 모든 위험물제조소이다. 이외에 일반적으로 위험성이 높은 것으로서 일반취급소, 옥내저장소, 옥외탱크저장소, 옥외저장소이다.

> **정답** 56② 57① 58③ 59② 60②

04

CBT FINAL 모의고사

제1회 CBT FINAL 모의고사

자격종목	시험시간	문항수	점수
위험물기능사	60분	60문항	

1. 유류화재의 급수와 표시색상으로 옳은 것은?

① A급, 적색
② B급, 백색
③ A급, 황색
④ B급, 황색

2. 소화기의 사용방법으로 잘못된 것은?

① 적응화재에 따라 사용할 것
② 성능에 따라 방출거리 내에서 사용할 것
③ 바람을 마주보며 소화할 것
④ 양옆으로 비로 쓸 듯이 방사할 것

3. 제1종 분말 소화약제의 적응화재 급수는?

① A급
② BC급
③ AB급
④ ABC급

4. 제1류 위험물의 저장방법에 대한 설명으로 틀린 것은?

① 조해성 물질은 방습에 주의한다.
② 무기과산화물은 물 속에 보관한다.
③ 분해를 촉진하는 물품과의 접촉을 피하여 저장한다.
④ 복사열이 없고 환기가 잘 되는 서늘한 곳에 저장한다.

5. 다음 물질 중 분진폭발의 위험성이 가장 낮은 것은?

① 밀가루
② 알루미늄분말
③ 모래
④ 석탄

6. 소화작용에 대한 설명 중 옳지 않은 것은?

① 가연물의 온도를 낮추는 소화는 냉각작용이다.
② 물의 주된 소화작용 중 하나는 냉각작용이다.
③ 연소에 필요한 산소의 공급원을 차단하는 소화는 제거작용이다.
④ 가스화재 시 밸브를 차단하는 것은 제거작용이다.

7. 소화설비의 기준에서 이산화탄소 소화설비가 적응성이 있는 대상물은?

① 알칼리금속과산화물
② 철분
③ 인화성 고체
④ 제3류 위험물의 금수성 물질

8. 위험물안전관리법령상 소화설비에 해당하지 않는 것은?

① 옥외소화전설비
② 스프링클러설비
③ 할로겐화합물 소화설비
④ 연결살수설비

9. 유기과산화물의 화재예방상 주의사항으로 틀린 것은?

① 열원으로부터 멀리한다.
② 직사광선을 피해야 한다.
③ 용기의 파손에 의해서 누출되면 위험하므로 정기적으로 점검하여야 한다.
④ 산화제와 격리하고 환원제와 접촉시켜야 한다.

10. 분자 내의 나이트로기와 같이 쉽게 산소를 유리할 수 있는 기를 가지고 있는 화합물의 연소형태는?

① 표면연소   ② 분해연소
③ 증발연소   ④ 자기연소

11. 나이트로화합물과 같은 가연성 물질이 자체 내에 산소를 함유하고 있어 공기 중의 산소를 필요로 하지 않고 자체의 산소에 의해서 연소되는 현상은?

① 자기연소   ② 등심연소
③ 훈소연소   ④ 분해연소

12. 제1류 위험물인 과산화나트륨의 보관용기에 화재가 발생하였다. 소화약제로 가장 적당한 것은?

① 포 소화약제
② 물
③ 마른모래
④ 이산화탄소

13. 위험물의 화재별 소화방법으로 옳지 않은 것은?

① 황린 – 분무주수에 의한 냉각소화
② 인화칼슘 – 분무주수에 의한 냉각소화
③ 톨루엔 – 포에 의한 질식소화
④ 질산메틸 – 주수에 의한 냉각소화

14. 옥내에서 지정수량 100배 이상을 취급하는 일반취급소에 설치하여야 하는 경보설비는? (단, 고인화점 위험물만을 취급하는 경우는 제외한다.)

① 비상경보설비
② 자동화재탐지설비
③ 비상방송설비
④ 비상벨설비 및 확성장치

15. 위험물안전관리법령에 따라 옥내소화전설비를 설치할 때 배관의 설치기준에 대한 설명으로 옳지 않은 것은?

① 배관 내 사용압력이 1.2메가파스칼 미만일 경우에는 배관용 탄소 강관(KS D 3507)을 사용해야 한다.
② 옥내소화전설비의 배관을 연결송수관설비와 겸용하는 경우 주배관은 구경 66mm 이상으로 해야 한다.
③ 펌프를 이용한 가압송수장치의 흡수관은 펌프마다 전용으로 설치한다.
④ 원칙적으로 급수배관은 생활용수배관과 같이 사용할 수 없으며 전용배관으로만 사용한다.

16. 제3종 분말 소화약제의 주요 성분에 해당하는 것은? ✈빈출

① 인산암모늄
② 탄산수소나트륨
③ 탄산수소칼륨
④ 요소

17. 휘발유의 소화방법으로 옳지 않은 것은?

① 분말 소화약제를 사용한다.
② 포 소화약제를 사용한다.
③ 물통 또는 수조로 주수소화한다.
④ 이산화탄소에 의한 질식소화를 한다.

답안표기란

09 ① ② ③ ④
10 ① ② ③ ④
11 ① ② ③ ④
12 ① ② ③ ④
13 ① ② ③ ④
14 ① ② ③ ④
15 ① ② ③ ④
16 ① ② ③ ④
17 ① ② ③ ④

PART 04

18. 플래시오버(Flash Over)에 관한 설명이 아닌 것은?

① 실내화재에서 발생하는 현상
② 순발적인 연소확대 현상
③ 발생시점은 초기에서 성장기로 넘어가는 분기점
④ 화재로 인하여 온도가 급격히 상승하여 화재가 순간적으로 실내 전체에 확산되어 연소되는 현상

19. 화재 시 이산화탄소를 방출하여 산소의 농도를 13vol%로 낮추어 소화를 하려면 공기 중의 이산화탄소는 몇 vol%가 되어야 하는가? ✈빈출

① 28.1   ② 38.1
③ 42.86 ④ 48.36

20. 팽창질석(삽 1개 포함) 160리터의 소화 능력단위는? ✈빈출

① 0.5   ② 1.0
③ 1.5   ④ 2.0

21. 위험물안전관리법령상 위험물에 해당하는 것은?

① 황산
② 비중이 1.41인 질산
③ 53마이크로미터의 표준체를 통과하는 것이 50중량퍼센트 미만인 철의 분말
④ 농도가 40중량퍼센트인 과산화수소

22. 위험물안전관리법령상 위험물 운송에 관한 규정으로 틀린 것은?

① 이동탱크저장소에 의하여 위험물을 운송하는 자는 당해 위험물을 취급할 수 있는 국가기술자격자 또는 안전교육을 받은 자이어야 한다.
② 안전관리자·탱크시험자·위험물운반자·위험물운송자 등 위험물의 안전관리와 관련된 업무를 수행하는 자는 시·도지사가 실시하는 안전교육을 받아야 한다.
③ 운송책임자의 범위, 감독 또는 지원의 방법 등에 관한 구체적인 기준은 행정안전부령으로 정한다.
④ 위험물운송자는 이동탱크저장소에 의하여 위험물을 운송하는 때에는 행정안전부령으로 정하는 기준을 준수하는 등 당해 위험물의 안전 확보를 위해 세심한 주의를 기울여야 한다.

23. 물과 접촉하면 위험성이 증가하므로 주수소화를 할 수 없는 물질은?

① $C_6H_2CH_3(NO_2)_3$
② $NaNO_3$
③ $(C_2H_5)_3Al$
④ $(C_6H_5CO)_2O_2$

24. 과산화바륨의 성질에 대한 설명 중 틀린 것은?

① 고온에서 열분해하여 산소를 발생한다.
② 황산과 반응하여 과산화수소를 만든다.
③ 비중은 약 4.96이다.
④ 온수와 접촉하면 수소가스를 발생한다.

25. 과염소산칼륨의 일반적인 성질에 대한 설명 중 틀린 것은?

① 강한 산화제이다.
② 불연성 물질이다.
③ 과일향이 나는 보라색 결정이다.
④ 가열하여 완전 분해시키면 산소를 발생한다.

답안표기란

18 ① ② ③ ④
19 ① ② ③ ④
20 ① ② ③ ④
21 ① ② ③ ④
22 ① ② ③ ④
23 ① ② ③ ④
24 ① ② ③ ④
25 ① ② ③ ④

26. 제4류 위험물 중 특수인화물로만 나열된 것은?

① 아세트알데하이드, 산화프로필렌, 염화아세틸
② 산화프로필렌, 염화아세틸, 부틸알데하이드
③ 부틸알데하이드, 이소프로필아민, 다이에틸에터
④ 이황화탄소, 황화다이메틸, 이소프로필아민

27. 건축물 외벽이 내화구조이며 연면적 300m²인 위험물 옥내저장소의 건축물에 대하여 소화설비의 소요단위는 최소한 몇 단위 이상이 되어야 하는가?

① 1단위   ② 2단위
③ 3단위   ④ 4단위

28. 위험성 예방을 위해 물 속에 저장하는 것은?

① 칠황화인   ② 이황화탄소
③ 오황화인   ④ 톨루엔

29. 수소화칼슘이 물과 반응하였을 때의 생성물은?

① 칼슘과 수소
② 수산화칼슘과 수소
③ 칼슘과 산소
④ 수산화칼슘과 산소

30. 과염소산칼륨과 아염소산나트륨의 공통성질이 아닌 것은?

① 지정수량이 50kg이다.
② 열분해 시 산소를 방출한다.
③ 강산화성 물질이며 가연성이다.
④ 상온에서 고체의 형태이다.

31. 과염소산나트륨의 성질이 아닌 것은?

① 수용성이다.
② 조해성이 있다.
③ 분해온도는 약 400℃이다.
④ 물보다 가볍다.

32. 위험물제조소의 위치·구조 및 설비의 기준에 대한 설명 중 틀린 것은?

① 벽·기둥·바닥·보·서까래는 내화재료로 하여야 한다.
② 제조소의 표지판은 한 변이 30cm, 다른 한 변이 60cm 이상의 크기로 한다.
③ '화기엄금'을 표시하는 게시판은 적색바탕에 백색문자로 한다.
④ 지정수량 10배를 초과한 위험물을 취급하는 제조소는 보유공지의 너비가 5m 이상이어야 한다.

33. 트라이나이트로톨루엔의 작용기에 해당하는 것은?

① -NO   ② -NO_2
③ -NO_3   ④ -NO_4

34. 연면적이 1,000제곱미터이고 지정수량의 80배의 위험물을 취급하며 지반면으로부터 5미터 높이에 위험물 취급설비가 있는 제조소의 소화난이도등급은?

① 소화난이도등급 I
② 소화난이도등급 II
③ 소화난이도등급 III
④ 제시된 조건으로 판단할 수 없음

35. 물과 작용하여 메탄과 수소를 발생시키는 것은?

① Al_4C_3 ② Mn_3C
③ Na_2C_2 ④ MgC_2

36. 경유에 대한 설명으로 틀린 것은?

① 품명은 제3석유류이다.
② 디젤기관의 연료로 사용할 수 있다.
③ 원유의 증류 시 등유와 중유 사이에서 유출된다.
④ K, Na의 보호액으로 사용할 수 있다.

답안표기란

26 ① ② ③ ④
27 ① ② ③ ④
28 ① ② ③ ④
29 ① ② ③ ④
30 ① ② ③ ④
31 ① ② ③ ④
32 ① ② ③ ④
33 ① ② ③ ④
34 ① ② ③ ④
35 ① ② ③ ④
36 ① ② ③ ④

PART 04

37. 위험물제조소등에 경보설비를 설치해야 하는 경우가 아닌 것은? (단, 지정수량의 10배 이상을 저장 또는 취급하는 경우이다.)

① 이동탱크저장소
② 단층건물로 처마높이가 6m인 옥내저장소
③ 단층건물 외의 건축물에 설치된 옥내탱크저장소로서 소화난이도등급 I에 해당하는 것
④ 옥내주유취급소

38. 제4류 위험물에 속하지 않는 것은?

① 아세톤
② 실린더유
③ 과산화벤조일
④ 나이트로벤젠

39. 나이트로셀룰로오스에 대한 설명으로 틀린 것은?

① 다이너마이트의 원료로 사용된다.
② 물과 혼합하면 위험성이 감소된다.
③ 셀룰로오스에 진한 질산과 진한 황산을 작용시켜 만든다.
④ 품명이 나이트로화합물이다.

40. 다음은 위험물탱크의 공간용적에 관한 내용이다. ( ) 안에 숫자를 차례대로 올바르게 나열한 것은? (단, 소화설비를 설치하는 경우와 암반탱크는 제외한다.)

> 탱크의 공간용적은 탱크 내용적의 100분의 ( ) 이상 100분의 ( ) 이하의 용적으로 한다.

① 5, 10
② 5, 15
③ 10, 15
④ 10, 20

41. 적린의 성질에 대한 설명 중 틀린 것은?

① 물이나 이황화탄소에 녹지 않는다.
② 발화온도는 약 260℃ 정도이다.
③ 연소할 때 인화수소 가스가 발생한다.
④ 산화제가 섞여 있으면 마찰에 의해 착화하기 쉽다.

42. 트라이나이트로페놀의 성상에 대한 설명 중 틀린 것은?

① 융점은 약 61℃이고 비점은 약 120℃이다.
② 쓴맛이 있으며 독성이 있다.
③ 단독으로는 마찰, 충격에 비교적 안정하다.
④ 알코올, 에테르, 벤젠에 녹는다.

43. Ca_3P_2 600kg을 저장하려 한다. 지정수량의 배수는 얼마인가?

① 2배 　　　　② 3배
③ 4배 　　　　④ 5배

44. 위험물안전관리법령에서 제3류 위험물에 해당하지 않는 것은?

① 알칼리금속 　　② 칼륨
③ 황화인 　　　　④ 황린

45. 위험물안전관리법령상 정기점검대상 제조소등의 조건이 아닌 것은?

① 예방규정 작성 대상인 제조소등
② 지하탱크저장소
③ 이동탱크저장소
④ 지정수량 5배의 위험물을 취급하는 옥외탱크를 둔 제조소

답안표기란

37 ① ② ③ ④
38 ① ② ③ ④
39 ① ② ③ ④
40 ① ② ③ ④
41 ① ② ③ ④
42 ① ② ③ ④
43 ① ② ③ ④
44 ① ② ③ ④
45 ① ② ③ ④

46. 동식물유류에 대한 설명으로 틀린 것은?

① 아마인유는 건성유이다.
② 불포화결합이 적을수록 자연발화의 위험이 커진다.
③ 아이오딘값이 100 이하인 것을 불건성유라 한다.
④ 건성유는 공기 중 산화중합으로 생긴 고체가 도막을 형성할 수 있다.

47. 물과 반응하여 아세틸렌을 발생하는 것은? ★빈출

① NaH
② Al_4C_3
③ CaC_2
④ $(C_2H_5)_3Al$

48. 제6류 위험물에 대한 설명으로 틀린 것은?

① 위험등급 I 에 속한다.
② 자신이 산화되는 산화성 물질이다.
③ 지정수량이 300kg이다.
④ 오플루오린화브로민은 제6류 위험물이다.

49. 지정수량이 나머지 셋과 다른 하나는?

① 칼슘
② 나트륨아미드
③ 인화아연
④ 바륨

50. 위험물제조소에 설치하는 안전장치 중 위험물의 성질에 따라 안전밸브의 작동이 곤란한 가압설비에 한하여 설치하는 것은?

① 파괴판
② 안전밸브를 겸용하는 경보장치
③ 감압 측에 안전밸브를 부착한 감압밸브
④ 연성계

51. [보기]의 위험물을 위험등급 I, 위험등급 II, 위험등급 III의 순서로 옳게 나열한 것은?

─────[보기]─────
황린, 인화칼슘, 리튬

① 황린, 인화칼슘, 리튬
② 황린, 리튬, 인화칼슘
③ 인화칼슘, 황린, 리튬
④ 인화칼슘, 리튬, 황린

52. 휘발유에 대한 설명으로 옳지 않은 것은?

① 지정수량은 200리터이다.
② 전기의 불량도체로서 정전기 축적이 용이하다.
③ 원유의 성질·상태·처리방법에 따라 탄화수소의 혼합비율이 다르다.
④ 발화점은 -43 ~ -20℃ 정도이다.

53. 위험물안전관리법상 제조소등의 허가 취소 또는 사용정지의 사유에 해당하지 않는 것은?

① 안전교육 대상자가 교육을 받지 아니한 때
② 완공검사를 받지 않고 제조소등을 사용한 때
③ 위험물안전관리자를 선임하지 아니한 때
④ 제조소등의 정기검사를 받지 아니한 때

54. 위험물 운반 시 동일한 트럭에 제1류 위험물과 함께 적재할 수 있는 유별은? (단, 지정수량의 5배 이상인 경우이다.) ★빈출

① 제3류
② 제4류
③ 제6류
④ 없음

55. CaC_2의 저장장소로서 적합한 곳은?

① 가스가 발생하므로 밀전을 하지 않고 공기 중에 보관한다.
② HCl 수용액 속에 저장한다.
③ CCl_4 분위기의 수분이 많은 장소에 보관한다.
④ 건조하고 환기가 잘 되는 장소에 보관한다.

PART 04

56. 다음에서 설명하고 있는 위험물은?

> - 지정수량은 20kg이고 백색 또는 담황색 고체이다.
> - 비중은 약 1.82이고, 융점은 약 44℃이다.
> - 비점은 약 280℃이고, 증기비중은 약 4.3이다.

① 적린   ② 황린
③ 황   ④ 마그네슘

57. 위험물에 대한 유별 구분이 잘못된 것은?

① 브로민산염류 - 제1류 위험물
② 황 - 제2류 위험물
③ 금속의 인화물 - 제3류 위험물
④ 무기과산화물 - 제5류 위험물

58. 위험물탱크성능시험자가 갖추어야 할 등록기준에 해당되지 않는 것은?

① 기술능력   ② 시설
③ 장비   ④ 경력

59. 과산화벤조일과 과염소산의 지정수량의 합은 몇 kg인가?

① 310   ② 350
③ 400   ④ 500

60. 1몰의 에틸알코올이 완전연소하였을 때 생성되는 이산화탄소는 몇 몰인가?

① 1몰   ② 2몰
③ 3몰   ④ 4몰

답안표기란

56	①	②	③	④
57	①	②	③	④
58	①	②	③	④
59	①	②	③	④
60	①	②	③	④

제2회 CBT FINAL 모의고사

자격종목	시험시간	문항수	점수
위험물기능사	60분	60문항	

답안표기란

01 ① ② ③ ④
02 ① ② ③ ④
03 ① ② ③ ④
04 ① ② ③ ④
05 ① ② ③ ④
06 ① ② ③ ④
07 ① ② ③ ④
08 ① ② ③ ④

1. 자연발화의 방지법이 아닌 것은?

   ① 습도를 높게 유지할 것
   ② 저장실의 온도를 낮출 것
   ③ 퇴적 및 수납 시 열 축적이 없을 것
   ④ 통풍을 잘 시킬 것

2. 액체연료의 연소형태가 아닌 것은?

   ① 확산연소   ② 증발연소
   ③ 액면연소   ④ 분무연소

3. 화학식과 Halon 번호를 옳게 연결한 것은?

   ① CBr_2F_2 - 1202
   ② $C_2Br_2F_2$ - 2422
   ③ $CBrClF_2$ - 1102
   ④ $C_2Br_2F_4$ - 1242

4. 소화설비의 설치기준에서 유기과산화물 1,000kg 은 몇 소요단위에 해당하는가?

   ① 10   ② 20
   ③ 30   ④ 40

5. 다음 중 분진폭발의 원인물질로 작용할 위험성이 가장 낮은 것은?

   ① 마그네슘 분말
   ② 밀가루
   ③ 담배 분말
   ④ 시멘트 분말

6. 열의 이동원리 중 복사에 관한 예로 적당하지 않은 것은?

   ① 그늘이 시원한 이유
   ② 더러운 눈이 빨리 녹는 현상
   ③ 보온병 내부를 거울벽으로 만드는 것
   ④ 해풍과 육풍이 일어나는 원리

7. 위험물안전관리법령상의 규제에 관한 설명 중 틀린 것은?

   ① 지정수량 이상인 위험물의 저장·취급 및 운반은 시·도 조례에 의하여 규제한다.
   ② 항공기에 의한 위험물의 저장·취급 및 운반은 위험물안전관리법의 규제대상이 아니다.
   ③ 궤도에 의한 위험물의 저장·취급 및 운반은 위험물안전관리법의 규제대상이 아니다.
   ④ 선박법의 규정에 따른 선박에 의한 위험물의 저장·취급 및 운반은 위험물안전관리법의 규제대상이 아니다.

8. 그림과 같이 횡으로 설치한 원통형 위험물탱크에 대하여 탱크의 용량을 구하면 약 몇 m^3인가? (단, 공간용적은 탱크 내용적의 100분의 5로 한다.)

   ① 196.3   ② 261.6
   ③ 785.0   ④ 994.8

9. 제4류 위험물로만 나열된 것은?

  ① 특수인화물, 황산, 질산
  ② 알코올류, 황린, 나이트로화합물
  ③ 동식물유류, 질산, 무기과산화물
  ④ 제1석유류, 알코올류, 특수인화물

10. 위험물안전관리법령상 옥내소화전설비의 비상전원은 몇 분 이상 작동할 수 있어야 하는가?

  ① 45분   ② 30분
  ③ 20분   ④ 10분

11. 물질의 발화온도가 낮아지는 경우는?

  ① 발열량이 작을 때
  ② 산소의 농도가 작을 때
  ③ 화학적 활성도가 클 때
  ④ 산소와 친화력이 작을 때

12. 어떤 소화기에 "ABC"라고 표시되어 있다. 다음 중 사용할 수 없는 화재는? ★빈출

  ① 금속화재   ② 유류화재
  ③ 전기화재   ④ 일반화재

13. 전기설비에 적응성이 없는 소화설비는?

  ① 이산화탄소 소화설비
  ② 물분무 소화설비
  ③ 포 소화설비
  ④ 할로겐화합물 소화설비

14. 1몰의 이황화탄소와 고온의 물이 반응하여 생성되는 유독한 기체물질의 부피는 표준상태에서 얼마인가?

  ① 22.4L   ② 44.8L
  ③ 67.2L   ④ 134.4L

15. 연소 위험성이 큰 휘발유 등은 배관을 통하여 이송할 경우 안전을 위하여 유속을 느리게 해주는 것이 바람직하다. 이는 배관 내에서 발생할 수 있는 어떤 에너지를 억제하기 위함인가?

  ① 유도에너지
  ② 분해에너지
  ③ 정전기에너지
  ④ 아크에너지

16. 강화액 소화기에 대한 설명이 아닌 것은?

  ① 알칼리 금속염류가 포함된 고농도의 수용액이다.
  ② A급 화재에 적응성이 있다.
  ③ 어는점이 낮아서 동절기에서 사용이 가능하다.
  ④ 물의 표면장력을 강화시킨 것으로 심부화재에 효과적이다.

17. 인화점이 섭씨 200℃ 미만인 위험물을 저장하기 위하여 높이가 15m이고 지름이 18m인 옥외저장탱크를 설치하는 경우 옥외저장탱크와 방유제와의 사이에 유지하여야 하는 거리는?

  ① 5.0m 이상   ② 6.0m 이상
  ③ 7.5m 이상   ④ 9.0m 이상

18. 위험물을 취급함에 있어서 정전기를 유효하게 제거하기 위한 설비를 설치하고자 한다. 위험물안전관리법령상 공기 중의 상대습도를 몇 % 이상 되게 하여야 하는가? ★빈출

  ① 50   ② 60
  ③ 70   ④ 80

19. 위험물안전관리법령에 따른 자동화재탐지설비의 설치기준에서 하나의 경계구역의 면적은 얼마 이하로 하여야 하는가? (단, 해당 건축물 그 밖의 공작물의 주요한 출입구에서 그 내부의 전체를 볼 수 없는 경우이다.)

  ① 500m²   ② 600m²
  ③ 800m²   ④ 1,000m²

답안표기란

09 ① ② ③ ④
10 ① ② ③ ④
11 ① ② ③ ④
12 ① ② ③ ④
13 ① ② ③ ④
14 ① ② ③ ④
15 ① ② ③ ④
16 ① ② ③ ④
17 ① ② ③ ④
18 ① ② ③ ④
19 ① ② ③ ④

20. 금속칼륨에 대한 초기의 소화약제로서 적합한 것은?

① 물
② 마른모래
③ CCl_4
④ CO_2

21. 과산화마그네슘에 대한 설명으로 옳은 것은?

① 산화제, 표백제, 살균제 등으로 사용된다.
② 물에 녹지 않기 때문에 습기와 접촉해도 무방하다.
③ 물과 반응하여 금속 마그네슘을 생성한다.
④ 염산과 반응하면 산소와 수소를 발생한다.

22. 위험물안전관리법령에 따라 제조소등의 관계인이 예방규정을 정하여야 하는 제조소등에 해당하지 않는 것은?

① 지정수량의 200배 이상의 위험물을 저장하는 옥외탱크저장소
② 지정수량의 10배 이상의 위험물을 취급하는 제조소
③ 암반탱크저장소
④ 지하탱크저장소

23. 다음 위험물 중 지정수량이 가장 큰 것은?

① 질산에틸
② 과산화수소
③ 트라이나이트로톨루엔
④ 피크린산

24. 지정수량 10배의 위험물을 운반할 때 혼재가 가능한 것은? 빈출

① 제1류 위험물과 제2류 위험물
② 제1류 위험물과 제4류 위험물
③ 제4류 위험물과 제5류 위험물
④ 제5류 위험물과 제3류 위험물

25. 같은 위험등급의 위험물로만 이루어지지 않은 것은?

① Fe, Sb, Mg
② Zn, Al, S
③ 황화인, 적린, 칼슘
④ 메탄올, 에탄올, 벤젠

26. 위험물에 대한 설명으로 옳은 것은?

① 적린은 암적색의 분말로서 조해성이 있는 자연발화성 물질이다.
② 황화인은 황색의 액체이며 상온에서 자연분해하여 이산화황과 오산화인을 발생한다.
③ 황은 미황색의 고체 또는 분말이며 많은 이성질체를 갖고 있는 전기도체이다.
④ 황린은 가연성 물질이며 마늘 냄새가 나는 맹독성 물질이다.

27. 지정수량이 100kg인 물질은?

① 질산
② 피크린산
③ 질산메틸
④ 과산화벤조일

28. 수소화나트륨의 소화약제로 적당하지 않은 것은?

① 물
② 건조사
③ 팽창질석
④ 팽창진주암

29. 위험물안전관리법령상 제6류 위험물이 아닌 것은?

① H_3PO_4
② IF_5
③ BrF_5
④ BrF_3

30. 제4류 위험물의 공통적인 성질이 아닌 것은?

① 대부분 물보다 가볍고 물에 녹기 어렵다.
② 공기와 혼합된 증기는 연소의 우려가 있다.
③ 인화되기 쉽다.
④ 증기는 공기보다 가볍다.

답안표기란

20	① ② ③ ④
21	① ② ③ ④
22	① ② ③ ④
23	① ② ③ ④
24	① ② ③ ④
25	① ② ③ ④
26	① ② ③ ④
27	① ② ③ ④
28	① ② ③ ④
29	① ② ③ ④
30	① ② ③ ④

PART 04

31. 다음 중 화재 시 내알코올포 소화약제를 사용하는 것이 가장 적합한 위험물은?

① 아세톤　　　　② 휘발유
③ 경유　　　　　④ 등유

32. 위험물을 유별로 정리하여 상호 1m 이상의 간격을 유지하는 경우에도 동일한 옥내저장소에 저장할 수 없는 것은? 　★빈출

① 제1류 위험물(알칼리금속의 과산화물 또는 이를 함유한 것을 제외한다)과 제5류 위험물
② 제1류 위험물과 제6류 위험물
③ 제1류 위험물과 제3류 위험물 중 황린
④ 인화성 고체를 제외한 제2류 위험물과 제4류 위험물

33. 질산의 비중이 1.5일 때, 1소요단위는 몇 L인가?　★빈출

① 150　　　　　② 200
③ 1,500　　　　④ 2,000

34. 무색 또는 옅은 청색의 액체로 농도가 36wt% 이상인 것을 위험물로 간주하는 것은?

① 과산화수소　　② 과염소산
③ 질산　　　　　④ 초산

35. 위험물안전관리법령의 규정에 따라 다음과 같이 예방조치를 하여야 하는 위험물은?

- 운반용기의 외부에 '화기엄금' 및 '충격주의'를 표시한다.
- 적재하는 경우 차광성 있는 피복으로 가린다.
- 55도 이하에서 분해될 우려가 있는 경우 보냉 컨테이너에 수납하여 적정한 온도관리를 한다.

① 제1류　　　　② 제2류
③ 제3류　　　　④ 제5류

36. 위험물안전관리법령상 운송책임자의 감독·지원을 받아 운송하여야 하는 위험물은?　★빈출

① 특수인화물
② 알킬리튬
③ 질산구아니딘
④ 하이드라진유도체

37. 위험물안전관리법령상 위험등급이 나머지 셋과 다른 하나는?

① 알코올류　　　② 제2석유류
③ 제3석유류　　　④ 동식물유류

38. 제6류 위험물에 대한 설명으로 옳은 것은?

① 과염소산은 독성은 없지만 폭발의 위험이 있으므로 밀폐하여 보관한다.
② 과산화수소는 농도가 3% 이상일 때 단독으로 폭발하므로 취급에 주의한다.
③ 질산은 자연발화의 위험이 높으므로 저온 보관한다.
④ 할로젠간화합물의 지정수량은 300kg이다.

39. 다음 위험물 중 상온에서 액체인 것은?　★빈출

① 질산에틸
② 트라이나이트로톨루엔
③ 셀룰로이드
④ 피크린산

40. 위험물제조소의 게시판에 '화기주의'라고 쓰여 있다. 제 몇 류 위험물제조소인가?　★빈출

① 제1류　　　　② 제2류
③ 제3류　　　　④ 제4류

41. 착화점이 232℃에 가장 가까운 위험물은?

① 삼황화인　　　② 오황화인
③ 적린　　　　　④ 황

답안표기란				
31	①	②	③	④
32	①	②	③	④
33	①	②	③	④
34	①	②	③	④
35	①	②	③	④
36	①	②	③	④
37	①	②	③	④
38	①	②	③	④
39	①	②	③	④
40	①	②	③	④
41	①	②	③	④

42. NaClO₃에 대한 설명으로 옳은 것은?

① 물, 알코올에 녹지 않는다.
② 가연성 물질로 무색, 무취의 결정이다.
③ 유리를 부식시키므로 철제용기에 저장한다.
④ 산과 반응하여 유독성의 ClO₂를 발생한다.

43. 메탄올과 에탄올의 공통점에 대한 설명으로 틀린 것은?

① 증기비중이 같다.
② 무색투명한 액체이다.
③ 비중이 1보다 작다.
④ 물에 잘 녹는다.

44. 금속나트륨에 관한 설명으로 옳은 것은? 🏷️빈출

① 물보다 무겁다.
② 융점이 100℃보다 높다.
③ 물과 격렬히 반응하여 산소를 발생하고 발열한다.
④ 등유는 반응이 일어나지 않아 저장액으로 이용된다.

45. 물과 접촉하면 위험성이 증가하므로 주수소화를 할 수 없는 물질은?

① KClO₃
② NaNO₃
③ Na₂O₂
④ (C₆H₅CO)₂O₂

46. 다이에틸에터의 보관·취급에 관한 설명으로 틀린 것은?

① 용기는 밀봉하여 보관한다.
② 환기가 잘 되는 곳에 보관한다.
③ 정전기가 발생하지 않도록 취급한다.
④ 저장용기에 빈 공간이 없게 가득 채워 보관한다.

47. 아닐린에 대한 설명으로 옳은 것은?

① 특유의 냄새를 가진 기름상 액체이다.
② 인화점이 0℃ 이하이어서 상온에서 인화의 위험이 높다.
③ 황산과 같은 강산화제와 접촉하면 중화되어 안정하게 된다.
④ 증기는 공기와 혼합하여 인화, 폭발의 위험은 없는 안정한 상태가 된다.

48. 위험물제조소등에 자체소방대를 두어야 할 대상의 위험물안전관리법령상 기준으로 옳은 것은? (단, 원칙적인 경우에 한한다.)

① 지정수량 3,000배 이상의 위험물을 저장하는 저장소 또는 제조소
② 지정수량 3,000배 이상의 위험물을 취급하는 제조소 또는 일반취급소
③ 지정수량 3,000배 이상의 제4류 위험물을 저장하는 저장소 또는 제조소
④ 지정수량 3,000배 이상의 제4류 위험물을 취급하는 제조소 또는 일반취급소

49. 벤젠의 저장 및 취급 시 주의사항에 대한 설명으로 틀린 것은?

① 정전기 발생에 주의한다.
② 피부에 닿지 않도록 주의한다.
③ 증기는 공기보다 가벼워 높은 곳에 체류하므로 환기에 주의한다.
④ 통풍이 잘 되는 서늘하고 어두운 곳에 저장한다.

50. 질산칼륨의 성질에 해당하는 것은?

① 무색 또는 흰색 결정이다.
② 물과 반응하면 폭발의 위험이 있다.
③ 물에 녹지 않으나 알코올에 잘 녹는다.
④ 황산, 목분과 혼합하면 흑색화약이 된다.

답안표기란

42 ① ② ③ ④
43 ① ② ③ ④
44 ① ② ③ ④
45 ① ② ③ ④
46 ① ② ③ ④
47 ① ② ③ ④
48 ① ② ③ ④
49 ① ② ③ ④
50 ① ② ③ ④

PART 04

51. 분말의 형태로서 150마이크로미터의 체를 통과하는 것이 50중량퍼센트 이상인 것만 위험물로 취급되는 것은?

① Fe
② Sn
③ Ni
④ Cu

52. 상온에서 액체인 물질로만 조합된 것은? ★빈출

① 질산에틸, 나이트로글리세린
② 피크린산, 질산메틸
③ 트라이나이트로톨루엔, 다이나이트로벤젠
④ 나이트로글리콜, 테트릴

53. 과염소산의 저장 및 취급방법으로 틀린 것은?

① 종이, 나무부스러기 등과의 접촉을 피한다.
② 직사광선을 피하고, 통풍이 잘 되는 장소에 보관한다.
③ 금속분과의 접촉을 피한다.
④ 분해방지제로 NH_3 또는 $BaCl_2$를 사용한다.

54. 위험물안전관리에 관한 세부기준에서 정한 위험물의 유별에 따른 위험성 시험 방법을 옳게 연결한 것은?

① 제1류 - 가열분해성 시험
② 제2류 - 작은 불꽃 착화시험
③ 제5류 - 충격민감성 시험
④ 제6류 - 낙구타격감도 시험

55. 다음 중 인화점이 가장 낮은 것은?

① 이소펜탄
② 아세톤
③ 다이에틸에터
④ 이황화탄소

56. 위험물의 유별 구분이 나머지 셋과 다른 하나는?

① 나이트로글리콜
② 벤젠
③ 아조벤젠
④ 다이나이트로벤젠

57. 제4류 위험물 중 제1석유류에 속하는 것은?

① 에틸렌글리콜
② 글리세린
③ 아세톤
④ n-부탄올

58. 인화성 액체위험물을 저장 또는 취급하는 옥외탱크저장소의 방유제 내에 용량 10만L와 5만L인 옥외저장탱크 2기를 설치하는 경우에 확보하여야 하는 방유제의 용량은?

① 50,000L 이상
② 80,000L 이상
③ 110,000L 이상
④ 150,000L 이상

59. 횡으로 설치한 원통형 위험물 저장탱크의 내용적이 500L일 때 공간용적은 최소 몇 L이어야 하는가? (단, 원칙적인 경우에 한한다.)

① 15
② 25
③ 35
④ 50

60. 탄화칼슘을 습한 공기 중에 보관하면 위험한 이유로 가장 옳은 것은? ★빈출

① 아세틸렌과 공기가 혼합된 폭발성 가스가 생성될 수 있으므로
② 에틸렌과 공기 중 질소가 혼합된 폭발성 가스가 생성될 수 있으므로
③ 분진폭발의 위험성이 증가하기 때문에
④ 포스핀과 같은 독성 가스가 발생하기 때문에

답안표기란

51 ① ② ③ ④
52 ① ② ③ ④
53 ① ② ③ ④
54 ① ② ③ ④
55 ① ② ③ ④
56 ① ② ③ ④
57 ① ② ③ ④
58 ① ② ③ ④
59 ① ② ③ ④
60 ① ② ③ ④

제3회 CBT FINAL 모의고사

자격종목	시험시간	문항수	점수
위험물기능사	60분	60문항	

답안표기란

01 ① ② ③ ④
02 ① ② ③ ④
03 ① ② ③ ④
04 ① ② ③ ④
05 ① ② ③ ④
06 ① ② ③ ④
07 ① ② ③ ④
08 ① ② ③ ④
09 ① ② ③ ④

1. 소화전용물통 8리터의 능력단위는 얼마인가? 빈출

   ① 0.1
   ② 0.3
   ③ 0.5
   ④ 1.0

2. 지정수량 10배의 위험물을 저장 또는 취급하는 제조소에 있어서 연면적이 최소 몇 m²이면 자동화재탐지설비를 설치해야 하는가?

   ① 100
   ② 300
   ③ 500
   ④ 1,000

3. 위험물제조소등에 설치해야 하는 각 소화설비의 설치기준에 있어서 각 노즐 또는 헤드 끝부분의 방사압력 기준이 나머지 셋과 다른 설비는?

   ① 옥내소화전설비
   ② 옥외소화전설비
   ③ 스프링클러설비
   ④ 물분무 소화설비

4. 가연물이 되기 쉬운 조건이 아닌 것은?

   ① 산화반응의 활성이 크다.
   ② 표면적이 넓다.
   ③ 활성화에너지가 크다.
   ④ 열전도율이 낮다.

5. A, B, C급 화재에 모두 적응성이 있는 소화약제는? 빈출

   ① 제1종 분말 소화약제
   ② 제2종 분말 소화약제
   ③ 제3종 분말 소화약제
   ④ 제4종 분말 소화약제

6. 유기과산화물의 화재 시 적응성이 있는 소화설비는?

   ① 물분무 소화설비
   ② 이산화탄소 소화설비
   ③ 할로겐화합물 소화설비
   ④ 분말 소화설비

7. 주수소화가 적합하지 않은 물질은?

   ① 과산화벤조일
   ② 과산화나트륨
   ③ 피크린산
   ④ 염소산나트륨

8. 정전기로 인한 재해방지대책 중 틀린 것은? 빈출

   ① 접지를 한다.
   ② 실내를 건조하게 유지한다.
   ③ 공기 중의 상대습도를 70% 이상으로 유지한다.
   ④ 공기를 이온화한다.

9. 이동저장탱크에 알킬알루미늄을 저장하는 경우에 불활성 기체를 봉입하는데 이때의 압력은 몇 kPa 이하이어야 하는가?

   ① 10
   ② 30
   ③ 20
   ④ 40

10. 제3류 위험물 중 금수성 물질을 취급하는 제조소에 설치하는 주의사항 게시판의 내용과 색상으로 옳은 것은?

① 물기엄금 : 백색바탕에 청색문자
② 물기엄금 : 청색바탕에 백색문자
③ 물기주의 : 백색바탕에 청색문자
④ 물기주의 : 청색바탕에 백색문자

11. 폭발 시 연소파의 전파속도 범위에 가장 가까운 것은?

① 0.1 ~ 10m/s
② 100 ~ 1,000m/s
③ 2,000 ~ 3,500m/s
④ 5,000 ~ 10,000m/s

12. 위험물제조소등에 옥내소화전설비를 설치할 때 옥내소화전이 가장 많이 설치된 층의 소화전의 개수가 4개일 경우 확보하여야 할 수원의 수량은?

① 10.4m³   ② 20.8m³
③ 31.2m³   ④ 41.6m³

13. 대형수동식소화기의 설치기준은 방호대상물의 각 부분으로부터 하나의 대형수동식소화기까지의 보행거리가 몇 m 이하가 되도록 설치하여야 하는가?

① 10   ② 20
③ 30   ④ 40

14. 다음 점화에너지 중 물리적 변화에서 얻어지는 것은?

① 압축열   ② 산화열
③ 중합열   ④ 분해열

15. 위험물안전관리법령상 연면적이 450m²인 저장소의 건축물 외벽이 내화구조가 아닌 경우 이 저장소의 소화기 소요단위는?

① 3   ② 4.5
③ 6   ④ 9

16. 연소범위에 대한 설명으로 옳지 않은 것은?

① 연소범위는 연소하한값부터 연소상한값까지이다.
② 연소범위의 단위는 공기 또는 산소에 대한 가스의 % 농도이다.
③ 연소하한이 낮을수록 위험이 크다.
④ 온도가 높아지면 연소범위가 좁아진다.

17. 이산화탄소 소화기 사용 시 줄 – 톰슨 효과에 의해서 생성되는 물질은?

① 포스겐   ② 일산화탄소
③ 드라이아이스   ④ 수성가스

18. 건축물 화재 시 성장기에서 최성기로 진행될 때 실내온도가 급격히 상승하기 시작하면서 화염이 실내 전체로 급격히 확대되는 연소현상은?

① 슬롭오버(Slop over)
② 플래시오버(Flash over)
③ 보일오버(Boil over)
④ 프로스오버(Froth over)

19. B급 화재의 표시색상은?

① 청색   ② 무색
③ 황색   ④ 백색

20. 품명이 나머지 셋과 다른 것은?

① 산화프로필렌   ② 아세톤
③ 이황화탄소   ④ 다이에틸에터

답안표기란

10 ① ② ③ ④
11 ① ② ③ ④
12 ① ② ③ ④
13 ① ② ③ ④
14 ① ② ③ ④
15 ① ② ③ ④
16 ① ② ③ ④
17 ① ② ③ ④
18 ① ② ③ ④
19 ① ② ③ ④
20 ① ② ③ ④

21. 질산에 대한 설명으로 옳은 것은?

　① 산화력은 없고 강한 환원력이 있다.
　② 자체 연소성이 있다.
　③ 크산토프로테인 반응을 한다.
　④ 조연성과 부식성이 없다.

22. 제5류 위험물의 공통된 취급방법이 아닌 것은? ✈빈출

　① 용기의 파손 및 균열에 주의한다.
　② 저장 시 가열, 충격, 마찰을 피한다.
　③ 운반용기 외부에 주의사항으로 "자연발화주의"를 표기한다.
　④ 점화원 및 분해를 촉진시키는 물질로부터 멀리한다.

23. 과망가니즈산칼륨의 성질에 대한 설명 중 옳은 것은?

　① 강력한 산화제이다.
　② 물에 녹아서 연한 분홍색을 나타낸다.
　③ 물에는 용해하나 에탄올에 불용이다.
　④ 묽은 황산과는 반응을 하지 않지만 진한 황산과 접촉하면 서서히 반응한다.

24. 제조소등의 관계인이 예방규정을 정하여야 하는 제조소등이 아닌 것은?

　① 지정수량 100배의 위험물을 저장하는 옥외탱크저장소
　② 지정수량 150배의 위험물을 저장하는 옥내저장소
　③ 지정수량 10배의 위험물을 취급하는 제조소
　④ 지정수량 5배의 위험물을 취급하는 이송취급소

25. 지정수량이 50킬로그램이 아닌 위험물은?

　① 염소산나트륨　　② 리튬
　③ 과산화나트륨　　④ 다이에틸에터

26. 수납하는 위험물에 따라 위험물의 운반용기 외부에 표시하는 주의사항이 잘못된 것은? ✈빈출

　① 제1류 위험물 중 알칼리금속의 과산화물 : 화기·충격주의, 물기엄금, 가연물접촉주의
　② 제4류 위험물 : 화기엄금
　③ 제3류 위험물 중 자연발화성 물질 : 화기엄금, 공기접촉엄금
　④ 제2류 위험물 중 철분 : 화기엄금

27. 위험물의 저장 및 취급방법에 대한 설명으로 틀린 것은? ✈빈출

　① 적린은 화기와 멀리하고 가열, 충격이 가해지지 않도록 한다.
　② 이황화탄소는 발화점이 낮으므로 물 속에 저장한다.
　③ 마그네슘은 산화제와 혼합되지 않도록 취급한다.
　④ 알루미늄분은 분진폭발의 위험이 있으므로 분무주수하여 저장한다.

28. 위험물의 운반에 관한 기준에서 적재방법 기준으로 틀린 것은?

　① 고체위험물은 운반용기 내용적의 95% 이하의 수납율로 수납할 것
　② 액체위험물은 운반용기 내용적의 98% 이하의 수납율로 수납할 것
　③ 알킬알루미늄은 운반용기 내용적의 95% 이하의 수납율로 수납하되, 50℃의 온도에서 5% 이상의 공간용적을 유지하도록 할 것
　④ 제3류 위험물 중 자연발화성 물질에 있어서는 불활성 기체를 봉입하여 밀봉하는 등 공기와 접하지 아니하도록 할 것

답안표기란

21　① ② ③ ④
22　① ② ③ ④
23　① ② ③ ④
24　① ② ③ ④
25　① ② ③ ④
26　① ② ③ ④
27　① ② ③ ④
28　① ② ③ ④

PART 04

29. 제4류 위험물의 일반적 성질이 아닌 것은?

　① 대부분 유기화합물이다.
　② 전기의 양도체로서 정전기 축적이 용이하다.
　③ 발생증기는 가연성이며 증기비중은 공기
　　보다 무거운 것이 대부분이다.
　④ 모두 인화성 액체이다.

30. 위험물안전관리법령상 제2류 위험물의 위험등급
　에 대한 설명으로 옳은 것은?

　① 제2류 위험물 중 위험등급 Ⅰ에 해당되는
　　품명이 없다.
　② 제2류 위험물 중 위험등급 Ⅲ에 해당되는
　　품명은 지정수량이 500kg인 품명만 해당
　　된다.
　③ 제2류 위험물 중 황화인, 적린, 황 등 지
　　정수량이 100kg인 품명은 위험등급 Ⅰ에
　　해당한다.
　④ 제2류 위험물 중 지정수량이 1,000kg인
　　인화성 고체는 위험등급 Ⅱ에 해당한다.

31. 지정수량 20배의 알코올류 옥외탱크저장소의 경
　우 펌프실 외의 장소에 설치하는 펌프설비의 기
　준으로 옳지 않은 것은?

　① 펌프설비 주위에는 3m 이상의 공지를 보
　　유한다.
　② 펌프설비 그 직하의 지반면 주위에 높이
　　0.15m 이상의 턱을 만든다.
　③ 펌프설비 그 직하의 지반면의 최저부에는
　　집유설비를 만든다.
　④ 집유설비에는 위험물이 배수구에 유입되
　　지 않도록 배출설비를 설치한다.

32. 알킬알루미늄의 저장 및 취급방법으로 옳은 것은?

　① 용기는 완전 밀봉하고 CH_4, C_3H_8 등을 봉
　　입한다.
　② C_6H_6 등의 희석제를 넣어준다.
　③ 용기의 마개에 다수의 미세한 구멍을 뚫는
　　다.
　④ 통기구가 달린 용기를 사용하여 압력상승
　　을 방지한다.

33. 위험물제조소등의 용도폐지신고에 대한 설명으
　로 옳지 않은 것은?

　① 용도폐지한 날부터 30일 이내에 신고하여
　　야 한다.
　② 완공검사합격확인증을 첨부한 용도폐지신
　　고서를 제출하는 방법으로 신고한다.
　③ 전자문서로 된 용도폐지신고서를 제출하
　　는 경우에도 완공검사합격확인증을 제출
　　하여야 한다.
　④ 신고의무의 주체는 해당 제조소등의 관계
　　인이다.

34. 질산에틸과 아세톤의 공통적인 성질 및 취급방법
　으로 옳은 것은?

　① 휘발성이 낮기 때문에 마개 없는 병에 보
　　관하여도 무방하다.
　② 점성이 커서 다른 용기에 옮길 때 가열하
　　여 더운 상태에서 옮긴다.
　③ 통풍이 잘 되는 곳에 보관하고 불꽃 등의
　　화기를 피하여야 한다.
　④ 인화점이 높으나 증기압이 낮으므로 햇빛
　　에 노출된 곳에 저장이 가능하다.

35. 위험물의 유별 구분이 나머지 셋과 다른 하나는?

　① 나이트로글리콜
　② 벤젠
　③ 아조벤젠
　④ 다이나이트로벤젠

답안표기란

29　① ② ③ ④
30　① ② ③ ④
31　① ② ③ ④
32　① ② ③ ④
33　① ② ③ ④
34　① ② ③ ④
35　① ② ③ ④

36. 제4류 위험물 중 제1석유류에 속하는 것은?

   ① 에틸렌글리콜　　② 글리세린
   ③ 휘발유　　　　　④ n-부탄올

37. 위험물안전관리법령상 운송책임자의 감독 · 지원을 받아 운송하여야 하는 위험물은? **빈출**

   ① 알킬리튬　　　　② 과산화수소
   ③ 가솔린　　　　　④ 경유

38. 다음 물질 중 위험물 유별에 따른 구분이 나머지 셋과 다른 하나는? **빈출**

   ① 질산메틸
   ② 다이나이트로벤젠
   ③ 나이트로글리콜
   ④ 나이트로글리세린

39. 물과 접촉하면 발열하면서 산소를 방출하는 것은?

   ① 과산화칼륨　　　② 염소산암모늄
   ③ 염소산칼륨　　　④ 과망가니즈산칼륨

40. 산화프로필렌의 성상에 대한 설명 중 틀린 것은?

   ① 청색의 휘발성이 강한 액체이다.
   ② 인화점이 낮은 인화성 액체이다.
   ③ 물에 잘 녹는다.
   ④ 에테르향의 냄새를 가진다.

41. 위험물안전관리법령상 사업소의 관계인이 자체소방대를 설치하여야 할 제조소등의 기준으로 옳은 것은?

   ① 제4류 위험물을 지정수량의 3천배 이상 취급하는 제조소 또는 일반취급소
   ② 제4류 위험물을 지정수량의 5천배 이상 취급하는 제조소 또는 일반취급소
   ③ 제4류 위험물 중 특수인화물을 지정수량의 3천배 이상 취급하는 제조소 또는 일반취급소
   ④ 제4류 위험물 중 특수인화물을 지정수량의 5천배 이상 취급하는 제조소 또는 일반취급소

42. 위험물을 유별로 정리하여 상호 1m 이상의 간격을 유지하는 경우에도 동일한 옥내저장소에 저장할 수 없는 것은?

   ① 제1류 위험물(알칼리금속의 과산화물 또는 이를 함유한 것을 제외한다)과 제5류 위험물
   ② 제1류 위험물과 제6류 위험물
   ③ 제1류 위험물과 제3류 위험물 중 황린
   ④ 인화성 고체를 제외한 제2류 위험물과 제4류 위험물

43. 무취의 결정이며 분자량이 약 122, 녹는점이 약 482℃이고 산화제, 폭약 등에 사용되는 위험물은?

   ① 염소산바륨　　　② 과염소산나트륨
   ③ 아염소산나트륨　④ 과산화바륨

44. 다음에서 설명하는 물질은 무엇인가?

   > • 살균제 및 소독제로도 사용된다.
   > • 분해할 때 발생하는 발생기 산소 'O'는 난 · 분해성 유기물질을 산화시킬 수 있다.

   ① $HClO_4$　　　　② CH_3OH
   ③ H_2O_2　　　　④ H_2SO_4

45. 적린과 황린의 공통적인 사항으로 옳은 것은?

   ① 연소할 때는 오산화인의 흰 연기를 낸다.
   ② 냄새가 없는 적색 가루이다.
   ③ 물, 이황화탄소에 녹는다.
   ④ 맹독성이다.

46. 고형알코올 2,000kg과 철분 1,000kg의 각각 지정수량 배수의 총합은 얼마인가? **빈출**

   ① 3　　　　　　　② 4
   ③ 5　　　　　　　④ 6

답안표기란

36	① ② ③ ④
37	① ② ③ ④
38	① ② ③ ④
39	① ② ③ ④
40	① ② ③ ④
41	① ② ③ ④
42	① ② ③ ④
43	① ② ③ ④
44	① ② ③ ④
45	① ② ③ ④
46	① ② ③ ④

PART 04

47. 다음 중 지정수량이 다른 물질은?

① 황화인   ② 적린
③ 철분   ④ 황

48. 산화프로필렌에 대한 설명 중 틀린 것은?

① 연소범위는 가솔린보다 넓다.
② 물에는 잘 녹지만 알코올, 벤젠에는 녹지 않는다.
③ 비중은 1보다 작고, 증기비중은 1보다 크다.
④ 증기압이 높으므로 상온에서 위험한 농도까지 도달할 수 있다.

49. 그림과 같이 횡으로 설치한 원형탱크의 용량은 약 몇 m³인가? (단, 공간용적은 내용적의 10/100이다.) 🛫빈출

① 1,690.9   ② 1,335.1
③ 1,268.4   ④ 1,201.1

50. 소화난이도등급 I의 옥내탱크저장소에 설치하는 소화설비가 아닌 것은? (단, 인화점이 70℃ 이상의 제4류 위험물만을 저장, 취급하는 장소이다.)

① 물분무 소화설비, 고정식 포 소화설비
② 이동식 이외의 이산화탄소 소화설비, 고정식 포 소화설비
③ 이동식의 분말 소화설비, 스프링클러설비
④ 이동식 이외의 할로겐화합물 소화설비, 물분무 소화설비

51. 다음 아세톤의 완전연소 반응식에서 ( )에 알맞은 계수를 차례대로 옳게 나타낸 것은?

$$CH_3COCH_3 + (\ )O_2 \rightarrow (\ )CO_2 + 3H_2O$$

① 3, 4   ② 4, 3
③ 6, 3   ④ 3, 6

52 금속칼륨의 보호액으로 가장 적합한 것은?

① 물   ② 아세트산
③ 등유   ④ 에틸알코올

53. 아염소산염류 100kg, 질산염류 3,000kg 및 과망가니즈산염류 1,000kg을 같은 장소에 저장하려 한다. 각각의 지정수량 배수의 합은 얼마인가? 🛫빈출

① 5배   ② 10배
③ 13배   ④ 15배

54. 제6류 위험물에 속하는 것은?

① 염소화아이소사이아누르산
② 퍼옥소이황산염류
③ 질산구아니딘
④ 할로젠간화합물

55. 제5류 위험물이 아닌 것은?

① $Pb(N_3)_2$ ② CH_3ONO_2
③ N_2H_4 ④ NH_2OH

답안표기란

47	①	②	③	④
48	①	②	③	④
49	①	②	③	④
50	①	②	③	④
51	①	②	③	④
52	①	②	③	④
53	①	②	③	④
54	①	②	③	④
55	①	②	③	④

56. 다음의 위험물을 위험등급 Ⅰ, 위험등급 Ⅱ, 위험등급 Ⅲ의 순서로 옳게 나열한 것은?

> 황린, 수소화나트륨, 리튬

① 황린, 수소화나트륨, 리튬
② 황린, 리튬, 수소화나트륨
③ 수소화나트륨, 황린, 리튬
④ 수소화나트륨, 리튬, 황린

57. 글리세린은 제 몇 석유류에 해당하는가?

① 제1석유류
② 제2석유류
③ 제3석유류
④ 제4석유류

58. 벤젠에 관한 설명 중 틀린 것은?

① 인화점은 약 -11℃ 정도이다.
② 이황화탄소보다 착화온도가 높다.
③ 벤젠 증기는 마취성은 있으나 독성은 없다.
④ 취급할 때 정전기 발생을 조심해야 한다.

59. 위험물안전관리법상 제6류 위험물에 해당하는 것은?

① H_3PO_4
② IF_5
③ H_2SO_4
④ HCl

60. 다음의 분말은 모두 150마이크로미터의 체를 통과하는 것이 50중량퍼센트 이상이 된다. 이들 분말 중 위험물안전관리법령상 품명이 "금속분"으로 분류되는 것은?

① 철분
② 구리분
③ 알루미늄분
④ 니켈분

답안표기란

56 ① ② ③ ④
57 ① ② ③ ④
58 ① ② ③ ④
59 ① ② ③ ④
60 ① ② ③ ④

PART 04

CBT FINAL 모의고사 정답 및 해설

제1회 CBT FINAL 모의고사

01	02	03	04	05	06	07	08	09	10	11	12	13	14	15	16	17	18	19	20
④	③	②	②	③	③	③	④	④	④	①	③	②	②	②	①	③	③	②	②
21	22	23	24	25	26	27	28	29	30	31	32	33	34	35	36	37	38	39	40
④	②	③	③	④	②	②	②	③	④	①	②	①	②	①	①	③	④	①
41	42	43	44	45	46	47	48	49	50	51	52	53	54	55	56	57	58	59	60
③	①	①	③	④	③	②	③	①	②	④	①	③	④	②	④	④	①	②

01 ④

화재의 종류

급수	화재	색상
A	일반	백색
B	유류	황색
C	전기	청색
D	금속	무색

02 ③

소화기는 바람을 등지고 사용해야 한다.

03 ②

분말 소화약제의 종류

약제명	주성분	적응화재	색상
제1종	탄산수소나트륨	BC	백색
제2종	탄산수소칼륨	BC	보라색
제3종	인산암모늄	ABC	담홍색
제4종	탄산수소칼륨 + 요소	BC	회색

04 ②

제1류 위험물인 무기과산화물은 물과 반응하면 산소를 발생하며 발열하므로 환기가 잘 되는 찬 곳에 저장한다.

05 ③

분진폭발의 원인물질로 작용할 위험성이 가장 낮은 물질은 시멘트, 모래, 석회분말 등이다.

06 ③

연소에 필요한 산소의 공급원을 차단하는 소화는 질식작용이다.

07 ③

이산화탄소 소화기는 제2류 위험물 중 철분에는 적응성이 없고 인화성 고체에는 적응성이 있다.

08 ④

위험물안전관리법령상 소화설비 종류
- 옥내소화전 또는 옥외소화전설비
- 스프링클러설비
- 물분무등소화설비(물분무 소화설비, 포 소화설비, 불활성 가스 소화설비, 할로겐화합물 소화설비, 분말 소화설비)
- 대형·소형수동식소화기
- 기타(물통 또는 수조, 건조사, 팽창징석 또는 팽창진주암)

09 ④

유기과산화물은 산화제 또는 환원제와 접촉하여 발화하므로 접촉을 피해야 한다.

10 ④

자기연소는 제5류 위험물 중 나이트로기와 같은 고체에서 일어나는 연소반응이다.

11 ①

자기연소는 연소 시에 외부의 산소가 필요 없이 분자 내 구성성분인 결합산소에 의해서 연소하는 것을 말한다.

12 ③

과산화나트륨(제1류 위험물)은 물과 반응하면 산소를 발생하며 발열하므로 주수소화를 금지하고, 마른모래나 팽창질석, 팽창진주암 등으로 질식소화하는 것이 적합하다.

13 ②

인화칼슘은 물과 반응하면 수산화칼슘과 포스핀가스가 발생하므로 주수금지이다.

14 ②

제조소 및 일반취급소에서 연면적이 500제곱미터 이상이거나 옥내에서 지정수량의 100배 이상을 취급할 때는 자동화재탐지설비를 설치한다.

15 ②

옥내소화전설비의 배관을 연결송수관설비와 겸용하는 경우 주배관은 구경 100mm 이상, 방수구로 연결되는 배관의 구경은 65mm 이상의 것으로 해야 한다.

16 ①

분말 소화약제의 종류

약제명	주성분	분해식
제1종	탄산수소나트륨	$2NaHCO_3 \rightarrow Na_2CO_3 + CO_2 + H_2O$
제2종	탄산수소칼륨	$2KHCO_3 \rightarrow K_2CO_3 + CO_2 + H_2O$
제3종	인산암모늄	$NH_4H_2PO_4 \rightarrow NH_3 + HPO_3 + H_2O$
제4종	탄산수소칼륨 + 요소	

17 ③

제4류 위험물은 주수소화하면 연소면이 확대되므로 주로 질식소화한다.

18 ③

플래시오버의 발생시점은 성장기에서 최성기로 넘어가는 분기점이다.

19 ②

이산화탄소 소화농도

$$\frac{21 - O_2}{21} \times 100$$

$$= \frac{21 - 13}{21} \times 100 = 38.1vol\%$$

20 ②

소화설비의 능력단위

소화설비	용량(L)	능력단위
소화전용물통	8	0.3
수조(물통 3개 포함)	80	1.5
수조(물통 6개 포함)	190	2.5
마른모래(삽 1개 포함)	50	0.5
팽창질석·팽창진주암(삽 1개 포함)	160	1.0

21 ④

과산화수소는 그 농도가 36중량퍼센트 이상인 것에 한한다.

22 ②

안전관리자·탱크시험자·위험물운반자·위험물운송자 등 위험물의 안전관리와 관련된 업무를 수행하는 자로서 대통령령이 정하는 자는 해당 업무에 관한 능력의 습득 또는 향상을 위하여 소방청장이 실시하는 교육을 받아야 한다.

23 ③

트라이에틸알루미늄과 물의 반응식

• $(C_2H_5)_3Al + 3H_2O \rightarrow Al(OH)_3 + 3C_2H_6$

• 트라이에틸알루미늄이 물과 반응하면 수산화알루미늄과 에탄이 발생한다.

24 ④

과산화바륨과 물의 반응식

• $2BaO_2 + 2H_2O \rightarrow 2Ba(OH)_2 + O_2$

• 과산화바륨은 물과 반응하여 수산화바륨과 산소를 발생한다.

25 ③

과염소산칼륨은 백색 결정이다.

26 ④

특수인화물의 종류

산화프로필렌, 다이에틸에터, 아세트알데하이드, 이황화탄소, 이소프로필아민, 황화다이메틸

27 ②

위험물의 소요단위(연면적)

구분	내화구조(m²)	비내화구조(m²)
제조소 취급소	100	50
저장소	150	75

• 외벽이 내화구조인 저장소의 1소요단위 : 150m²

• $\dfrac{300}{150} = 2$

• 소요단위는 2단위 이상이 되어야 한다.

28 ②

이황화탄소는 물보다 무겁고 물에 녹기 어려워 물 속에 저장한다.

29 ②

수소화칼슘과 물의 반응식
- $CaH_2 + 2H_2O \rightarrow Ca(OH)_2 + 2H_2$
- 수소화칼슘은 물과 반응하여 수산화칼슘과 수소를 발생한다.

30 ③

과염소산칼륨과 아염소산나트륨은 제1류 위험물(산화성 고체)이므로 강산화성이며 불연성 물질이다.

31 ④

과염소산나트륨 비중은 2.5로 물보다 무겁다.

32 ①

벽, 기둥, 바닥, 보, 서까래 및 계단은 불연재료로 한다.

33 ②

주어진 구조를 보면, 톨루엔($C_6H_5CH_3$) 고리 위에 세 개의 나이트로기(-NO_2)가 붙어 있는 것을 확인할 수 있다. 이 구조는 트라이나이트로톨루엔(TNT)으로, 여기서 작용기는 나이트로기(-NO_2)이다.

34 ①

소화난이도등급 Ⅰ에 해당하는 제조소, 일반취급소
- 연면적이 $1,000m^2$ 이상인 것
- 지정수량의 100배 이상인 것
- 지반면으로부터 6m 이상의 높이에 위험물 취급설비가 있는 것
- 일반취급소로 사용되는 부분 외의 부분을 갖는 건축물에 설치된 것

35 ②

탄화망가니즈와 물의 반응식
- $Mn_3C + 6H_2O \rightarrow 3Mn(OH)_2 + CH_4 + H_2$
- 탄화망가니즈는 물과 반응하여 수산화망가니즈, 메탄, 수소를 발생한다.

36 ①

경유의 품명은 제2석유류이다.

37 ①

경보설비의 기준
지정수량의 10배 이상의 위험물을 저장 또는 취급하는 제조소등(이동탱크저장소를 제외한다)에는 화재발생 시 이를 알릴 수 있는 경보설비를 설치하여야 한다.

38 ③

과산화벤조일은 제5류 위험물이다.

39 ④

나이트로셀룰로오스의 품명은 질산에스터류이다.

40 ①

탱크의 공간용적은 탱크의 내용적의 100분의 5 이상 100분의 10 이하의 용적으로 한다. 다만, 소화설비를 설치하는 탱크의 공간용적은 당해 소화설비의 소화약제 방출구 아래의 0.3m 이상 1m 미만 사이의 면으로부터 윗부분의 용적으로 한다.

41 ③

적린의 연소방응식
- $4P + 5O_2 \rightarrow 2P_2O_5$
- 적린은 연소 시 오산화인을 발생한다.

42 ①

- 트라이나이트로페놀의 융점 : 122.5℃
- 트라이나이트로페놀의 비점 : 약 255℃

43 ①

- 인화칼슘(CO_3P_2)의 지정수량 : 300kg
- 지정수량의 배수 = $\dfrac{600}{300}$ = 2배

44 ③

황화인은 제2류 위험물이다.

45 ④

정기점검대상 제조소등
- 지정수량 10배 이상의 위험물을 취급하는 제조소
- 지정수량 100배 이상의 위험물을 저장하는 옥외저장소
- 지정수량 150배 이상의 위험물을 저장하는 옥내저장소
- 지정수량 200배 이상의 위험물을 저장하는 옥외탱크저장소
- 암반탱크저장소

- 이송취급소
- 지정수량 10배 이상의 위험물을 취급하는 일반취급소
- 지하탱크저장소
- 이동탱크저장소
- 위험물을 취급하는 탱크로서 지하에 매설된 탱크가 있는 제조소·주유취급소 또는 일반취급소

46 ②

불포화결합이 크면 자연발화의 위험성이 커진다.

47 ③

탄화칼슘과 물의 반응식
- $CaC_2 + 2H_2O \rightarrow Ca(OH)_2 + C_2H_2$
- 탄화칼슘은 물과 반응하여 수산화칼슘과 아세틸렌을 발생한다.

48 ②

산화성 물질은 자신이 환원되고 남을 산화시키는 물질이다.

49 ③

- 칼슘의 저정수량 : 50kg
- 나트륨아미드의 저정수량 : 50kg
- 인화아연의 저정수량 : 300kg
- 바륨의 저정수량 : 50kg

50 ①

파괴판은 위험물의 성질에 따라 안전밸브의 작동이 곤란한 가압설비에 한하여 설치하여야 한다.

51 ②

- 황린 : I 등급
- 리튬 : II 등급
- 인화칼슘 : III 등급

52 ④

휘발유의 발화점은 280 ~ 456℃이다.

53 ①

시·도지사는 제조소등의 관계인이 다음의 어느 하나에 해당하는 때에는 행정안전부령이 정하는 바에 따라 허가를 취소하거나 6개월 이내의 기간을 정하여 제조소등의 전부 또는 일부의 사용정지를 명할 수 있다.

- 변경허가를 받지 아니하고 제조소등의 위치, 구조 또는 설비를 변경한 때
- 완공검사를 받지 아니하고 제조소등을 사용한 때
- 안전조치 이행명령을 따르지 아니한 때
- 수리, 개조 또는 이전의 명령을 위반한 때
- 위험물안전관리자를 선임하지 아니한 때
- 대리자를 지정하지 아니한 때
- 정기점검을 하지 아니한 때
- 정기검사를 받지 아니한 때
- 저장, 취급기준 준수명령을 위반한 때

54 ③

유별을 달리하는 혼재기준

1	6		혼재 가능
2	5	4	혼재 가능
3	4		혼재 가능

55 ④

탄화칼슘(CaC_2)은 통풍이 좋고 건조한 냉암소에 보관한다.

56 ②

황린은 백색 또는 담황색의 자연발화성 고체로, 제3류 위험물이다. 물과 반응하지 않으므로 물 속에 저장하며 보호액이 증발되지 않도록 한다.

57 ④

무기과산화물은 제1류 위험물이다.

58 ④

탱크시험자가 되고자 하는 자는 기술능력, 시설 및 장비를 갖추어 시·도지사에게 등록하여야 한다.

59 ①

- 과산화벤조일(5류) : 10kg
- 과염소산(6류) : 300kg
- ∴ 10 + 300 = 310kg

60 ②

에틸알코올과 산소의 반응식
- $C_2H_5OH + 3O_2 \rightarrow 2CO_2 + 3H_2O$
- 에틸알코올은 산소와 반응하여 2몰의 이산화탄소와 물을 생성한다.

제2회 CBT FINAL 모의고사

01	02	03	04	05	06	07	08	09	10	11	12	13	14	15	16	17	18	19	20
①	①	①	①	④	④	①	④	④	①	③	①	③	②	③	④	③	③	②	②
21	22	23	24	25	26	27	28	29	30	31	32	33	34	35	36	37	38	39	40
①	④	②	③	②	④	②	①	①	④	①	④	④	①	④	②	①	④	①	②
41	42	43	44	45	46	47	48	49	50	51	52	53	54	55	56	57	58	59	60
④	④	①	④	③	④	①	④	③	①	②	①	④	②	①	②	③	③	②	①

01 ①
습도가 높으면 미생물로 인한 자연발화의 위험성이 높아지기 때문에 습도를 낮게 유지해야 한다.

02 ①
확산연소는 기체의 연소형태이다.

03 ①
할론넘버는 C · F · Cl · Br 순으로 원소개수를 나열한다.
② $C_2Br_2F_2$ - 2202
③ $CBrClF_2$ - 1211
④ $C_2Br_2F_4$ - 2402

04 ①
- 유기과산화물(5류)의 지정수량 : 10kg
- 1소요단위 = 지정수량 × 10
            = 10 × 10 = 100
- 소요단위 = $\frac{1,000}{100}$ = 10

05 ④
분진폭발의 원인물질로 작용할 위험성이 가장 낮은 물질은 시멘트, 모래, 석회 분말 등이다.

06 ④
해풍과 육풍은 대류에 의한 이동원리이다.
- 해풍 : 낮에는 육지가 바다보다 더 많이 가열되므로 육지가 바다보다 상대적으로 기압이 낮아져 바다에서 육지 쪽으로 해풍이 분다.
- 육풍 : 밤에는 육지가 바다보다 더 많이 냉각되므로 육지가 바다보다 상대적으로 기압이 높아져 육지에서 바다 쪽으로 육풍이 분다.

07 ①
- **위험물안전관리법 제4조(지정수량 미만의 위험물의 저장·취급)**
  지정수량 미만인 위험물의 저장 또는 취급에 관한 기술상의 기준은 특별시·광역시·특별자치시·도 및 특별자치도(이하 "시·도")의 조례로 정한다.
- **위험물안전관리법 제3조(적용제외)**
  이 법은 항공기·선박(선박법의 규정에 따른 선박을 말한다)·철도 및 궤도에 의한 위험물의 저장·취급 및 운반에 있어서는 이를 적용하지 아니한다.

08 ④
위험물저장탱크의 내용적

$$V = \pi r^2 \times (l + \frac{l_1 + l_2}{3})(1 - 공간용적)$$

$$= 원의\ 면적 \times (가운데\ 체적길이 + \frac{양끝\ 체적길이의\ 합}{3})$$
$$(1 - 공간용적)$$

$$= 3.14 \times 5^2 \times (10 + \frac{10}{3})(1 - 0.05) = 994.8m^3$$

09 ④
제4류 위험물은 특수인화물, 제1석유류, 알코올류, 제2석유류, 제3석유류, 제4석유류, 동식물유류로 이루어져 있다.

10 ①
옥내소화전설비의 비상전원은 45분 이상 작동할 수 있어야 한다.

11 ③
화학적 활성도가 낮아지면 낮은 온도에서 연소가 발생한다.

12 ①

화재의 종류

급수	화재	색상
A	일반	백색
B	유류	황색
C	전기	청색
D	금속	무색

13 ③

포 소화설비는 전도성이 크므로 전기설비에 적응성이 없다.

14 ②

- 화학반응식 : $CS_2 + 2H_2O \rightarrow CO_2 + 2H_2S$
- 이황화탄소는 물과 반응하여 1mol의 이산화탄소와 유독한 기체인 2mol의 황화수소 발생 • 표준상태에서 기체는 1mol당 22.4L
- ∴ 반응 시 생성물 = 2mol × 22.4L = 44.8L

15 ③

유속을 느리게 하면 마찰력이 낮아져서 정전기에너지를 억제한다.

16 ④

이산화탄소 소화기는 낮은 표면장력으로 심부화재에 빠르게 침투해 화재를 소화한다.

17 ③

- 방유제는 옥외저장탱크의 지름에 따라 그 탱크의 옆판으로부터 다음에 정하는 거리를 유지할 것(다만, 인화점이 200℃ 이상인 위험물을 저장 또는 취급하는 것에 있어서는 그러하지 아니하다)
  - 지름이 15m 미만인 경우에는 탱크 높이의 3분의 1 이상
  - 지름이 15m 이상인 경우에는 탱크 높이의 2분의 1 이상
- 옥외저장탱크와 방유제 사이의 거리
  - 지름 15m 이상은 탱크 높이의 $\frac{1}{2}$
  - $15 \times \frac{1}{2}$ = 7.5m 이상

18 ③

정전기를 유효하게 제거하기 위해서는 상대습도를 70% 이상 되게 하여야 한다.

19 ②

하나의 경계구역의 면적은 600m² 이하로 하고 그 한 변의 길이는 50m(광전식분리형 감지기를 설치할 경우에는 100m) 이하로 해야 한다. 다만, 당해 건축물 그 밖의 공작물의 주요한 출입구에서 그 내부의 전체를 볼 수 있는 경우에 있어서는 그 면적을 1,000m² 이하로 할 수 있다.

20 ②

금속칼륨은 알칼리 금속으로서 매우 반응성이 강하며, 특히 물이나 습기와 접촉했을 때 격렬한 화학반응을 일으키며 폭발적인 반응으로 화재를 일으킬 수 있으므로, 마른모래 등을 이용해 질식소화를 해야 한다.

21 ①

- 과산화마그네슘은 산화성 고체이다.
- 산화는 상대물질로부터 전자를 빼앗아 산화시키고 자신은 환원하는 성질을 말한다.
- 이러한 성질로 인해 살균, 표백 효과가 뛰어나다.

22 ④

예방규정을 정하여야 하는 제조소등

- 지정수량 10배 이상의 위험물을 취급하는 제조소
- 지정수량 100배 이상의 위험물을 저장하는 옥외저장소
- 지정수량 150배 이상의 위험물을 저장하는 옥내저장소
- 지정수량 200배 이상의 위험물을 저장하는 옥외탱크저장소
- 암반탱크저장소
- 이송취급소
- 지정수량의 10배 이상의 위험물을 취급하는 일반취급소

23 ②

각 위험물의 지정수량

- 질산에틸 : 10kg
- 과산화수소 : 300kg
- 트라이나이트로톨루엔 : 100kg
- 피크린산 : 100kg

24 ③

유별을 달리하는 혼재기준

1	6		혼재 가능
2	5	4	혼재 가능
3	4		혼재 가능

25 ②

- Zn, Al : 3등급
- S : 2등급

26 ④

황린은 백색 또는 담황색의 자연발화성 고체이다. 벤젠, 알코올에는 일부 용해하고, 이황화탄소(CS_2), 삼염화인, 염화황에는 잘 녹는다. 증기는 공기보다 무겁고 자극적이며 맹독성인 물질이다.

27 ②

각 위험물의 지정수량

- 질산 : 300kg
- 질산메틸 : 10kg
- 과산화벤조일 : 10kg
- 피크린산 : 100kg

28 ①

수소화나트륨은 물과 반응 시 수소가 발생되며 폭발의 위험이 있기 때문에 주로 질식소화한다.

29 ①

인산(H_3PO_4)은 제6류 위험물이 아니다.

30 ④

제4류 위험물의 증기는 공기보다 무겁다.

31 ①

소포성 있는 위험물화재(알코올화재 등)에서는 내알코올 포를 사용해야 한다.

32 ④

유별을 달리하더라도 1m 이상 간격을 둘 때 저장 가능한 경우

- 제1류 위험물(알칼리금속의 과산화물 또는 이를 함유한 것을 제외한다)과 제5류 위험물을 저장하는 경우
- 제1류 위험물과 제6류 위험물을 저장하는 경우
- 제1류 위험물과 제3류 위험물 중 자연발화성 물질(황린 또는 이를 함유한 것에 한한다)을 저장하는 경우
- 제2류 위험물 중 인화성 고체와 제4류 위험물을 저장하는 경우
- 제3류 위험물 중 알킬알루미늄등과 제4류 위험물(알킬알루미늄 또는 알킬리튬을 함유한 것에 한한다)을 저장하는 경우
- 제4류 위험물 중 유기과산화물 또는 이를 함유하는 것과 제5류 위험물 중 유기과산화물 또는 이를 함유한 것을 저장하는 경우

33 ④

- 질산의 지정수량 : 300kg
- 1소요단위 = 지정수량 × 10 = 300 × 10 = 3,000kg
- 질산의 밀도 : 1.5kg/L
- 부피 = $\dfrac{질량}{밀도}$
- 질산의 부피 = $\dfrac{3,000}{1.5}$ = 2,000L

34 ①

과산화수소의 위험물 산정 기준

무색 또는 옅은 청색의 액체로 농도가 36wt% 이상인 것을 위험물로 간주한다.

35 ④

- 제5류 위험물의 운반용기 외부에 '화기엄금' 및 '충격주의'를 표시하고, 적재하는 경우 차광성 있는 피복으로 가린다.
- 제5류 위험물 중 55℃ 이하의 온도에서 분해될 우려가 있는 것은 보냉 컨테이너에 수납하는 등 적정한 온도관리를 하여야 한다.

36 ②

운송하는 위험물이 알킬알루미늄, 알킬리튬이거나 이 둘을 함유하는 위험물일 때에는 운송책임자의 감독 또는 지원을 받아 이를 운송하여야 한다.

37 ①

- 알코올류의 위험등급 : Ⅱ등급
- 제2석유류, 제3석유류, 동식물유류의 위험등급 : Ⅲ등급

38 ④

- 과산화수소는 농도가 60wt% 이상일 때 단독으로 분해폭발이 일어난다.
- 과염소산은 직사광선을 피하고 통풍이 잘 되는 냉암소에 저장한다.
- 질산은 햇빛에 의해 분해되므로 갈색병에 보관한다.

39 ①

품명	위험물	상태
질산에스터류	질산메틸 질산메틸 나이트로글리콜 나이트로글리세린	액체
	나이트로셀룰로오스 셀룰로이드	고체
나이트로화합물	트라이나이트로톨루엔 트라이나이트로페놀 다이나이트로벤젠 테트릴	고체

40 ②

- 제2류 위험물(인화성 고체 제외) : 화기주의
- 제2류 위험물 중 인화성 고체 : 화기엄금

41 ④
- 삼황화인 : 100℃
- 오황화인 : 100 ~ 120℃
- 적린 : 260℃
- 황 : 232.2℃

42 ④
- $2NaClO_3 + 2HCl \rightarrow 2ClO_2 + 2NaCl + H_2O_2$
- 염소산나트륨은 염산과 반응하여 이산화염소, 염화나트륨, 과산화수소를 발생한다.

43 ①
- 메탄올 증기비중 : 1.1
- 에탄올 증기비중 : 1.59

44 ④
칼륨, 나트륨 및 알칼리금속은 산소가 함유되지 않은 보호액(석유류) 속에 저장한다.

45 ③
과산화나트륨(Na_2O_2)은 물과 격렬한 반응을 일으켜 열과 산소를 발생하므로 주수소화가 금지된다.

46 ④
아닐린은 벤젠의 수소 하나가 아민기로 치환된 화합물로 상온에서 기름 같은 액체로 존재한다. 약간의 점성이 있는 투명한 액체이며, 공기 중에 노출되면 갈색으로 변색되기도 한다. 또한, 특유의 자극적인 냄새를 가지고 있는데, 이 냄새는 화학적으로 매우 강력하고 특이한 냄새로서 일반적으로 알칼리성 냄새 또는 약간의 달콤한 냄새이다.

47 ①
벤젠의 수소 하나가 아민기로 치환된 화합물이다.

48 ④
위험물안전관리법령상 자체소방대를 설치해야 하는 사업소
- 제조소 또는 일반취급소에서 취급하는 제4류 위험물의 최대수량의 합이 지정수량의 3천배 이상인 경우(다만, 보일러로 위험물을 소비하는 일반취급소 등 행정안전부령으로 정하는 일반취급소는 제외한다)
- 옥외탱크저장소에 저장하는 제4류 위험물의 최대수량이 지정수량의 50만배 이상인 경우

49 ③
벤젠 증기는 공기보다 무겁다.

50 ①
질산칼륨은 무색 또는 흰색 결정으로 가열하면 산소를 방출하며 아질산칼륨을 생성한다.

51 ②
금속분의 위험물 기준
구리(Cu), 니켈분(Ni)을 제외하고 $150\mu m$의 체를 통과하는 것이 50wt% 이상이다.

52 ①

품명	위험물	상태
질산에스터류	질산메틸 질산에틸 나이트로글리콜 나이트로글리세린	액체
	나이트로셀룰로오스 셀룰로이드	고체
나이트로화합물	트라이나이트로톨루엔 트라이나이트로페놀 다이나이트로벤젠 테트릴	고체

53 ④
과염소산은 제6류 위험물인 산화성 액체이므로 NH_3, $BaCl_2$와 격리 보관한다.

54 ②
- 제1류 : 산화성 시험, 충격민감성 시험
- 제5류 : 폭발성 시험, 가열분해성 시험
- 제6류 : 산화성 시험

55 ①
- 이소펜탄 : -51℃
- 아세톤 : -18℃
- 다이에틸에터 : -45℃
- 이황화탄소 : -30℃

56 ②
- 나이트로글리콜, 아조벤젠, 다이나이트로벤젠 : 제5류 위험물
- 벤젠 : 제4류 위험물

57 ③
"제1석유류"라 함은 아세톤, 휘발유 그 밖에 1기압에서 인화점이 섭씨 21도 미만인 것을 말한다. 즉, 아세톤은 제1석유류에 해당한다.

58 ③

옥외저장탱크 설치 시 방유제 용량

최대 탱크용량 × 1.1

= 100,000L × 1.1 = 110,000L

59 ②

위험물 저장탱크의 공간용적

- 탱크 내용적은 $\dfrac{5}{100}$ 이상 $\dfrac{10}{100}$ 이하이다.

- 공간용적 = 500 × $\dfrac{5}{100}$ = 25L

60 ①

탄화칼슘과 물의 반응식

- $CaC_2 + 2H_2O \rightarrow Ca(OH)_2 + C_2H_2$
- 탄화칼슘은 물과 만나 아세틸렌을 발생하므로 습한 공기 중에 보관이 불가하다.

제3회 CBT FINAL 모의고사

01	02	03	04	05	06	07	08	09	10	11	12	13	14	15	16	17	18	19	20
②	③	③	③	③	①	②	②	③	②	①	③	③	①	③	④	③	②	③	②
21	**22**	**23**	**24**	**25**	**26**	**27**	**28**	**29**	**30**	**31**	**32**	**33**	**34**	**35**	**36**	**37**	**38**	**39**	**40**
③	③	①	①	④	④	④	③	②	①	①	③	①	③	③	②	①	②	①	①
41	**42**	**43**	**44**	**45**	**46**	**47**	**48**	**49**	**50**	**51**	**52**	**53**	**54**	**55**	**56**	**57**	**58**	**59**	**60**
①	④	②	③	①	②	③	②	④	③	②	③	③	④	③	②	③	③	②	③

01 ②

소화설비의 능력단위

소화설비	용량(L)	능력단위
소화전용물통	8	0.3
수조(물통 3개 포함)	80	1.5
수조(물통 6개 포함)	190	2.5
마른모래(삽 1개 포함)	50	0.5
팽창질석·팽창진주암(삽 1개 포함)	160	1.0

02 ③

자동화재탐지설비를 설치해야 하는 제조소 및 취급소의 기준
- 연면적이 500m² 이상인 것
- 옥내에서 지정수량의 100배 이상을 취급하는 것
- 일반취급소로 사용되는 부분 외의 부분이 있는 건축물에 설치된 일반취급소

03 ③

방사압력 기준
- 스프링클러설비 : 100kPa
- 옥내소화전설비, 옥외소화전설비, 물분무 소화설비 : 350kPa

04 ③

활성화에너지가 작아야 한다.

05 ③

분말 소화약제의 종류

약제명	주성분	적응화재	색상
제1종	탄산수소나트륨	BC	백색
제2종	탄산수소칼륨	BC	보라색
제3종	인산암모늄	ABC	담홍색
제4종	탄산수소칼륨 + 요소	BC	회색

06 ①

유기과산화물은 주로 주수소화한다.

07 ②

과산화나트륨은 물과 반응하여 수산화나트륨과 산소를 발생하므로 주수소화가 금지된다.

08 ②

정전기 방지대책
- 접지에 의한 방법
- 공기를 이온화함
- 공기 중의 상대습도를 70% 이상으로 유지
- 위험물이 느린 유속으로 흐를 때

09 ③

알킬알루미늄등을 이동저장탱크에 저장할 때에는 20kPa 이하의 압력으로 불활성 기체를 봉입한다.

10 ②

제3류 위험물 중 금수성 물질을 취급하는 제조소에 설치하는 주의사항 게시판에는 "물기엄금"을 청색바탕에 백색문자로 표시한다.

11 ①

폭연과 폭굉의 전파속도
- 폭연(연소파) : 0.1 ~ 10m/s
- 폭굉(폭굉파) : 1,000 ~ 3,500m/s

12 ③

소화설비 설치기준에 따른 수원의 수량
- 옥내소화전 = 설치개수(최대 5개) × 7.8m³
- 옥외소화전 = 설치개수(최대 4개) × 13.5m³
- ∴ 옥내소화전의 수원의 수량 = 4 × 7.8 = 31.2m³

13 ③

대형수동식소화기에 있어서는 30m 이내가 되도록 배치한다.

14 ①

공기를 압축하면 분자가 더 빠르게 움직여서 온도가 증가하는데 이는 물리적 변화에서 얻어지는 것이다.

15 ③

위험물의 소요단위(연면적)

구분	내화구조(m²)	비내화구조(m²)
제조소 취급소	100	50
저장소	150	75

외벽이 내화구조가 아닌 저장소의 1소요단위 : 75m²

- $\dfrac{450}{75} = 6$
- 소요단위는 6단위 이상이 되어야 한다.

16 ④

온도가 높아지면 연소범위가 넓어진다.

17 ③

이산화탄소 소화약제는 줄-톰슨 효과에 의해 드라이아이스를 생성한다.

18 ②

플래시오버(Flash over)의 특징

- 발생시점은 성장기에서 최성기로 넘어가는 분기점이다.
- 화재로 인하여 온도가 급격히 상승하여 화재가 순간적으로 실내 전체에 확산되어 연소하는 현상이다.

19 ③

화재의 종류

급수	화재(명칭)	색상
A	일반	백색
B	유류	황색
C	전기	청색
D	금속	무색

20 ②

- 산화프로필렌, 이황화탄소, 다이에틸에터 : 특수인화물
- 아세톤 : 제1석유류

21 ③

질산은 단백질과 크산토프로테인 반응을 일으켜 노란색으로 변한다.

22 ③

유별	종류	운반용기 외부 주의사항
제1류	알칼리금속의 과산화물	가연물접촉주의, 화기·충격주의, 물기엄금
	그 외	가연물접촉주의, 화기·충격주의
제2류	철분, 금속분, 마그네슘	화기주의, 물기엄금
	인화성 고체	화기엄금
	그 외	화기주의
제3류	자연발화성 물질	화기엄금, 공기접촉엄금
	금수성 물질	물기엄금
제4류		화기엄금
제5류	―	화기엄금, 충격주의
제6류		가연물접촉주의

23 ①

과망가니즈산칼륨은 제1류 위험물인 산화성 고체로 강력한 산화제이다.

24 ①

예방규정을 정해야 하는 제조소등

- 지정수량의 10배 이상의 위험물을 취급하는 제조소
- 지정수량의 10배 이상의 위험물을 취급하는 일반취급소
- 지정수량의 100배 이상의 위험물을 저장하는 옥외저장소
- 지정수량의 150배 이상의 위험물을 저장하는 옥내저장소
- 지정수량의 200배 이상의 위험물을 저장하는 옥외탱크저장소
- 암반탱크저장소
- 이송취급소

25 ④

다이에틸에터의 지정수량 : 50L

26 ④

유별	종류	운반용기 외부 주의사항
제2류	철분, 금속분, 마그네슘	화기주의, 물기엄금
	인화성 고체	화기엄금
	그 외	화기주의

27 ④

알루미늄은 물과 만나면 수소를 방출하며 폭발의 위험이 크기 때문에 물과 닿지 않아야 하며 밀폐용기에 넣어 건조한 곳에 보관한다.

28 ③

알킬알루미늄등은 운반용기의 내용적의 90% 이하의 수납율로 수납하되, 50℃의 온도에서 5% 이상의 공간용적을 유지하도록 할 것

29 ②

제4류 위험물은 전기부도체이다.

30 ①

제2류 위험물의 위험등급
• 황화인, 적린, 황 : 위험등급 Ⅱ
• 나머지는 위험등급 Ⅲ

31 ①

제4류 위험물(온도 20℃의 물 100g에 용해되는 양이 1g 미만인 것에 한한다)을 취급하는 펌프설비에 있어서는 당해 위험물이 직접 배수구에 유입하지 아니하도록 집유설비에 유분리장치를 설치하여야 한다.

32 ②

알킬알루미늄은 물, 산, 할로겐, 알코올 등과 반응하므로 용기는 완전 밀봉하고 용기 상부에는 불연성 가스로 봉입한다.

33 ①

용도폐지한 날부터 14일 이내에 신고하여야 한다.

34 ③

• 질산에틸은 직사광선을 피하고 통풍이 잘 되는 냉암소 등에 보관한다.
• 아세톤은 환기가 잘 되는 곳에 밀폐하여 저장한다.

35 ②

• 나이트로글리콜, 아조벤젠, 다이나이트로벤젠 : 제5류 위험물
• 벤젠 : 제4류 위험물

36 ③

"제1석유류"라 함은 아세톤, 휘발유 그 밖에 1기압에서 인화점이 섭씨 21도 미만인 것을 말한다.

37 ①

운송하는 위험물이 알킬알루미늄, 알킬리튬이거나 이 둘을 함유하는 위험물일 때에는 운송책임자의 감독 또는 지원을 받아 이를 운송하여야 한다.

38 ②

품명	위험물	상태
질산에스터류	질산메틸 질산에틸 나이트로글리콜 나이트로글리세린	액체
	나이트로셀룰로오스	고체
나이트로화합물	트라이나이트로톨루엔 트라이나이트로페놀 다이나이트로벤젠 테트릴	고체

39 ①

과산화칼륨은 물과 반응하면 발열하면서 산소를 발생하며 폭발의 위험이 있기 때문에 모래, 팽창질석 등을 이용하여 질식소화한다.

40 ①

산화프로필렌(4류)은 무색의 휘발성이 강한 액체이다.

41 ①

위험물안전관리법령상 자체소방대를 설치해야 하는 사업소
• 제조소 또는 일반취급소에서 취급하는 제4류 위험물의 최대수량의 합이 지정수량의 3천배 이상인 경우(다만, 보일러로 위험물을 소비하는 일반취급소등 행정안전부령으로 정하는 일반취급소는 제외한다)
• 옥외탱크저장소에 저장하는 제4류 위험물의 최대수량이 지정수량의 50만배 이상인 경우

42 ④

유별을 달리하더라도 1m 이상 간격을 둘 때 저장 가능한 경우
• 제1류 위험물(알칼리금속의 과산화물 또는 이를 함유한 것을 제외한다)과 제5류 위험물을 저장하는 경우
• 제1류 위험물과 제6류 위험물을 저장하는 경우
• 제1류 위험물과 제3류 위험물 중 자연발화성 물질(황린 또는 이를 함유한 것에 한한다)을 저장하는 경우
• 제2류 위험물 중 인화성 고체와 제4류 위험물을 저장하는 경우
• 제3류 위험물 중 알킬알루미늄등과 제4류 위험물(알킬알루미늄 또는 알킬리튬을 함유한 것에 한한다)을 저장하는 경우
• 제4류 위험물 중 유기과산화물 또는 이를 함유하는 것과 제5류 위험물 중 유기과산화물 또는 이를 함유한 것을 저장하는 경우

43 ②

과염소산나트륨의 성질
• 무취의 결정이다.
• 분자량 : 약 122
• 녹는점 : 약 482℃
• 물, 알코올, 아세톤에 잘 녹으나 에테르에는 녹지 않는다.
• 가열하면 분해하여 산소를 발생한다.

44 ③

과산화수소(H_2O_2) 성질

- 표백제 또는 살균제로 이용된다.
- 열, 햇빛에 의해 분해가 촉진된다.
- 60wt% 이상에서 단독으로 분해되며 폭발한다.
- 뚜껑에 작은 구멍을 뚫은 갈색 용기에 보관한다.

45 ①

- $4P + 5O_2 \rightarrow 2P_2O_5$ 적린은 연소할 때 오산화인이 발생한다.
- $P_4 + 5O_2 \rightarrow 2P_2O_5$ 황린은 연소할 때 오산화인이 발생한다.

46 ②

- 고형알코올(2류)의 지정수량 : 1,000kg
- 철분(2류)의 지정수량 : 500kg
- $\therefore$ 지정수량 $= \dfrac{2,000}{1,000} + \dfrac{1,000}{500} = 4$배

47 ③

- 황화인, 적린, 황의 지정수량 : 100kg
- 철분의 지정수량 : 500kg

48 ②

산화프로필렌은 제4류 위험물로 물, 알코올, 에테르에 잘 녹는다.

49 ④

위험물저장탱크의 내용적

$V = \pi r^2 \times (1 + \dfrac{l_1 + l_2}{3})(1 - \text{공간용적})$

$= $ 원의 면적 $\times$ (가운데 체적길이 $+ \dfrac{\text{양끝 체적길이의 합}}{3})$

　(1 - 공간용적)

$= 3.14 \times 5^2 \times (15 + 2)(1 - 0.1) = 1,201.05m^3$

50 ③

소화난이도등급 Ⅰ의 옥내탱크저장소 중 인화점 섭씨 70도 이상의 제4류 위험물만을 저장, 취급하는 곳에 설치하는 소화설비

- 물분무 소화설비
- 고정식 포 소화설비
- 이동식 이외의 불활성 가스 소화설비
- 이동식 이외의 할로겐화합물 소화설비
- 이동식 이외의 분말 소화설비

51 ②

아세톤의 완전연소 반응식

- $CH_3COCH_3 + 4O_2 \rightarrow 3CO_2 + 3H_2O$
- 아세톤은 산소와 반응하여 이산화탄소와 물을 생성한다.

52 ③

금속칼륨은 공기와의 접촉을 막기 위해 석유, 등유 등의 산소가 함유되지 않은 보호액(석유류)에 저장한다.

53 ③

- 아염소산염류의 지정수량 : 50kg
- 질산염류의 지정수량 : 300kg
- 과망가니즈산염류의 지정수량 : 1,000kg
- $\therefore$ 지정수량 $= \dfrac{100}{50} + \dfrac{3,000}{300} + \dfrac{1,000}{1,000} = 13$배

54 ④

염소화아이소사이아누르산, 퍼옥소이황산염류는 제1류, 질산구아니딘은 제5류 위험물이다.

55 ③

하이드라진(N_2H_4)은 제4류 위험물이다.

56 ②

- 황린(제3류 위험물) : 위험등급 Ⅰ
- 리튬(제3류 위험물) : 위험등급 Ⅱ
- 수소화나트륨(제3류 위험물) : 위험등급 Ⅲ

57 ③

글리세린은 제4류 위험물 중 제3석유류로 비중 1.26, 인화점 160℃이다.

58 ③

벤젠 증기는 마취성이 있고 독성도 있다.

59 ②

제6류 위험물 종류

- 질산(HNO_3)
- 과산화수소(H_2O_2)
- 과염소산($HClO_4$)
- 할로겐간화합물(IF_5, BrF_3, BrF_5)

60 ③

금속분

알루미늄분(Al), 아연분(Zn), 안티몬분(Sb), 크로뮴분(Cr), 몰리브덴(Mo), 텅스텐(W) 등

부록

위험물기능사 필기
최종점검 손글씨 핵심요약

최종점검 손글씨 핵심요약

◼ 연소

1. 연소의 3요소
가연물, 산소공급원, 점화원

2. 가연물의 조건

산소와 친화력	클 것
열전도율	작을 것
표면적	클 것
발열량	클 것
활성화에너지	작을 것

3. 정전기 제거조건
① 접지에 의한 방법
② 공기를 이온화함
③ 공기 중의 상대습도를 ☆70% 이상으로 유지함
④ 위험물이 느린 유속으로 흐를 때

4. 고체연소
① 표면연소 : 목탄, 코크스, 숯, 금속, 마그네슘, 금속분 등
② 분해연소 : 목재, 종이, 플라스틱, 섬유, 석탄 등
③ 자기연소 : 제5류 위험물 중 고체
④ 증발연소 : 파라핀(양초), 황, 나프탈렌 등

5. 자연발화방지법
① 통풍을 잘 시킬 것   ② 습도를 낮게 유지할 것
③ ☆열의 축적을 방지할 것   ④ 주위의 온도를 낮출 것

6. 위험도(연소범위에 따른 위험한 정도)

$$☆ \quad 위험도 = \frac{연소상한 - 연소하한}{연소하한}$$

7. 주요 연소범위

① 아세톤 : 2~13%

② 아세틸렌 : 2.5~81%

③ 휘발유 : 1.4~7.6%

④ 가솔린 : 1.4~7.6%

⑤ 다이에틸에터 : 1.9~48%

8. 이상기체방정식

$$PV = \frac{wRT}{M}$$

- P : 압력 - V : 부피 - w : 질량 - R : 기체상수($0.082atm \cdot m^3$)
- M : 분자량 - T : 절대온도(K = 273 + ℃)

9. 고온체의 색상과 온도

색상	담암적색	암적색	적색	황색	휘적색	황적색	백적색	휘백색
온도(℃)	520	700	850	900	950	1.100	1,300	1,500

◢ 화재 및 폭발

1. 화재의 종류

급수	명칭(화재)	색상	물질
A	일반	백색	목재, 섬유 등
B	유류	황색	유류, 가스 등
C	전기	청색	낙뢰, 합선 등
D	금속	무색	Al, Na, K 등

2. 플래시오버

① 건축물 화재 시 가연성 기체가 모여 있는 상태에서 산소가 유입됨에 따라 성장기에서 최성기로 급격하게 진행되며, 건물 전체로 화재가 확산되는 현상

② 발화기 → 성장기 → 플래시오버 → 최성기 → 감쇠기

3. 분진폭발 위험이 없는 물질 : 시멘트, 모래, 석회분말 등

소화종류 및 약제

1. 분말 소화약제

약제명	주성분	분해식	색상	적응화재
제1종	탄산수소나트륨	$2NaHCO_3 \rightarrow Na_2CO_3 + CO_2 + H_2O$	백색	BC
제2종	탄산수소칼륨	$2KHCO_3 \rightarrow K_2CO_3 + CO_2 + H_2O$	보라색 (담회색)	BC
제3종	인산암모늄	$NH_4H_2PO_4 \rightarrow NH_3 + HPO_3 + H_2O$	담홍색	ABC
제4종	탄산수소칼륨+요소	–	회색	BC

2. 이산화탄소 소화약제

$$\text{이산화탄소 소화약제 계산식} = \frac{21 - O_2\%}{21} \times 100$$

소방시설

1. 소화설비 설치기준

① 옥내소화전 = 설치개수(최대 5개) × 7.8m³

② 옥외소화전 = 설치개수(최대 4개) × 13.5m³

2. 소요단위(연면적)

구분	내화구조(m²)	비내화구조(m²)
위험물제조소 및 취급소	100	50
위험물저장소	150	75
위험물	지정수량의 10배	

3. 능력단위

소화설비	용량(L)	능력단위
소화전용물통	8	0.3
수조(물통 3개 포함)	80	1.5
수조(물통 6개 포함)	190	2.5
마른모래(삽 1개 포함)	50	0.5
팽창질석, 팽창진주암(삽 1개 포함)	160	1.0

4. 자동화재탐지설비 설치기준

10	지정수량 10배 이상을 저장 또는 취급하는 것
50	하나의 경계구역의 한 변의 길이는 50m 이하로 할 것
500	• 제조소 및 일반취급소의 연면적이 500m² 이상일 때 설치 • 500m² 이하이면 두 개의 층에 걸치는 것 가능
600	원칙적으로 경계구역 면적 600m² 이하
1,000	주요 출입구에서 그 내부의 전체를 볼 수 있는 경우 1,000m² 이하

5. 유도등 설치

주유취급소 중 건축물의 2층 이상의 부분을 점포, 휴게음식점 또는 전시장의 용도로 사용하는 것에 있어서는 당해 건축물의 2층 이상으로부터 주유취급소의 부지 밖으로 통하는 출입구와 당해 출입구로 통하는 통로, 계단 및 출입구에는 ✷유도등을 설치할 것

소화난이도등급

1. 소화난이도등급Ⅰ에 해당하는 제조소등

구분	기준
제조소 일반취급소	① ✷연면적 1,000m² 이상인 것 ② ✷지정수량의 100배 이상인 것 ③ ✷지반면으로부터 6m 이상의 높이에 위험물 취급설비가 있는 것 ④ 일반취급소로 사용되는 부분 외의 부분을 갖는 건축물에 설치된 것
주유취급소	면적의 합이 500m² 초과하는 것
옥내저장소	① ✷지정수량의 150배 이상인 것 ② 연면적 150m² 초과하는 것 ③ ✷처마높이가 6m 이상인 단층건물
옥외저장소	① 덩어리 상태의 황을 저장하는 것으로서 ✷경계표시 내부의 면적이 100m² 이상인 것 ② 인화성 고체, 제1석유류 또는 알코올류를 저장하는 것으로서 지정수량의 100배 이상인 것
옥내탱크저장소	① ✷액표면적이 40m² 이상인 것(제6류 위험물을 저장하는 것 및 고인화점 위험물만을 100℃ 미만의 온도에서 저장하는 것은 제외) ② ✷바닥면으로부터 탱크 옆판의 상단까지 높이가 6m 이상인 것(제6류 위험물을 저장하는 것 및 고인화점 위험물만을 100℃ 미만의 온도에서 저장하는 것은 제외) ③ 탱크전용실이 단층건물 외의 건축물에 있는 것으로서 인화점 38℃ 이상 70℃ 미만의 위험물을 지정수량의 5배 이상 저장하는 것

옥외탱크저장소	① 액표면적이 40m² 이상인 것
	② 지반면으로부터 탱크 옆판의 상단까지 높이가 6m 이상인 것
	③ 지중탱크 또는 해상탱크로서 지정수량의 100배 이상인 것
	④ 고체위험물을 저장하는 것으로서 지정수량의 100배 이상인 것
암반탱크저장소	① 액표면적이 40m² 이상인 것(제6류 위험물을 저장하는 것 및 고인화점 위험물만을 100℃ 미만의 온도에서 저장하는 것은 제외)
	② 고체위험물만을 저장하는 것으로서 지정수량의 100배 이상인 것
이송취급소	모든 대상

2. 소화기사용방법
   ① 적응화재에 따라 사용
   ② ✿바람을 등지고 사용
   ③ 성능에 따라 방출거리 내에서 사용
   ④ 양옆으로 비를 쓸 듯이 방사

▌위험물 분류

1. 위험물 유별 암기법
   ① 제1류 위험물 : 50 아염과무 300 브질아 1,000 과다
   ② 제2류 위험물 : 100 황건적이 황을 들고 500 금속철마를 타고 옴 1,000 인화성 고체
   ③ 제3류 위험물 : 10 알칼리나 20 황 50 알토유기 300 금수인탄
   ④ 제5류 위험물 : 10 질유 100 하실 나아다하

2. 혼재 가능한 위험물

1	6		혼재 가능
2	5	4	혼재 가능
3	4		혼재 가능

▌위험물 종류

1. 제1류 위험물(산화성 고체)
   ① 일반적인 성질 : 강산화성 물질, 불연성 고체, 조연성, 조해성, 비중이 1보다 큼
   ② 무기과산화물
   • ✿물과 반응하여 산소 발생하므로 주수소화 금지
   • 산화 반응하여 과산화수소 발생
   • ✿분해하여 산소 발생

③ 위험성 : 알칼리금속과산화물은 물과 반응 시 산소 방출 및 심한 발열을 함

④ 저장방법 : 서늘하고 환기가 잘 되는 곳에 보관

⑤ 소화방법

- ✿알칼리금속과산화물 : 주수 금지
- 그 외 : 주수 가능

2. 제2류 위험물(가연성 고체)

① 일반적인 성질 : 비중이 1보다 큼, 불용성이며 산소를 함유하지 않는 강한 환원성 물질

② 위험물 기준

- 황 : 순도 60wt% 이상
- 철분 : ✿53μm 표준체를 통과하는 것이 50wt% 이상인 것
- 금속분 : ✿구리분, 니켈분을 제외하고 150μm 표준체를 통과하는 것이 50wt% 이상인 것
- 마그네슘 : 지름 2mm 이상의 막대 모양이나 2mm 체를 통과하지 않는 덩어리 상태의 것 제외

③ 저장방법 : 금속분, 철분, 마그네슘은 물, 습기, 산과의 접촉을 피해야 함

④ 소화방법

- 철분, 금속분, 마그네슘 : 주수금지, 질식소화
- 인화성 고체 : 주수소화
- 그 외 : 주수소화

3. 제3류 위험물(자연발화성 및 금수성 물질)

① 일반적인 성질

- 자연발화성 물질(황린) : 공기 중에서 온도가 높아지면 스스로 발화
- 금수성 물질(황린 외) : 물과 접촉하면 가연성 가스 발생

② 저장방법

- 황린 : ✿PH9인 물 속에 저장
- K, Na 및 알칼리금속 : 산소가 함유되지 않은 ✿석유류에 저장

③ 소화방법

- ✿자연발화성 물질 : 주수소화
- 금수성 물질 : 주수 금지, 질식소화

4. 제4류 위험물(인화성 액체)

① 일반적인 성질 : 비수용성, 비중이 1보다 작아 물보다 가벼움, 전기부도체, 증기비중은 공기보다 무거움

② 저장방법 : 통풍이 잘 되는 냉암소에 저장, 누출 방지 위해 밀폐용기 사용

③ 소화방법 : 질식소화, 억제소화

부록

④ 연소범위

- 아세톤 : 2 ~ 13%
- 아세틸렌 : 2.5 ~ 81%
- 휘발유 : 1.4 ~ 7.6%

⑤ 인화점 : 이황화탄소 > 산화프로필렌 > 아세트알데하이드 > 다이에틸에터 > 이소펜탄

⑥ 위험물 기준

- 특수인화물 : 이황화탄소, 다이에틸에터 그 밖에 1기압에서 발화점이 섭씨 100도 이하인 것 또는 ✿인화점이 섭씨 영하 20도 이하이고 ✿비점이 섭씨 40도 이하인 것
- 제1석유류 : 아세톤, 휘발유 그 밖에 1기압에서 인화점이 섭씨 21도 미만인 것
- 제2석유류 : 등유, 경유 그 밖에 1기압에서 ✿인화점이 섭씨 21도 이상 70도 미만인 것

5. 제5류 위험물(자기반응성 물질)

① 일반적인 성질 : 유기화합물, 비중 1보다 큼, 분자 자체에 산소 함유

② 상온에서 위험물 상태

품명	위험물	상태
질산에스터류	질산메틸 질산에틸 나이트로글리콜 나이트로글리세린	액체
	나이트로셀룰로오스 셀룰로이드	고체
나이트로화합물	트라이나이트로톨루엔 트라이나이트로페놀 다이나이트로벤젠 테트릴	고체

③ 소화방법 : 주수소화

6. 제6류 위험물(산화성 액체)

① 일반적인 성질: 무기화합물, 불연성, 조연성, 강산화제

② 위험물 기준

- 질산 : ✿비중 1.49 이상
- 과산화수소 : ✿농도 36wt% 이상

③ 소화방법 : 주수소화

위험물별 특징

1. 위험물별 유별 주의사항 및 게시판

① 게시판 크기 : 표지는 한 변의 길이가 0.3m, 다른 한 변의 길이는 0.6m 이상

② 위험물별 유별 주의사항

유별	종류	운반용기 외부 주의사항	게시판	소화방법	피복
제1류	알칼리금속과산화물	가연물접촉주의 화기·충격주의 물기엄금	물기엄금	주수금지	방수성
	그 외	가연물접촉주의 화기·충격주의	없음	주수소화	차광성
제2류	철분·금속분·마그네슘	화기주의 물기엄금	화기주의	주수금지	방수성
	인화성 고체	화기엄금	화기엄금	주수소화 질식소화	—
	그 외	화기주의	화기주의	주수소화	
제3류	자연발화성 물질	화기엄금 공기접촉엄금	화기엄금	주수소화	차광성
	금수성 물질	물기엄금	물기엄금	주수금지	방수성
제4류		화기엄금	화기엄금	질식소화	차광성 (특수인화물)
제5류	—	화기엄금 충격주의	화기엄금	주수소화	차광성
제6류		가연물접촉주의	없음	주수소화	차광성

③ 게시판 종류 및 바탕, 문자색

종류	바탕색	문자색
위험물제조소	백색	흑색
위험물	흑색	황색
주유 중 엔진정지	황색	흑색
화기엄금, 화기주의	적색	백색
물기엄금	청색	백색

부록

2. 주요한 위험물별 화학반응식

① 탄화알루미늄과 물의 반응식

- $Al_4C_3 + H_2O \rightarrow Al(OH)_3 + CH_4$
- 탄화알루미늄은 물과 반응하여 수산화알루미늄과 메탄을 발생한다.

② 알루미늄분과 물의 반응식

- $2Al + 6H_2O \rightarrow 2Al(OH)_3 + 3H_2$
- 알루미늄분은 물과 반응하여 수산화알루미늄과 수소를 발생하며 폭발한다.

③ 탄화칼슘과 물의 반응식

- $CaC_2 + 2H_2O \rightarrow Ca(OH)_2 + C_2H_2$
- 탄화칼슘은 물과 반응하여 수산화칼슘과 아세틸렌을 발생한다.

④ 인화칼슘과 물의 반응식

- $Ca_3P_2 + 6H_2O \rightarrow 3Ca(OH)_2 + 2PH_3$
- 인화칼슘은 물과 반응하여 수산화칼슘과 포스핀가스를 발생한다.

⑤ 적린의 연소반응식

- $4P + 5O_2 \rightarrow 2P_2O_5$
- 적린은 연소하여 오산화인이 발생한다.

⑥ 벤젠의 연소반응식

- $2C_6H_6 + 15O_2 \rightarrow 12CO_2 + 6H_2O$
- 벤젠은 연소하여 이산화탄소와 물을 생성한다.

⑦ 이황화탄소와 물의 반응식

- $CS_2 + 2H_2O \rightarrow CO_2 + 2H_2S$
- 이황화탄소는 물과 반응하여 이산화탄소와 황화수소를 발생한다.

⑧ 과산화나트륨과 물의 반응식

- $2Na_2O_2 + 2H_2O \rightarrow 4NaOH + O_2$
- 과산화나트륨은 물과 반응하여 수산화나트륨과 산소를 발생한다.

⑨ 삼황화인의 연소반응식

- $P_4S_3 + 8O_2 \rightarrow 2P_2O_5 + 3SO_2$
- 삼황화인은 연소하여 오산화인과 이산화황을 발생한다.

⑩ 오황화인의 연소반응식

- $2P_2S_5 + 15O_2 \rightarrow 2P_2O_5 + 10SO_2$
- 오황화인은 연소하여 오산화인과 이산화황을 발생한다.

⑪ 트라이메틸알루미늄의 연소반응식

- $2(CH_3)_3Al + 12O_2 \rightarrow Al_2O_3 + 6CO_2 + 9H_2O$
- 트라이메틸알루미늄은 연소하여 산화알루미늄, 이산화탄소, 물을 생성한다.

⑫ 칼륨과 에탄올의 반응식

- $2K + 2C_2H_5OH \rightarrow 2C_2H_5OK + H_2$
- 칼륨은 에탄올과 반응하여 칼륨에틸레이트와 수소를 생성한다.

3. 주요한 위험물별 폭발범위

① 메탄 : 5~15%

② 톨루엔 : 약 1.27~7%

③ 에틸알코올 : 약 3.1~27.7%

④ 에틸에테르 : 1.7~48%

◢ 위험물 운반

1. 위험물 적재방법

① 고체위험물 : ✹운반용기 내용적의 95% 이하의 수납율로 수납

② 액체위험물 : ✹운반용기 내용적의 98% 이하의 수납율로 수납하되 55℃의 온도에서 누설되지 않도록 충분한 공간 용적 유지

③ 알킬알루미늄등 : ✹운반용기 내용적의 90% 이하의 수납율로 수납하되, ✹50℃의 온도에서 5% 이상의 공간용적 유지

2. 위험물안전관리자

① 안전관리자를 해임하거나 안전관리자가 퇴직한 때에는 해임하거나 퇴직한 날부터 ✹30일 이내에 다시 안전관리자를 선임하여야 함

② 안전관리자를 선임한 경우 선임한 날부터 ✹14일 이내 행정안전부령으로 정하는 바에 따라 ✹소방본부장 또는 소방서장에게 신고하여야 함

③ ✹안전관리자, 탱크시험자, 위험물운반자, 위험물운송자 등 위험물의 안전관리와 관련된 업무를 수행하는 자는 ✹소방청장이 실시하는 안전교육을 받아야 함

3. 운송책임자의 감독, 지원을 받아 운송하는 위험물

① ✹알킬알루미늄

② ✹알킬리튬

③ 알킬알루미늄, 알킬리튬을 함유하는 위험물

4. 위험물안전카드를 휴대해야 하는 위험물

① ✷제4류 위험물 중 특수인화물

② ✷제1석유류

▌위험물제조소

1. 안전거리

구분	거리
사용전압 7,000V 초과 35,000V 이하 특고압 가공전선	3m 이상
사용전압 35,000V 초과의 특고압 가공전선	5m 이상
주거용으로 사용	10m 이상
고압가스, 액화석유가스, 도시가스를 저장 취급하는 시설	20m 이상
✷학교, 병원, 영화상영관 등 수용인원 300명 이상 ✷복지시설, 어린이집 수용인원 20명 이상	30m 이상
✷유형문화재, 지정문화재	50m 이상

2. 보유공지

취급하는 위험물의 최대수량	공지의 너비
지정수량의 10배 이하	3m 이상
지정수량의 10배 초과	5m 이상

3. 위험물제조소 구조 기준

벽, 기둥, 바닥, 보, 서까래 및 계단은 ✷불연재료로 함

▌위험물저장소

1. 저장창고 구조

① 벽, 기둥 및 바닥 : ✷내화구조

② 보, 서까래 : ✷불연재료

③ 출입구 : ✷갑종방화문(60분+방화문, 60분방화문) 또는 을종방화문(30분방화문)

2. 저장소별 보유공지

① 옥내저장소

위험물 최대수량	공지의 너비	
	벽, 기둥 및 바닥이 내화구조	그 밖의 건축물
지정수량의 5배 이하	–	0.5m 이상
지정수량의 5배 초과 10배 이하	1m 이상	1.5m 이상
지정수량의 10배 초과 20배 이하	2m 이상	3m 이상
지정수량의 20배 초과 50배 이하	3m 이상	5m 이상
지정수량의 50배 초과 200배 이하	5m 이상	10m 이상
지정수량의 200배 초과	10m 이상	15m 이상

② 옥외저장소

위험물 최대수량	공지의 너비
지정수량의 10배 이하	3m 이상
지정수량의 10배 초과 20배 이하	5m 이상
지정수량의 20배 초과 50배 이하	9m 이상
지정수량의 50배 초과 200배 이하	12m 이상
지정수량의 200배 초과	15m 이상

③ 옥외탱크저장소

위험물 최대수량	공지의 너비
지정수량의 500배 이하	3m 이상
지정수량의 500배 초과 1,000배 이하	5m 이상
지정수량의 1,000배 초과 2,000배 이하	9m 이상
지정수량의 2,000배 초과 3,000배 이하	12m 이상
지정수량의 3,000배 초과 4,000배 이하	15m 이상
지정수량의 4,000배 초과	탱크의 수평단면의 최대지름과 높이 중 큰 것 이상 ① 소 : 15m 이상 ② 대 : 30m 이하

3. 옥외탱크저장소 외부구조 및 설비

　① 대기밸브부착 통기관

　　• ☆5kPa 이하의 압력 차이로 작동할 수 있을 것

　　• ☆가는 눈의 구리망 등으로 ☆인화방지망을 설치할 것

　② 방유제는 옥외저장탱크 지름에 따라 그 탱크의 옆판으로부터 거리를 유지

　　• 지름 15m 미만인 경우 : 탱크 높이의 ☆3분의 1 이상

　　• 지름 15m 이상인 경우 : 탱크 높이의 ☆2분의 1 이상

　③ 방유제 용량

　　• 탱크 1기 = ☆탱크용량의 110% 이상

　　• 탱크 2기 이상 = ☆최대인 것 용량의 110% 이상

　　• 인화성 없는 액체 = 100%로 함

4. 제조소 옥외에 있는 위험물취급탱크의 방유제 용량

　① 탱크 1기 = ☆탱크용량 × 0.5

　② 탱크 2기 = ☆(최대탱크용량 × 0.5) + (나머지탱크용량 × 0.1)

5. 지하탱크저장소

　① 탱크전용실 벽의 두께는 ☆0.3m 이상

　② 지하저장탱크와 탱크전용실 안쪽과의 간격은 ☆0.1m 이상 간격 유지

　③ 지하저장탱크를 ☆2 이상 인접하게 설치하는 경우는 그 상호간에 ☆1m 이상 간격 유지

6. 간이저장탱크 두께

　3.2mm 이상의 강판으로 흠이 없도록 제작하며 ☆70kPa의 압력으로 ☆10분간의 수압시험을 실시하여 새거나 변형되지 않도록 함

7. 이동저장탱크의 외부도장 색상

유별	제1류	제2류	제3류	제4류	제5류
색상	회색	적색	청색	황색	청색

8. 탱크의 용적산정기준

　① 탱크용량 = 탱크내용적 − 공간용적 = (탱크의 내용적) × (1 − 공간용적비율)

　② ☆ $v = \pi r^2 (1 + \dfrac{l_1 + l_2}{3})(1 - 공간용적)$

　③ 원의 면적 × $\dfrac{가운데\ 체적길이\ +\ 양끝\ 체적길이의\ 합}{3}$ × (1 − 공간용적)

9. 탱크의 용량
① 일반적인 탱크의 공간용적은 탱크 내용적의 ✳100분의 5 이상 100분의 10 이하로 함
② 소화설비 탱크용적은 소화약제 방출구 아래 ✳0.3m 이상 1m 미만 사이의 면으로부터 ✳윗부분의 용적으로 함
③ 암반탱크에 있어서 탱크 내 용출하는 ✳7일간의 지하수 양에 상당하는 용적과 해당 탱크의 내용적의 ✳100분의 1
의 용적 중 보다 큰 용적을 공간용적으로 함

■ 위험물취급소

1. 위험물취급기준
① 자동차에 인화점 ✳40℃ 미만의 위험물을 주유할 때에는 자동차의 원동기를 반드시 정지시킬 것
② 자동차에 주유할 때는 ✳고정주유설비 이용하여 직접 주유

2. 판매취급소
① 1종 판매취급소 : 저장, 취급하는 위험물의 수량이 지정수량의 ✳20배 이하인 판매취급소
② 2종 판매취급소 : 저장, 취급하는 위험물의 수량이 지정수량의 ✳40배 이하인 판매취급소

■ 제조소등에서 위험물 저장 및 취급

1. 알킬알루미늄 공간용적
① 운반용기 내용적의 ✳90% 이하의 수납율로 수납
② ✳50℃ 온도에서 ✳5% 이상의 공간용적 유지

2. 아세트알데하이드등 저장기준
① 보냉장치가 있는 경우 : 이동저장탱크에 저장하는 아세트알데하이드등 또는 다이에틸에터등의 온도는 당해 위험
물의 ✳비점 이하로 유지할 것
② 보냉장치가 없는 경우 : 이동저장탱크에 저장하는 아세트알데하이드등 또는 다이에틸에터등의 온도는 ✳40℃ 이하
로 유지할 것

3. 제조소등의 설치 및 변경의 허가
① 제조소등의 설치허가 또는 변경허가를 받으려는 자는 설치허가 또는 변경허가신청서에 행정안전부령으로 정하는
서류를 첨부하여 시·도지사에게 제출하여야 함
② 기술검토 받아야 하는 대상 : 다음의 제조소등은 아래에서 정한 사항에 대하여 한국소방산업기술원(이하 "기술
원")의 기술검토를 받고 그 결과가 행정안전부령으로 정하는 기준에 적합한 것으로 인정될 것
• 지정수량의 1천배 이상의 위험물을 취급하는 제조소 또는 일반취급소 : 구조·설비에 관한 사항
• 옥외탱크저장소(저장용량이 50만 리터 이상인 것만 해당한다) 또는 암반탱크저장소 : 위험물탱크의 기초·지
반, 탱크본체 및 소화설비에 관한 사항

③ 업무의 위탁 : 시·도지사는 다음의 업무를 기술원에 위탁함
   • 지정수량의 1천배 이상의 위험물을 취급하는 제조소 또는 일반취급소의 설치 또는 변경(사용 중인 제조소 또는는 일반취급소의 보수 또는 부분적인 증설은 제외한다)에 따른 완공검사
   • 옥외탱크저장소(저장용량이 50만 리터 이상인 것만 해당한다) 또는 암반탱크저장소의 설치 또는 변경에 따른 완공검사

3. 제조소등의 설치 및 변경의 허가
   ① 제조소등의 설치허가 또는 변경허가를 받으려는 자는 설치허가 또는 변경허가신청서에 행정안전부령으로 정하는 서류를 첨부하여 시·도지사에게 제출하여야 함
   ② 기술검토 받아야 하는 대상 : 다음의 제조소등은 아래에서 정한 사항에 대하여 한국소방산업기술원(이하 "기술원")의 기술검토를 받고 그 결과가 행정안전부령으로 정하는 기준에 적합한 것으로 인정될 것
   • 지정수량의 1천배 이상의 위험물을 취급하는 제조소 또는 일반취급소 : 구조·설비에 관한 사항
   • 옥외탱크저장소(저장용량이 50만 리터 이상인 것만 해당한다) 또는 암반탱크저장소 : 위험물탱크의 기초·지반, 탱크본체 및 소화설비에 관한 사항

■ 위험물안전관리법

1. 위험물시설의 설치 및 변경 등
   ① 저장하거나 취급하는 위험물의 품명·수량 또는 지정수량의 배수를 변경하고자 하는 자는 변경하고자 하는 날의 ☆1일 전까지 행정안전부령이 정하는 바에 따라 시·도지사에게 신고하여야 함
   ② ☆농예용, 축산용 또는 수산용으로 필요한 난방시설 또는 건조시설을 위한 지정수량 ☆20배 이하의 저장소는 허가를 받지 아니하고 당해 제조소등을 설치하거나 그 위치, 구조 또는 설비를 변경할 수 있음

2. 정기점검
   ① 정기점검 : ☆연 1회 이상
   ② 정기점검을 한 제조소등의 관계인은 점검을 한 날부터 ☆30일 이내 점검결과를 ☆시·도지사에게 제출해야 함
   ③ 정기점검대상 제조소등
   • 지정수량 10배 이상의 위험물을 취급하는 제조소
   • 지정수량 100배 이상의 위험물을 저장하는 옥외저장소
   • 지정수량 150배 이상의 위험물을 저장하는 옥내저장소
   • 지정수량 200배 이상의 위험물을 저장하는 옥외탱크저장소
   • 암반탱크저장소
   • 이송취급소
   • 지정수량 10배 이상의 위험물을 취급하는 일반취급소
   • 지하탱크저장소
   • 이동탱크저장소
   • 위험물을 취급하는 탱크로서 지하에 매설된 탱크가 있는 제조소·주유취급소 또는 일반취급소

3. 자체소방대 설치기준

제조소 또는 일반취급소에서 취급하는 제4류 위험물의 최대수량 합	화학소방자동차 (대)	자체소방대원 수 (인)
지정수량 3천배 이상 12만배 미만인 사업소	1	5
지정수량 12만배 이상 24만배 미만인 사업소	2	10
지정수량 24만배 이상 48만배 미만인 사업소	3	15
지정수량의 48만배 이상인 사업소	4	20
옥외탱크저장소에 저장하는 제4류 위험물의 최대수량이 지정수량의 50만배 이상인 사업소	2	10

부 록

박문각 취밥러 시리즈
위험물기능사 필기

초판인쇄	2025. 1. 10
초판발행	2025. 1. 15

저자와의
협의 하에
인지 생략

발 행 인	박용
출판총괄	김현실, 김세라
개발책임	이성준
편집개발	김태희
마 케 팅	김치환, 최지희, 이혜진, 손정민, 정재윤, 최선희, 윤혜진, 오유진
일러스트	㈜ 유미지

발 행 처	㈜ 박문각출판
출판등록	등록번호 제2019-000137호
주　　소	06654 서울시 서초구 효령로 283 서경B/D 4층
전　　화	(02) 6466-7202
팩　　스	(02) 584-2927
홈페이지	www.pmgbooks.co.kr

ISBN	979-11-7262-233-6
정가	24,900원